Jetzt helfe ich mir selbst

Motor
buch
Verlag

Einbandgestaltung: Louis Dos Santos

Abbildungen: Skoda Auto, R. Althaus-Fichtmüller, Motor-Presse Stuttgart; Bosch, Celestron, Dunlop, Hella, Michelin, Dr. Wack.

Text und redaktionelle Bearbeitung:
Rainer Althaus-Fichtmüller

Vielen Dank für tatkräftige Unterstützung an:
WBG Werneuchen, Stefan Lochner, und
AuDaCon AG, Martin Kreußer.

ISBN 978-3-613-02577-6

1. Auflage 2009

Lizenznehmer des Motorbuch Verlags, Postfach 10 37 43, 70032 Stuttgart
Ein Unternehmen der Paul Pietsch Verlage GmbH & Co.

Sie finden uns im Internet unter:
www.motorbuch-verlag.de

Herstellung: Althaus-Fichtmüller&Partner
16321 Bernau b. Berlin
Druck und Bindung: Druck + Verlag Südwest,
76131 Karlsruhe
Printed in Germany

Škoda Octavia II

Limousine und Combi

Modelljahre ab 2004

Benzinmotoren

Vierzylinder 1,4 Liter MPI	55 kW/75 PS
Vierzylinder 1,4 Liter MPI	59 kW/80 PS
Vierzylinder 1,6 Liter MPI	75 kW/102 PS
Vierzylinder 1,6 Liter FSI	85 kW/115 PS
Vierzylinder 1,8 Liter TSI	118 kW/160 PS
Vierzylinder 2,0 Liter FSI	110 kW/150 PS
Vierzylinder 2,0 Liter TFSI	147 kW/200 PS

Dieselmotoren

Vierzylinder 1,9 Liter TDI PD	77 kW/105 PS
Vierzylinder 2,0 Liter TDI PD	103 kW/140 PS
Vierzylinder 2,0 Liter TDI PD	125 kW/170 PS

Inhalt

Einleitung: Arbeiten am Auto

»An den neuen Autos kann ich ja doch nichts mehr selber machen.« Diesen Satz hören wir häufig, aber wir stimmen ihm ebenso wenig zu wie Sie. Wir denken, dass der Fortschritt durch Elektronik und Vernetzung, auch wenn er einem ab und zu einen Streich spielt, eine sehr gute Sache ist, die immer noch genügend Spielraum für richtig angepackte Selbsthilfe bietet. Wir möchten Ihnen zeigen, wie das geht.

Ein Ratgeber stellt sich vor

Wahr ist natürlich, dass durch den wachsenden Anteil von Elektronik und durch die Vernetzung der Systeme im Fahrzeug mancher Fehler nicht mehr so leicht zu orten ist wie früher. Wahr ist aber auch, dass moderne Autos gerade durch diesen Einsatz der Elektronik wesentlich zuverlässiger, sicherer und umweltfreundlicher sind als die einfacher aufgebauten, aber wartungsintensiven Fahrzeuge früherer Tage.

Hilfe zur Selbsthilfe

Was Sie tun können, wenn das Auto den Dienst verweigert, oder besser noch: was Sie tun sollten, damit es gar nicht erst soweit kommt, ist Gegenstand dieses Ratgebers. Selbst wenn Sie den Fehler vielleicht nicht selbst beheben können, ist es doch viel Wert, die Ursache präzise einzukreisen. So können Sie der Werkstatt Informationen liefern und kostbare Arbeitszeit für die Fehlersuche einsparen.

Tipps und Wissenswertes

Wir wollen Einblicke in die Autotechnik geben, Fachbegriffe im umfangreichen Techniklexikon erläutern und Sie über Wissenswertes aus der Welt der Technik informieren. Darüber hinaus erhalten Sie Tipps, die zum Teil bares Geld wert sind.

So können Sie zum Beispiel die Lebensdauer Ihrer Scheibenwischer erheblich verlängern. Wie das geht, erfahren Sie unter »Fit durch den Winter« im Grundlagen-Kapitel »Pflege, Wartung, Reparatur«. Dem Thema Winter widmen wir deshalb ein ganzes Unterkapitel, weil in der dunklen Jahreszeit besonders viel zu beachten ist. Das fängt bei der Wahl der richtigen Bereifung an und umfasst auch das Paar robuster Schuhe im Kofferraum.

Denn immer noch wagen sich zum Beispiel zu viele Autofahrer in dem festen Glauben, es werde schon gut gehen, mit Sommerreifen auf die Piste. Damit jedoch wirklich alles gut geht, präsentieren wir in diesem Buch alle nützlichen Hinweise und Tipps.

Sicherheit hat Vorrang

Natürlich wollen wir Sie mit diesem Ratgeber auch durch die übrigen Jahreszeiten begleiten. Sicherheit und Zufriedenheit stehen dabei an erster Stelle. Wichtiger als das Reparieren von sicherheitsrelevanten Baugruppen ist das frühzeitige Erkennen eines Schadens. Dabei wollen wir Sie unterstützen. Ein »Störungsbeistand« ist daher fester Bestandteil der meisten Kapitel. Dieses Diagnose-Schema soll ganz allgemein eventuelle Unzulänglichkeiten am Auto offenlegen, bevor etwas schief läuft, und auch helfen, bei einer Hauptuntersuchung Ärger und Geld zu sparen. Regelmäßig wiederkehrende Überprüfungsarbeiten haben wir zusammengefasst. Diese Übersicht können Sie kopieren und für sich abheften.

Reparaturen in der heimischen Garage

Sollten Sie bereits im Umgang mit Werkzeug geübt sein, werden wir Sie Schritt für Schritt durch die einzelnen Arbeitsgänge führen. Dabei beschränken wir uns in der Reihe »Jetzt helfe ich mir selbst« auf leichte Wartungs-, Pflege- und Reparaturmaßnahmen, die Sie ohne weiteres in der heimischen Garage durchführen können. Welche Grundausstattung Sie dafür benötigen und wie das Ganze ideal in Ihre Garage passt, haben wir hier zusammengefasst. Für alle weiter führenden Arbeiten möchten wir auf den entsprechenden Band »Reparaturanleitung« des Bucheli-Verlages hinweisen. Dort wird mit gewohnter Präzision das Zerlegen komplizierter Baugruppen beschrieben.

Für mehr Spaß am Auto

Hinweisen möchten wir Sie noch darauf, dass wir in vielen Kapiteln einige Vorschläge zum Thema »besser machen« bieten. In diesem Abschnitt stellen wir eine Auswahl von empfehlenswerten Zubehör- und Anbauteilen vor, die Sie in Eigenregie montieren können. Manchmal präsentieren wir Ihnen dabei auch einige etwas anspruchsvollere Arbeiten.

Damit Sie sich besser zurechtfinden

Wenn Sie etwas Bestimmtes in diesem Buch suchen, haben Sie verschiedene Möglichkeiten. Natürlich können Sie auf das vertraute Inhaltsverzeichnis zurückgreifen. Aber auch beim schnellen Durchblättern werden Sie sich leicht zurechtfinden. Den Hinweis, in welchem Kapitel Sie sich bewegen, finden Sie oben links. Dazu die Information, ob es sich in diesem Abschnitt um Theorie und Hintergrundwissen, konkrete Arbeitsanleitungen oder Vorschläge zur Optimierung handelt. Rechts oben auf jeder Seite haben wir den Bereich dargestellt, der im jeweiligen Abschnitt behandelt wird. Damit können Sie auf der Suche nach bestimmten Inhalten auch durchaus einmal ohne Inhaltsverzeichnis auskommen.

INFORMATION

Bevor man Teile ausbaut oder etwas auseinander nimmt, ist es immer besser, die technischen Zusammenhänge zu kennen. Wenn Sie dieses Zeichen sehen, erklären wir die Funktion der Technik, ihre Bedeutung für das gesamte Auto und Ihren Alltag damit. Oder wir informieren Sie ganz einfach auch einmal über den historischen Hintergrund der Entwicklung. Dieser Abschnitt soll Sie also mit der Technik Ihres Autos vertraut machen. Mit dem nötigen Wissen im Hinterkopf schraubt es sich oft leichter.

ARBEITSSCHRITTE

Sobald am Auto gearbeitet wird, werden Sie dieses Symbol sehen. Dann erhalten Sie Schritt für Schritt Anleitungen zum Aus- und Einbau von Teilen. Bei der Auswahl haben wir uns daran gehalten, was in der heimischen Garage noch machbar ist und was nicht. Bei unserer Arbeit für Sie haben wir gebrauchtes Werkzeug benutzt und uns nicht ständig die Hände gewaschen. Wir hoffen, dass die Fotos Ihnen gerade deshalb Appetit auf das Schrauben machen.

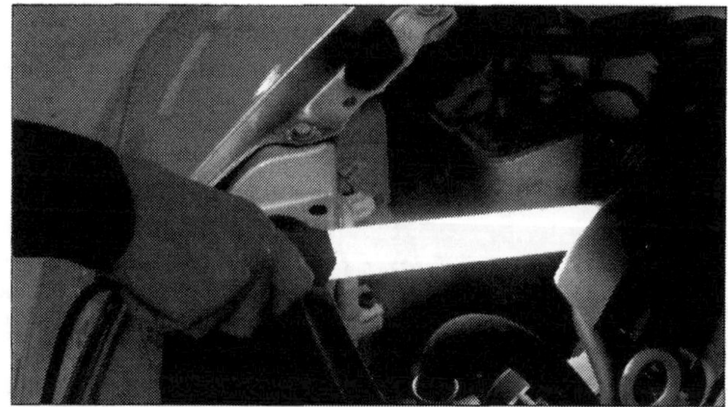

BESSER MACHEN

Nicht alles muss serienmäßig bleiben. In der Praxis wird tiefer gelegt, werden Karosserieteile verändert oder die Innenausstattung individualisiert. Verbessern Sie mit diesem Buch also auch gezielt Ihr Auto.
Wir wollen damit keine Tuninganleitung sein. Aber wir stellen Ihnen verschiedenste zusätzliche Teile vor und verraten Ihnen, worauf Sie beim Einkauf von Zubehörteilen achten sollten.

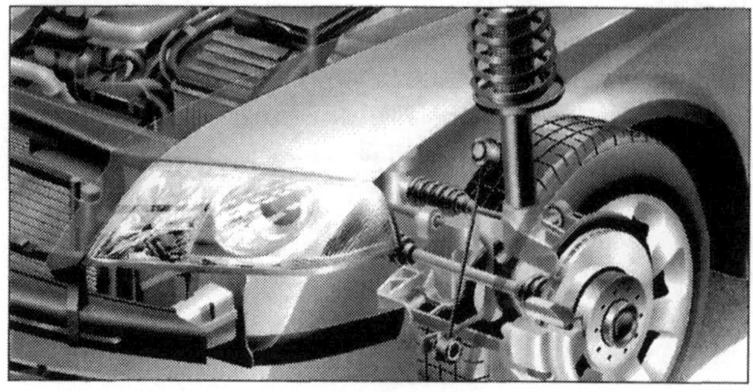

Rechte und Pflichten

Wir möchten Sie als Käufer eines gebrauchten oder neuen Kraftfahrzeugs hier auch in gebotener Kürze darüber informieren, mit welchen Rechten und Pflichten im Hintergrund Sie eine nötige Reklamation auf den Weg bringen können. Denn wenn Sie Fehler reklamieren wollen, müssen Sie Ihre Rechte kennen und sicherstellen, dass Sie wirklich keinem Irrtum unterliegen. Nach § 434 BGB ist eine Sache frei von Mängeln, wenn sie sich für die Verwendung eignet, für die sie gemäß Kaufvertrag gedacht war. Liegt nach dieser Definition tatsächlich ein Mangel vor, sollten Sie im Gespräch mit dem Kundendiensttechniker Ihr Recht auf der Basis der folgenden Kriterien einfordern.

Die Garantie

Garantie ist eine freiwillige zusätzliche Leistung des Herstellers oder Verkäufers. Sie kann nach Belieben ausgestaltet oder befristet sein und folgt aus einer eigenständigen Vereinbarung im Rahmen des Kaufvertrages oder in Verbindung mit ihm. Auf Verlangen müssen Ihnen Garantiebestimmungen schriftlich ausgehändigt werden. Verwirken Sie später nicht das Ihnen Zugestandene durch Falschverhalten!
Die Garantie kann an bestimmte Voraussetzungen geknüpft sein, bestimmte Kosten ausschließen und auch die Leistungen einschränken. Sie ist meist nur gegeben, wenn Sie das Fahrzeug regelmäßig in der dem Händler angegliederten Werkstatt warten lassen und gesteht Ihnen bei einem Schaden häufig nur die Materialkosten und nicht die Arbeitszeit zu.

Die Gewährleistung

Eine Gewährleistung folgt aus den gesetzlichen Regelungen zum gültigen Kaufvertrag. Diese »Sachmangelhaftung« kann im Rahmen eines Kaufvertrags zwischen einem Unternehmer (Kfz-Händler) als Verkäufer und einer Privatperson als Käufer nicht wirksam ausgeschlossen werden. Zwischen Privatpersonen hingegen ist das möglich, wenn es ausdrücklich und individuell im Kaufvertrag geregelt wird.
Seit 2007 beträgt die Gewährleistungsfrist bei neuen Sachen grundsätzlich zwei Jahre ab Datum der Übergabe. Bei gebrauchten Autos (älter als ein Jahr ab Erstzulassung) kann eine Frist von 1 Jahr vereinbart werden.
Innerhalb der ersten sechs Monate hat bei einer Reklamation der Händler zu beweisen, dass die Sache zum Zeitpunkt der Übergabe dem Vertrag entsprach und keinen Mangel hatte. Nach sechs Monaten hat der Kunde die Beweispflicht. Ratsam ist ein Musterkaufvertrag für Gebrauchtwagen und ein Zustandsprüfbericht.

Farbabweichung als Sachmangel

Farbabweichung kann ein Sachmangel sein. Nach einer Entscheidung des Oberlandesgerichts Köln gehört die Farbe eines Neufahrzeugs zu den Beschaffenheitsmerkmalen und stellt ein äußerliches Merkmal dar, das für den Käufer im Rahmen der Kaufentscheidung maßgeblich ist. Gibt es beim tatsächlich gelieferten Fahrzeug Abweichungen vom Farbton des bestellten, kann der Käufer grundsätzlich Gewährleistungsansprüche geltend machen.

Nachbesserung oder Nacherfüllung

Seit Anfang 2002 haben Käufer und Verkäufer einen Anspruch auf Beseitigung eines Mangels. Anstatt von Nachbesserung spricht das Gesetz jetzt von Nacherfüllung. Grundsätzlich hat der Händler das Recht, bis zu dreimal nachzuerfüllen. Er muss dann die erforderlichen Aufwendungen wie Transport-, Wege-, Arbeits- und Materialkosten tragen. Der Verkäufer behält auch dann sein Recht, einen Mangel nachzubessern, wenn in einer fremden Werkstatt bereits erfolglos Reparaturen vorgenommen wurden. Er kann auf Nacherfüllung im eigenen Firmensitz bestehen.

Wandlung und Preisnachlass

Hat sich ein erheblicher Mangel nach drei Nacherfüllungsversuchen immer noch nicht beseitigen lassen oder fehlen zugesicherte Eigenschaften, haben Sie das Recht auf Wandlung oder Preisnachlass. Dies ist dann auch der Zeitpunkt, an dem sie einen Rechtsanwalt zu Rate ziehen sollten. Sie werden sich auf jeden Fall eine Nutzungspauschale anrechnen lassen müssen, die von der genutzten Laufleistung des Fahrzeugs abhängig ist. Eine Wandlung ist grundsätzlich nur dann möglich, wenn sich das Fahrzeug noch im Originalzustand befindet.

Der Kulanzantrag

Nach Ablauf von Gewährleistungszeit und Garantiezeit bleibt immer noch die Möglichkeit der Kulanzregelung beim Händler. Die Kulanz bezeichnet im Allgemeinen ein Entgegenkommen zwischen den Vertragspartnern nach Vertragsabschluss. Sie regelt als Maßnahme zur Kundenbindung den Umfang freiwilliger Reparatur- und Serviceleistungen nach Ablauf der Gewährleistungsverpflichtungen.

Hinweis: Unsere Darlegungen zu den Rechten und Pflichten können nur als erste wesentliche Informationen verstanden werden. Sie erheben keinen Anspruch auf Vollständigkeit. Obwohl mit größtmöglicher Sorgfalt erstellt, kann eine Haftung für die inhaltliche Richtigkeit nicht übernommen werden.

In der Werkstatt

Wenn Sie trotz aller Selbsthilfe eine Werkstatt aufzusuchen haben, sollten Sie alle Papiere wie Serviceheft, Radiocode, ABEs und Zubehörunterlagen mitnehmen. Gebraucht werden auch Adapter oder Schlüssel für Felgenschlösser und bei Arbeiten an Wegfahrsperre oder Schließsystemen meist alle Fahrzeugschlüssel. Ansonsten räumen Sie Ihr Auto aus und entfernen alle privaten Sachen und auch die Musik-CDs.

Klare Auftragserteilung

Geben Sie der Werkstatt ein Kostenlimit vor und vereinbaren Sie Kontaktaufnahme, falls es zu unerwarteten Mehrarbeiten kommt. Achten Sie darauf, dass der Arbeitsauftrag schriftlich abgefasst wird, denn mündliche Absprachen sind schwer beweisbar. Die Kopie des schriftlichen Arbeitsauftrags in Ihrer Tasche gibt Ihnen Rechtssicherheit.

Per Computer ist es auch oft kein Problem, auf die Schnelle einen schriftlichen Kostenvoranschlag zu erhalten. Dieser ist ebenfalls verbindlich und in der Regel noch detaillierter als der Arbeitsauftrag. Der tatsächliche Rechnungsbetrag darf bis zu 10% über den geschätzten Kosten liegen, ohne dass es erneut Ihrer Zustimmung bedarf. Anzumerken bleibt noch, dass termingerechte Fertigstellung einer Standardreparatur heutzutage üblich ist.

Die Fehlerbeschreibung

Voraussetzung für ein gutes Arbeitsergebnis in der Werkstatt zu passablem Preis ist eine exakte Fehlerbeschreibung mit Angabe des Reparaturziels. Machen Sie möglichst präzise Angaben. Der vorhandene Fehler muss reproduzierbar sein. Beantworten Sie am besten die »W-Fragen«, die mit leichten Abwandlungen auf nahezu alle Mängel anwendbar sind:

Wann tritt das Problem immer auf? Wie gelingt es Ihnen, Einfluss auf die Störung zu nehmen? Woher kommt die Störung, z. B. ein Klapper-Geräusch? Wann haben Sie die Störung erstmals bemerkt? Wer hatte zuletzt an dem Wagen Hand angelegt? Was haben Sie eventuell schon gegen die Störung unternommen?

Bei präziser Fehlerbeschreibung kann der Mechaniker die Störung schneller eingrenzen. Das Reparaturergebnis ist dann für alle Beteiligten einfach und schnell überprüfbar.

Im Falle von Differenzen

Gibt es Meinungsverschiedenheiten zum Ergebnis, sollten Sie das mit den Verantwortlichen sachlich durchgehen, auch unter Beteiligung des Mechanikers oder Meisters. Dieses Gespräch sollte in einem separaten Raum stattfinden und nicht vor weiteren Kunden.

Nehmen Sie sachkundige Verstärkung mit, Ihr Gegenüber wird auch nicht alleine sein. Ein Zeuge ist später oft sehr wichtig. Kommt es nicht zur Einigung, haben Sie noch die Möglichkeit, ein Schlichtungsverfahren in Regie der jeweils zuständigen Handwerkskammer einzuleiten. Das Schlichtungsverfahren stellt ein Angebot dar, sich außergerichtlich schnell und unbürokratisch zu einigen. Erst wenn das nicht gelingt, sollten Sie den teilweise langwierigen und möglicherweise auch kostspieligen juristischen Weg einschlagen.

Schiedsstellen nutzen

Wenn sich Unstimmigkeiten wirklich nicht ausräumen lassen, helfen auch die Schiedsstellen der Kfz-Innung kostenlos weiter. Ihre Werkstatt muss dazu aber Mitglied der Innung sein.
Der strittige Vorgang soll unmittelbar nach Bekanntwerden der Streitursache bei der zuständigen Schiedsstelle eingereicht werden. Die Zuständigkeit richtet sich nach dem Geschäftssitz des betroffenen Kfz-Betriebes. Als neutrale Institution soll dann die Schiedsstelle helfen, Streitigkeiten aus Werkstattaufträgen und aus Kaufverträgen über gebrauchte Kraftfahrzeuge ohne gerichtliche Auseinandersetzung beizulegen. Bereits vor Gericht anhängige Streitigkeiten werden daher von den Schiedsstellen nicht bearbeitet.
Die Schiedsstelle wird nur dann tätig, wenn Uneinigkeit zwischen Käufer und Kfz-Betrieb besteht und einer von beiden sich an die Schiedsstelle wendet. Das muss schriftlich mit einer »Anrufungsschrift« erfolgen. Sie sollte folgende Angaben enthalten:

- Name oder Firma mit genauer Anschrift;
- Bezeichnung des Fahrzeugs;
- Kurze Schilderung der Beanstandung und des sie begründenden Sachverhalts;
- Beweismittel wie Kaufvertrag, Reparaturrechnungen, Gutachten, Kostenvoranschläge.

Hinweis: Wenn Sie bei der Abholung Ihres Fahrzeugs Grund zur Reklamation haben, kann die Werkstatt trotzdem darauf bestehen, dass Sie die Reparatur zunächst in voller Höhe bezahlen. Auf der Rechnung notieren, dass Ihre Zahlung unter Vorbehalt erfolgt! Ansonsten können Sie Fehler in der Rechnung innerhalb von sechs Wochen nach deren Ausstellung reklamieren. Arbeitslohn und Material müssen stets getrennt aufgeführt werden.

WISSENSWERTES

Die Kfz-Schiedsstellen

Zahl der Beschwerden wächst
Die Beschwerden von Werkstattkunden und Gebrauchtwagenkäufern bei den Schiedsstellen des Kraftfahrzeuggewerbes nehmen von Jahr zu Jahr zu. Das deutet aber nicht auf schlechtere Arbeit in den Kfz-Meisterbetrieben hin. Die Mehrzahl der Kundenaufträge wird nach wie vor beschwerdefrei ausgeführt. Die wachsende Beschwerdezahl resultiert aus der stärkeren Aufklärung der Kunden über ihre Rechte aufgrund von Sachmangelhaftungsrecht (Gewährleistung) und Garantie.

Gründe für Beschwerden
Rund 80 Prozent der Beanstandungen betreffen Werkstattleistungen und 20 Prozent den Gebrauchtwagenhandel. Die häufigsten Beschwerdegründe sind vermeintlich unsachgemäße Ausführung der Werkstattarbeiten, die Rechnungshöhe und technische Mängel.

Auf Innungsschild unf Zusatzzeichen achten
Der Kunde sollte beim Werkstattbesuch oder Gebrauchtwagenkauf auf das Meisterschild der Kfz-Innung und das Zusatzzeichen zum Meisterschild »Gebrauchtwagen mit Qualität und Sicherheit« achten. Nur dann kann im Streitfall die Schiedsstelle der Kfz-Innung tätig werden.
Die Kfz-Schiedsstellen schaffen es in den meisten Fällen, Meinungsverschiedenheiten zwischen Kunden und Kfz-Meisterbetrieben schnell, unbürokratisch und für den Verbraucher kostenlos zu beseitigen. Der Spruch der Schiedsstelle ist für den Kfz-Betrieb verbindlich. Dem Kunden steht in jedem Fall der Rechtsweg weiterhin offen.

Adressen im Internet
Die Kfz-Schiedsstellen setzen sich aus je einem Vertreter der regional zuständigen Kraftfahrzeuginnung, eines Automobilclubs und einer technischen Überwachungsorganisation zusammen. Zudem führt stets ein zum Richteramt befähigter Jurist den Vorsitz. Informationen über das Schiedsstellenverfahren vermitteln die regional zuständigen Kraftfahrzeuginnungen. Die Adressen der bundesweit rund 130 Schiedsstellen sind im Internet zu finden. Nutzen Sie dazu die Adresse:
www.kfzschiedsstelle.de

Lernen Sie Ihr Auto kennen

Erkunden Sie Ihr Fahrzeug gründlich in allen seinen Details. Das ist schon deshalb wichtig, weil Kennzeichnungen des jeweiligen Fahrzeugmodells beim Bestellen von Ersatzteilen oder Austauschteilen unbedingt anzugeben sind. Viele Teile eignen sich einfach nur speziell für den von Ihnen ausgewählten Typ, obwohl sie durchaus Ähnlichkeiten mit Teilen anderer Fahrzeuge haben können.

Die Fahrgestellnummer

Die Fahrzeug-Identifizierungsnummer, die auch als Fahrgestellnummer bezeichnet wird, ist am rechten Federbeindom eingeschlagen und findet sich ferner in der linken vorderen Fensterecke unten auf dem dunklen Rand. Die Nummer (Beispiele in den Skizzen und im Foto, Bilder 1 bis 3) ist wie folgt aufgebaut:

- 1 = Weltcode des Herstellers (Beispiele: TMB).
- 2 = Karosserietyp und Ausstattung:

In der Reihenfolge LK, Elegance, Ambiente, Classic und RS sind die Limousinen von A bis D codiert, die Combis von F bis J. Der Allrad-Combi (4x4) hat den Codebuchstaben K, die Allradlimousine den Buchstaben S. Für das leichte Nutzfahrzeug steht T, und U ist der Octavia Combi II RS.

- 3 = Motorisierung:

A = 1,6l/75 kW Ottomotor
(Beispiel in den Zeichnungen),
B = 1,6l/85 kW Otto,
C = 1,4l/55 kW Otto,
D = 2,0l/110 kW Otto,
E = 2,0l TDI/100/103 kW Dieselmotor,
F = 2,0l/147 kW Otto (Beispiel im Foto),
H = 2,0l/ TDI/125 kW Diesel,
K = 1,8l/118 kW Otto,
S = 1,9l TDI/77 kW Diesel,
X = 1,4l/59 kW Otto.

- 4 = Airbag-System. Beispiele:

2 = 2 Front und 2 Seiten bzw.
6 = 2 Front, 2 Seiten, 2 Kopf.

- 5 = Fahrzeugtyp. Beispiele: 1Z = Octavia II.
- 6 = Interner Code. Beispiele: 0 bzw. 3.
- 7 = Modelljahr. Von 4 = 2004 bis 9 = 2009.
- 8 = Herstellerwerk, Ziffer oder Buchstabe:

2 = Mladá Boleslav,
8 = Vrchlabi,
A = Indien,
B = Solomonovo,
S = Sarajevo,
U = Indien,
X = Poznan,
N = Karosserie als Ersatzteil.

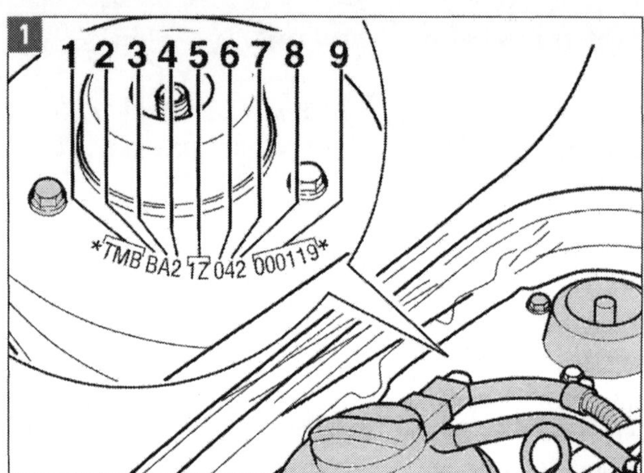

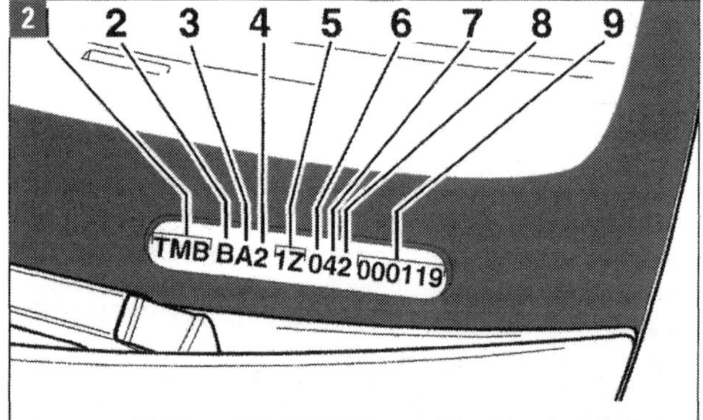

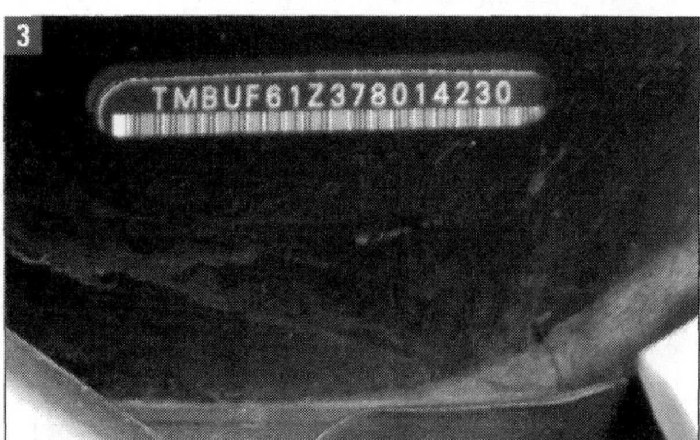

Die Fahrzeugidentifizierungsnummer: Sie ist rechts am Federbeindom (Bild 1) und links unten auf der Windschutzscheibe (Bilder 2 und 3) zu finden.

In unseren Beispielen sind das die 2 bzw. die 8 = Mladá Boleslav bzw. Vrchlabi.
- 9 = Karosserienummer.

Beispiele: 000 119 bzw. 014 230.

Datenträger und Fahrzeugschein

Typ, Motorisierung, Identifikationsnummern und andere Daten, die das Fahrzeug eindeutig bestimmen, sind auf dem Fahrzeugdatenträger zu finden. Er befindet sich im Serviceplan für den Kunden und als Aufkleber am Kofferraumboden links neben der Reserveradmulde. Der Aufkleber enthält folgende Angaben:

- Produktions-Steuerungsnummer,
- Fahrzeug-Identifizierungsnummer,
- Typ-Kennnummer und Motorleistung,
- Motor- und Getriebekennbuchstaben,
- Lacknummer und Ausstattungs-Kennnummer,
- Mehrausstattungs-Kennnummer.

Ebenfalls eine umfassende Informationsquelle zum Auto ist die Zulassungsbescheinigung Teil 1 (Fahrzeugschein). Sie enthält neben Herstellercode, Fahrgestellnummer (Fahrzeug-ID), Typ- sowie Ausführungsbeschreibung und Datum der Erstzulassung auch Angaben von Motor und Abgasklasse bis zu den Reifengrößen.

4

Fahrzeugdatenträger (Bild 4) und Typenschild (Bild 5): (1) Fertigungsnummer, (2) Fahrzeugidentifizierungsnummer. (3) Gewichte und Lasten: zul. Gesamtgewicht, zul. Zuggewicht, Achslast vorn, Achslast hinten.

Das Typenschild

In den Fahrzeugen ist ferner ein Typ(en)schild zu finden. Es ist beim Octavia II nach Öffnen der linken Türen an der B-Säule unten zu sehen. Auf diesem Schild finden sich Fahrgestellnummer, Gesamtgewicht, Anhängelast und Achslasten.

Die Motornummer

Motorisierung und Getriebebauart werden mit Buchstaben und Zahlen codiert.
Die Motornummern bestehen aus den Kennbuchstaben BCA, BUD und BLF; BGU, BSE und BSF; BZB; BJB, BKC, BXE und BLS; BLR, BLX, BLY, BVX, BVY, BVZ und BWA; BKD, AZV und BMM sowie BMN und einer laufenden Nummer. Sie sind zumeist an der Trennfuge Motor/Getriebe eingeschlagen. Sie finden sich ferner auf Zahnriemenschutz oder Zylinderkopfhaube (Aufkleber) und auf dem Fahrzeugdatenträger (Reserveradmulde) sowie in den Service-Unterlagen.

Das Verglasungszeichen

Die am Ende der Identifizierungsnummer stehenden Ziffern sind mit Laser in die Fahrzeugscheiben eingebracht. Škoda schreibt vor, als Ersatzteil gelieferte Scheiben auf andere Weise mit der Fahrzeug-Identifizierungsnummer zu versehen.

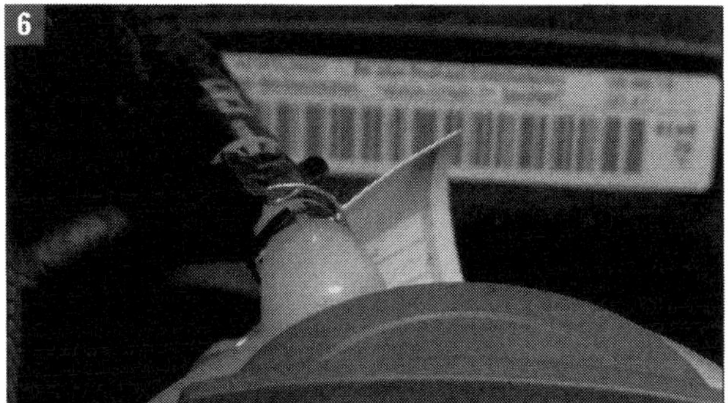
6

Motornummer beim TSI: Der Aufkleber informiert in Buchstaben-, Zahlen- und Barcodes genau über die jeweilige Variante von Benzin- oder Dieselmotor sowie deren laufende Produktionsnummer.

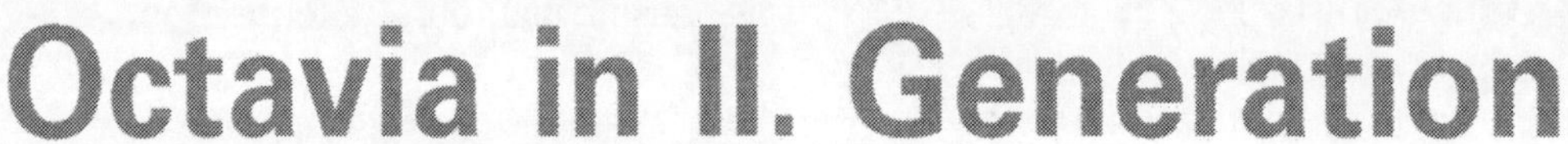

Octavia in II. Generation

Obwohl er auf der Golf-Plattform PQ35 basiert und sich mit ihm den Radstand von 2,58 Metern teilt, ragt der Škoda Octavia II mit 4,57 Metern deutlich über die Kompaktklasse hinaus. Von Alufelgen in 16 Zoll bis Zentralverriegelung per Funk bleibt kein Wunsch offen.

Zwölf Jahre Modellgeschichte

Der Škoda Octavia wurde erstmals 1996 vorgestellt. Er ist das erste Modell der Marke, das die Plattform aus dem Volkswagen-Konzern nutzt und Technologien mit weiteren Fahrzeugen von VW teilt. Der Octavia wurde zum Symbol einer grundsätzlichen Erneuerung des gesamten Unternehmens und zum Grundstein für die Wiederherstellung von Akzeptanz und Image der Marke Škoda. Das Fahrzeug wurde seit Premiere und Markteinführung von Fachpresse und Öffentlichkeit hervorragend aufgenommen.

Auf Anhieb erfolgreich

Die 2004 präsentierte neue Generation des Octavia gewann wiederum gleich im ersten Jahr den Respekt von Fachleuten und eine große Popularität unter den Kunden. Kontinuierlich ansteigende Verkaufszahlen sprechen für die Qualität auch des Octavia II. Das Fahrzeug verkauft sich nicht nur auf dem heimischen tschechischen Markt und in Osteuropa hervorragend und weit besser, als von Škoda erwartet, sondern auch auf den meisten Exportmärkten in Westeuropa.
Zusätzliche positive Reaktionen brachte der Octavia Combi. Sein Verkaufsstart für die meisten europäischen Länder war Anfang 2005. Inzwischen ist der Combi die mit großem Abstand am meisten verkaufte Octavia-Version. Ein ganz besonderes Highlight setzte dann noch der Škoda Octavia Edition 100, eine limitierte Sonderausgabe des Jahres 2005 zum 100-jährigen Jubiläum der Automobilproduktion durch die Škoda-Werke.
2005 war mit dem Octavia erstmals ein Škoda das meistgekaufte Importauto in Deutschland und brachte mit 51.015 Zulassungen das bisher beste Ergebnis eines ausländischen Mittelklasse-Pkw. Von 2006 bis 2008 blieb der Octavia das Importauto Nummer 1. Seine Verkaufszahlen stiegen über die von Opel Vectra und Ford Mondeo zusammen. In 2007 war das Fahrzeug als Combi, Limousine und Modellvariante Scout mit 237.422 Einheiten das von Škoda Auto meistverkaufte Modell. Das war ein Zuwachs von mehr als 18% gegenüber dem Jahr davor. Steter Beliebtheit erfreut sich übrigens auch der Octavia Tour, das mit Überarbeitungen weiter produzierte Vorgängermodell von Octavia Limousine und Combi.

Leistungsstarke Motoren

Für den Škoda Octavia stehen ab 2008 sieben Benzin- und drei Dieselmotoren zur Wahl. Ihre Hubraum- und Leistungsspanne deckt eine breite Palette von Käuferbedürfnissen und -wünschen ab. Der Motor ist stets vorn quer eingebaut. Mit Ausnahme der Allradfahrzeuge »4x4« haben alle Modelle Vorderradantrieb. Für die Benziner werden neben drei Motoren mit klassischer zylinderselektiver Kraftstoffeinspritzung MPI

1

Limousine und Combi: Die neue Generation des Octavia gewann gleich nach Premiere den Respekt der Fachleute und große Popularität unter den Kunden. Limousine und etwas später an den Markt gebrachter Combi knüpften damit an den Erfolg ihrer Vorgänger an. Die RS-Modelle im Bild warten exklusiv mit »Race Blue« und »Corridarot« auf.

(1,4 MPI/55 sowie 59 kW und 1,6 MPI/75 kW) vier Triebwerke mit Direkteinspritzung (FSI) angeboten, bei denen der Kraftstoff unmittelbar in den Verbrennungsraum gespritzt wird: 1,6 FSI/85 kW, 2,0 FSI/110 kW, der Turbomotor 1,8 TSI/118 kW sowie für die sportlichen »RS«-Versionen seit 2005 der 2,0 TFSI/147 kW. Alle Benzinmotoren erfüllen die strengen gesetzlichen Abgas-Anforderungen nach EU 4-Norm. Sie verfügen über einen oder zwei Drei-Wege-Katalysatoren mit Lambdasonden. Der 110 kW-Motor wird sogar mit drei Katalysatoren (Hauptkat und zwei Vorkatalysatoren) ausgerüstet, ergänzt durch drei Diagnostik- und zwei Steuerungs-Lambdasonden.
Die drei TDI-Motoren arbeiten mit Kraftstoff-Direkteinspritzung und Pumpe-Düse-System. Diese Technik gewährleistet Sprintstärke, Durchzugskraft und Sparsamkeit, die Laufruhe allerdings lässt im Vergleich zu Common-Rail-Dieseln etwas zu wünschen übrig. Die seit Modellstart 2004 eingesetzten 1,9- und 2,0 Liter-Diesel bieten 77 bzw. 103 kW Leistung, der seit 2006 im RS verbaute 2,0-Liter-Diesel leistet 125 kW.
Ein besonderer Vorteil der modernen Triebwerke im Škoda Octavia besteht in den flexiblen Wartungsintervallen (WIV), die von der jeweiligen Beanspruchung des Fahrzeugs abhängen. Unter günstigen Betriebsbedingungen kann der Ölwechsel-Abstand 30.000 km oder maximal zwei Jahre betragen.
Alle Motorisierungen werden serienmäßig mit 5- oder 6-Gang-Handschaltgetriebe kombiniert. Für Motoren ab 75 kW Leistung ist auf Wunsch eine 6-Gang-Automatik verfügbar. Sie besteht für Otto-Motoren aus einem klassisch konzipierten Automatikgetriebe mit hydro-dynamischem Drehmomentwandler.

DSG, RS und Edition 100

Für die Diesel-Modelle wird das einzigartige DSG-Getriebe angeboten. Dieses **D**oppelkupplungs-**S**chalt-**G**etriebe kombiniert den überlegenen Komfort eines automatischen mit dem Wirkungsgrad eines von Hand geschalteten Getriebes.
Was beim VW-Konzernbruder Golf der erfolgreiche GTI, ist bei den Škoda-Pkw der sportlich ausgelegte RS. Der ganz neue Motor 2,0 TFSI verleiht dem Octavia RS eine außerordentliche Dynamik. Dieser Turbo-Motor mit Benzindirekteinspritzung tritt mit einem fülligen Drehmoment von 280 Nm im Drehzahlbereich von 1800 bis 5000 U/min an. Mit ihm beschleunigt der

2

3

4

Design: Der Octavia ist als Limousine und Combi ein schönes Auto. 2004 kürte ihn eine Jury in Italien zum weltweit »Schönsten Mittelklasse-Fahrzeug des Jahres«.

bisher schnellste und leistungsstärkste Serienwagen der Marke Škoda in 7,3 (Limousine) bzw. 7,5 (Combi) Sekunden von 0 auf 100 km/h und erreicht eine Spitzengeschwindigkeit von 240 bzw. 238 km/h.
Die Edition 100 ist mit den Motorisierungen 1,6 FSI/85 kW; 2,0 FSI/110 kW; 1,9 TDI-PD/77 kW und 2,0 TDI-PD/103 kW zu haben. Alle Ausführungen sind jeweils mit klassischem Schaltgetriebe oder mit Automatik verfügbar.

Unverwechselbar Škoda

Die nebenstehende Tabelle zeigt das »Ranking« des neuen Oktavia in der Publikumsgunst. Generell wird die neue Generation in ihrem Design als zeitlos elegant und eindeutig zur Marke Škoda gehörig empfunden. Limousine und Combi wirken jetzt noch dynamischer und überzeugen durch ihre solide und gleichzeitig attraktive Erscheinung. Die Frontpartie wird vom eindeutig zuzuordnenden Kühlergrill mit seinem sofort ins Auge fallenden Chromrahmen, den vertikalen Rippen und dem großen zentralen Škoda-Logo dominiert. Ein weiteres charakteristisches Designmerkmal sind die Längssicken auf der Motorhaube. Ihr Verlauf

Zulassungsanteile:

Octavia II Combi:	80%
Octavia II Limousine:	20%

Beliebtheitsreihenfolge der Ausstattungslinien:
Ambiente
Elegance
RS (beim Octavia II Combi)
Sonderausstattungen
Scout (beim Octavia II Combi)

Reihenfolge der gewählten Motorisierungen:

Octavia II Combi	**Octavia II Limousine**
2,0 Liter TDI / 103 kW	1,6 Liter MPI / 75 kW
1,9 Liter TDI / 77 kW	1,9 Liter TDI / 77 kW
1,6 Liter MPI / 75 kW	1,6 Liter FSI / 85 kW
2,0 Liter FSI / 110 kW	2,0 Liter TFSI / 147 kW
Octavia II RS Combi	1,4 Liter MPI / 55 kW
2,0 Liter TFSI / 147 kW	

Quelle: ŠkodaAuto Deutschland GmbH; Unternehmenskommunikation.

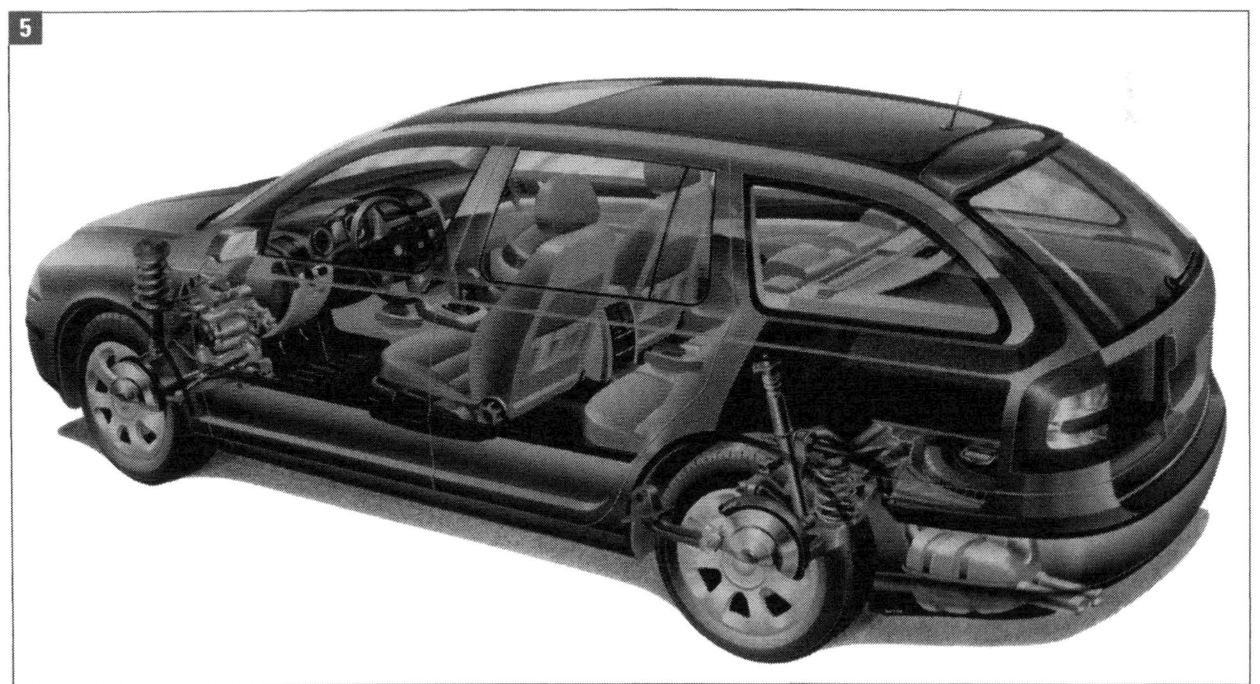

Komfort: Ein großzügiges Platzangebot lässt im Octavia-Innenraum entspanntes Lümmeln zu. Personen bis 1,90 Meter Körpergröße müssen im Fond keine Scheuerstellen an Ellbogen oder Knien fürchten. Hat man den für Combi (unser Röntgenbild) und Limousine gleichermaßen von vielen Käufern favorisierten 1,9-Liter-TDI mit 105 PS und Pumpe-Düse-Technik unter der Haube, reicht die Fahrleistung selbst vollbeladen völlig aus bei moderaten 6,2 l/100 km Kraftstoffverbrauch. Das straff gefederte, ausgewogene Fahrwerk vermeidet auch auf welliger Fahrbahn unangenehme Schwingungen.

von Logo und Kühlergrill V-förmig nach außen soll dem Fahrzeug eine Anmutung von Zuverlässigkeit und Stabilität verleihen.

Vier Ausstattungslinien

Zur Octavia-Familie gehören in den Worten von Škoda-Auto inzwischen »fünf äußerst potente Mitglieder«. Das sind der transportgewaltige Combi, die formschöne Limousine, die kraftsportlichen RS-Versionen von Limousine oder Combi sowie der Allrad-Combi 4x4 (quattro). Als jüngster Ableger des Clans debütierte im Frühjahr 2007 der Octavia Scout. Die Fahrzeuge der Octavia-Familie werden in den vier Ausstattungsversionen Classic, Ambiente, Elegance und L&K hergestellt.
Bereits in der Basisversion **Classic** haben die für Europa gebauten Wagen zwei Front- und zwei Seitenairbags vorne, abschaltbaren Beifahrerairbag sowie Antiblockiersystem ABS mit Bremsassistent, MSR und ASR, Scheibenbremsen an allen Rädern und Zentralverriegelung. Ferner verfügen sie über einen dritten Dreipunkt-Sicherheitsgurt hinten, über höheneinstellbaren Fahrersitz, verstellbares Lenkrad und Isofix-Kindersitzverankerungen auf den Rücksitzen.
Die **Ambiente**-Version des Octavia bietet zusätzlich elektrische Fensterheber vorn, elektrisch einstellbare und beheizbare Außenspiegel, Bordcomputer mit Multifunktionsanzeige sowie getönte Scheiben.
Der Octavia **Elegance** bietet darüber hinaus unter anderem die Klimaanlage Climatic mit automatischer Regelung, eine Jumbo-Box zwischen den Vordersitzen mit einstellbarer Armlehne, Nebelscheinwerfer sowie Zentralverriegelung mit Fernbedienung und Klappschlüssel.
Herausragenden Komfort bietet Škoda Auto beim Octavia mit der höchsten Ausstattungsstufe **»Laurin & Klement«**. Benannt nach den Unternehmensgründern, die ab 1895 in Mladá Boleslav zunächst Fahr-, kurz darauf auch Motorräder und 1905 schließlich Automobile herstellten (siehe Historie), vereint diese Version eine exquisite Materialwahl mit feinster Verarbeitung und großzügiger Technik. Im Art Déco-Stil gestaltete Plaketten an den vorderen Kotflügeln kennzeichnen diese Modellvariante.
Zur Spitzenausstattung Laurin & Klement gehören polierte 17-Zoll-Leichtmetallräder Sputnik, ein poliertes Auspuff-Doppelendrohr und Edelstahl-Einstiegsleisten mit dem Namensschriftzug der Unternehmensgründer auf den vorderen Türschwellern. Die L&K-Versionen verfügen über Kopfairbags und aktive Kopfstützen, ESP mit HHC (Berganfahrassistent), Xenon-Scheinwerfer mit Light Assistant, elektronisch geregelte Zweizonen-Klimaanlage Climatronic, Radio mit 6-fach CD-Wechsler und MP3-Wiedergabe, Telefonvorbereitung GSM I und beheizbare Vordersitze mit elektrisch verstellbarem Fahrersitz.

Motorhaube-Sicken: Ihr V-förmiger Verlauf soll Zuverlässigkeit und Stabilität des Fahrzeugs zum Ausdruck bringen.

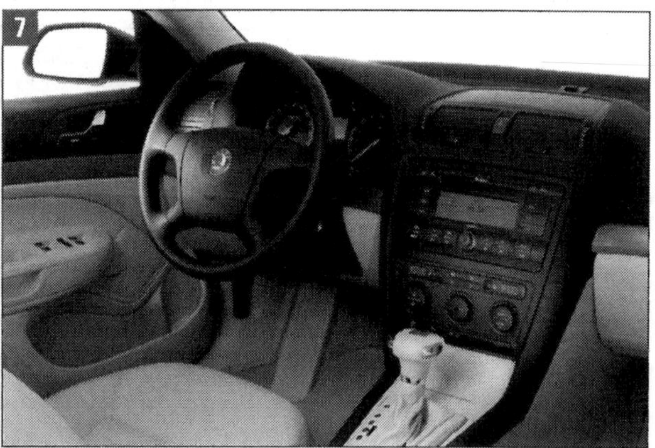

Hauch von Luxus: L&K-Ausstattung vereint exquisite Materialwahl, feinste Verarbeitung und Hoch-Technik.

Dynamik in Forschung und Technik

Die Qualität der tschechischen Automarke hat sich inzwischen eindrucksvoll herumgesprochen. Weltweit verkaufte Škoda Auto in 2007 insgesamt 630.032 Fahrzeuge. Das entspricht einem Zuwachs von 14,6% gegenüber 2006 und ist das beste Verkaufsergebnis in der Unternehmensgeschichte.
Der erstaunliche Aufschwung der Marke Škoda hängt eng mit der gewaltigen Dynamik von Forschung und Technologie im Unternehmen zusammen. Die »Technische Entwicklung« von Škoda Auto in Mladá Boleslav ist heute das drittgrößte Entwicklungszentrum des VW-Konzerns. 38 Mio. Euro werden derzeit in dessen Erweiterung investiert.
Für Škoda Auto wird ein ganz neues Technologiezentrum gebaut. Im Entwicklungsbereich von Škoda kommen neueste Verfahren zum Einsatz, mit denen der Entwicklungsprozess deutlich verkürzt und optimiert wird. Das betrifft vor allem das Design, aber auch die Arbeiten an der Ergonomie oder den Einbau verschiedener Ausstattungen.

Erster Škoda mit neuestem Navigator

Der Octavia übernimmt beispielsweise eine Vorreiterrolle mit seiner neuen Hightech-Infotainmentanlage. Er ist der erste Škoda mit »Columbus«, einem Navigationssystem der jüngsten Generation, das mit Touch-Screen-Technik und eingebauter Festplatte ausgerüstet ist. Schnelligkeit und Bedienungskomfort sind bestechend.
Als Speichermedium nutzt Columbus, womit die Anlage »Nexus« abgelöst wird, eine DVD, die in zwei Versionen für West- und für Osteuropa erhältlich ist. Das System arbeitet mit 30-Gigabyte Festplatte.
Von diesem enormen Speicherplatz sind 10 GB den Navigationsdaten vorbehalten, 20 GB stehen für Musikaufnahmen im MP3-Format zur Verfügung. Eine Aux-In-Buchse im Jumbo Box genannten Ablagebehälter zwischen den Vordersitzen erlaubt das Anschließen von externen Geräten. SD-Karten lassen sich über einen Kartenleser auswerten.

Sicherheit ganz groß geschrieben

Der Octavia bietet ein Höchstmaß an passiver Sicherheit. Er übertrifft sowohl alle gesetzlichen Anforderungen als auch die von Škoda selbst gesteckten hohen Standards der Marke und erfüllt darüber hinaus die Kriterien von Verbrauchertests neutraler Prüforganisationen.
Die stabile Fahrgastzelle bietet den Insassen einen größtmöglichen Überlebensraum, weil sie mit progres-

9

Linienführung: Der Oktavia Combi macht auch beim Blick auf die Heckklappe eine gute Figur.

Ladefläche: Bei umgeklappten Rücksitzen lässt sich ohne Mühe ein Mountainbike in ganzer Länge verstauen.

siv verformbaren Knautschzonen vorne und hinten ausgerüstet ist. Die hohe Verwindungssteifigkeit, die neben Sicherheit auch hervorragende Fahreigenschaften bietet, konnte unter anderem durch Verwendung hochfester Materialien erzielt werden.
Als Rückhaltesysteme sorgen großvolumige Fahrer- und Beifahrerairbags sowie Seitenairbags an den Vordersitzen für Sicherheit. Als Sonderausstattung stehen Kopfairbags zur Verfügung. Auf Wunsch wird der Octavia auch mit aktiven Kopfstützen auf den Vordersitzen ausgeliefert. Die Insassen werden darüber hinaus durch weitere wichtige Sicherheitselemente und konstruktive Maßnahmen geschützt:

- Der Motor ist so gelagert, dass er sich bei einer starken Deformierung nicht in, sondern unter den Fahrgastraum schiebt.

- Die Pedale schwenken bei einem Aufprall zur Seite und verringern so das Risiko von Fuß- und Beinverletzungen des Fahrers.

- Einbauten im Innenraum, die bei einem Unfall Verletzungen verursachen könnten, beispielsweise die Armaturentafel, der Bereich der Armaturentafel unter dem Lenkrad oder die B-Säule, werden aus weichen, verformbaren Materialien gefertigt.

- Im Kofferraum kann die Ladung an Ösen gesichert werden.

- Die Warnblinkanlage wird bei einer Notbremsung automatisch zur Warnung des nachfolgenden Verkehrs aktiviert.

- Auch beim Auslösen des Airbags wird der Warnblinker aktiviert.

- Außerdem schaltet die Automatik die Innenbeleuchtungen ein, entriegelt die Türen und unterbricht die Kraftstoffzufuhr.

Erstaunliche Dimensionen

Für ein Auto seiner Klasse hat der Octavia bemerkenswerte Dimensionen. Das Fahrzeug beruht auf der im Volkswagen-Konzern für die Golfgeneration IV entwickelten Plattform PQ 4 und erscheint im Vergleich doch eher wie ein Passat.
Die Abmessungen, die im Bild 13 an der Limousine gezeigt werden, sind bei allen Modellvarianten praktisch gleich. Einzige Ausnahme ist die Fahrzeughöhe. Beim Combi liegt die Dachhöhe mit 1468 mm um 6 mm höher. Einen winzigen Unterschied gibt es zwischen den RS- und den Normalmodellen: Beim RS be-

11

Navigation: Der Octavia I, noch immer gebaut als Octavia Tour, hatte mit »Nexus« bereits ein modernes Navi-System.

Sicherheit: Stabile Fahrgastzelle mit progressiv verformbaren Knautschzonen bietet verlässlichen Überlebensraum.

trägt der Radstand 2577 mm (statt 2578 mm). Nachzutragen bei den in der Grafik angegebenen Daten bleibt noch die Fahrzeugbreite zwischen den äußersten Kanten der beiden Außenspiegel: 1973 mm.

Tradition und heutiger Anspruch

Der Octavia gehört zu den traditionsreichsten Baureihen des Hauses Škoda. Die Wurzeln reichen weit zurück in die Geschichte, schließlich ist Škoda Auto mit mehr als 110 Jahren Unternehmens- und über 100 Jahren Automobilbauhistorie einer der ältesten Hersteller der Welt.
1996 hatte die Firma mit der Octavia- Baureihe eine neue Ära eingeläutet. Mit ihr ist es gelungen, die Werte der unteren Mittelklasse neu zu definieren. Spätestens bei der Vorstellung der zweiten Octavia-Generation 2004 wurde klar, dass Design mit Premiumcharakter und umfangreiche Ausstattung nicht mit hohen Kosten verbunden sein müssen.
Sechs neue Design-Elemente sind es im Wesentlichen, die dem gesamten Fahrzeug eine starke Ausstrahlung von Kraft, Eleganz und Solidität geben:

- Die V-Form der Motorhaube vermittelt den Eindruck eines großen Fahrzeugs und symbolisiert wirkungsvoll Schnelligkeit und Dynamik.

- Breite Scheinwerfer in Klarglas-Optik reichen bis in die Karosserieseiten, wodurch der Wagen optisch breiter wirkt .

- Die Seitenblinkleuchten sind in die Außenspiegel integriert.

- Die mit dynamisch ausgeformten Radien aus dem Grundkörper wachsenden und sich nach oben verjüngenden B-Säulen bilden ein klassisches Designelement bei Škoda. Beim Octavia ist die Verjüngung nach oben besonders markant. Die charakteristischen Mittelpfosten unterstreichen den Eindruck einer festen, kompakten, monolithisch wirkenden Karosserie. Beim Combi werden diese Säulen durch das zusätzliche hintere Seitenfenster und dessen Säule noch besonders betont.

- Auch die Rückleuchten stellen ein besonderes, unverwechselbares Kennzeichen des Octavia dar. Eingeschaltet leuchtet die ganze rote Fläche in Form des Buchstaben »C« und rahmt das weiße Mittelteil mit Blinkleuchte und Rückfahrscheinwerfer ein.

- Das abgerundete Heck des Octavia Combi unterstreicht mit einer deutlich schrägeren D-Säule als bei der vorherigen Generation den sportlichen Charakter des Fahrzeugs. Der hohe Nutzwert, der beim bisherigen Octavia Combi geradezu sprichwörtlich ist, wurde dabei nicht beeinträchtigt.

Der Octavia RS

Auch der neue Škoda Octavia RS knüpft als weitere Modell-Linie an seinen erfolgreichen Vorgänger an. Weltpremiere für den neuen RS-Octavia war zur Internationalen Automobilausstellung 2008 in Frankfurt. Für die RS-Modelle gibt es neue Metallic-Farbtöne wie »Race Blue«, »Sprint Yellow« oder »Corridarot«.
Der Motor 2,0 TFSI, ein Turbo-Triebwerk mit Benzindirekteinspritzung und einer Leistung von 147 kW (200 PS) verleiht dem Octavia RS außerordentliche Dynamik und das füllige Drehmoment von 280 Nm im

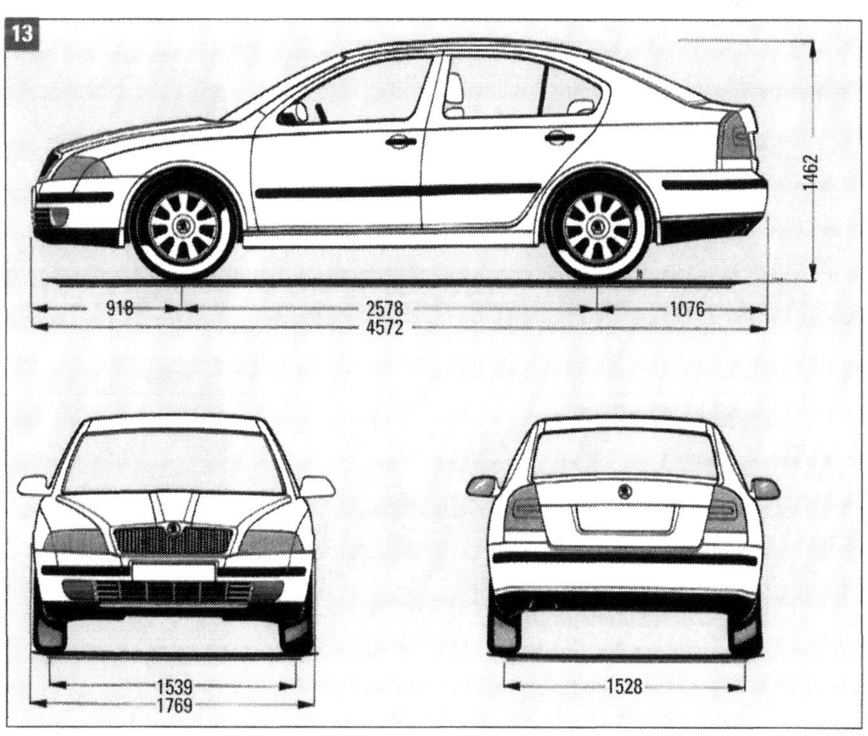

Drehzahlbereich von 1800 bis 5000 U/min. Der damit bisher schnellste und leistungsstärkste Serienwagen der Marke Škoda beschleunigt in 7,3 Sekunden von 0 auf 100 km/h und erreicht eine Spitzengeschwindigkeit von 240 km/h (Combi: Beschleunigung von 0 auf 100 km/h in 7,5 s, Vmax 238 km/h).

Der Octavia Tour

Wir möchten an dieser Stelle kurz auf den Vorgänger des Octavia II eingehen, den wir im Band 233 unserer Buchreihe ausführlich behandelt hatten und deshalb hier nur streifen. Frisch wie am ersten Tag steht dieses Fahrzeug von 2000/2001 als »Octavia Tour« auf der Straße. Die auf der ersten Octavia-Generation von 1996 und 1998 (Combi) basierenden Modellversionen haben nichts von ihrer Attraktivität verloren und ergänzen die Palette mit zeitloser Eleganz bei hoher Verarbeitungsqualität zu günstigen Preisen.
Auch dieser Baureihe wird natürlich weitere Modellpflege zuteil. Änderungen im Motorenangebot sorgen dafür, dass der Octavia Tour auch technisch nichts einbüßt.
Das Fahrwerk des Tour ist vorn mit Einzelradaufhängung an McPherson-Federbeinen, unteren Dreiecksquerlenkern und Torsionsstabilisator ausgestattet. Hinten, wo ebenfalls ein Torsionsstabilisator für spurstabiles Fahrverhalten und minimierte Wankbewegungen der Karosserie sorgt, führt eine raumsparende Verbundlenkerachse die Räder. Zur Serienausstattung des Octavia Tour zählen Fahrerairbag, Gurtstraffer vorne, Servolenkung, asymmetrisch umklappbare Rücksitze (60:40) und Fahrersitzhöhenverstellung. Beifahrer- und Seitenairbags sind auf Wunsch erhältlich, ebenso wie ABS, ASR, MSR und ESP.
Das Karosseriekonzept des Octavia Tour erfüllt alle maßgeblichen Sicherheitsstandards. Die hohe Steifigkeit der Fahrgastzelle und die definierten Verformungszonen bieten bei Front-, Seiten- und Heckcrashs vorzüglichen Schutz. Mit Xenon-Scheinwerfern, Klimaanlage Climatronic und Leichtmetallrädern kann der Wagen individuell jedem Komfortanspruch angepasst werden.

Viele Ehrungen für den Octavia

Folgerichtig wurde der klug konzipierte und umsichtig weiterentwickelte Octavia schon kurz nach dem Start der zweiten Generation von Fachjurys in diversen Ländern zum Auto des Jahres und zum schönsten Fahrzeug 2004 gekürt. Im traditionellen Wettbewerb um das »Goldene Lenkrad«, den die Zeitung »Bild am Sonntag« ausschreibt, belegte der Octavia II den 1. Platz. Und 2005 wurde das Fahrzeug »Bester kleiner Familienwagen« im Wettbewerb des britischen Fachblatts »WhatCar?«.

14

15

16

17

Ausgewogene Linien: Der Combi von 2004 und seine Sport-Version RS (Bilder 14 und 15) führen konsequent die Linien fort, die schon 1998 und 2003 (Bilder 16 und 17) ausgeprägt waren.

Die Geschichte des Octavia

1955 – 1959 Der Škoda 440 »Spartak«

In den 1950/60-er Jahren fertigte der tschechische Pkw-Hersteller Škoda eine Reihe von Fahrzeugen, die anfangs Nummern, später Namen trugen. Sie hatten noch das konventionelle Antriebsprinzip Frontmotor/Heckantrieb.
Alles begann 1955 mit dem Škoda 440, der auch als »Spartak« bezeichnet wurde. Dieser Wagen kann als Nachfolger des 1101/1102 »Tudor« gesehen werden. 1957 wurde die Produktlinie durch den Škoda 445 mit stärkerem Motor erweitert. Mit dem Škoda 450 wurde dann eine Coupé- und Cabrio-Variante eingeführt.
Der Škoda 440 (Typ 970) wurde als 2-türige Limousine in den Jahren 1955-1959 gebaut. Seine wichtigsten technischen Daten waren:

- Vier Zylinder,
- Hubraum: 1089 cm^3
- Leistung: 29,4 kW / 40 PS
- Höchstgeschwindigkeit: 110 km/h
- Maße (LxBxH): 4065 x 1600 x 1430 mm

Der Škoda 445 (Typ 985) mit dem stärkeren Motor wurde von 1957 bis 1959 gebaut:

- Vier Zylinder
- Hubraum: 1221 ccm
- Leistung: 33 kW (45 PS)
- Maße (LxBxH): 4065 x 1600 x 1430 mm

1959 – 1961 Der 440 wird zum Octavia

1959 wurden die Modelle umbenannt. Aus dem 440 wurde der Škoda Octavia, aus dem 445 der Škoda Octavia Super und aus dem 450 der flachere Škoda Felicia. 1960 kamen zwei Touring-Sport-Modelle (RS) mit den Motoren des Škoda Felicia hinzu.
Als wesentlichste Verbesserung gegenüber dem Škoda 440 »Spartak« und dem Škoda 445 wurden die Blattfedern der Vorderachse durch Schraubenfedern ersetzt. Kupplung und Gelenkwelle wurden vom Škoda 450 übernommen. Kühlermaske und Instrumentenbrett wurden verändert, größere Rücklichter auf den Kotflügeln montiert. Nach rechts hinten im Kotflügel kam seitlich der Kraftstoffstutzen.

Firmenzeichen: Bis 1930 wurde ein Firmensignet mit dem Namen verwendet. Das bis heute gültige Signet wurde 1923 erstmals benutzt.

Spartak: Škoda-Fahrzeug vom Beginn der 1950-er Jahre.

Octavia-Vorgänger: Ein Škoda 440 von 1959.

Die Geschichte des Octavia

Technische Daten des Škoda Octavia:
- Vier Zylinder
- Hubraum: 1089 cm^3
- Leistung: 29,4 kW / 40 PS
- Höchstgeschwindigkeit:110 km/h
- Maße (LxBxH): 4065 x 1600 x 1430 mm

Der von 1959 bis 1961 gebaute Škoda Octavia Super vom Typ 985 hatte die Daten:
- Vier Zylinder
- Hubraum: 1089 cm^3
- Leistung: 34,6 kW / 47 PS
- Höchstgeschwindigkeit: 118 km/h
- Maße (LxBxH): 4065 x 1600 x 1380 mm

1961 – 1964 Octavia 702, 703 und TS

1961 wurden weitere veränderte Motoren eingesetzt. Zur Leistungssteigerung wurde die Kompression auf 7,5 erhöht. Die internen Typbezeichnungen wurden ebenfalls verändert. Von 1961-1964 wurde der Octavia als Typ 702 (vorher 970) gebaut. Seine veränderten Daten waren nun:
- Vier Zylinder
- Leistung: 30,9 kW (42 PS)
- Höchstgeschwindigkeit: 115 km/h
- Maße (LxBxH): 4065 x 1600 x 1430 mm

Insgesamt wurden 229.531 Stück dieses Octavia produziert.

Der Škoda Octavia Super wurde in den Jahren 1961-1964 als Typ 703 (vorher 985) gebaut. Seine Technischen Daten waren:
- Vier Zylinder
- Leistung: 36,8 kW / 50 PS
- Höchstgeschwindigkeit: 128 km/h
- Maße (LxBxH): 4065 x 1600 x 1430 mm

Von 1961-1964 wurde ferner der Škoda Octavia 1200 TS (Touring Sport; Typ 999) mit nochmals stärkerem Motor gebaut. Seine Daten:
- Vier Zylinder
- Hubraum: 1221 cm^3
- Leistung: 40,4 kW / 55 PS
- Höchstgeschwindigkeit: 130 km/h
- Maße (LxBxH): 4065 x 1600 x 1430 mm

Ab 1964 stellte Škoda auf einen Antrieb mit

Ebenfalls Octavia-Vorläufer: Ein Škoda Felicia von 1962.

Sportwagen: Ein 130-er Fahrzeug der TS-Baureihe.

Felicia Mystery: Unmittelbarer Vorläufer des Octavia.

Felicia Pickup: Eine ehedem sehr gefragte Variante.

Die Geschichte des Octavia

1959 - 1964 Der Škoda Felicia

Heckmotoren um.
Der in »Felicia« umbenannte Škoda 450 wurde von 1959 bis 1964 als Coupé und Cabrio gebaut.
Technische Daten:

- Vier Zylinder
- Hubraum: 1089 cm^3
- Leistung: 36,8 kW / 50 PS
- Höchstgeschwindigkeit: 128 km/h
- Maße (LxBxH): 4065 x 1600 x 1380 mm

Ab 1961 bis 1964 gab es zusätzlich den Škoda Felicia Super (Typ 996) mit stärkerem Motor:

- Vier ylinder
- Hubraum: 1221 cm^3
- Leistung: 40,4 kW / 55 PS
- Höchstgeschwindigkeit: 130 km/h
- Maße (LxBxH): 4065 x 1600 x 1380 mm

Das Stufenheck-Modell Octavia und das Coupé Felicia wurden durch die heckmotorgetriebenen 1000MB, 1000MBX und 1100MB ersetzt.

1961 - 1971 Der Octavia Combi

Der Name »Octavia« blieb allerdings noch bis 1971 in diesem ersten derartigen Škoda-Programm, nämlich als Octavia Combi. Der Škoda Octavia Combi wurde zwischen 1961 und 1971 in 3 Generationen gebaut: Typ 993C nur 1961, Typ 703C 1961-1969 und Typ 704 in den Jahren 1969-1971. Die Produktion dieses Fahrzeugs lief dann ohne Nachfolger aus. Die technischen Daten des Combi waren:

- Vier Zylinder
- Hubraum: 1221 cm^3
- Leistung: 34,6 kW /47 PS/;
  ab 1969: 37,5 kW / 51 PS
- Höchstgeschwindigkeit: 115 km/h
- Maße (LxBxH): 4065 x 1600 x 1430 mm

Erst mehr als zwei Jahrzehnte später gab es eine Renaissance: 1994 wurde der Name Felicia für einen Kleinwagen wieder aufgegriffen. Der Name Octavia fand wieder Verwendung für ein größeres Auto, das ab 1996 auf den Markt kam.

Škoda 1000MBx: Seinerzeit war diesesModell sehr gefragt.

Heckmotor: Die Modelle der 1000-er Reihe hatten das Antriebsaggregat hinten.

Octavia Combi von 2003: Für die 1996 begonnene neue Baureihe der unteren Mittelklasse verwendete Škoda wieder den traditionsreichen Namen Octavia.

Modellpflege von 1997 bis 2008

1997 - 2003 Der neue Octavia

Nach Vorstellung im Jahre 1996 begann 1997 die Markteinführung der neuen Octavia-Limousine. Für das Fahrzeug standen zwei Benzinmotoren und ein Dieseltriebwerk zur Verfügung: 1,6 l-MPI/55 kW, 1,8 l-MPI/92 kW und der 1,9 l-TDI/66 kW.
1998 wurde der Combi markteingeführt. Zusätzlich gab es nun zwei weitere Benzinmotoren: 1,6 l-MPI mit 74 kW und 1,8 l-Turbo mit 110 kW. Ferner stand ein weiter entwickelter 1,9 l-TDI mit 81 kW zur Verfügung.
In den Jahren bis 2004 wurde die Motorisierung ergänzt mit einem 1,4 l-16V-MPI/55 kW, einem 1,6 l-MPI/75 kW, einem 2,0 l-MPI/85 kW für Fahrzeuge mit Allradantrieb und einem 1,8 l-20V-Turbo/132 kW für die RS-Modelle. Auch zwei weitere TDI-Diesel kamen noch hinzu: 1,9 l/74 kW und 1,9 l/96 kW. Von diesen insgesamt 12 Motoren wurden sechs (drei Benziner, drei Diesel) noch bis 2004 eingebaut. Drei Triebwerke (die beiden Benziner 1,4 l-16V/55 kW und 1,6 l-MPI/75 kW sowie der 1,9 l-TDI/74 kW) stehen bis in die Gegenwart für den Octavia Tour zur Verfügung.

- 1999 werden ABS und Seitenairbags Serie, ein Combi mit Allradantrieb (»4x4«) eingeführt und das Sondermodell »Laurin&Klement« mit gehobener Ausstattung aufgelegt.
- 2000 kommen drei der neuen Motoren dazu.
- 2001 Facelift: Klarglasscheinwerfer, geänderte Stoßfänger und Rückleuchten, überarbeiteter Innenraum. Weitere neue Motoren und ein Sportmodell RS mit 132 kW/180 PS.
- 2002 wird das RS-Modell auch als Combi auf den Markt gebracht.
- 2003 wird der 96 kW/130 PS-TDI-Motor eingeführt.

Ab 2004 Der Octavia Tour

Mit der Einführung einer neuen Octavia-Generation bleibt das bisher gefertigte Modell mit eingeschränkter Motorenpalette unter dem Namen »Tour« (in Österreich »Drive«) auf dem Markt. Ständige Überarbeitung des Motoren-

Starke Marke: Ab 2001 gibt es die Sportmodelle RS, die besonders kraftvoll auftreten.

Neue Generation: Einer der ersten Octavia II.

Octavia in Finnland: Im Winter 2005 fand eine erfolgreiche Testfahrt unter den Bedingungen starker Kälte statt.

Der TSI: Moderne Motoren sind das Plus der Octavia-Baureihe.

Modellpflege von 1997 bis 2008

angebots sorgt dafür, dass der Octavia Tour technisch auf der Höhe bleibt. Der 2,0 l--MPI mit 85 kW wird nicht mehr angeboten. Der 1,6-l-MPI mit 74 kW wurde durch ein Aggregat mit gleichem Hubraum und geringfügig höherer Leistung (75 kW) ersetzt.
Ende 2007 wurde für diese Modellreihe die Montage des Automatikgetriebes beendet. Die Automatik kann man inzwischen für die Motorisierungen 1,6 l-MPI/75 kW (EU 4) und 1,9 l-TDI/66 kW (EU 3) bestellen. Ein weiterer 1,9 l-TDI PD-Motor für den Octavia Tour bringt 74 kW (101 PS) Leistung und genügt EU 4.

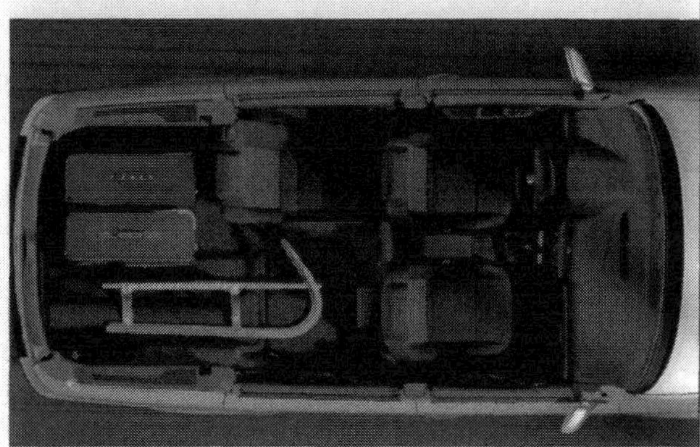

Viel Platz: Alles ist möglich mit dem äußerst geräumigen Škoda Oktavia Tour.

Ab 2004 Octavia neu in II. Generation

- 2004 wird die Limousine der zweiten Octavia-Generation mit vier Benzin- und zwei Dieselmotoren präsentiert: 1,4 l-16V-MPI/55 kW, 1,6 l- MPI/75 kW, 1,6 l-FSI/85 kW, 2,0 l-FSI/110 kW, 1,9 l-TDI/77 kW und 2,0 l-TDI/103 kW.
- 2005 folgt die Combi-Version der II. Generation. Ab diesem Jahr ist die sportliche RS-Version als Limousine und Combi erhältlich. Sie tritt mit dem stärksten Benzinmotor der Klasse an, einem 2,0 l-T FSI/147 kW.
- 2006 wird der 2,0 l-TDI/125 kW für die RS-Modelle ins Motorenprogramm genommen. Das ESP wird um die Funktion »Dynamic Steering Control« erweitert. Optional wird die Berganfahrhilfe »Hill Hold Control« angeboten.
- 2007 wird der nur für die Limousine verfügbare 1,4 Liter Benziner mit 55 kW durch den 59 kW-Motor ansonsten gleichen Typs abgelöst. Neu ins Programm kommt der 1,8 l-T FSI/118 kW, der vor allem ab 2008 teilweise den 2,0 l-FSI ersetzt. Für die TDI-Motoren gibt es nunmehr Dieselpartikelfilter. Das Radio »Stream« wird um eine MP3-Funktion erweitert.
- 2008 werden optional Abbiegelicht und eine silberne Dachreling eingeführt.
- Im Wettbewerb der »Auto Bild Allrad« wird der Škoda Octavia 4x4 in seiner Preisklasse zum »Allrad Auto des Jahres 2008« gewählt. In der Kategorie »Allrad-Pkw bis 25.000 Euro« erringt er 39% der Stimmen und liegt vor Golf V.

Sportlichkeit und Dynamik: Der Octavia II Scout.

Reparatur, Wartung, Pflege

Wenn der Arbeitsplatz geeignet ist, das nötige Material zur Verfügung steht und die Ausrüstung stimmt, haben Sie am Reparieren auch Spaß. Als Arbeitsplatz taugt eine breite und gut beleuchtete Garage mit Stromanschluss. Sie wird anfangs noch eher so schlicht eingerichtet sein wie die Garagenwerkstatt im Bild. Aber mit der Zeit kommt immer mehr dazu – und das rentiert sich.

Mietwerkstatt und Teilekauf

Bei Werkstatt-Stundensätzen weit über 50 Euro lässt sich für denjenigen, der handwerklich geschickt ist, vor allem an älteren Fahrzeugen eine ganze Menge Geld sparen. Aber auch neuere Fahrzeuge lassen viele Arbeiten zu, wie wir schon einleitend betont haben. Das reicht von der gründlichen Aufbereitung vor dem Verkauf über die Beseitigung eines kleinen Unfallschadens bis zu umfangreicheren Wartungs-, Reparatur- oder Verschönerungsarbeiten.

Was tun, wenn der Arbeitsplatz fehlt?

Nicht jeder hat die eingangs erwähnte Garage. Natürlich können Sie auch im Freien zum Werkzeug greifen, wenn eine ebene und befestigte Fläche verfügbar ist. Das kann aber nur ein Notbehelf sein. Die beste Empfehlung für Selbstschrauber sind Mietwerkstätten. Sie bieten meist mehrere Arbeitsplätze, die allerdings während der Woche eher frei sind als am Wochenende, wenn alle Autobastler zum Werkzeug greifen.
Adressen finden Sie in den Gelben Seiten, in Zeitungsanzeigen oder in den von Automobilverbänden empfohlenen Reparatur- und Verleihführern. Im Internet werden Sie auch fündig: Allein der Anbieter
www.geldsparen.de
hält in der Rubrik Auto / Reparatur / Mietwerkstätten deutschlandweit rund 50 Adressen vor, zu denen man einfach über Links gelangt. In Mietwerkstätten ist es möglich, für 5 bis 15 Euro pro Stunde eine Hebebühne zu mieten. Meist ist im Entgelt für die Werkstattbenutzung auch ein Werkzeugsatz inklusive. Gelegentlich muss Werkzeug aber extra gemietet werden, wenn Sie nicht Ihre eigene Werkzeugkiste mitbringen können. Gemietet werden kann auch Gerät zum Schweißen oder Lackieren oder so nützliches Spezialwerkzeug wie Kolbenrücksetzer für Scheibenbremsen. Oft genug steht auch ein Fachmann mit gutem Rat und bewährten Praxistipps zur Verfügung - was allerdings wieder etwas kosten wird.

Welche Vorbereitung ist nötig?

Arbeit in der Mietwerkstatt lohnt sich nur, wenn die Reparatur flott von der Hand geht und eine angefangene Arbeit auch direkt zu Ende geführt werden kann. Das zwingt zu akribischer Vorbereitung. Die benötigten Ersatzteile sollten spätestens am Tag der Arbeit parat sein, denn jede Werkstattstunde kostet ja. Kaufen Sie nach Liste und denken Sie an Zubehör wie Dichtungen, Sicherungsringe, Schlauchschellen, Clipselemente oder selbstsichernde Muttern. Sie müssen um die 10 Euro Kosten einplanen, wenn die Arbeiten abends nicht fertig werden und das Auto über Nacht in der Werkstatt stehen bleibt.
Reparaturen, die man nicht genau abschätzen kann, sollten auf einen Termin gelegt werden, der einen außerplanmäßigen Besuch beim Händler erlaubt. Nehmen Sie den Fahrzeugschein und die Angaben von Fahrzeugkarte und Karosserieschild mit, dann kann ein geschulter Ersatzteilverkäufer das passende Teil aus dem Katalog oder von der CD-ROM des Herstellers ermitteln.

Was ist beim Teilekauf zu beachten?

Achten Sie beim Ersatzteilkauf auf den Preis, denn Unterschiede bis zu 35 Prozent sind die Regel. Bei typenoffenen Serviceketten kann der Kunde manchmal bis zu 60 Prozent sparen, 20 Prozent sind jedenfalls immer drin – und zwar für dieselbe Qualität, meist sogar für die exakt gleichen Ersatzteile.
Auf No-Name-Produkte sollten Sie beim Ersatzteilkauf allerdings verzichten. Solche Käufe machen die eventuell fehlende Beratung beim Kauf von Verschleißteilen nicht wett, und zweitens könnte die Garantie auf das betreffende Teil und von ihm in Mitleidenschaft gezogene Teile in Gefahr geraten. Bei sicherheitsrelevanten Ersatzteilen ist Sparsamkeit ohnehin fehl am Platz. Bremsbeläge, Bremsscheiben, Radlager, Antriebswellen und Gelenke sollte man grundsätzlich in Originalqualität kaufen. Die meisten Billig-Produkte entsprechen nicht der Mindestqualität.
Bei Schäden an Kurbeltrieb, Kolben und Ölwanne lohnt sich der Kauf eines Teilmotors. Zylinderkopf und Nebenaggregate übernimmt man vom alten Motor. Bei gut erhaltenen Fahrzeugen macht ein Austauschmotor Sinn. Firmen, die auf die Überholung von Motoren spezialisiert sind und Reparaturen nach Qualitätsrichtlinien garantieren, finden Sie im Internet unter
www.vmi-ev.de
oder beim Verband der Motoreninstandsetzungsbetriebe
Christinenstr. 3 / 40880 Ratingen
Tel.: 0 21 02/ 44 72 22 / Fax: 0 21 02/ 44 72 25
E-mail: info@vmi-ev.de

Die richtige Ausrüstung

Schlechtes Werkzeug, das sich schon bei der ersten verrosteten Schraube verbiegt oder ausbricht, bringt Probleme und verdirbt den Spaß an der Bastelei. Achten Sie also beim Kauf auf Qualität! Gute Werkzeuge werden aus einwandfreiem Material hergestellt und arbeiten stets maßgenau.

Sie haben natürlich ihren Preis, der für einen 10er-Satz wirklich guter Ring-/Maulschlüssel bei 80 Euro liegen kann. Ein Steckschlüssel-Kasten mit knapp 20 Teilen – Umschaltknarre, Stecknüsse und Verlängerungen – kostet durchaus 200 Euro. Für die komplette Werkstattausrüstung in Profiqualität sind 8000 Euro nicht zu hoch gegriffen. So etwas rentiert sich allerdings bei häufigem Einsatz über 10 bis 20 Jahre hinweg.

Grundwerkzeuge:

- Schraubendreher, Ring-, Maul- und Inbusschlüssel (oft sind gekröpfte Schlüssel nötig!).
- Seitenschneider, Kombizange und Wasserpumpenzange mit mindestens 240 mm Länge. Damit trennen, biegen, halten und drehen Sie so ziemlich alle Werkstoffe und -stücke.
- Kunststoff- oder Gummihammer für empfindliche Bauteile wie Lager, gegossene oder gehärtete Teile. Damit vermeiden Sie etwaige Schäden.
- Der Schlosserhammer wird benutzt, um z. B. mit einem Durchschlag festsitzende Bolzen zu lösen.
- Durchschläge (Durchmesser 3 und 6 mm) sind bei Montage- und Demontagearbeiten an Fahrwerk, Motor und Bremsen universell einsetzbar.
- Ein Körner hilft bei Bohrarbeiten an Metallen.
- Flachmeißel mit gehärteter Schneide werden oft an deformierten oder festgerosteten Schraubverbindungen gebraucht.
- Quetschzange, isolierte Kombizange, Phasenprüflampe mit Nadelspitze und Massekabel sowie isolierte Schraubendreher sind für die Elektrik nötig.
- Für Motorraum und unterm Fahrzeug brauchen Sie einen Steckschlüsselsatz mit den Größen 10 bis 32 mm und Umschaltknarre mit 1/2-Zoll-Antrieb.
- Für den Innenraum ist der Schlüsselsatz 6 bis 13 mm, 1/4-Zoll erforderlich.
- Gripzange und Schraubzwingen: Die Maulweite der Gripzange kann am Griffteil exakt eingestellt werden. Eine Schraubzwinge, erhältlich in vielen Größen, ist beim Montieren Ihre dritte Hand.

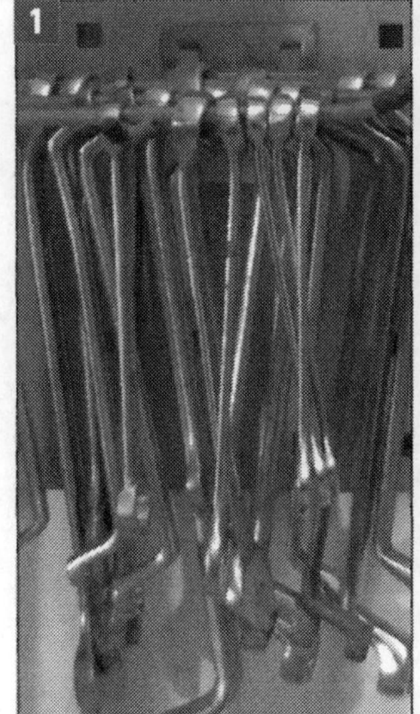

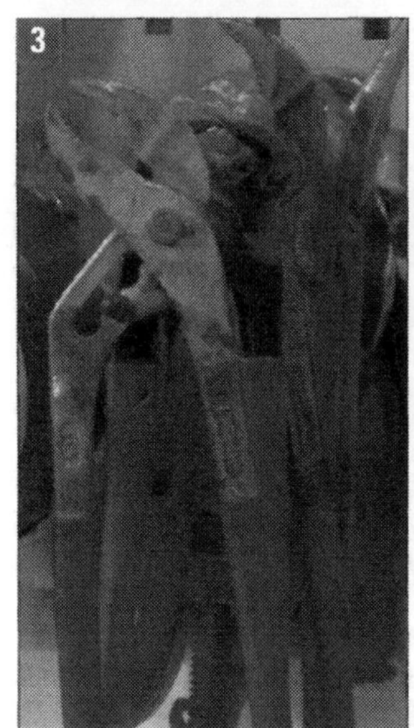

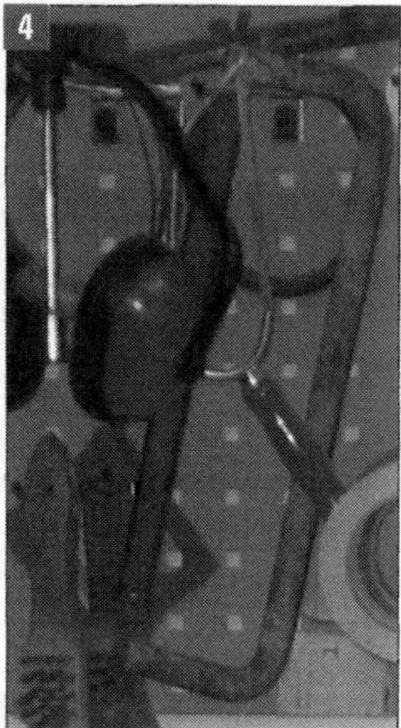

Grundwerkzeuge: Maul- und (auch gekröpfte) Gabelschlüssel (B.1), Schlosser- und Gummihammer (B.2), Zangen (B.3) sowie Metall- und Kunststoffsägen (B.4) sind immer nötig.

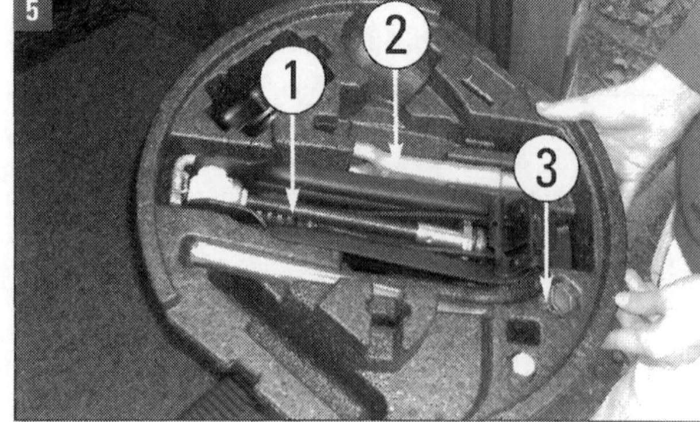

Box aus dem Reserverad: Bordwerkzeug mit (1) Spindelwagenheber, (2) Abschleppöse, (3) Radschraubenschlüssel.

● Abzieher gehören zur Grundausstattung jeder Autowerkstatt. Auch für Heimwerker lohnt sich die Anschaffung dieses Werkzeugs: Radnaben lösen, Achsgelenke aus der Führung pressen o. Ä..

Spezialwerkzeuge:

Mit der Grundausstattung können Sie viele Wartungen und Reparaturen selbst erledigen. Sie ist unentbehrlich für vernünftige Arbeit. Aber sie reicht für viele Fälle nicht aus. Dann brauchen Sie spezielles Werkzeug. Sinnvolle Anschaffungen sind:

● Handstablampe: Gut fürs Schrauben unter dem Auto oder im Motorraum, im Innenraum und in weniger gut beleuchteten Garagen. Wasserdicht, mit Blendschutz, ölresistentem Kabel und schlagsicherem Kunststoffgehäuse.

● Drehmomentschlüssel (Automatikschlüssel): Zur präzisen Beachtung von Anzugsdrehmomenten.

● Ölfilterschlüssel: Wichtig für den Ölwechsel. Günstig ist ein Universalschlüssel.

● Fühlerblattlehre zum Prüfen das Ventilspiels oder des Spaltmaßes von Gebern (Drehzahlgeber etc.).

● Messinstrument (Multimeter): Unerlässlich für exakte Messungen an elektronischen Bauteilen. Es gibt auf die Autoelektrik abgestimmte Geräte.

● Ein Batterieladegerät mit Ladestromanpassung ist besonders im Winter wichtig, wenn häufig nur kurze Strecken gefahren werden.

● Durchgangsprüfer und Abisolierzange sind weitere wichtige Geräte für Arbeiten an der Fahrzeugelektrik. Die Prüferlampe liefert eine zuverlässige Aussage, ob Spannung an den Prüfspitzen anliegt.

Nützliches Zubehör:

● Unterstellböcke und hydraulischer Wagenheber (»Rangierwagenheber«) mit nicht zu kleinen Rollen.

● Felgenbaum mit Abdeckhusse aus Nylongewebe.

● Teilereiniger, Sprühfett, Kupferpaste und andere »chemische Helfer«.

● Auffahrrampen und zum Hocker faltbares Rollbrett sind außerordentlich nützlich, aber schon fast Luxus.

Was muss ich unbedingt beachten?

Sicherheit hat beim Heimwerken absolute Priorität. Wagen Sie sich nur an Arbeiten, die Sie sich wirklich zutrauen können. Nehmen Sie handwerkliche Aufgaben, mit denen Sie in der Praxis wenig oder gar keine Erfahrung haben, nicht auf die leichte Schulter. Mangelhaft ausgeführte Arbeiten können im Straßenverkehr fatale Folgen haben, für Sie und für Dritte.

6

Handstablampe: Für viele Fälle nützlich, oft gar unentbehrlich.

7 8

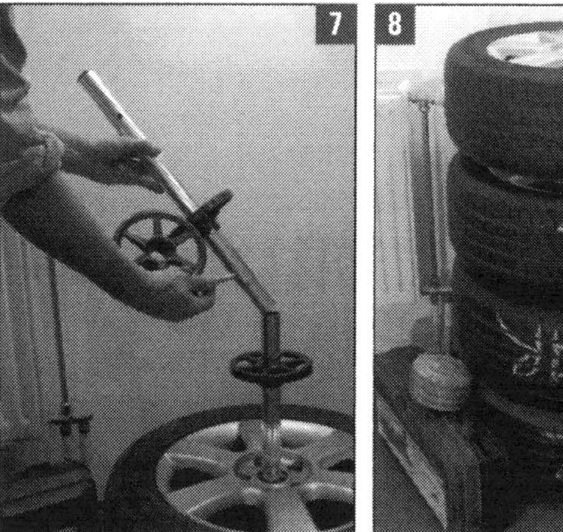

Felgenbaum: Nützliches Zubehör für die Radeinlagerung.

9

10

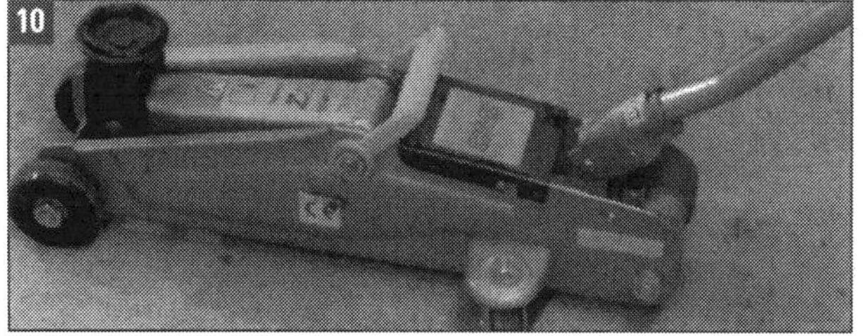

Ladegerät und Rangierwagenheber: Für jede gute Hobbywerkstatt zu empfehlen.

Vorsicht bei der Arbeit!

GEFAHRHINWEISE

- Tragen Sie beim Blechtrennen oder bei Arbeiten mit laufendem Motor Ohrenschützer und beim Bohren, Schleifen, Meißeln und Arbeiten unter dem Fahrzeug stets eine Schutzbrille.

- Arbeitshandschuhe sind gut gegen Abschürfungen an scharfem Blech. Wenn Sie mit der Handbohrmaschine arbeiten, sollten Sie wegen des rotierenden Bohrfutters aber besser keine tragen!

- Achten Sie in Montagegruben und beim Lackieren größerer Flächen am Fahrzeug auf gute Belüftung. Beim Lackieren Schutzmaske tragen!

- Oberste Vorsicht an Zündanlagen! Prüfungen nur bei Motorstillstand durchführen. Prüfaufbau so einrichten, dass Sie bei doch nötigem Motorlauf nicht die Hand anlegen müssen, denn der Primärstromkreis hat Spannung bis 30.000 Volt.

- Durchgebrannte Sicherungen müssen Sie immer durch neue Sicherungen desselben Typs und identischer Stromstärke in Ampere (A) ersetzen. Niemals Drahtbrücken einbauen! Die Folge solcher Behelfsmaßnahmen können Schäden an Bauteilen im betreffenden Stromkreis oder sogar Kabelbrände sein.

- Sprühdosen, Altöl, Bremsflüssigkeit, alte Bremsbeläge oder Farbdosen sind Sondermüll. Sie müssen entsprechend entsorgt werden.

- Bei allen Wartungs- und Reparaturarbeiten sollte das Rauchen strikt unterbleiben.

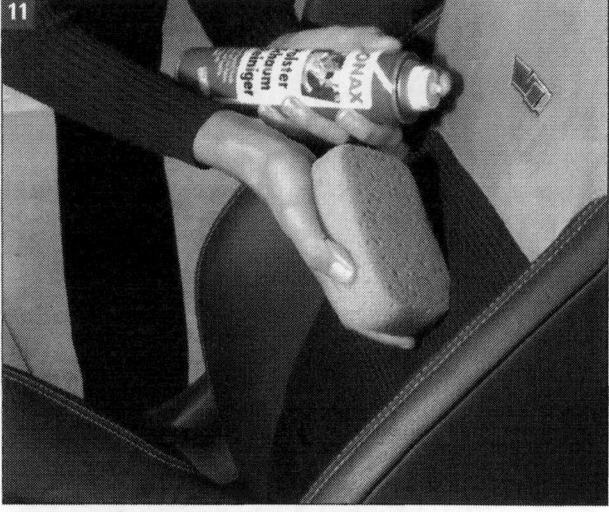

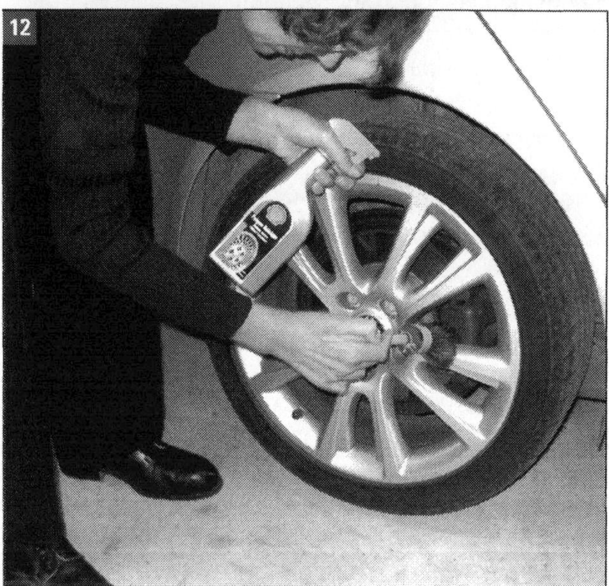

Mit Schwamm und Pinsel: Polster reinigen und Felgen von Bremsstaub säubern macht wenig Spaß. Aber für das Fahrzeug bedeutet es Werterhalt und -steigerung.

Werterhalt durch Pflege

Jeder Wagen braucht sorgfältige Pflege. Das bringt mehr Geld beim Wiederverkauf und sichert bessere Chancen bei den Prüfern von TÜV und DEKRA. In diesem Unterkapitel beantworten wir die wichtigsten Fragen zu Innen- und Außenreinigung, Lack- und Glaspflege sowie Beseitigung kleinerer Karosserieschäden. Ausführlicher behandeln wir dieses Thema in unserem Sonderband 175 »Die Autokarosserie«.

Die Pflege des Innenraums

Den Innenraum sollten Sie bei Pflegeaktionen zuerst in Angriff nehmen. Wenn Sie sich diese Arbeit bis zuletzt aufheben, verschmutzen die Staubwolken aus Polstern und Fußmatten nämlich wieder die frisch gewaschene Außenseite.
Für die Säuberung verwenden Sie am besten spezielle Autopflegemittel. Scheiben, Polster und Kunststoff-

oberflächen sind durch Witterung, Staub, Schmutz und Feuchtigkeit extremen Belastungen ausgesetzt, denen nur besondere Pflegesubstanzen wirklich gewachsen sind. Spezialreiniger sind daher allemal ihr Geld wert. Zur gründlichen Innenreinigung brauchen Sie:

- Nicht flusende Lappen zum feuchten und trockenen Ab- und Auswischen;
- Kleider- oder Polsterbürste;
- Staubsauger mit verschiedenen Düsen;
- Handfeger und Kehrschaufel;
- ein Fensterleder und einen
- feinporigen Kunststoffschwamm.

Und so gehen Sie am besten vor:

- Wagen ausräumen, Ascher leeren und auswischen. Fußmatten nach innen zusammenschlagen und herausnehmen, ausschütteln, ausklopfen und staubsaugen. Gummimatten feucht abwischen und trocknen lassen. Eine feuchte Matte kann üblen Geruch und Stockflecken im Textilbelag verursachen.
- Grobschmutz im Innenraum mit Staubsauger entfernen. Für weiche Textilbeläge eignen sich starre Düsenaufsätze, für harte Kunststoffe sind Borstenaufsätze besser. Sitzpolster abbürsten oder staubsaugen, Kunststoffoberflächen abwischen. Staub in Ecken mit Pinsel entfernen.
- Bei stark verschmutzten Sicherheitsgurten kann das Aufrollen des Automatikgurts beeinträchtigt werden. Deshalb Gurte trocken abbürsten oder bei starker Verschmutzung mit milder Seifenlauge abwaschen, dazu aber niemals ausbauen. Chemische Reinigungsmittel und ätzende Flüssigkeiten können das Gewebe zerstören. Vor dem Aufrollen müssen die gereinigten Gurte trocken sein.
- Zum Reinigen von Kunststoffteilen, Lederverkleidungen, Dachhimmel, Leuchtengläsern, mattschwarz gespritzten Teilen und Armaturenbrett ein mit klarem Wasser angefeuchtetes Tuch verwenden. Sollte das für die Grundreinigung nicht ausreichen: lösungsmittelfreie Reiniger und Pfleger sowie Kunststoffreiniger verwenden. Die besprühten Stellen mit klarem Wasser nachwischen und mit einem Tuch trockenreiben. Empfehlenswert ist auch Cockpitpflege-Spray, das gut riecht und antistatisch ist.
- Beachten Sie: Lösungsmittelhaltige Reiniger sind gefährlich für Instrumententafel und Oberflächen von Airbagmodulen, die porös werden können. Bei einer Airbagauslösung sind dann Verletzungen durch sich lösende Kunststoffteile möglich!
- Den Dachhimmel nur bei starker Verschmutzung reinigen und auf keinen Fall durchfeuchten. Himmel

Innenfenster-Reinigungswerkzeug: Es werden immer wieder Neuerungen angeboten, mit denen die Arbeit erleichtert werden soll. Einen Versuch sind sie sicher wert.

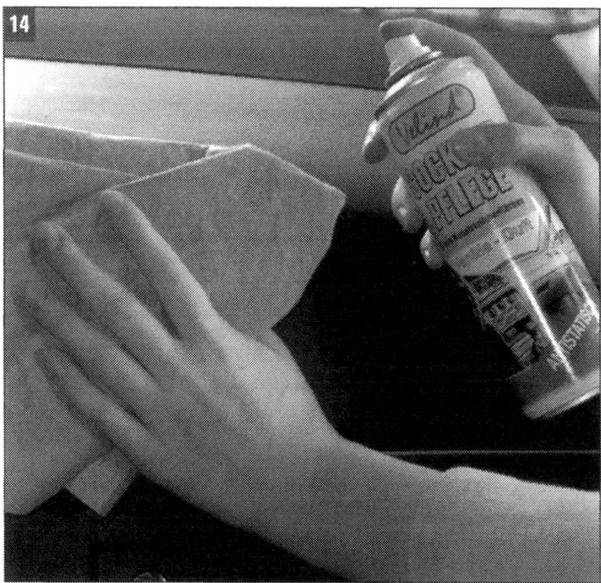

Cockpitpflege: Mit Spezialmitteln werden die Kunststoffoberflächen sauber, glänzender und auch antistatisch, was dem Schutz der empfindlichen Elektronik dient.

mit Reiniger großflächig einsprühen. Mit Schwamm und Frottierhandtuch nachwischen. Behandlung bei Bedarf wiederholen. Nicht auf die verschmutzten Stellen beschränken, weil hässliche Platten mit Rändern entstehen können.

- Polsterstoffe und Stoffverkleidungen werden mit speziellen Reinigungsmitteln oder mit Trockenschaum und feuchtem Schwamm behandelt. Die Polster noch feucht gründlich absaugen. Der Schmutz löst sich so am besten.
- Leder von Sitzbezügen und Verkleidungen reagiert empfindlich schon auf Sonneneinstrahlung, vor allem aber auf Öle, Fette und Verschmutzungen. Staub und Schmutzpartikel in Poren, Falten und Nähten können scheuern und die Lederoberfläche beschädigen - übrigens auch das Mikrofaserfabrikat Alcantara, womit die Sitze bei diversen Octavia-Modellen bezogen sind. Saugen Sie also regelmäßig die Sitze ab.
- Zur Lederreinigung einen Baumwoll- oder Wolllappen mit Wasser, bei stärkerer Verschmutzung mit einer Seifenlösung leicht anfeuchten und die verschmutzten Stellen wischen. Das Leder soll aber nicht durchfeuchtet werden! Fett- und Ölflecke oder anderen hartnäckigen Schmutz vorsichtig mit Schwamm und Spezialreiniger behandeln. Mit weichem, trockenem Tuch nachwischen und trocknen lassen.
- Regelmäßig alle zwei, mindestens aber alle sechs Monate ein Lederpflegemittel anwenden. Nur spezielle Lederpflegemittel nehmen, die auch die Nähte flexibel und geschmeidig halten. Die versiegelnde Pflege-Lotion sparsam auftragen und nach Einwirkung mit weichem Lappen (Microfasertuch) nachwischen. Das Leder wird geschmeidiger, die Farben wirken frischer. Für Alcantara aber niemals Lederpflegemittel, sondern nur Wasser oder verdünnten Spiritus verwenden!
- Die Türdichtungen mit Gummipflegemittel geschmeidig halten. So werden auch Quietschen und Knarren beim Türenschließen vermieden. Regelmäßige Pflege mit dem Hirschtalgstift oder mit einem silikonhaltigen Pflegemittel verlängert die Lebensdauer.
- Innenseiten der Fenster mit feuchtem Waschleder oder sauberem weichem Lappen reinigen. Der Fachhandel bietet ein Reinigungswerkzeug mit auswechselbarem Vliesbelag an, mit dem man besser in alle Ecken kommt. Bei starker Verschmutzung mit Spiritus oder Salmiakgeist und warmem Wasser oder mit Glasreiniger behandeln. Trocken nachpolieren.
- Gegen Rauchgeruch im Innenraum und in den Polstern helfen Markenprodukte aus Zubehör- oder Tankstellenshops. Vor dem Verkauf eines Raucher-Autos wird eine Behandlung mit neutralisierendem Ozon empfohlen, die allerdings zwei Tage dauern und allerhand Geld kosten kann. Im Auto mit Klimaanlage sollten Sie bei Umluftbetrieb gar nicht rauchen. Der angesaugte Rauch setzt sich auf dem Verdampfer ab und verursacht dauerhafte Geruchsbelästigung.

Leder und Gummi: Pflege mit Seifenwasser und Spezialpfleger bzw. mit Hirschtalg oder Silikon sind notwendig.

Die richtige Außenwäsche

Ein Waschplatz auf der Straße ist heute so gut wie überall verboten. Denn mit dem Schmutzwasser der Wagenreinigung könnten Ölrückstände und andere die Umwelt schädigende Substanzen in die Kanalisation und ins Grundwasser geraten.
Eine saubere Sache ist dagegen die Wagenwäsche in einer automatischen Waschanlage. Die verwendeten Wassermengen sind in der Regel großzügig, die Wäsche ist relativ schonend. Ölabscheider und Wasseraufbereitungsanlagen sorgen für Umweltschutz. Sie können meist zwischen mehreren Reinigungs- und Pflegeprogrammen wählen. Nutzen Sie auf jeden Fall Programme mit Vorwäsche.
Unabhängig davon, ob mit Bürsten, Textilstreifen oder Schaumstoff gewaschen wird: Beansprucht wird der Lack immer. Man kann nach neuesten Untersuchungen durchaus des Guten zuviel tun, wenn man zu häufig wäscht. Wenn der Lack keine Vorschädigungen hat, gibt es keinen technisch zwingenden Grund, das Auto ständig zu waschen. Mit Ausnahme von aggressivem Vogelkot oder Säuren werden die meisten Schmutzangriffe vom hervorragenden Lack eines Skoda-Fahrzeugs mühelos verkraftet.
Nach dem Waschgang müssen Sie den Wagen auf Sauberkeit kontrollieren und an manchen Stellen nachputzen. Die Bürsten behandeln Radhäuser und Radläufe oder die Unterkanten der Türschweller oft nachlässig. Auch bei Türrahmen und Ritzen ist bisweilen nachträgliche Handarbeit mit Schwamm und Putztuch angesagt.

Selbstwaschanlagen benutzen

Ihren Wagen selbst zu waschen, ist durchaus empfehlenswert. Die Waschplätze an der Tankstelle (SB-Wäsche) bieten gute Möglichkeiten. Dort stehen Ihnen alle Hilfsmittel zur Verfügung.
Kontrollieren Sie vor Arbeitsbeginn den Zustand der Waschbürsten, ob sie nicht eventuell mit grobem Dreck vom Vorgänger verschmutzt sind (Kratzer!). Beseitigen Sie diesen Schmutz. Waschen Sie Ihr Fahrzeug nicht in der prallen Sonne (Lackschäden!).
Zur wirksamen Außenwäsche brauchen Sie:

- Jede Menge Wasser. Wird der Schmutz mit zu wenig Wasser abgewischt, schmirgeln Staub- und Sandkörnchen über den Lack und zerkratzen ihn.
- Einen Schlauch, wenn möglich mit Sprühdüse aus Kunststoff. Steht kein Wasserschlauch zur Verfügung, brauchen Sie mindestens zwei Eimer, um immer frisches Nachspülwasser parat zu haben.
- Eine Schlauchbürste, bei der das durchfließende Wasser den Schmutz wegschwemmt.
- Waschhandschuh oder Schwamm. Nach jedem zweiten oder dritten Waschstrich in den vollen Wassereimer tauchen und ausdrücken! Fensterleder in anderem Eimer auswaschen.
- Eine langstielige Waschbürste, die sich besonders für Felgen und Radkästen eignet.
- Einen großporigen Viskoseschwamm und einen Fliegenschwamm für Insektenrückstände.
- Großflächiges echtes Leder zum Trockenreiben.

GEFAHRHINWEISE

Vorsicht mit Dampfstrahlern

Wird der Dampfstrahler eingesetzt, dann Wassertemperatur maximal 60 Grad (zu heißes Wasser greift Gummi und Versiegelungen an) und Druckregler auf maximal 30 bar einstellen. Abstand zum Auto 60 bis 80, wenigstens aber 50 Zentimeter. Den Hochdruckreiniger auch vom Kühler fernhalten, weil der scharfe Strahl die feinen Lamellen deformieren könnte. Gut geeignet ist das Gerät zur Felgensäuberung. Hier aber gilt: Nicht den Reifen zu nahe kommen! Die Reifenflanken selbst der stabilen modernen Pneus können durch den hohen Druck des Wasserstrahls Schaden nehmen.

Heißes Wasser aus Druckdüsen löst fast jede verhärtete Schmutzschicht, natürlich auch dicke Ölkrusten an Motor und Getriebe. Von Druckwäsche am Motor müssen wir aber abraten: Eindringende Nässe kann die Elektronik lahm legen oder über den Ansaugtrakt in den Motor gelangen. Ein kapitaler Schaden mit hohen Kosten z. B. für ein neues Motorsteuergerät wäre die Folge. Motorwäsche daher nur mit Kaltreinigern in Handarbeit vornehmen.

Taugt Motorwäsche in Eigenregie?

Motorraumwäsche ist nicht nur Schönheitskur für den Motor, sondern auch eine wichtige Pflegemaßnahme zur Aufrechterhaltung ungestörter Funktion. Die Motorwäsche darf allerdings nur dort erfolgen, wo es einen Ölabscheider gibt. In einer Selbstwaschanlage oder auf einem Waschplatz geht das also.
Wenn Sie diese Arbeit nicht einem Profi überlassen wollen, dann verwenden Sie auf jeden Fall als Fettlö-

semittel einen Kaltreiniger aus der nachfüllbaren Pumpflasche. Damit können Sie den Schmutz in allen Ecken und Winkeln gut aufweichen, vor allem, wenn Sie den Reiniger noch mit einem alten Lappen gut verteilen. Dann das Reinigungsmittel mit viel Wasser abspülen - aber das muss sehr vorsichtig geschehen, um keine Schäden an der Elektronik anzurichten.
Kontrollieren Sie nach getaner Arbeit, ob noch genug Schmierfett an neuralgischen Punkten vorhanden ist. Bei Bedarf sollten Sie maßvoll nachfetten. Gut geeignet sind Festschmierstoffpasten oder Spezialfette. Damit sich der Schmutz auf dem Motor nicht zu schnell wieder festsetzt, können Sie Motorblock und Anbauteile mit einem besonders hitzefesten Motorschutzlack versiegeln. Für die Umgebung reichen ein Konservierungsspray oder Konservierungswachs.
Motorschutzlack versiegelt auf der Basis hochwertiger Acryllacke, bringt neuen Glanz auf Motor, Aggregate oder Schläuche und bildet einen hoch elastischen Schutzfilm gegen Nässe und Schmutz. Gute Produkte sind hochglänzend, haften zuverlässig und sind temperaturbeständig bis 100 °C. Sie werden auf die gründlich gereinigten und getrockneten Flächen bei ausgeschalteter Zündung gleichmäßig aufgetragen. Derartige Sonderlacke sind hitze- und gilbfest. Normale Klarlacke aus Spraydosen würden verbrennen oder zumindest reißen.

PRAXISTIPP

Geeignete Schmierfette

Schmierfette sind nach ihrer Beständigkeit gegenüber Knetbelastung eingeteilt. Je höher der »Walkpenetrationswert« (zwischen 100 und 500), desto niedriger ist die »NLGI-Konsistenz-Nummer« (zwischen 6 und 000) und desto weicher also ist das Fett.

Abschmierfette: Calciumseifen-Fette, NLGI-Kl. 1. Wasserbeständig, wasserabweisend. Für Fahrgestellbauteile.

Blattfederfette: Mit Graphitzusätzen. Gutes Haftvermögen, Wasser abweisend, gut bei Notlauf.

Fließfette: Lithium-12-OH-Stearat-Fette, NLGI-Klasse 00/000. Halbfließende Schmierfette mit gutem Korrosionsschutz.

Komplexfette: Calcium-Komplexseifen-Fette, NLGI-Kl. 2. Hochgradig walkstabil, wasserbeständig und druckaufnahmefähig.

Langzeitschmierfette: Li-Seifen-Fette mit Molybdändisulfid. Zur Hochdruck- und Langzeitschmierung.

Mehrzweckfette: Li-Seifen-Fette, NLGI-Kl. 2. Für alle Schmierstellen, die keine Spezialfette brauchen. Gute Gesamteigenschaften, guter Korrosionsschutz.

Wälzlagerfette: Li-Komplexseifen-Fette, NLGI-Kl. 2. Speziell für Pkw-Vorderradlager. Hoher Tropfpunkt, ausgezeichnete Walkstabilität.

Alle Fette zwischen -10 und +90 °C, meist zwischen -30 und +130 °C (Extremfall: +170 °C) einsetzbar.

Fetten und Schmieren

Schmierfette sollen Reibung und Verschleiß verringern, Korrosion verhindern, Schmierstellen abdichten und gegenüber den Betriebstemperaturen beständig sein. Für Scharniere und Gelenke mit engen Durchgängen, in die kein Fett eindringen kann, sind Öl oder Schmierspray gut geeignet. Gegeneinander reibende Flächen werden günstiger gefettet oder mit einer Schmierpaste bzw. mit Sprühfett in Gelform behandelt. Paste und Gel haften besser an vertikalen Flächen, die Öl herabrinnen lassen.
Schmierfette bestehen aus Mineral- oder Syntheseöl mit Verdickungsmittel und Additiven, die Oxidation und Korrosion aufhalten, Haftung verbessern und Reibwert verändern (Graphit und Molybdändisulfid). Hochwertige Schmierfette zeichnen sich durch optimale Kombination von Grundölen, Verdickungsmitteln und Additiven aus.
Hersteller und Verbraucher bezeichnen die Schmierfette unterschiedlich. Die Produzenten unterscheiden nach den verwendeten Verdickungsmitteln wie Calcium-, Natrium und Lithiumseifenfetten. Die Anwender hingegen differenzieren nach dem praktischen Einsatz: Sie unterscheiden Abschmierfette, Wälzlagerfette oder Wasserpumpenfette.

17

18

Schmierfett und Öl: Die Aufhängungen an den Türen brauchen Behandlung vor allem nach der Wäsche. Fett ist gut auf den Feststeller-Flächen, Öl für Scharniere und Gelenke.

Vorgehensweise beim Fetten und Schmieren:

- Scharniere an Türen und Klappen gelegentlich mit einem Spritzer Öl (Mehrzweckfett) versorgen.
- Nach der Wagenwäsche ist ein knapp dosierter Einsatz von Öl (Fließfett) für das Türschloss gut. Schließzapfen und -ösen mit Fließfett behandeln.
- Türfeststeller am unteren Scharnier mit Mehrzweckfett, Vorderradnaben mit Hochtemperatur-Wälzlagerfett bestreichen.
- Schlüsselschlitz der Schließzylinder: Im Herbst Rostlöser-Isolierspray einsprühen. Schmiert, verdrängt Feuchtigkeit, schützt vor Rost und Einfrieren. Spezielles Schlossöl bewahrt vor Zufrieren und taut zugefrorene Schlösser auf.
- Kupplungsteile mit Langzeitschmierfett, Schmierstellen außer Radnaben mit Abschmierfett behandeln.

Scheiben und Scheinwerferglas

Saubere Scheiben und Scheinwerfergläser sind eine wichtige Voraussetzung für die Sicherheit beim Fahren. Um bei Staub, Regen und Schnee den Durchblick zu erhalten, ist das Fahrzeug mit einer Waschanlage ausgestattet, die Front- und Heckscheiben sowie das Abdeckglas der Hauptscheinwerfer reinigt. Wir gehen auf diese Anlage und den Wechsel von Wischerblättern, Wischerarmen und Wischermotoren ausführlich im Kapitel »Elektrik - Licht, Wischer und Instrumente« ein und erwähnen hier nur kurz die Spritzdüsen für Scheiben und Scheinwerfer.

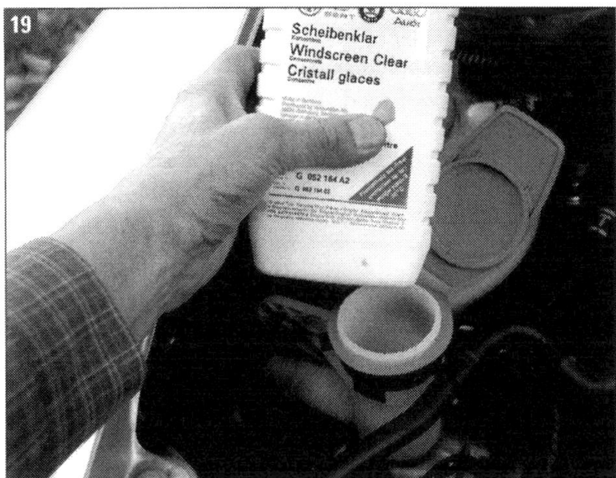

Waschwasser-Zusatz: Etwas Reinigungsmittel, im Winter plus Frostschutz, gehört ins Wasser der Scheibenwaschanlage. Die Mischung aus Reiniger und Frostschutz wird oft als Konzentrat angeboten. Wenn man nicht außerhalb mischt, erst das Mittel, dann Wasser einfüllen.

Beste Wischresultate werden nämlich nur dann erzielt, wenn die Strahlen der Spritzdüsen das Waschwasser präzise auf die definierten Bereiche der Windschutzscheibe und der Heckscheibe sprühen. Verstopfte Scheibenwaschdüsen müssen daher mit einer geeigneten Nadel von außen gereinigt oder besser mit Druckluft durchgeblasen werden. Die Düsen dabei niemals entgegen Spritzrichtung reinigen! Hilft Reinigen nicht, muss die Düse ausgewechselt werden.

Lackpflege nach dem Waschen

Dem besten Lack haben nach zwei, drei Jahren Sonne, Regen, Schmutz und Wagenwäschen so zugesetzt, dass er eine sanfte Grundreinigung nötig hat. Wenn Wassertropfen auf dem sauberen Lack mit unscharfen Rändern zerfließen, ist es Zeit für die Lackpflege.
Für gut erhaltenen Lack genügt eine milde Politur. Sie

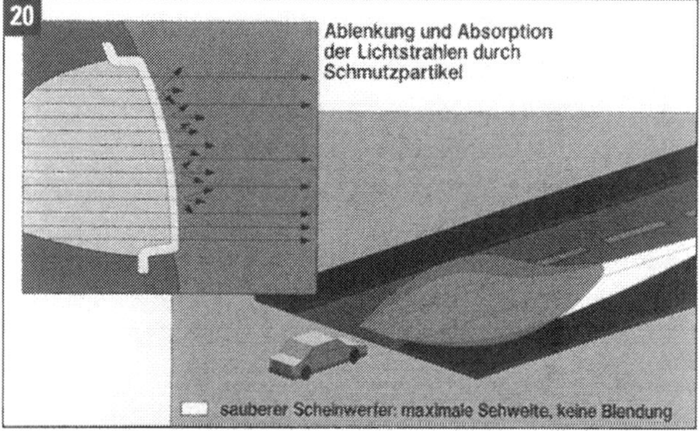

Scheinwerfer reinigen: Licht ist ein Sicherheitsfaktor, deshalb muss das Glas so durchlässig wie möglich sein. Für die Kunststoffscheiben in Klarglasoptik macht sich ein Insektenschwamm mit kratzfreier Reinigungs- und saugstarker Viskoseseite sehr gut. Spezialreiniger verwenden!

glättet die aufgeraute Lackierung, indem sie die mikroskopisch kleinen Furchen in der oberen Schicht behutsam abschmirgelt. Eine Politur enthält Wachskomponenten, die das Blechkleid konservieren.
Bevor Sie einem ins Alter gekommenen Wagen eine Neulackierung spendieren, sollten Sie es mit einem Lackreiniger versuchen. Wenn der verwendete Reiniger keine konservierenden Komponenten enthält, müssen Sie den aufbereiteten Lack in einem neuen Arbeitsgang mit einem Autowachs versiegeln. Lackreiniger funktioniert wie eine Politur. Er enthält jedoch gröbere Schleifmittel, die auch mit stärkeren Verschmutzungen fertig werden.
Bestimmte Pflegemittel frischen gleichzeitig Farben auf und bringen Glanz. Solche Produkte enthalten Farbpigmente, die in ähnlichen Tönen wie die Wagenfarbe gewählt werden können. Die Pigmente überdecken kleine Kratzer, die Wachskomponente bietet Langzeitschutz für mehrere Monate.
Während der Fahrt verüben aufwirbelnde Steine immer wieder Anschläge auf die Karosserie. Bei hohem Tempo schlagen selbst winzige Sandkörner wie Meteoriten im Lack ein. Im Winter sind vor allem Frontpartie und Motorhaube durch Rollsplitt gefährdet. Derartige Schäden sollen möglichst schnell ausgebessert werden.
Auch ein Parkrempler mit Kratzern und Schrammen bietet keinen Anlass zur Panik. Solche Stellen lassen sich ebenso wie Fremdlack mit Lackreiniger oder Schleifpolitur oft einfach auspolieren. Lackbezeichnung und Code für die Farbe Ihres Wagens finden Sie in Ihren Fahrzeugpapieren.
Viele Hersteller bieten für Lackschäden durch Steinschlag (etwa in der Größe eines Stecknadelkopfes) Reparatursets an, die sich leicht handhaben lassen. Eine Alternative ist Tupflack, bei dem der Krater mit einem Pinsel in mehreren Lackschichten aufgefüllt wird. Kosmetisch helfen Wachsstifte in Wagenfarbe.

Lackpflege: Bei Kombimitteln aus Politur und Wachs wie dem Pfleger aus der A1-Serie der Firma Dr. O. K. Wack ist ein mehrmaliger dünner und gründlicher Auftrag empfehlenswert. Neuere Mittel dieser Art (z. B. von Sonax) enthalten dazu noch Farbpigmente, wodurch kleine Kratzer kaschiert werden können. Diese Mittel in kreisenden Bewegungen mit Watte, Schwamm oder weichem Tuch auftragen. Nicht antrocknen lassen, sondern sofort auspolieren.

Lack pflegen

- Fahrzeug gründlich waschen und trocknen. An unauffälliger Stelle prüfen, ob der Lack die Politur verträgt. Bei Lackreinigern immer nur recht dünne Schichten in mehreren Durchgängen auftragen.

- Politur oder Lackreiniger mit Baumwoll- oder Synthesewatte (handballengroße Stücke) oder weichem Schwamm oder Tuch (kein Kunstfaserlappen) auftragen. Mit sanftem Druck in kreisförmigen Bewegungen einreiben. Immer nur kleine Flächen vornehmen. Nach kurzer Einwirkzeit bildet sich ein trockener weißer Belag, der mit einem Watteballen in kreisenden Bewegungen auspoliert wird. Vorsicht an Kanten bei verwittertem Lack: Nicht zu lange dieselbe Stelle bearbeiten und Watteballen oft wenden oder erneuern. Abschließend mit sauberem Baumwolllappen Poliermittelreste und Wattteflusen entfernen.

- Autowachs mit Watte auftragen. Die Größe der zu bearbeitenden Fläche hängt vom verwendeten Produkt ab. Am besten geeignet sind lösungsmittelfreie Konservierer auf Wasserbasis.

- Flüssigkeit mit Watteballen in kreisenden Bewegungen gleichmäßig und druckvoll einreiben. So erzeugt man den besten Tiefenglanz! Die Watte muss mit wenig Widerstand über den Lack gleiten können, deshalb häufig wenden und rechtzeitig wechseln.

- Weist der Lack nach dem Konservieren Streifen oder Wolken auf, liegt das meist an verschmierten Farbpartikeln, die eine vorhergehende Politur hinterlassen hat. An diesen Stellen nochmals mit einer Politur beginnen.

Kleine Lackschäden beseitigen

Wenn Politur und Wachs nicht mehr ausreichen, muss eine vorsichtige Lackreparatur versucht werden. Wenn Sie vorsichtig vorgehen und etwas Erfahrung haben, brauchen Sie dafür noch keinen Profi.

■ Stehen rund um den Lackkrater (Steinschlag) Ränder ab: Mit Nadel abheben. Stelle mit Waschbenzin oder Verdünnung reinigen, gründlich trocknen. Haftgrund in den Sprühdosendeckel spritzen und mit Tupfpinsel oder Fingerkuppe dünn auftragen. Haftgrund trocknen lassen.

■ Abgeriebene Fremdfarbe mit Polierwatte, Schleifpolitur oder Lackreiniger in mehreren Arbeitsgängen aus dem Decklack reiben. Polierfläche klein halten. Wenig Spachtel bündig zur Umgebung in den Krater drücken und trocknen lassen. Mit Lappen und Verdünnung die Spachtelflecken vom Lack wischen.

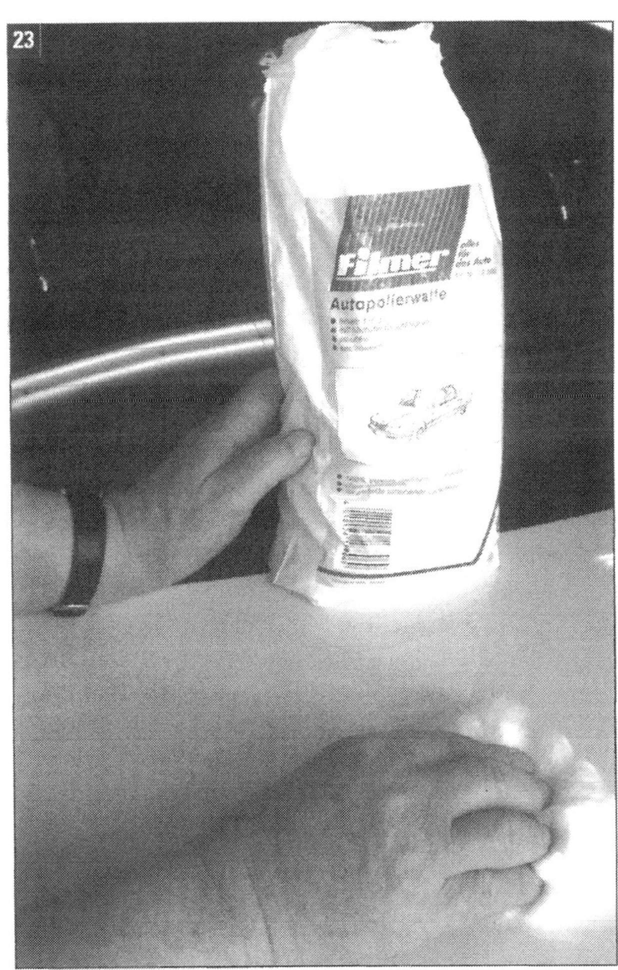

Polierwatte: Damit der Wattebausch immer mit wenig Widerstand über das lackierte Blech gleitet, sind häufiges Wenden und rechtzeiger Wechsel erforderlich.

WISSENSWERTES – Hilfreiche Nanotechnologie

Einige Hersteller bieten Fahrzeuge mit einer so genannten Nanoschicht im Klarlack an. Sie sorgt für höhere Resistenz gegen mechanische Beanspruchung und Korrosion, also für mehr Kratzfestigkeit der Autolackierung. Auch Pflegefachbetriebe bieten Nanobeschichtung an, die bei ähnlichen Kosten länger halten soll als eine Wachsschicht – nämlich bis zu drei Jahre. Der Sammelbegriff »Nano« gründet auf Größenordnungen vom Einzelatom bis zu 100 nm. 1 nm (Nanometer) ist 1 Milliardstel Meter.

■ Raue Ränder mit feinstem Nassschleifpapier (mindestens Körnung 600) behutsam glatt schleifen. Schleifpapier immer wieder anfeuchten.

■ Lack in Dosendeckel sprühen, kurz ablüften, mit Fingerkuppe oder spitzem Pinsel auftragen. Lack vollständig trocknen lassen, im Sommer etwa zwei, im Winter fünf Tage. Die Stelle mit Politur, die Übergänge bei Bedarf mit einem Lackreiniger bearbeiten.
n Bei tiefen Schrammen an Stoßfänger oder Kotflügel das Karosserieteil ausbauen. Fläche mit Schleifpapier (Körnung 80 oder 100) eben schleifen. Sollte Rost vorhanden sein, bis aufs blanke Blech schleifen, Rostumwandler auftragen, eine Stunde wirken lassen. Mit Waschbenzin oder Verdünnung reinigen und entfetten, trocknen lassen.

■ Spachtel und Härter mischen. Immer nur kleine Mengen gleichmäßig und zügig in mehreren dünnen Schichten auftragen. Riefen mit Spritzspachtel ausgleichen. Nach einer Stunde Aushärtung Unebenheiten mit Trockenschleifpapier (Körnung 240) vorsichtig abschmirgeln. Feinschliff mit Nassschleifpapier (Körnung 400) und wenig Druck. Schleifstaub abwischen.

■ Die Schadstelle mit wasserfestem und dehnbarem Lackierer-Klebeband sowie einer Folie abkleben. Haftgrund (Füller) sprühen und trocknen lassen, mit Nassschleifpapier (Körnung 600) plan schleifen. Decklack aus der Sprühdose (Abstand 20 bis 30 Zentimeter) gleichmäßig in mehreren Schichten auftragen.

■ Die Ränder des Klebebandes an der Reparaturstelle lösen, umknicken und diese Stellen nachsprühen. Das macht den Übergang zum Originallack unscharf.

■ Trocknen lassen, ausgebesserte Stelle mit Politur, die Übergänge mit Lackreiniger bearbeiten.

■ Mit Wachs konservieren und das Fahrzeug polieren.

Fit durch den Winter

Ein gutes und gepflegtes Fahrzeug, auch Ihr kraftvoller Octavia, ist gut für den Winter und ermöglicht Fahrspaß selbst bei heftigem Schnee (Bilder 1 und 2). Voraussetzung dafür ist allerdings, dass der Wagen entsprechend vorbereitet worden ist. Denn auf den Winter und seine diversen Tücken muss man sich umsichtig einstellen.

1

Antrieb und Fahrwerk gut geeignet

Mit seinem Frontantrieb hat der Octavia im Schnee schon einmal ganz gute Karten. Die Antriebskraft wird vorn dank Motorgewicht in Traktion umgesetzt. Dieses Konzept mit dem Gewicht auf der Antriebsachse bewährt sich ja inzwischen bei Fahrzeugen fast aller Hersteller.
Als Allradversion fährt der Octavia natürlich erst recht vortrefflich bei Glätte und Schnee. Beim 4x4 wird der Vortrieb auch auf besonders rutschigem Terrain und an Steigungen, an denen es besonders im Moment des Anfahrens zur dynamischen Achslastverlagerung auf die Hinterräder kommt, durch die Verteilung auf alle vier Räder gewährleistet.
Die gute Beherrschbarkeit des Octavia resultiert zudem aus dem tendenziell untersteuernd ausgelegten Fahrwerk, das in schnellen Kurven über die Vorderachse schiebt. Schon bei leichtem Gaswegnehmen steuert der Wagen einen engeren Radius und durchfährt sicher die Kurve.

2

Wirksame elektronische Hilfen

Zusammen mit serienmäßigen ASR und ABS genügte schon der Octavia I der Selbstverpflichtung der europäischen Automobilindustrie (ACEA) vom 1. Juli 2004, nach welcher alle Fahrzeuge mit weniger als 2,5 t zulässigem Gesamtgewicht serienmäßig zumindest mit ABS ausgestattet sein sollen. Inzwischen gibt es dazu nun noch das Elektronische Stabilitätsprogramm ESP, das natürlich auch beim Octavia Vorteile in Sachen Fahrsicherheit bringt.
Die Notwendigkeit zum serienmäßigen Einbau der Stabilitätskontrolle war nach den vielen Erfahrungen mit dem VW Golf, die dem Octavia unmittelbar zugute kamen, im Gegensatz zu anderen Herstellern eigentlich kaum vorhanden. Das Fahrverhalten gab nie Grund zur Sorge, so lange man sich innerhalb der physikalischen Grenzen bewegt. Und die können auch nicht durch das beste Regelsystem im Fahrzeug außer Kraft gesetzt werden. Dennoch kann das ESP im Schnee eine hervorragende Fahrhilfe sein.

Winterausrüstung dabei haben!

Damit Sie darüber hinaus für alle wetterbedingten Fälle gut gerüstet sind, empfehlen wir Ihnen, in einer »Winterbox« möglichst die folgenden Utensilien mitzuführen (s. a. Foto auf der nächsten Seite): Eine fertige Mischung Frostschutz für die Scheibenwaschanlage oder zumindest Konzentrat als Zusatz zum Wasser; damit Benzin oder Diesel nicht ausgehen können, einen Reservekanister; unbedingt eine warme Decke, falls Sie festsitzen und der Sprit doch ausgeht; eine kleine Schaufel für eine immer mögliche Tiefschneehavarie, um den Schnee vor den Rädern wegschaufeln zu können; eine Handlampe auf jeden Fall, aber viel besser noch eine Kopflampe, mit der Sie im früh einsetzenden und lang anhaltenden Winterdunkel die Hände frei haben; unbedingt ein Starthilfekabel und schließlich ein kräftiges Abschleppseil. Besser noch als das Seil ist ein langer Schwerlast-Spanngurt, um andere Autofahrer aus dem Graben ziehen oder selbst geborgen werden zu können. Mit der Rätsche und einem Baum können Sie sich sogar selbst helfen.

Startschwierigkeiten vermeiden

Der Motorstart wird unter winterlichen Bedingungen schnell mal zu einem Problemfall. Das Motoröl wird bei niedrigen Temparaturen dickflüssiger, und die Batterie gibt bei Frost weniger Leistung ab. Zusammen können dies im Winter K.O.-Kriterien für das Fortkommen sein. Denn gerade jetzt brauchen Anlasser und Motor mehr Leistung, um die erhöhten Reibwiderstände zu überwinden. Machen Sie es daher der Batterie so leicht wie möglich, indem Sie auf stromfressende Funktion bei stehendem Motor verzichten (Radio, Innenbeleuchtung, etc.).
Obgleich das im Augenblick des Startens automatisch geschieht, schalten Sie vor dem Start besser alle unnötigen Verbraucher wie Lüftung, Radio, Licht oder Sitzheizung ab. So wird die Batterie am wenigsten in An-

Fostschutzzusatz für Kühlmittel: Messen Sie regelmäßig den Frostschutzanteil und füllen Sie wenn nötig nach.

Winter-Grundausrüstung: Immer dabei haben sollten Sie (von links) ein Starthilfekabel mit Klemmen, Frostschutz für die Waschanlage (fertig mit Wasser gemischt oder Konzentrat), Eiskratzer und Lampe, Gummipflegemittel, Decke, kleine Schaufel, Sicherheitsweste und Abschleppseil. Weiterhin empfehlenswert: Reservekanister mit Kraftstoff.

spruch genommen, was das Risiko von Startschwierigkeiten mindert.

Spezielle Reifen im Winter

Grundvoraussetzung für sicheres Vorankommen bei Minusgraden sowie Eis und Schnee ist die richtige Bereifung Ihres Fahrzeugs. Denn die vier handtellergroßen Gummiflächen zwischen Auto und Fahrbahnoberfläche sind das wichtigste Bindeglied zur Straße.
Seit 2006 schreibt selbst die Straßenverkehrsordnung eine »geeignete Bereifung« (§2 Abs.3a) für den Winter vor. Wie diese aber auszusehen hat oder welche Spezifikationen sie erfüllen muss, ist nicht näher definiert. Ganzjahresreifen können für unkritsche Wetterlagen mit milden Temperaturen ausreichend sein. Bei plötzlichem Kälte- und Schneeinbruch sind sie aber ungeeignet. Weder die geübte Hand noch die Elektronik können bei unzureichender Bodenhaftung/Bereifung das Fahrzeug noch kontrollieren. Gehen Sie also auf Nummer sicher und verwenden Sie einen vernünftigen Satz Winterreifen.

Wann und wofür Winterreifen?

Ob die sogenannte 7-Grad-Empfehlung als Marketingmaßnahme oder aufgrund früherer Reifenentwicklungen entstanden ist, können wir nicht genau sagen. Die pauschale Behauptung jedenfalls, dass Winterreifen bei Temperaturen unter 7 Grad Celsius bessere Eigenschaften als Sommerreifen hätten, ist durch verschiedene Tests widerlegt worden. Auch noch bei Temperaturen knapp über dem Gefrierpunkt können mit Sommerreifen sowohl auf nasser als auch auf trockener Fahrbahn kürzere Bremswege erzielt werden als mit vergleichbaren Winterreifen.
Aber Winterreifen sind ganz eindeutig die bessere Wahl für winterliche Straßenverhältnisse; dafür sind sie ausgelegt. Ihre kälteresistente Gummimischung verhärtet bei Minustemperaturen weniger und ermöglicht damit eine bessere Verzahnung mit dem Untergrund, was bessere Kraftübertragung bedeutet.
Winterreifen sind mit dem M+S-Symbol (englisch: Mud and Snow, deutsch: Matsch und Schnee) und einer stilisierten Schneeflocke gekennzeichnet (siehe Bilder). Anders als bei Sommerreifen ist es bei Winterreifen erlaubt, Reifen mit niedrigerem Geschwindigkeitsindex einzusetzen als im Fahrzeugschein ausgewiesen. Dafür muss ein Aufkleber »XXX km/h« im Sichtbereich des Fahrers angebracht werden.

WISSENSWERTES

Das Schneeflockensymbol

Gefordert: Ein Plus von 7%

Nach den Empfehlungen des Deutschen Verkehrssicherheitsrats ist der Winterreifen mit Schneeflockensymbol Favorit für die sichere Fahrt. Die Schneeflocke auf der Reifenflanke hat sich im Jahr 2002 europaweit als freiwilliges Hersteller-Kennzeichen von Winterreifen zusätzlich zur M+S-Markierung durchgesetzt.

Allerdings darf die Schneeflocke nur solche Reifen »zieren«, die den vorgegebenen Spezifikationen entsprechen. Diese müssen im Vergleich mit einem Standard-Referenzreifen mindestens sieben Prozent mehr Traktion auf Schnee bieten und einen ebenfalls sieben Prozent kürzeren Bremsweg ermöglichen. M+S-Reifen hingegen müssen nur ein besonders grobes Profil haben. Eine bestimmte Schnee-Performance ist nicht gefordert.

Das Schneeflocken-Symbol ist als Antwort auf den zum Teil betriebenen Missbrauch mit der M+S-Kennung (engl.: Mud and Snow = Matsch und Schnee) entstanden. Nicht alle mit M+S gekennzeichneten Reifen weisen die Lamelleneinschnitte in den Profilblöcken auf, die für gute Traktion auf Schnee sorgen. Daher tragen etwa auch Reifen für den Geländeeinsatz dieses Symbol. Doch gerade gröbere Allradreifen sind für den Einsatz im Winter höchst ungeeignet.

Garant für Wintertauglichkeit: Reifen mit der Schneeflocke zusätzlich zur M+S Kennung.

Gute Haftung dank Lamellen

Ergebnis von Forschung und Entwicklung der Reifenhersteller sind neben der kälteresistenten Gummimischung das Gliedern der einzelnen Profilblöcke mit feinen Lamellen-Einschnitten und vielen Rillen. Diese dienen als scharfe Greifkanten beim Abrollen des Rades. Der dynamische Prozess an der Auflagefläche erhöht die Verzahnungskräfte besonders mit losem Untergrund wie Schnee. Der lammellierte Reifen krallt sich in den Untergrund, er hat viel mehr »Grip«.

Die Lamellen sind andererseits auch ein guter Verschleißindikator: Bei Abnutzung verschwinden sie allmählich, ihre Wirkung nimmt ab. Unter 4 mm Profildicke verlieren Winterreifen auf Schnee ihren Nutzen und sollten durch neue ersetzt werden. Es spricht allerdings wenig dagegen, sie im Frühjahr noch bis auf eine Profiltiefe von rund 3 mm aufzubrauchen.

Die Lamellenprofile gestatten eine geringere Höhe der einzelnen Blöcke. Dadurch werden die Eigenschwingungen reduziert, was die Reifen leiser macht. Zum anderen wurden die Profilblöcke unterschiedlich groß gestaltet, so dass die nach dem Abrollen nachschwingenden Blöcke verschiedene Eigenschwingfrequenzen haben. Eigendynamisches und geräuschvolles Schwingen bei einer bestimmten Geschwindigkeit wird so unterbunden.

Winterreifen-Profil: Die einzelnen Blöcke sind unterschiedlich groß und von zahlreichen Lamellen durchzogen. Das führt zu besserem Grip und ruhigerem Abrollen auf der Straße.

Welche Reifen sind richtig?

Die Wahl der richtigen Winterreifen für den Octavia fällt infolge eines breiten Angebots vom teuren High-Performance-Pneu bis zum günstigen Noname-Fabrikat nicht leicht. Der Internet-Anbieter BAZAR.de z. B. wartet mit einem halben Hundert Felgen-Reifen-Kombinationen für den Octavia auf. Bei »www.reifentiefpreis.de« finden Sie Reifen wenig bekannter Firmen wie EP Tyres, Fate, Avon, Matador oder Debica zu Preisen, die bis zu 80% unter denen von Markenfabrikaten liegen können. Škoda empfiehlt vorrangig folgende Marken und Typen:

- Continental: Winter Contact TS x
- Goodyear: Ultra Grip 5 oder 6 und Eagle UG GW3
- Michelin: Alpin und Pilot Alpin
- Dunlop: SP Winter Sport M2 oder M3
- Pirelli: Sottozero oder Snow Sport

Aber in jeder neuen Saison sind neue Modelle verfügbar. Orientieren Sie sich an den gründlichen Tests zum Beispiel des ADAC. Sie geben meist verlässliche Hinweise, welche Winterreifen auch in den Octavia-Dimensionen empfehlenswert und welche weniger geeignet sind.

PRAXISTIPP

Gebrauchte Winterreifen

Seit Januar 2006 sind Autofahrer verpflichtet, im Winter ihr Fahrzeug mit »geeigneter Bereifung« auszurüsten. Ohne Winterreifen riskieren Sie ein Bußgeld und bei Unfall sogar Verlust des Versicherungsschutzes. Der Erwerb eines Komplettsatzes von Reifen und Felgen ist natürlich eine Kostenfrage. Sparen lässt sich mit gebrauchten Winterrädern, die Sie zum Beispiel bei speziellen Börsen, meist Anfang November, finden können. Achten Sie auf Zeitungsanzeigen oder Internet-Hinweise (Seiten des ADAC).

Notieren Sie sich vor dem Kauf die für Ihr Fahrzeug passenden Reifengrößen (Fahrzeugschein). Der Reifenhersteller Continental schafft zudem auf seinen Internetseiten mit dem »Reifenkonfigurator« Klarheit. Nach Eingabe der Schlüsselnummer laut Fahrzeugschein werden auch alternative Reifengrößen aufgeführt. Wenn Sie einen passenden Satz gefunden haben, untersuchen Sie ihn nach den Prüfkriterien Profiltiefe, Reifenalter und Erscheinungsbild (Beschädigungen etc.), bevor Sie zugreifen.

Solche Tests gehen auf unterschiedliche Parameter wie z. B. die Bremseigenschaften auch bei trockener, unbeschneiter Fahrbahn ein. Bei Ihrer Kaufentscheidung sollte in jedem Fall die Fahrsicherheit vor Sparsamkeit gehen.

Schneeketten anlegen

Schneeketten für den Octavia gibt's im Škoda-Autohaus wie auch im Zubehörhandel. Das Set umfasst zwei Ketten im wasserfesten Transportbeutel, der problemlos im Kofferraum verstaubar ist und sich auch als Unterlage bei der Montage verwenden lässt. Die Ketten können aber auch beim ADAC ausgeliehen werden, wenn Sie sie nur mal für eine Fahrt in Regionen brauchen, wo Schneeketten Vorschrift sind.
Es empfiehlt sich, die Gebrauchsanleitung in einer Klarsichthülle immer bei den Ketten zu haben. Schneeketten gehören auf die angetriebenen Räder, beim Octavia also nach vorn. Üben Sie einmal ganz unabhängig von Schnee und Eis das Anlegen, damit es schnell genug geht, wenn Sie es bei Frost tun müssen. Arbeitshandschuhe sollten beim Anlegen Ihre Finger schützen. Im Octavia-Forum (Internet) weiß jemand zu berichten: »Nach zweimaligem Ausprobieren zu Hause waren sie in 5 Minuten drauf.«

Dichtgummis pflegen

Die Dichtungsgummis sind bei Minustemperaturen besonderen Anforderungen ausgesetzt. Kaputte Gummidichtungen sind nicht nur optisch ein Problem, sondern können im Extremfall zu Wassereinbruch und übermäßigem Scheibenbeschlag führen.
Sparen Sie also nicht bei der Pflege, denn das Auswechseln defekter Dichtungen ist aufwändig und insofern auch nicht billig. Verwenden Sie lieber regelmäßig einen Gummipflegestift (Hirschtalg oder Silikon; Bilder 8 und 9). Dieser verhindert im Winter das Festfrieren von Gummidichtungen an Türen, Scheiben und Kofferraumdeckeln. Zusätzlich wird das Gummi auch bei Kälte geschmeidig gehalten, was vor dem Brüchigwerden schützt.

Türschlossenteiser

Auch die Verwendung eines Türschlossenteisers kann nicht schaden, insbesondere wenn Sie an Ihrem Octavia die Türen nicht per Funkschlüssel öffnen. Beachten Sie aber, dass der Enteiser, ein spezielles Schlossöl (wie Bild 11), nicht ins Fahrzeug gehört. Dort nutzt er im Fall der Fälle nämlich nichts.
Das Feuerzeug ist im Übrigen keine Alternative. Denn durch die Erhitzung des Schlüssels riskieren Sie einen Schaden an dem im Schlüssel integrierten Mikrochip der Wegfahrsperre. Falls Sie das Schloss auf diese Art geöffnet haben sollten, kommen Sie dann womöglich erst recht nicht vom Fleck.
Abschließend noch ein Tipp: Waschen Sie besonders bei »Schmuddelwetter« häufig die Scheinwerfer! Bei Fahrt auf nasser Straße können die Abdeckscheiben schon nach einer halben Stunde zu 60% verschmutzt sein. Die geringere Lichtausbeute gefährdet Sie und andere Verkehrsteilnehmer!

Gummipflege: Für Fahrzeuge auch von Škoda hat VW Silikonpfleger, die von allen Pflegemittelfirmen angeboten werden.

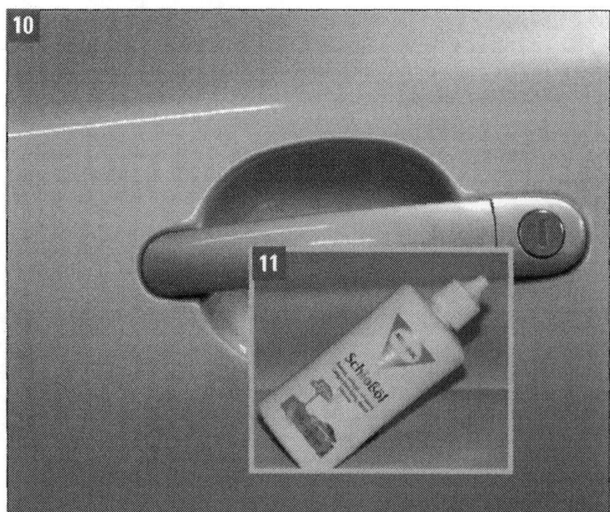

Schlossöl: Gegen das Einfrieren und auch zum Auftauen, falls es doch passiert ist, einige Tropfen in den Schließzylinder.

Winterreifen montieren

Das Montieren von Winterreifen können Sie schnell und sicher erledigen. Beachten Sie aber beim Anheben des Fahrzeugs die Sicherheitsbestimmung im Abschnitt »Fahrzeug richtig aufbocken« des Unterkapitels »Was tun bei Pannen?«.
Nach der Demontage der Sommerreifen müssen diese eingelagert werden. Empfehlenswert ist hierzu der schon früher erwähnte Felgenbaum, der verhindert, dass Flanken oder Laufflächen während der Einlagerung belastet werden.
Das Anzugsdrehmoment für die Radschrauben liegt bei 110 bis 120 Nm. Ziehen Sie sicherheitshalber nach 50 km alle Schrauben nochmals nach!

Werkzeug, Materialien, Arbeitsschritte:

Für den profimäßigen Räderwechsel werden gebraucht:
- Stecknuss mit Verlängerung,
- Drehmomentschlüssel,
- Wagenheber mit ausreichend Hub, z. B. Rangierwagenheber,
- Unterstellböcke und
- eventuell eine Drahtbürste sowie etwas Kupferpaste.

Gehen Sie dann am besten wie folgt vor:

- Suchen Sie eine ebene Stelle mit festem Untergrund für den sicheren Radwechsel.

- Ziehen Sie die Handbremse fest an und lösen Sie alle Radbolzen zunächst um eine viertel Umdrehung.

- Heben Sie nun das Fahrzeug so weit an, bis das Rad ein paar Zentimeter über dem Boden hängt. (Beachten Sie alle Hinweise aus dem Abschnitt »Fahrzeug richtig aufbocken«).

- Dann die fünf Radbolzen herausdrehen und das Rad abnehmen. Wechseln Sie immer ein Rad nach dem anderen!

- Kontrollieren Sie den Zustand der Radnabe. Säubern Sie diese gegebenenfalls mit der Drahtbürste und tragen Sie eine hauchdünne Schicht Kupferpaste auf. Das schützt vor weiterer Korrosion.

- Setzen Sie jetzt das Rad mit den Winterreifen an. Drehen Sie alle Radbolzen so fest wie möglich ein und achten Sie darauf, dass das Rad gerade an der Nabe anliegt.

- Ziehen Sie die Radbolzen mit einem Drehmoment von 110 bis 120 Nm an. Wichtig: Ziehen Sie die Räder nach rund 50 Kilometern nochmals nach!

- Die Sommerräder sollten kühl und trocken möglichst auf einem Felgenbaum gelagert werden.

Radwechsel: Die auf dem Felgenbaum eingelagerten Sommerräder werden mit der verschließbaren Hülle vor Verschmutzung geschützt. Den Wagenheber richtig platzieren. Zuerst mit einfachem Radkreuz, dann mit Drehmomentschlüssel arbeiten.

Heizung / Lüftung prüfen

Damit im Winter die Scheiben auch von innen möglichst schnell und zuverlässig frei werden, müssen Heizung, Lüftung und Klimaanlage in tadellosem Zustand sein. Die Klimaanlage kann auch im Winter wertvolle Dienste leisten: Sie trocknet die Luft im Fahrzeug und vermindert dadurch das Beschlagen der Scheiben. Beachten Sie, dass andererseits der im Frischluftkanal integrierte Wärmetauscher der Klimaanlage die Frischluftzufuhr von außen behindert, weshalb das Gebläse im Winter immer mindestens auf Stufe 1 mitlaufen muss.

Vorgehen beim Prüfen:

■ Prüfen Sie, ob das Gebläse in allen Stufen wirkungsvoll arbeitet, indem Sie die Luft auf die mittleren Ausströmer lenken und alle Schalterstellungen durchprobieren. Eventuell den Reinluftfilter wechseln.

■ Ab einer Motortemperatur von 60 Grad oder nach ca. fünf Kilometern Fahrt muss aus den Ausströmern warme Luft kommen, sobald Sie den Temperaturregler ganz nach rechts schieben.

■ Prüfen Sie zum Abschluss noch, ob der Drehregler für die Luftverteilung funktioniert. Sie können das an den jeweiligen Düsen erfühlen und auch hören. Beim Hin- und Herschieben müssen sich die einzelnen Klappen des Lüftungssystems öffnen und schließen.

Aus- und Einbau des Reinluftfilters:

■ Bauen Sie entsprechend Bild 3 zuerst die Seitenabdeckung (1) auf der Beifahrerseite und dann die die Abschottung (2) vom Heizgerät aus.

■ Entriegeln Sie dann die Abdeckung (3) in Pfeilrichtung (A).

■ Nehmen Sie die Abdeckung (3) in Pfeilrichtung (B) ab.

■ Jetzt kann der Reinluftfilter (Staub- und Pollenfilter) nach unten aus dem Heizgerät herausgenommen werden.

■ Der Einbau erfolgt in umgekehrter Reihenfolge, wobei die vorgegebene Einbaulage zu beachten ist.

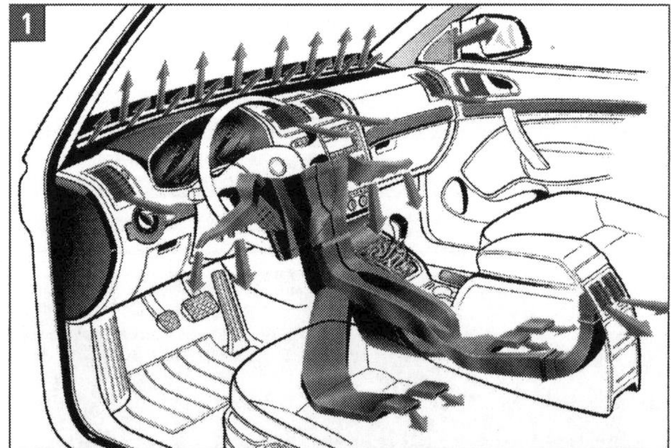

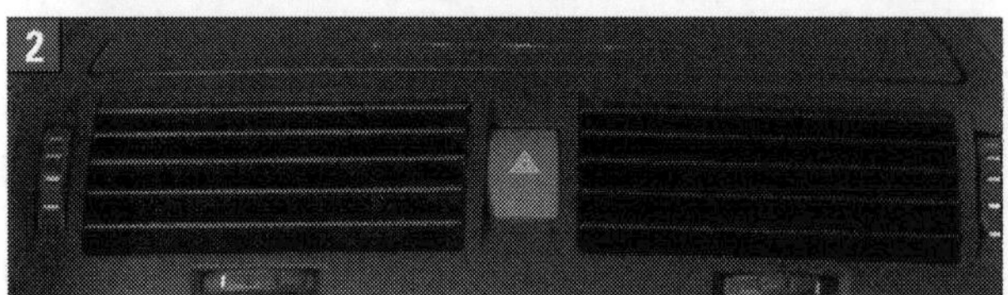

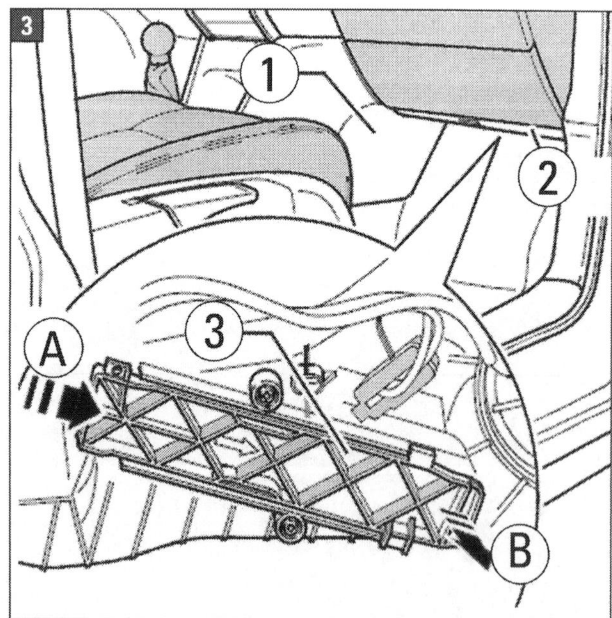

Heizung/Lüftung: Bild 1 zeigt schematisch die Zirkulation der erwärmten oder gekühlten Frischluft im Octavia durch alle Ausströmer an der Frontscheibe, im Cockpit und im Fond. Im Bild 2 sind als Beispiel die Luftausströmer in der Mittelkonsole mit den Stellrädern zu sehen. Bild 3 zeigt das darüber beschriebene Herausnehmen des Reinluftfilters (Staub- und Pollenfilter).

Frostschutz sichern

Dem Scheibenwasch- und dem Kühlwasser werden Frostschutzmittel beigemischt. Für das Scheibenwaschwasser genügt in Zeiten ohne Frost ein Waschzusatz. Der Kühlmittelzusatz dagegen sorgt auch für Korrosionsschutz im Motor und muss daher im Sommer im Kühlsystem verbleiben.
Bringen Sie die Mittel nicht durcheinander! Frostschutzmittel für die Scheibe im Kühlkreislauf oder umgekehrt: Das kann fatale Folgen haben.

- Der Vorratsbehälter für Waschwasser (1) sitzt beim Octavia in Fahrtrichtung rechts im Motorraum.
- Der kugelförmige Ausgleichsbehälter für das Kühlmittel (2; Aufschrift G12) befindet sich rechts hinten im Motorraum, direkt hinter dem Einfüllstutzen für das Scheibenwaschwasser (Bild 1).

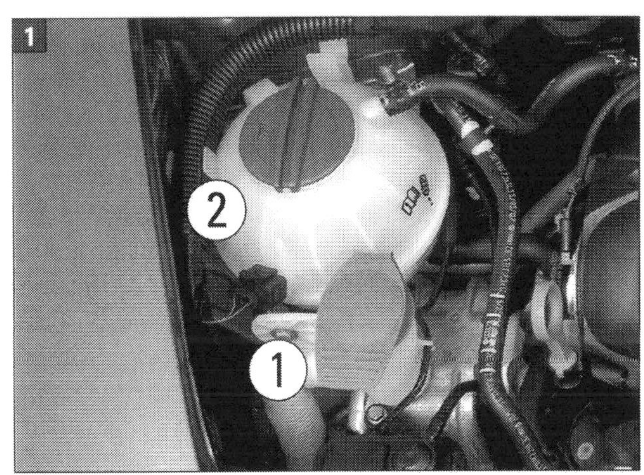

Waschwasser-Frostschutz: Erst wird das Konzentrat eingefüllt, dann die nötige Menge Wasser aufgegossen (Bild 2).

Vorgehen: Richtige Sorte und Menge

■ **Waschwasser** mischen Sie mit Frostschutzmittel-Konzentrat in dem für die maximale Minus-Temperatur angegebenen Verhältnis. Die Menge zwischen 3 und 5 Litern richtet sich nach dem Vorhandensein einer Scheinwerferreinigungsanlage.

■ Je nach angegebenem Temperaturbereich kann für die Scheibenwaschanlage auch ein fertiges Wasser-Frostschutz-Gemisch (Bild 2) verwendet werden.

■ Verfügt das Fahrzeug über eine Scheinwerferreinigungsanlage und haben die Scheinwerfer Abdeckungen (Streuscheiben) aus Kunststoff, dürfen nur Frostschutzzusätze verwendet werden, die diese Polykarbonat-Streuscheiben nicht angreifen.

■ **Kühlmittelzusätze** verhindern Frost- und Korrosionsschäden sowie Kalkansatz und erhöhen außerdem den Siedepunkt des Kühlmittels. In Ländern mit tropischem Klima trägt das Kühlmittel dadurch bei hoher Belastung des Motors zur Betriebssicherheit bei. Kühlmittelzusätze sind deshalb unbedingt ganzjährig zu benutzen. Zusätze aus dem Originalteile-Katalog von Škoda entsprechen der Norm des Volkswagen-Konzerns TL VW 774 F.

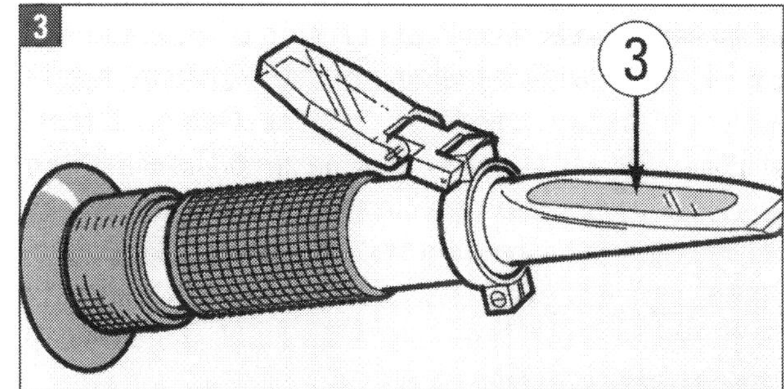

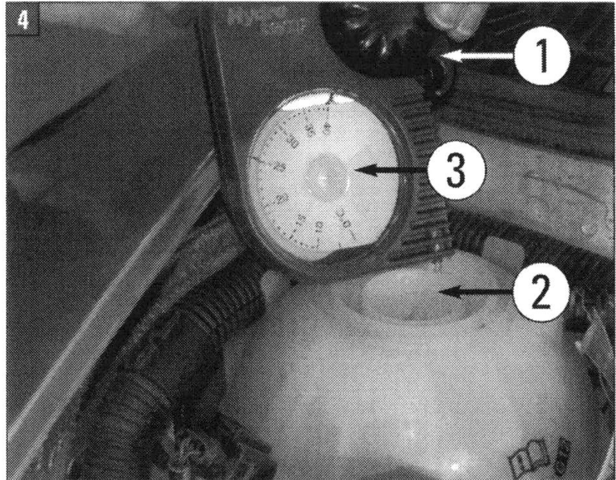

Kühlwasser-Frostschutz: Zusatzmittelanteil wird mit Refraktometer T10007 (Bild 3) oder dem Prüfer (Bild 4) gemessen.

■ Gängige Kühlmittelzusätze sind Havoline XLC+B (VL 02) von Arteco, Glysantin G 30-81 von BASF und Frostox SF D12 Plus von Henkel Härtol. Diese Zusätze vom Typ G12 Plus sind untereinander sowie mit den Vorgängersubstanzen G12 und G11 mischbar.

■ Der Anteil Zusatz im Kühlwasser wird mit einem Refraktometer (Im Katalog des VW-Konzerns: T10007) oder einem Kühlmittel-Prüfgerät festgestellt.

■ Beim Refraktometer (Bild 3), wie es in Fachwerkstätten häufig üblich ist, wird Kühlmittel mit einer Pipette auf das Messprisma getropft. Dann wird das Gerät gegen eine Lichtquelle gehalten. Auf der Skala für Äthylenglycol (1 in Bild 3) lässt sich präzise ablesen, bis zu welcher Temperatur der Frostschutz sicher gegeben ist.

■ Beim Prüfer (Bild 4), den es relativ preiswert im Zubehörhandel gibt, wird durch Betätigen des Balges (1) Flüssigkeit durch den Schlauch (2) eingesaugt. Die Skala (3) zeigt, wie weit der Frostschutz garantiert ist. Ein Wert bis -30 °Celsius ist dabei völlig ausreichend.

■ Der Frostschutz muss bis etwa -25 °C, in Ländern mit arktischem Klima bis etwa -35 °C gewahrleistet sein. Ist stärkerer Frostschutz erforderlich, kann der Anteil bis zu 60% Konzentrat erhöht werden (Frostschutz bis -40 °C).

■ Eine weitere Konzentrationserhöhung würde den Frostschutz verringern und die Kühlwirkung sogar verschlechtern. Sie ist also unsinnig.

Scheibenwischer und Waschdüsen prüfen

Wenn man keinen Garagenstellplatz und auch keinen ebenfalls recht gut schützenden Carport besitzt, gehören zugefrorene Scheiben im Winter zum alltäglichen morgendlichen Graus. Wer jedoch, egal ob morgens oder spätabends, aus Faulheit oder Unvernunft, nur ein kleines Guckloch freilegt und dann losfährt, begibt sich und bringt andere in höchste Gefahr. Zudem nimmt er das Risiko in Kauf, bei einem Unfall haftbar gemacht zu werden und ein saftiges Bußgeld zahlen zu müssen. Der Gesetzgeber schreibt dem Fahrzeughalter laut §23 StVO vor, dafür zu sorgen, dass die Sicht weder durch Beladung noch durch den Zustand des Fahrzeugs beeinträchtigt ist.
Eine gute, die Scheiben auch vor Zerkratzen bewahrende Möglichkeit ist die Verwendung von Scheiben-Enteiser, den es in Spray- oder Pumpdosen zu kaufen gibt. Dieser sorgt mit einer konzentrierten alkoholischen Formel dafür, dass die Eisschicht abtaut. Qualitätsunterschiede der Produkte lassen sich schon am Sprühbild erkennen: Wird die Scheibe gleichmäßig benetzt, ist die Wirkung effektiver. Besonders kratzempfindliche Stellen wie Außenspiegel oder Gummiteile profitieren durch kaum erforderliche mechanische Beanspruchung. Die Kontrolle der Wischerblätter auf Rillen und Risse sowie ihr Austausch (s. a. weiter vorn im Kapitel zum »Werterhalt« und im Kapitel »Elektrik - Licht, Wischer und Instrumente«) sind gerade im Winter öfters nötig. Vereiste Scheiben können dem bei niedrigen Temperaturen härteren Gummi ganz erheblich zusetzen!

■ Für freie Sicht und gegen Beschlagen hilft das beschriebene Waschkonzentrat. Füllen Sie den Behälter vor langen Fahrten immer vollständig auf.
■ Die widrigen Verhältnisse erfordern häufiges Waschen. Sicht nach hinten wird bei schnee- oder regennasser Fahrbahn durch aufgewirbeltes, meist schlammiges Wasser schnell beeinträchtigt. Vernachlässigen Sie daher auch die Kontrolle des Heckwischers nicht! Bei Fahrten im Schneeregen darf der Heckwischer nicht schlieren.
■ Die Waschdüsen müssen funktionieren: Achten Sie auf korrekte Höhe und Verteilung der Sprühstrahlen! Sind die Düsen richtig eingestellt, wie es bei Auslieferung ab Werk der Fall ist, ergibt sich das in Bild 1 gezeigte Strahlbild. Ansonsten Düsen nachstellen (siehe Lupenbild)!

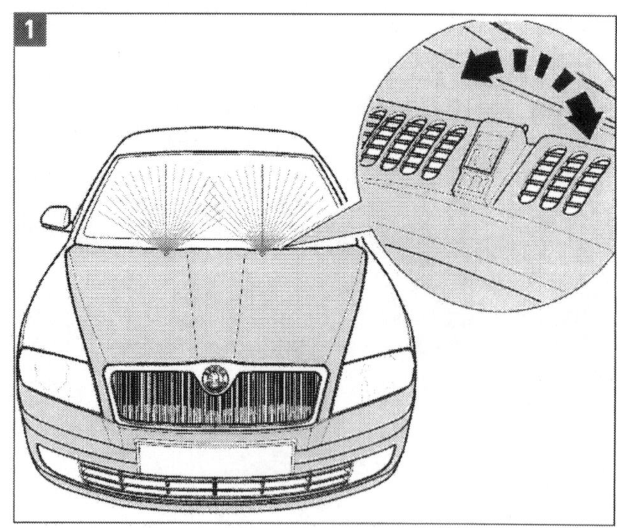

Kaltstart mit Vorsicht angehen

PRAXISTIPP

Eine frühere Faustregel besagte: Jeder Kaltstart bringt so viel Verschleiß wie 300 Kilometer bei Vollgas auf der Autobahn. Ganz so schlimm ist das heute nicht mehr, aber ein Kaltstart belastet den Motor nach wie vor sehr stark. Nicht umsonst ist daher für die Octavia-Motoren hochwertiges Synthetic-Öl vorgeschrieben. Dessen Viscositätsklasse 0 gewährleistet, dass es auch bei strengen Minusgraden dünnflüssig genug bleibt, um schnell an die wichtigen Schmierstellen wie Nockenwellen, Hydrostößel, Zylinderlaufbahnen oder Turbolader zu kommen.

- Lassen Sie nach dem Anlassen den Motor zunächst ein paar Sekunden im Leerlauf schnurren, ohne Gas zu geben.
- Fahren Sie langsam los und versuchen Sie mit TDI oder GTI, während der ersten Kilometer auf die Unterstützung des Turboladers zu verzichten.
- Wählen Sie während der Warmlaufphase stets die Gänge so, dass die Drehzahl zwischen 2000 und 3500 Umdrehungen und keinesfalls mehr bleibt. Auf diese Weise schonen Sie ihren Motor und verlängern seine Lebensdauer erheblich.

Weitere Kontrollen

● Bei so genanntem Schmuddelwetter im Winterhalbjahr ist es besonders wichtig, Wasserkasten und Wasserablauföffnungen regelmäßig auf Verschmutzungen zu prüfen und ggf. zu reinigen. Nehmen Sie die Verschmutzungskontrolle als Sichtprüfung durch die Wasserkastenabdeckung vor (Pfeile in Bild 1). Für die Reinigung muss die Abdeckung ausgebaut werden. Die Wasserablauföffnungen dürfen nicht durch Schmutz, Wachs oder Unterbodenschutz verklebt sein.

● Da sich die Frontscheibenwischerblätter nur in der »Servicestellung« auswechseln lassen, ist es nach nötigem Wechsel erforderlich, die Scheibenwischerarme der Frontscheibe wieder in die Ruhestellung zu bringen. Diese muss gemäß der Markierungen an der Frontscheibe (Pfeile in Bild 2) eingestellt werden. Das Anzugsdrehmoment für die Scheibenwischermutter, das sollte man unbedingt beachten, beträgt übrigens 20 Nm.

● Wie die Servicestellung für den Wischerblätterwechsel erreicht wird, erläutern wir später genau (»Elektrik«). Hier nur so viel: Zündung ein und ausschalten, Scheibenwischerhebel innerhalb von 20 Sekunden in Stellung »4« bewegen, Wischerblatt wechseln und neues Blatt befestigen, Wischerarme an die Scheibe klappen und Zündung einschalten, Wischerarme in die Ruhestellung zurückfahren lassen. Zündung nie bei abgeklappten Armen einschalten!

● Auch am Scheibenwischerarm der Heckscheibe muss immer einmal die Ruhestellung überprüft und ggf. eingestellt werden. Dazu den Scheibenwischerarm auf einen Abstand von ca. 35 mm zur Heckscheiben-Unterkante einstellen. Das vorgeschriebene Anzugsdrehmoment für die Scheibenwischermutter hinten beträgt 8 Nm.

● Hinten ist ebenfalls die Düseneinstellung zu prüfen und ggf. mit einem Werkzeug, z. B. einer Nadel, nachzustellen. Die Spritzstrahlen sollen bei stehendem Fahrzeug auf die Heckscheibe auftreffen. Tritt der Spritzstrahl ungleichmäßig aus oder ist er uneinstellbar, muss die Waschdüse ersetzt werden.

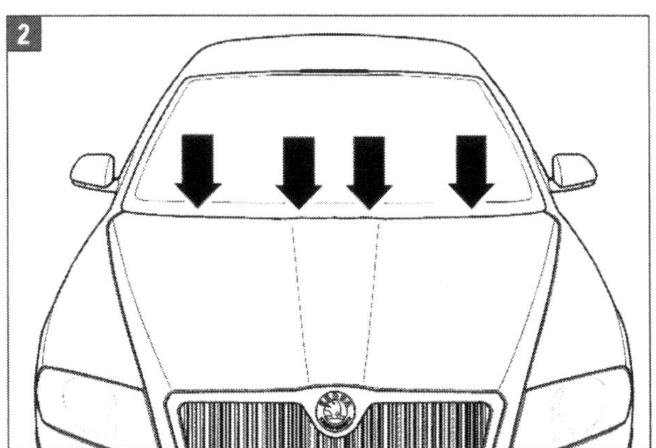

Heizungen und Glühkerzen-überwachung nachrüsten

Falls bei Ihrer Octavia-Version keine Stand- und Zusatzheizung eingebaut ist und die Glühkerzen ohne Flammenüberwachung arbeiten, empfiehlt sich die Nachrüstung entsprechend Teilekatalog. Für diese erhebliche Komforterhöhung ist zumindest die Hilfestellung durch eine Fachwerkstatt angeraten.

Sinken die Kühlmitteltemperatur unter ca. +50 °C und die Umgebungstemperatur unter +5 °C, wird dann durch Einschalten die Stand- und Zusatzheizung in Betriebsbereitschaft gesetzt. Die Glühkerze mit Flammenüberwachung (Bauteil Q8), das Verbrennungsluftgebläse (V6) und die Umwälzpumpe (V55) werden in Betrieb gesetzt. Nach 30 Sekunden wird die Dosierpumpe (V54) zugeschaltet und das Verbrennungsluftgebläse für 3 Sekunden abgeschaltet. Anschließend wird das Verbrennungsluftgebläse in zwei Stufen und innerhalb von 56 Sekunden auf annähernd Volllast hochgeregelt.

Nach einer Stabilisierungsphase (konstante Drehzahl) von 15 Sekunden wird das Verbrennungsluftgebläse nochmals im Verlauf eines Intervalls von 50 Sekunden auf annähernd Volllast hochgeregelt. Nach Erreichen der Volllast bei Brennstoff-Förderung werden die Glühkerze mit Flammenüberwachung abgeschaltet und das Verbrennungsluftgebläse auf Volllast hochgeregelt. Während der nächsten 45 Sekunden übernimmt die Glühkerze Q8 die Flammenüberwachung und prüft die Flammbildung. Danach beginnt der automatisch geregelte Heizbetrieb.

Kommt es zu keiner Flammbildung oder zu einem Flammabriss, wird die Brennstoffzufuhr beendet, und es erfolgt eine Störabschaltung mit Nachlauf vom Verbrennungsluftgebläse. Erfolgt während des normalen Brennbetriebes ein Flammabriss und wird vom System kein Fehler erkannt, so wird automatisch ein Neustart eingeleitet.

Die Stand- und Zusatzheizung ist zur Kühlmittelbeheizung vorgesehen. Je nach Wärmebedarf im Heizkreislauf können sich verschiedene Betriebszustände einstellen:

- Zuheizbetrieb. Nach Anstieg der Kühlmitteltemperatur auf 72 °C schaltet das Steuergerät für Stand- und Zusatzheizung (J364) in den energiesparenden Teillastbetrieb. Steigt die Kühlmitteltemperatur weiter auf 76,5 °C, schaltet das Steuergerät in die
- Regelpause. Falls die Kühlmitteltemperatur während der Regelpause innerhalb von 900 Sekunden (15 min) unter 71 °C sinkt, startet das Heizgerät in den
- Volllastbetrieb.
- Ausschalten: Nach dem manuellen Ausschalten oder nach 60 Minuten max. Laufzeit oder Erreichen der Kühlmitteltemperatur von 85 °C wird die Verbrennung beendet. Der
- Nachlauf beginnt. Umwälzpumpe und Verbrennungsluftgebläse laufen weiter, um die Zusatzheizung abzukühlen, und werden dann automatisch abgeschaltet. Die Nachlaufzeit von Pumpe und Gebläse ist abhängig vom Betriebszustand, aus dem die zusätzliche Heizung ausgeschaltet wird. Sie beträgt:
- 175 Sekunden bei Ausschalten aus Volllastbetrieb;
- 110 Sekunden bei Ausschalten aus Teillastbetrieb.

Je nach Softwarevariante im Steuergerät kann es zu Abweichungen dieser Nachlaufzeiten kommen.

Starthilfebooster

Bei Fahrten in entlegene Wintergebiete ist ein Starthelfer an Bord sehr ratsam. Er springt ein, wenn die Starterbatterie infolge extremer Kälte oder schlechten Ladezustands den Dienst versagt. Der Starthilfebooster lässt Ihren Octavia auch bei müdester Batterie starten. Modelle wie im Bild sind auch noch als Lampe gut.

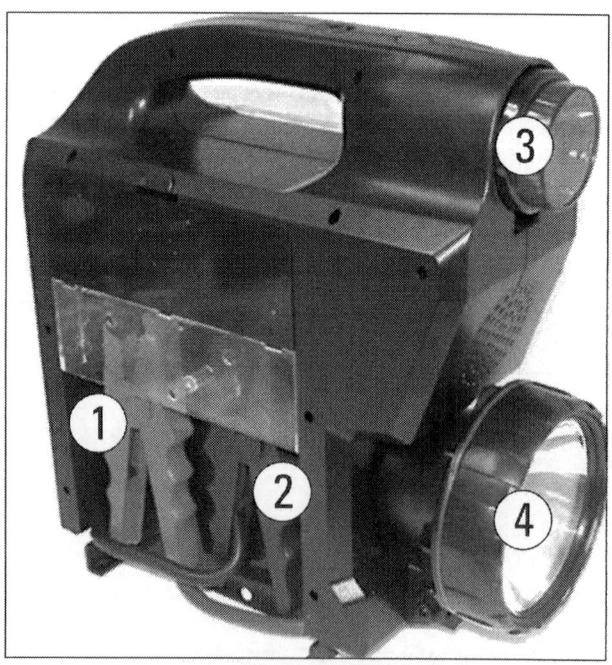

Starthilfebooster von Celestron: (1) Plus-Polzange, (2) Minus-Polzange, (3) Warnleuchte, (4) Scheinwerfer.

CHECKLISTE

Fit für den Winter

Bereich	Worauf Sie achten sollten	Was zu tun ist
A Motor	**1** Motoröl.	Das Motoröl wird durch extreme Kaltstarts und die großen Temperaturschwankungen stärker belastet als im Sommer. Kürzere Intervalle fahren und ein gutes Öl mit niedriger Viskosität verwenden. (Hinweise im Kapitel »Antrieb«, Unterkapitel »Das Schmiersystem« beachten!)
	2 Kühlmittel	Ist der Frostschutzgehalt zu niedrig und das Kühlwasser friert ein, kann das Eis den Motor sprengen. Also rechtzeitig messen und einen ohnehin bevorstehenden Kühlmittelwechsel auf den Herbst legen.
	3 Thermostat	Wenn im Winter der Thermostat nicht vollständig schließt, braucht der Motor lange, um warm zu werden. Beobachten und bei langer Warmlaufphase den Thermostat wechseln.
B Räder und Reifen	**1** Winterreifen	Winterreifen funktionieren auf Schnee nur dann gut, wenn noch mindestens 4 mm Profiltiefe übrig ist. Reifen im Oktober montieren. Falls Sie neue Reifen brauchen: Nicht auf die ersten Schneeflocken warten, denn dann hat der Reifenhändler garantiert keine Zeit.
C Licht und Sicht	**1** Beleuchtung	Kontrollieren Sie regelmäßig die Beleuchtungsanlage und reinigen Sie die Klarglasabdeckungen der Scheinwerfer. Im Winter sind einwandfrei funktionierende Scheinwerfer unentbehrlich.
	2 Verglasung **3** Scheibenwischer	Die Scheiben sollten frei von Kratzern und Steinschlägen sein. Im Herbst neue Wischerblätter einbauen und genügend Frostschutz in die Waschanlage füllen.
D Karosserie	**1** Türen und Hauben	Sprühen Sie gegen Festfrieren die Dichtungen mit Silikonspray ein oder nehmen Sie den Hirschtalgstift.
	2 Schlösser und Scharniere	Öl oder Fett gegen Quietschen und Korrosion.
	3 Lack	Jetzt sollte der Wagen häufiger gewaschen werden, damit sich erst gar keine Salzkruste festsetzt.
E Elektrik	**1** Batterie	Batterie-Kurzschlussprüfung um festzustellen, wie viel Kapazität noch vorhanden ist. Batterien leiden unter Kälte, was auch für den Funkschlüssel gilt.
	2 Heizung und Lüftung	Eventuell den Reinluftfilter wechseln.

Große Fahrt in den Urlaub

Natürlich macht der Octavia nicht nur bei der Fahrt durch den Winter eine gute Figur. Vor allem der Combi, aber auch die geräumige Limousine sind hervorragende Reisefahrzeuge. Große Gepäckräume und hoher Komfort im Innenraum (Bilder 2 und 3), sparsame und starke Motoren sowie optimierte Fahrwerke machen diese Wagen fit und geeignet für lange Strecken. Der Combi mit maximal 1620 Litern Fassungsvermögen bei dachhoher Beladung und auch die Limousine mit Gepäckraum zwischen 560 und 1420 Litern schleppen dabei viel weg.

Allerdings ist ebenso wie für die Winterfahrten ein gründlicher technischer Check-up vor jeder langen Reise angeraten. Ist das häufig eine Sache der Werkstatt, so sind Ihnen doch zahlreiche Wartungsarbeiten und kleine Reparaturen möglich, auf die wir im Folgenden eingehen wollen.

Fit für die Reise

Erste Regel, die Sie befolgen müssen, ist die Anpassung des Reifenfülldrucks an die Beladung. Mit drei Personen an Bord und wenig Gepäck reichen bei R17-Reifen 2,2 bar Reifendruck vorn und 2,0 bar hinten aus. Ist der Wagen voll besetzt und beladen, brauchen Sie vorn 2,3 und hinten 3,0 bar. R18-Bereifung verlangt bei mittlerer Beladung 2,1 bar vorn und 2,2 bar hinten, bei voller Beladung mit fünf Personen und viel Gepäck vorn 2,4 und hinten 3,0 bar. Eine Tabelle mit diesen vorgeschriebenen Druckwerten finden Sie auf der Innenseite der Tankklappe (Bild 1).

1

TLAKY HUSTENI
REIFENFÜLLDRUCK KALT
COLD TYRE INFLATION
PRESSURES

Motor	Pneumatika Reifen Tyre	kPa/bar		kPa/bar	
2.0/125 kW	225/45 R17	220/2.2	200/2.0	230/2.3	300/3.0
	225/40 R18	210/2.1	220/2.2	240/2.4	
2.0/147 kW	225/45 R17	220/2.2	200/2.0	230/2.3	300/3.0
	225/40 R18	210/2.1	220/2.2	240/2.4	

ŠKODA AUTO a.s. 1Z9 010 487 L

Gut für lange Fahrten: Cockpit des Allrad-Combi (Bild 2) und der beachtliche Combi-Gepäckraum bei umgeklappten Rücksitzlehnen (Bild 3).

Kontrollieren Sie alle wichtigen Betriebsstoffe, vor allem Kühlmittelstand, Ölstand, Bremsflüssigkeit und Füllung der Scheibenwaschanlage. Für alle unvorhergesehenen Fälle ist ein Reservetank mit einigen Litern Kraftstoff an Bord empfehlenswert (Bild 4).

Vergewissern Sie sich ferner, ob die (Sommer-)Reifen noch mindestens die vorgeschriebenen 1,6 mm Profiltiefe haben (Bilder 5 und 6).

Reservetank: Der stabile 20-Liter-Kanister ist an Bord des Allrad-Combi und für die Garage günstig. Ansonsten reicht für alle Fälle ein 5- oder 10-Liter-Kunststoffkanister, möglichst mit Einfülltülle.

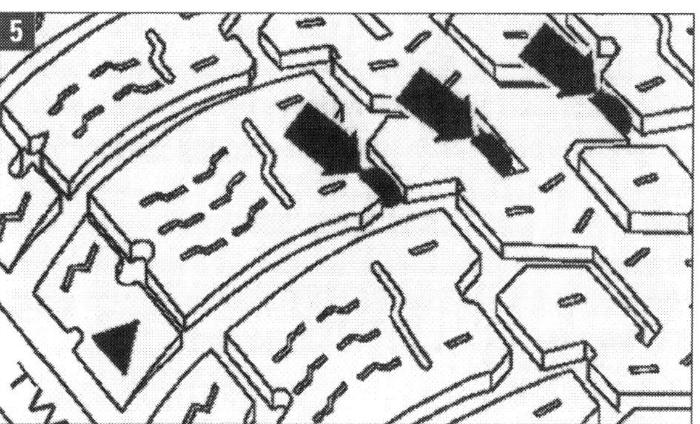

Reifenverschleiß: Die Pfeile in der Zeichnung weisen auf die TWI-Anzeiger in den Hauptprofillinien.

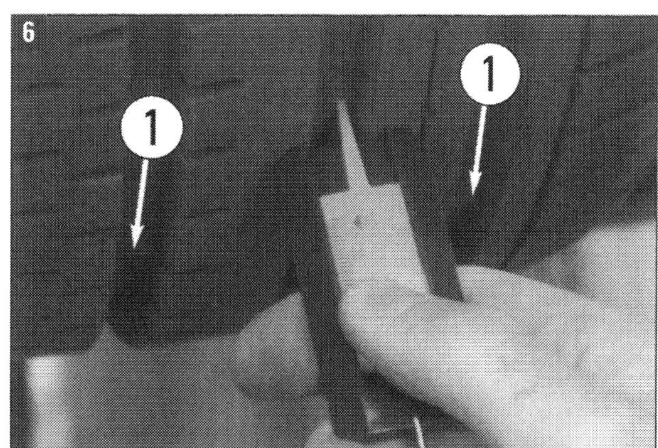

Profiltiefemesser: (1) TWI-Anzeiger in den Hauptrillen.

Profiltiefe genau ermitteln

Verschlissene Reifen sind an den Abnutzungsanzeigern (TWI - Tread Wear Indikator) in den Hauptprofilrillen der Reifenschulter zu erkennen (Bild 5). Wenn aber das Profil bis auf diese Anzeiger abgefahren ist, muss unbedingt neue Bereifung her. TWI zeigen die genannte gesetzliche Mindestvorgabe von 1,6 mm an. Besser ist es, frühzeitig zu messen und rechtzeitig zu wechseln. Die Experten der Kfz-Innung raten auf jeden Fall für die Sommerreifen zu eher 3 mm statt nur 1,6 mm Mindestprofil.
Ist nichts zum genauen Messen zur Hand, reicht für grobe Abschätzung eine 1-Euro-Münze. Deren silberheller Rand ist 4 mm breit. Messen Sie in den Hauptprofilrillen der abgefahrensten Stellen. Bleibt der Münzenrand noch bedeckt, ist alles in Ordnung. Genauer ermitteln Sie die Daten mit einem Profiltiefenmesser (Bild 6), der anzusetzen ist wie die »Testmünze«.

Flüssigkeits-Füllstände prüfen

Für das Scheibenwaschwasser gilt ja, möglichst immer mit voller Füllung loszufahren, jedenfalls zu längeren Reisen. Füllen Sie etwas Reinigungszusatz ein und dann mit Wasser auf bis fast zum Überlaufen. Zum Messen des Ölstandes muss das Fahrzeug waagerecht stehen. Nach Abstellen des Motors ein paar Minuten warten, damit das Öl in die Ölwanne zurückfließen kann. Dann

- Ölmessstab herausziehen, mit einem sauberen Tuch abwischen und den Messstab wieder bis zum Anschlag hineinschieben.
- Messstab anschließend wieder herausziehen und Ölstand ablesen.

Im Kapitel »Antrieb: Motor und Getriebe« (»Das Schmiersystem«) erläutern wir das Messen des Ölstandes noch einmal detaillierter.
Am Kühlmittelausgleichsbehälter lässt sich von außen

der Stand im Verhältnis zu min- und max-Markierungen ablesen. Bei Erfordernis vorsichtig den Deckel aufdrehen und vor dem vollständigen Öffnen Druck ablassen. Vorsichtshalber ein genügend großes Tuch auf den Verschlussdeckel legen, ehe Sie ihn aufdrehen. Dann den Deckel ganz herausschrauben und Wasser plus Kühlmittelzusatz (Bild 7) nach Hersteller-Vorgabe auffüllen. Detaillierte Hinweise in »Fit durch den Winter« und »Antrieb / Kühlsystem«.

Was ist »geeignete Bereifung«?

WISSENSWERTES

Seit Anfang 2006 ist es Gesetz, dass laut Straßenverkehrsordnung (§2 Abs. 3a) bei Kraftfahrzeugen die Ausrüstung an die Wetterverhältnisse anzupassen ist. Hierzu gehört eine »geeignete Bereifung«, also die für Sommer und Winter hinsichtlich Profil und Gummimischung passenden Reifen. Auf der Fahrt in den Urlaub sollte der Bereifung ganz besondere Aufmerksamkeit geschenkt werden.

■ Moderne Reifen (bis zu 16 verschiedene Gummimischungen sind möglich) müssen folgenden Anforderungen genügen: Geringst möglicher Abrieb, Rissfestigkeit, Rutschwiderstand, geringer Rollwiderstand, dynamische Beständigkeit, Luftdichtigkeit, Laufruhe sowie Alterungsbeständigkeit. Wichtig wie die Leistungsdaten sind die Profiltiefen. Das Gesetz gestattet zwar Mindestwerte von nur 1,6 mm (Sommer) und 4 mm (Winter); die Praxis aber fordert für Sommerreifen ein Minimum von 3 mm.

■ Neue Reifen haben 8 mm Profil. Bei nur noch 1,6 mm verlängert sich bei Nässe der Bremsweg eines 100 km/h schnellen Wagens von 70 auf fast 100 m, bei noch 3 mm Profil aber auf immerhin »nur« 87 m. Bei nasser Fahrbahn müssen die Drainagerillen pro Sekunde bei 80 km/h bis zu 25 und bei 140 km/h bis zu 43 Liter Wasser kanalisieren.

■ Gehen Sie beim einzigen Bindeglied zwischen Ihnen und dem Straßenbelag keine unnötigen Risiken ein und kontrollieren Sie regelmäßig Ihre Fahrzeugbereifung! Gerade vor der Urlaubsreise bei höheren Temperaturen mit erhöhtem Fahrzeuggewicht und sportlicher Geschwindigkeit tut detaillierte Reifenkontrolle not. Beachten Sie Reifendruck, Beschädigungen an Lauffläche, Seitenwand und Ventilabdichtung sowie die Profiltiefe!

Auffüllen oder Erneuern der (aggressiven und giftigen) Bremsflüssigkeit ist Serviceauftrag der Fachwerkstatt. Nach beanspruchenden Touren mit häufigem starkem Bremsen (Bergfahrt) ist Kontrolle aber durchaus ratsam.

Der hinten im Motorraum am Bremskraftverstärker gut zugängliche Bremsflüssigkeitsbehälter (Bild 8) hat Markierungen. Der Flüssigkeitsstand ist abhängig vom Verschleißgrad der Bremsbeläge. Sind diese neu, sollte er bei der MAX-Markierung, aber auch nicht darüber liegen. Normal ist Füllstand zwischen MAX und MIN. Bei stark verschlissenen Bremsbelägen darf

Kühlmittelzusatz: Etwa 1:1 mit Wasser wird der schützende Zusatz G 12 Plus (oder G 12 Plus Plus) aufgefüllt.

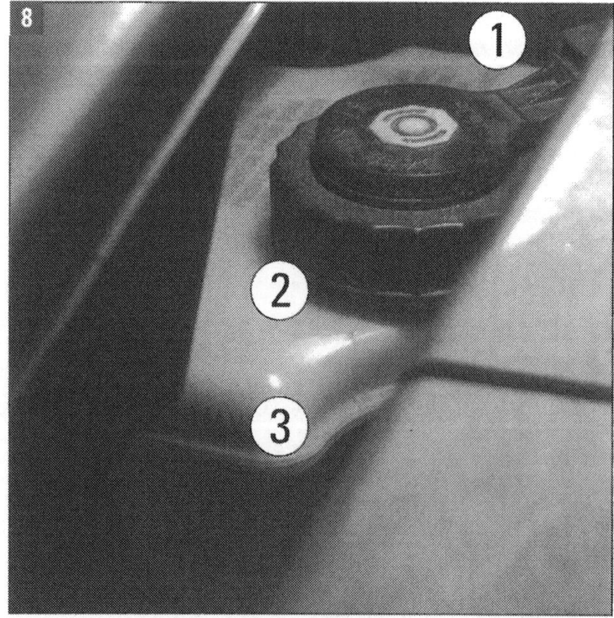

Bremsflüssigkeit: (1) Bremskraftverstärker an der Trennwand, (2) Behälter mit Verschluss, (3) MAX-Markierung (beachten!).

er bei MIN oder leicht darüber liegen. Nachgefüllt werden darf nur neue Original-Bremsflüssigkeit FMVSS 571.116 (DOT 4). Bei Flüssigkeitsstand unter MIN muss vor Nachfüllen das Bremssystem in der Werkstatt überprüft werden.

Auf Undichtigkeiten prüfen

Eine wichtige Kontrolle ist die Sichtprüfung des Motors und seiner Umgebung. Dazu müssen die Motorabdeckungen abgenommen werden. Sie sind vorsichtig und keinesfalls ruckartig sowie an allen Seiten gleichmäßig nach oben von den Haltebolzen abzuziehen. Prüfen Sie dann den Motor und den Motorraum auf Undichtigkeiten und Beschädigungen.

Vor allem müssen Leitungen, Schläuche und Anschlüsse der Kraftstoffanlage, des Kühl- und Heizsystems und der Bremsanlage auf Undichtigkeiten, Scheuerstellen, Porosität und Brüchigkeit untersucht werden. Die gleiche Prüfung sollte möglichst auch von unten vorgenommen werden, was gründlich nur nach Anheben des Fahrzeugs mit einer Hebebühne und Abbau der unteren Verkleidung möglich ist.

Beim Wiedereinbau der Motorabdeckungen nicht mit der Faust oder mit einem Werkzeug auf das Kunststoffteil schlagen. Abdeckung auf dem Motor positionieren (den Öleinfüllstutzen beachten!) und mit beiden Händen in die Gummitüllen drücken, bei vier Befestigungspunkten erst hinten und dann vorn.

Klimaanlage einstellen

Die Klimaautomatik des Oktavia ist von Grund auf neu. Sie bringt 10% mehr Kühlleistung, arbeitet jedoch effizienter als das bisherige Aggregat und spart etwa 0,2 Liter Kraftstoff pro 100 km. Diese Komfortklima-Automatik hat für linke und rechte Fahrzeugseite getrennt regelbare Kreise (Bild 9).

Empfohlen werden Temperatureinstellung 22 °C und Drücken der Taste AUTO. So wird am schnellsten ein behagliches Klima erreicht. Über Sensoren und Stellmotoren hält die Anlage die gewählte Fahrzeuginnentemperatur. Sie berücksichtigt auch starke Sonneneinstrahlung. Nachregeln von Hand ist überflüssig.

- Beachten: Der Lufteinlass muss frei von Blättern und Verschmutzung sein. Bei Umluftbetrieb nicht im Fahrzeug rauchen, da sich Rauch auf dem Verdampfer absetzt (dauerhafte Geruchsbelästigung!).
- Fehlfunktion: Außentemperatur unter +5 °C; Klimakompressor abgeschaltet; Sicherung defekt.

Temperatur einstellen: Die mit den Reglern links und rechts eingestellte Temperatur wird in Displays darüber angezeigt.

PRAXISTIPP: Klimaanlage richtig benutzen

Bei Sonne und großer Wärme heizt sich der Innenraum Ihres Fahrzeugs bis zu 60 °C oder sogar noch stärker auf. Deshalb vor dem Losfahren erst einmal alle Türen öffnen und die heiße Luft genügend lange entweichen lassen.

Dann die Fahrt antreten und zum zügigen Herunterkühlen zunächst die volle Gebläsestufe wählen. Rasch zurückschalten, um Zugluft zu vermeiden. Auf Automatik schalten: Temperatur, Gebläse und Luftverteilung werden dann selbsttätig geregelt.

Ob Automatik oder Regelung von Hand: Die günstigste Innenraum-Temperatur beträgt im Sommer 22 °C. Bei extremer Hitze kann 3 bis 4 °C höher eingestellt werden. Im Winter wird übrigens eine Idealtemperatur von 21 °C empfohlen.

GEFAHRENHINWEIS: Vorsicht beim Kältemittel!

Am Klimasystem arbeiten dürfen Sie auch als erfahrener Schrauber nicht! Die Komponenten bergen gesundheitliche Risiken und könnten durch Reparaturversuche Schaden nehmen. Kältemittel können bei Berührung Erfrierungen verursachen. Weil sie schwerer als Luft sind, können sie am Boden oder in Montagegruben zum Ersticken führen.

Riskieren Sie keine gesundheitlichen Schäden oder teure Nachreparaturen! Öffnen Sie keinesfalls den Kältemittelkreislauf der Klimaanlage. Das Neubefüllen ist Werkstatt-Sache. Bei unsachgemäßer Handhabung könnten Sie sich auch strafbar machen: Das Ablassen von Kältemittel in die Umwelt ist eine strafbare Handlung. Klimaanlagen des Octavia dürfen nur von Škoda oder in Service-Stützpunktwerkstätten instand gesetzt bzw. gewartet oder ersetzt werden.

Anhängerkupplung zusätzlich anbauen

Eine nützliche Verbesserung am Octavia ist der nachträgliche Einbau einer Anhängevorrichtung, was allerdings eine recht anspruchsvolle Aufgabe ist. Nötig ist die Montage eines Anhängerkupplungrahmens mit der Halterung für den Anhängerarm. Für die Elektrik des Anhängers (Beleuchtung und Aggregate) müssen Leitungen verlegt und eine Zusatz-Steckdose angebracht werden. Empfehlenswert ist ferner der Einbau eines Steuergeräts für Anhängererkennung. Wir beschreiben den Einbau detalliert im Kapitel »Fahrzeugaufbau – Karosserie«.

Nur zugelassene Teile verwenden

Anhängevorrichtungen sind Sicherheitsteile. Es dürfen nur für den Octavia entwickelte und bauartgenehmigte Vorrichtungen verwendet werden. Die Anhängerkupplung soll abschließbar sein und sich abnehmen lassen, denn so bleibt das Heck Ihres Wagens im Normalfall (ohne Anhänger) optisch schöner. Beim Rangieren in engen Parklücken müssen Sie dann auch nicht befürchten, durch unbeabsichtigte Rempler den Stoßfänger eines anderen Fahrzeugs zu beschädigen. Der abgenommene Anhängerarm kann im Bordwerkzeug verstaut werden.

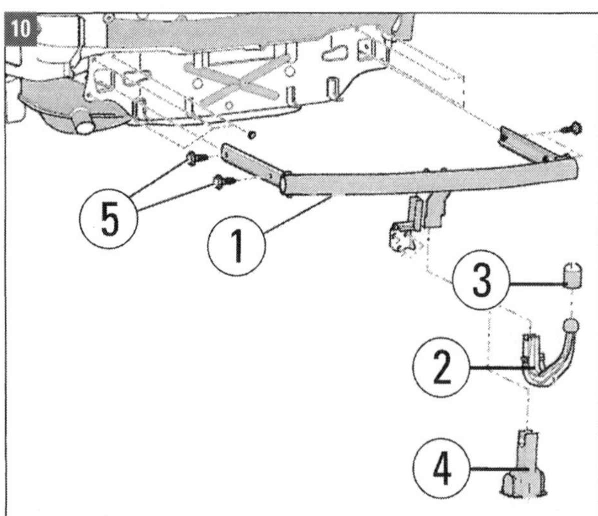

Anhängerkupplung: (1) Kupplungsrahmen, (2) Anhängerarm, (3) Abdeckkappe für Kugelkopf des Anhängerarms, (4) Blindverschluss für Anhängerarmbohrung, (5) Schrauben 70 Nm.

Im Anhängerbetrieb kommt der Octavia normalerweise ohne zusätzliche Motorkühlung aus. Begünstigend wirkt es natürlich, wenn das zulässige Gespanngewicht unterschritten wird und keine hohen Außentemperaturen herrschen. Gut ist es ferner, keine langen, starken Steigungen und keine Fahrten in großer Höhe bewältigen zu müssen.

Škoda liefert für die Anhängerkupplung alle nötigen Nachrüstteile mit kompletter Elektrikausstattung wie 12-adriger Leitungssatz, Dichtung der Steckdose, Durchführungstülle, Steuergerät und passendes Befestigungsmaterial.

Die originale 13-polige Anhängersteckdose ist wesentlich vorteilhafter als im Zubehörhandel auch erhältliche 7-polige. Über die 11 Anschlusskontakte (2 der 13 bleiben frei, weswegen das 12-adrige Kabel ausreicht) können Rückfahrscheinwerfer oder Dauerstrom- und Ladeleitung am Anhänger genutzt werden. Wenn ein Fahrradträger auf der Anhängerkupplung montiert oder ein ganzer Wohnwagen gezogen werden sollen, wird eine 13-polige Anhängersteckdose ohnehin immer empfohlen. Die Steckerbelegung ist übrigens vereinheitlicht (siehe Kasten »Wissenswertes«).

ⓘ Steckerbelegung 13-polig

WISSENSWERTES

Die Belegung der Stecker ist nach DIN ISO 11 446 wie nachfolgend aufgeführt genormt:

Steckerpol	Belegung	Kabelfarbe
1	Blinker links	gelb
2	Nebelschlussleuchte	blau
3	Masse Stromkreis 1– 8	weiß
4	Blinker rechts	grün
5	Schlussleuchte rechts	braun
6	Bremsleuchten	rot
7	Schlussleuchte links	schwarz
8	Rückfahrleuchte	pink
9	Stromversorgung (Dauerplus)	orange
10	Klemme 15 (Batterieladen Anhänger)	grau
11 und 12	frei	
13	Masse für Kontakt Nummer 9 – 12	weiß/rot

CHECKLISTE

Vor und nach jeder großen Fahrt kontrollieren

Bereich	Worauf Sie achten sollten	Was zu tun ist
A Motor	**1** Motorölstand	Wurde der Motor lange auf Kurzstrecken betrieben, sammeln sich flüchtige Substanzen. Deshalb kann es sein, dass der Ölstand bei heißem Motor schlagartig absinkt. Nach den ersten 100 Kilometern nachmessen.
	2 Kühlmittelstand	Kühlmittel im Ausgleichsbehälter im kalten Zustand auf Maximum auffüllen.
	3 Zustand der Schläuche	Alle Wasserschläuche müssen dicht und elastisch sein. Schläuche kräftig kneten. Kalkablagerungen an den Anschlüssen und harte oder poröse Schläuche sind kein gutes Zeichen. Im Zweifel: austauschen.
	4 Kühlerventilator prüfen	Lassen Sie den Motor im Leerlauf drehen, bis sich der Kühlerventilator ein- und später wieder ausschaltet. Sie werden ihn brauchen, wenn Sie im Stau stehen!
B Räder und Reifen	**1** Luftdruck	Der Luftdruck in den Reifen muss an die Beladung angepasst werden. Nach der Reise nicht vergessen, den Druck wieder abzusenken.
	2 Zustand	Die Reifen sollten natürlich auch am Ende der Reise noch genügend Profil haben. Nachmessen!
C Fahrwerk	**1** Stoßdämpfer	Wird das Auto richtig vollgeladen, sind die Stoßdämpfer besonders gefordert. Fahnden Sie nach Ölspuren und lassen Sie beim kleinsten Verdacht einen Stoßdämpfertest durchführen. Mit Wippen an der Karosserie lassen sich schwache Dämpfer nicht erkennen.
	2 Manschetten und Gelenke	Sind Achsmanschetten oder die Gummis der Gelenke rissig und porös, werden die Teile bei hoher Belastung rasant verschleißen. Besser vorher austauschen.
D Sonstiges	**1** Beleuchtung	Schalten Sie alle Lichter durch und nehmen Sie Ersatzlampen für Scheinwerfer und Rückleuchten mit.
	2 Scheibenwaschanlage	Prüfen Sie die Einstellung der Spritzdüsen und füllen Sie den Vorratsbehälter mit geeignetem Gemisch bis zum Maximum auf.
	3 Zubehör	Einen 5-Liter-Reservekanister, einen Liter Motoröl und eine Rolle starkes Textilklebeband mit auf die Reise nehmen!

Kleine Schäden und Pannen

Es ist Winter, ungemütlich kalt und dunkel. Sie müssen zur Arbeit und sind spät dran. Schnell den Schlüssel ins Zündschloss oder die Starttaste gedrückt – aber nichts passiert.
Dieses Startproblem geht mit großer Sicherheit auf Ihr Konto. Es wäre mit etwas mehr Pflege und Aufmerksamkeit durchaus zu vermeiden gewesen. Die leere Batterie ist ein Klassiker unter den kleinen Pannen. Für die gelben Engel vom ADAC ist es Winter für Winter langweilige Routine.

Auf mögliche Gefahren achten

Auf den folgenden Seiten wollen wir Ihnen zeigen, was in einem solchen Fall und in ähnlichen Situationen zu tun ist. Dazu gehört auch die mindestens ebenso unbeliebte Reifenpanne, die allerdings ziemlich eindeutig Pech ist. Denn statistisch gesehen erlebt jeder Autofahrer nur etwa alle 70.000 km dieses Malheur, bei dem man richtig reagieren und umsichtig handeln muss.
Schätzen Sie immer die Situation hinsichtlich eventueller Gefahren ein: Können Sie an dieser Stelle einen Radwechsel oder eine andere Schnellreparatur vornehmen, ohne sich zu gefährden? Auf einer zweispurigen Autobahn ohne Standstreifen sollten Sie besser sofort Hilfe per Handy oder Notrufsäule holen und sich zum nächsten Rastplatz schleppen lassen.
Der Octavia gilt mit Recht als zuverlässig. Falls er mal nicht fährt, ist er meist richtig kaputt. In den Graubereichen dazwischen müssen Sie selbst entscheiden. Für solche Fälle können wir nur Ratschläge oder Empfehlungen geben. Verzichten Sie im Zweifelsfall lieber auf einen Reparaturversuch vor Ort.

Weiterfahren oder warten?

Man sollte auch unbedingt wissen, wann es besser ist, nicht mehr weiter zu fahren. Sie ersparen sich damit nicht nur teure Folgeschäden, sondern setzen auch nicht Ihre Gesundheit und die Ihrer Mitmenschen aufs Spiel. Wir haben in unseren Störungsbeiständen die wichtigsten Symptome aufgeführt, die auf einen schlimmen Schaden hindeuten, und weisen auch auf Dinge hin, die einen schlimmen Schaden verursachen können.
Lässt sich ein Abschleppen zur Werkstatt nicht vermeiden, sind Mitgliedschaft in einem Automobilclub und spezieller Schutzbrief immer von Vorteil. Sie sollten rechtzeitig und in Ruhe das Kleingedruckte gelesen und die in den Papieren angegebene Notrufnummer ins Handschuhfach gelegt haben. Dann also bestellen Sie jetzt einen Abschleppwagen über diese (und nur diese!) Nummer und lassen Sie sich vom Fahrer die Bestätigung seines Auftraggebers zeigen. Es wäre nämlich nicht das erste Mal, dass ein Abschleppwagen »rein zufällig« des Weges kommt...

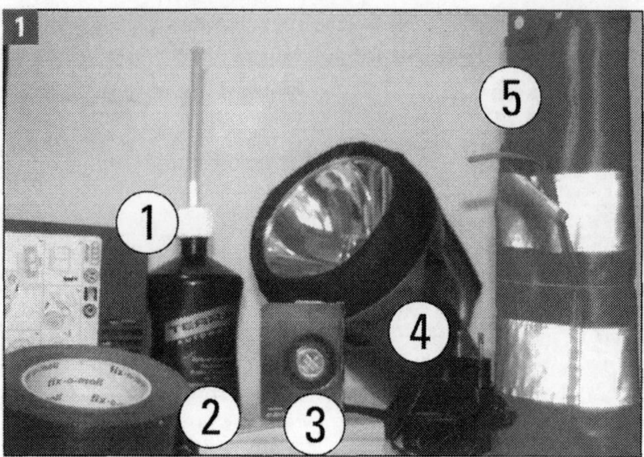

Helfer im Notfall: (1) Pannenset mit Reifendichtmittel und elektrischer Luftpumpe (Kompressor), (2) reißfestes Klebeband mit Faserverstärkung, (3) Ersatzbatterie für den Funkschlüssel, (4) lichtstarke Handlampe mit aufladbaren Akkus, (5) Warnweste nach DIN 30711 (lichtdicht lagern!).
Beachten Sie beim Dichtmittel, z. B. Tirefit, das auf den Flaschenboden gedruckte Verfallsdatum!

Werkstatt umfassend informieren

Schildern Sie der Werkstatt in Ruhe und chronologisch den Schadenshergang. Je mehr man dort weiß, umso kürzer ist die Zeit für die Fehlersuche. Wichtige Informationen sind: In welchem Betriebszustand (Temperatur, Geschwindigkeit, Drehzahl) trat der Schaden auf? Haben Sie vorher ungewohnte Geräusche oder ein ungewöhnliches Fahrverhalten bemerkt? Wie ist die Vorgeschichte des Wagens bezüglich Reparaturen oder Inspektionen? Denken Sie an den schriftlichen Auftrag und an einen Kostenvoranschlag. Ziehen Sie vor Reparaturbeginn die finanzielle Grenze, über die hinaus die Werkstatt ihr Einverständnis braucht.

Fahrzeug richtig heben und aufbocken

Im Bordwerkzeug (Bild 2) Ihres Octavia finden Sie wie schon erwähnt den Spindelwagenheber. Damit lässt sich der Wagen für die meisten Arbeiten hoch genug anheben. Zur Vergrößerung der Hubhöhe können Sie einen Holzklotz unterstellen. Zur Sicherheit sollten Sie ohnehin immer ein kleines Brett mit 30 cm Seitenlänge und 2 cm Dicke unterlegen. Das verringert die Gefahr, dass der Heberfuß bei möglicherweise weichem Boden einsinken kann. Idealerweise steht der Wagen auf festem, ebenem Untergrund.

Wenn Sie ernsthaft unter dem Fahrzeug arbeiten wollen, raten wir dringend zur Verwendung von Unterstellböcken (Bild 4). Nur so können Sie Ihren angehobenen Octavia sichern. Arbeiten Sie nicht unter dem angehobenen Fahrzeug, wenn es nicht durch Unterstellböcke gesichert ist, Sie begeben sich sonst in Lebensgefahr!

Im Reserverad: Bordwerkzeugbox mit Spindelwagenheber (Pfeil). Die Box ist mit einem Band am Reserverad befestigt. Sie kann auch den Anhängerarm aufnehmen.

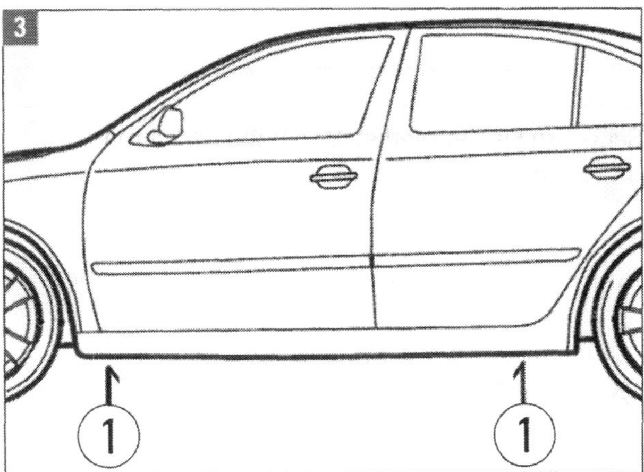

Auflagepunkte: Die Aufnahmen von Heber, Böcken oder Hebebühne müssen an den Punkten (1) platziert werden.

Benötigtes Werkzeug und Materialien zum sicheren Heben und Aufbocken:

- Holz- oder Kunststoffkeil zum Absichern der Räder gegen unbeabsichtigtes Rollen;
- Spindelwagenheber oder Rangier- (Werkstatt-) Wagenheber mit Rollen (siehe Seiten 31 und 45);
- Holzklötze, Unterlegbrett;
- Unterstellböcke. Zwei sind ausreichend.

Arbeitsschritte:

■ Handbremse anziehen und zumindest eines der Räder gegenüber der Anhebestelle mit Holzkeilen, notfalls mit geeigne-

Dreibein-Unterstellbock: Beine anklappbar, Höhe verstellbar, mit Sicherheitsverriegelung, vom TÜV für 2 t geprüft.

ten Steinen gegen Wegrollen sichern. Ausschließlich auf die angezogene Handbremse dürfen Sie sich nicht verlassen! Bei manchen Arbeiten muss ja die Bremse sogar gelöst werden.

■ Der Wagenheber ist mit anderem Bordwerkzeug leicht zugänglich unter dem Gepäckraumboden in einer Box im Reserverad zu finden (Bild 2). Heber herausnehmen, die Kurbel durch Verdrehen herausschwenken und den Heber um etwa fünf Umdrehungen öffnen.

■ Den Wagenheber senkrecht zum gekennzeichneten Aufnahmepunkt am Schweller heben. Die Klaue des Wagenhebers muss unmittelbar unter dem senkrechten Steg des Unterholms stehen. Das Fahrzeug nur an diesen Aufnahmestellen (Bild 3) anheben, wo der Holm extra hierfür verstärkt ist. Diese Aufnahmepunkte sind durch Einprägungen am Unterholm gekennzeichnet, die nur bei geöffneten Türen sichtbar sind.

■ Wagenheberklaue mit der linken Hand so ausrichten, dass sie den Steg des Unterholms umfasst. Mit der rechten Hand die Kurbel im Uhrzeigersinn drehen und den Wagenheberfuß gegen den Boden drücken. Darauf achten, dass die Grundplatte plan auf dem Boden aufliegt und dass der Wagenheber senkrecht steht und nicht nach einer Seite abkippt! Ist der senkrechte Stand nicht gewährleistet, den Wagenheber nochmals neu ansetzen. Erst dann auf nötige Höhe kurbeln.

■ Auch ein Unterstellbock (Bild 4) darf nur an den Bodenverstärkungen angesetzt werden. Zwischen Auflage des Bocks und Fahrzeugboden einen Gummi- oder Hartholzklotz legen, der die Last verteilt. Kontrollieren Sie vor dem Ansetzen des Bockes, ob eventuell ein Blechfalz eingedrückt oder die Bremsleitung eingeklemmt werden könnten.

■ Der Dreibein-Unterstellbock steht am sichersten, wenn eines seiner Beine nach außen und zwei zur Wagenmitte hin zeigen. Achten Sie auf diese Stellung, wenn Sie das Fahrzeug aufbocken. Sonst kann es passieren, dass beim Anheben des Wagens der auf der anderen Seite bereits angesetzte Unterstellbock seitlich weggedrückt wird.

Fahrzeug abschleppen

Wenn sich Ihr Octavia nicht mehr aus eigener Kraft fortbewegen lässt, muss er abgeschleppt werden, zumeist bis zur nächsten Werkstatt. Die Aufnahme für die Abschleppöse vorn ist hinter dem Gitter im Stoßfänger rechts unten (Bild 5) zu finden. Die Öse ist in der Bordwerkzeugbox im Reserverad (siehe Seite 30). Sie wird von Hand eingeschraubt. Dann den Radschlüssel durch die Öse stecken und festziehen.
Wenn Sie selbst mit Ihrem Wagen ein Fahrzeug abschleppen müssen: Die Öse hinten einschrauben. Auch dort ist das Einschraubgewinde unter einer Abdeckung im Stoßfänger (Bild 6).

Beachten Sie beim Abschleppen unbedingt die folgenden Grundsätze:

- Nie weiter als 50 km schleppen;
- Nicht schneller als mit 50 km/h schleppen;

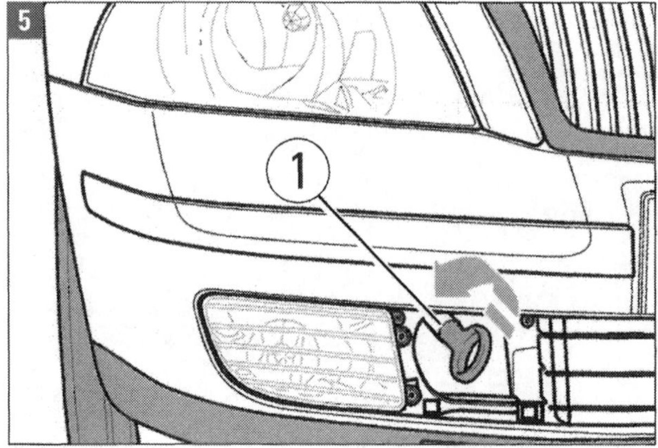

Situation rechts vorn: Die Abschleppöse (1) wird von Hand nach links (Pfeil) bis zum Anschlag eingeschraubt.

Situation hinten: Abdeckung rechts aus dem Stoßfänger nehmen, Öse linksherum einschrauben, Seil einhängen.

● Beim Abschleppen müssen die gesetzlichen Bestimmungen wie z. B. Einschalten des Warnblinkers beachtet werden (siehe Kasten).
● Beide Fahrer müssen mit den Besonderheiten beim Schleppvorgang vertraut sein. Bei der Verwendung eines Abschleppseils (Abschleppstange ist empfehlenswerter) muss der Fahrer des ziehenden Fahrzeugs beim Anfahren und Schalten besonders weich kuppeln. Das Seil darf nicht verdreht sein und muss stets straff gehalten werden.
● Die Zündung muss eingeschaltet sein, damit das Lenkrad nicht blockiert ist und die Blinkleuchten, das Signalhorn, die Scheibenwischer und die Scheibenwaschanlage eingeschaltet werden können.
● Da der Bremskraftverstärker nur bei laufendem Motor arbeitet, muss bei stehendem Motor das Bremspedal entsprechend stärker getreten werden.
● Fahrzeuge mit Automatikgetriebe sollen nicht über längere Strecken abgeschleppt werden, 50 km können schon zu viel sein. Ohne laufenden Motor arbeitet die Getriebeölpumpe nicht, weshalb es schlimmstenfalls zu einem Getriebeschaden kommen kann. Am besten mit angehobener Vorderachse abschleppen.
● Bei Fahrzeugen mit Allradantrieb ist das Anheben der Vorderachse nicht möglich, sie dürfen nicht auf einer Achse geschleppt werden. Generell bleibt das Abschleppen eines Automatik-Fahrzeugs stets ein riskantes Unternehmen.
● Für nötiges Abschleppen gibt es verschiedene Ursachen, vom »Schwächeln« der Batterie bis zum Motorschaden. Auf Batterieprobleme gehen wir gleich noch genauer ein.

WISSENSWERTES

Vorschriften beim Abschleppen

Beachten Sie nach einer Havarie beim Abschleppen die nach § 15a der Straßenverkehrsordnung geltenden Grundsätze:

■ Beim Abschleppen eines auf der Autobahn liegengebliebenen Fahrzeugs ist die Autobahn bei der nächsten Ausfahrt zu verlassen. Ist Ihr Fahrzeug außerhalb der Autobahn liegengeblieben, dürfen Sie nicht auf die Autobahn auffahren.

■ Während des Abschleppens müssen beide Fahrzeuge das Warnblinklicht einschalten. Der Nothilfegedanke steht im Vordergrund, also ein abzuschleppendes Fahrzeug nicht über weite Strecken, sondern nur bis zur nächsten geeigneten Werkstatt, zum Fahrzeugverwerter, zum Schrottplatz oder zum Verladebahnhof schleppen. In Deutschland werden Entfernungen auch unter 50 km teilweise schon als zu weit gesehen, weil es am Notgesichtspunkt fehlen könnte. Bei mehr als 50 km Entfernung zum Zielort muss das Kfz verladen werden.

■ Der Fahrzeugführer des abschleppenden Kfz benötigt eine Fahrerlaubnis mindestens der Klasse B, jedenfalls der Klasse, zu dem das ziehende Kfz gehört. Der Lenker des abgeschleppten Fahrzeugs benötigt keine Fahrerlaubnis, muss aber mit der sicheren Bedienung des Fahrzeugs vertraut sein.

■ Sonderfall des Abschleppens ist das Anschleppen, bei dem unter Ausnutzung der Triebkraft des ziehenden Fahrzeugs der Motor des gezogenen Fahrzeuges zum Anspringen gebracht werden soll.

Kühlwasserverlust

Wenn der Motor überhitzt, droht ein Schaden an der Zylinderkopfdichtung, irgendwann sogar ein kapitaler Motorschaden. In den meisten Fällen fehlt dem Motor Kühlwasser. Vor dem auf jeden Fall nötigen Auffüllen von Kühlwasser sollten Sie aber besser die genaue Ursache der Überhitzung ergründen:

■ Streikt der Ventilator und wird der Motor nur im Stand zu heiß, können Sie die Fahrt bei freier Strecke fortsetzen. Im Stand und an roten Ampeln den Motor abstellen.
Nachsehen, ob die Sicherung noch in Ordnung ist. Brennt auch eine neue Sicherung sofort durch, liegt ein Kurzschluss vor oder der Elektromotor des Lüfters ist defekt.

■ Klemmt der Thermostat, können Sie diesen eventuell ausbauen und die Fahrt ohne fortsetzen. Allerdings muss so schnell wie möglich ein neues Teil eingebaut werden.

■ Ist ein Kühlerschlauch nur leicht undicht, zum Beispiel durch einen Marderbiss, können Sie ihn provisorisch mit festem Gewebeklebeband umwickeln. Der Schlauch muss dazu fettfrei, trocken und am besten kalt sein. Wickeln Sie ein paar Lagen um die schadhafte Stelle.

■ Ist der Schlauch gerissen oder geplatzt oder hat das Gummi ein größeres Loch, dann können Sie die schadhafte Stelle mit einem passenden Rohrstück und zwei Schlauchschellen überbrücken. Schlauch durchschneiden und Rohrstück beidseitig einschieben. Der Rohrdurchmesser sollte ungefähr 4 mm geringer sein als der Außendurchmesser des Schlauches, da die Gummischläuche meist rund 2 mm Materialstärke haben.

■ Wenn Sie Kühlwasser auffüllen, müssen Sie beim Öffnen des Ausgleichsbehälters vorsichtig sein. Heißes oder sogar kochendes Kühlwasser steht unter Druck und sprudelt aus der Öffnung. Lappen auf den Verschlussdeckel legen und durch vorsichtiges Öffnen erst Druck ablassen.

■ Füllen Sie in einen sehr heißen Motor das Wasser nur in kleinen Schlucken und bei laufendem Motor ein. Das kalte Wasser kann sonst zu Spannungsrissen innerhalb des Motors führen.

Starthilfe mit Kabel und Hilfsbatterie

Wenn der Anlasser (Starter) Ihres Octavia keine Anstalten macht sich zu drehen, sind Anschieben oder Anschleppen, besser aber Starthilfe über Kabel angesagt. Anschieben oder Anschleppen über eine Strecke von mehr als 50 Metern kann nämlich den Katalysator ernsthaft schädigen. Und wenn der Motor wegen einer defekten Zündanlage nicht startet, sollte man aufs Anschieben oder Anschleppen am besten ganz und gar verzichten.
Falls Ihr Wagen nach mehrmaligen Startversuchen von 10 bis 20 Sekunden nicht anspringt, ist Starthilfe durch ein Fahrzeug mit funktionstüchtigem Akku nötig. Elektrische Verbindung zwischen beiden Fahrzeugen wird mit einem Starthilfekabel hergestellt, das unbedingt zum Pannenset gehören sollte. Škoda empfiehlt das Kabel aus seinem Original-Zubehör. Es genügen alle Kabel mit 16 mm² Querschnitt und isolierten Polzangen (Bild 7). Achten Sie beim Kauf auf das »GS«-Zeichen für geprüfte Sicherheit und evtl. auch die DIN-Prüfmarke (Din 72553). 3 m Länge reichen aus.

Starthilfekabel: Massekabel schwarz, Pluskabel rot. Die Polzangen sind entsprechend gekennzeichnet (Pfeile).

Arbeitsschritte:

■ Hilfsfahrzeug dicht an das Fahrzeug mit der leeren Batterie heran fahren, damit die Kabel bequem angeschlossen werden können. Die Karosserien beider Fahrzeuge dürfen sich jedoch nicht berühren, damit nicht bereits beim Verbinden der Batteriepluspole Strom fließen kann. Beide Motoren abstellen. Warnblinkanlage des »Spenderautos« einschalten.

■ Öffnen Sie bei beiden Fahrzeugen den Motorraum (Octavia: Bilder 8 und 9) und legen Sie die Pole der Batterie frei. Beim

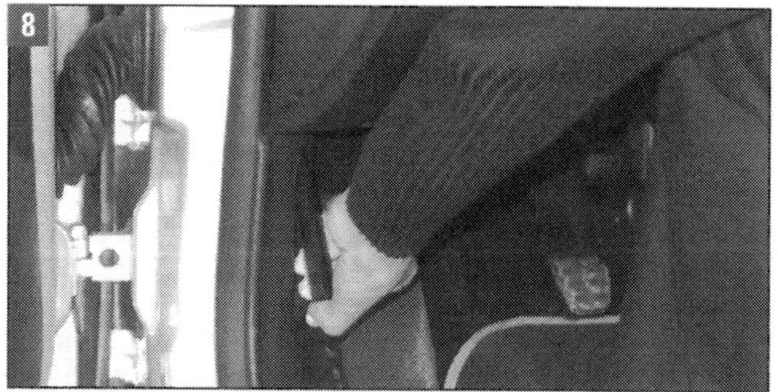

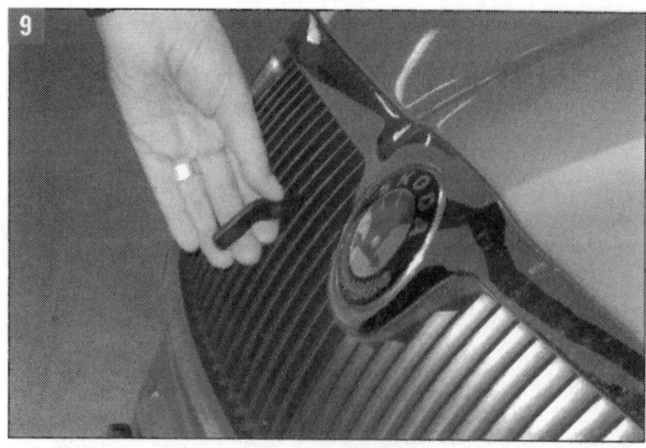

Motorhaube öffnen: Schloss mit Hebel innen entriegeln (Bild 8) und dann Hebel außen am Kühlergrill betätigen (Bild 9).

Octavia befindet sich die Batterie hinten links im Motorraum neben dem Bremsflüssigkeitsbehälter und ist mit einer Abdeckung (entriegeln, abnehmen) versehen (Bilder 10 und 11).

■ Die Pluspole mit dem roten Starthilfekabel verbinden. Zuerst die leere, dann die volle Batterie anklemmen.

■ Eine Polzange des schwarzen Kabels am Minuspol der vollen Batterie (Hilfsfahrzeug) anklemmen, die andere an einen blanken Massepunkt (Motorblock) des anderen Wagens. Beide Batterien müssen gleiche Spannung haben (12 V).

■ Motor des stromgebenden Wagens starten und im Leerlauf drehen lassen. Fahrzeug mit der entladenen Batterie starten. Wenn der Wagen nach etwa 10 Sekunden nicht anspringt, Anlassvorgang abbrechen und erst nach frühestens einer halben Minute wiederholen, damit der Anlasser abkühlen kann.

■ Nach erfolgreicher Starthilfe die Kabel wieder abnehmen. Dabei umgekehrt vorgehen:
Zuerst schwarze Polzange vom Massekontakt im Fahrzeug, dem geholfen wurde, abklemmen. Dann die andere schwarze Zange vom Minuspol der Fremdbatterie abklemmen. Anschließend Kabel von den Pluspolen abnehmen: erst von der vollen Batterie (helfendes Fahrzeug), dann von der Leerbatterie.

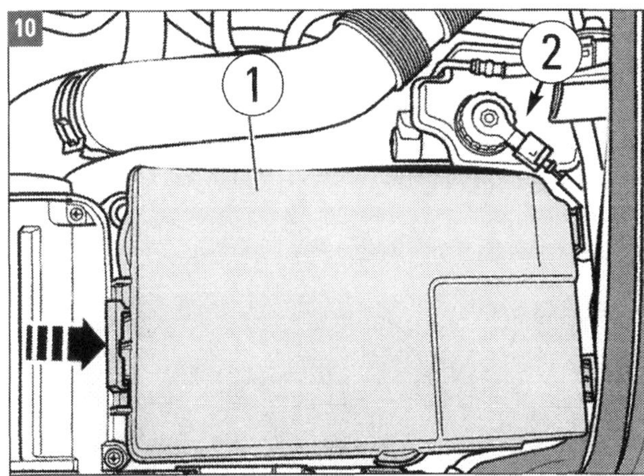

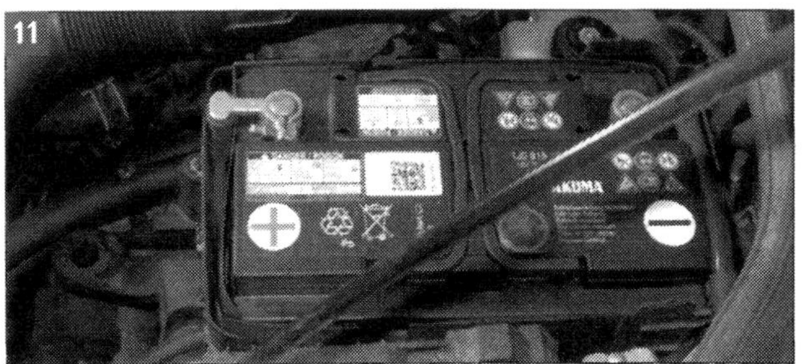

Batterie: Abdeckung (1) neben Bremsflüssigkeitsbehälter (2) entriegeln (Pfeil; Bild 10). Batterie ohne Abdeckung (Bild 11).

■ Nach der Starthilfe längere Zeit mit höheren Drehzahlen fahren, damit die Lichtmaschine die entladene Batterie rasch wieder aufladen kann.

Batterie prüfen

Um Probleme durch Ausfall der Batterie zu vermeiden, sollte sie regelmäßig überprüft werden. **Batterie ausbauen:** Zündung ausschalten, beide Polklemmen abnehmen, Schraube des Befestigungsbügels der Batterie-Fußleiste aus dem Batterietrog ausschrauben, Bügel abnehmen, Batterie an Handgriffen herausheben. In der Werkstatt kann der Batteriezustand über die geführte Fehlersuche mit dem Diagnosesystem VAS 5051/5052 ausgelesen werden. Marke und Modell eingeben, im Menü die Servicearbeiten wählen und den Anweisungen zur Batterieprüfung folgen.
Prüf- und Messarbeiten an der Batterie, die Sie ausführen können und sollten, beschreiben wir im Kapitel »Elektrik: Das Bordnetz«.

Elektronik im Notlaufprogramm

Bestimmte Pannen und Fehlfunktionen führen dazu, dass die Motorsteuerung nur noch im Notlaufprogramm arbeitet. Wir gehen im »Elektrik«-Kapitel nochmals darauf ein. Hier möchten wir nur sagen, dass Sie im Notlauf noch einen sicheren Ort erreichen können, dann allerdings der Sache auf den Grund gehen müssen.
Der Fehler kann mit einem Diagnosegerät aus dem Speicher abgefragt werden. Deshalb sollten Sie sich unbedingt merken, in welchem Betriebszustand er aufgetreten ist. Sie können den Fehlerspeicher nämlich durch längeres Abklemmen der Batterie (zirka eine halbe Stunde) löschen und die Fahrt eventuell unter Vermeidung dieses Betriebszustandes fortsetzen. Oft sind nur ein Massepunkt, ein Stecker mit Kontaktschwierigkeiten oder ein undichter Unterdruckschlauch schuld. Finden Sie die Ursache nicht und tritt der Fehler nach kurzer Zeit erneut auf, sollten Sie so schnell wie möglich den Fehlerspeicher auslesen lassen (Werkstattsystem VAS 5051/5052).

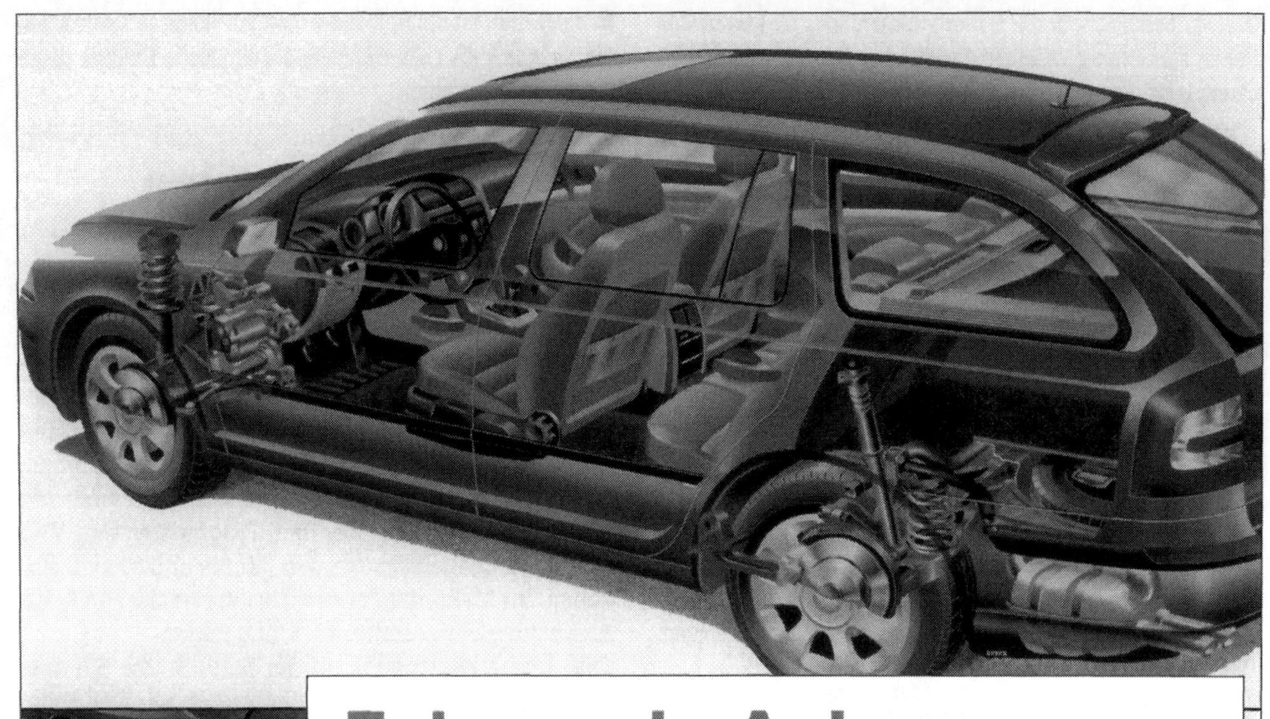

Fahrwerk: Achsen, Servolenkung, Räder

Den Octavia II kennzeichnet neben anderen Details eine ausgezeichnete Richtungsstabilität. Sein Fahrwerk ruht auf straff abgestimmten Federbeinen, puffert harte Stöße aber dennoch komfortabel ab und hält das Fahrzeug auch bei schnellen Lastwechseln gut in der Spur. Der Škoda Octavia der neuen Generation besitzt eine Zahnstangenlenkung mit einer neuen elektromechanischen Servo-Unterstützung. Erhältlich ist er auch als Allradversion »4x4«.

Agilität, präziser Geradeauslauf, hohe Lenkpräzision, ausgezeichneter Abrollkomfort und souveränes Fahrverhalten bis in den Grenzbereich kennzeichnen ein gutes Fahrwerk wie das des Octavia. Es geht um Qualität, Ausgewogenheit und Zusammenspiel von Federn und Stoßdämpfern, Radaufhängungen, Lenkung, Rädern und Reifen. Diese Baugruppen (Bild 1) behandeln wir in diesem Kapitel, während wir den Bremsen, ebenfalls dem Fahrwerk zuzurechnen, ein eigenes Kapitel widmen.

In Abhängigkeit von Motorisierung und Ausstattung werden verschiedene Fahrwerke eingebaut. Welches Fahrwerk im konkreten Fahrzeug verbaut ist, wird auf dem Fahrzeugdatenträger (Kofferraumboden, Serviceplan) durch die PR-Nummer für die Vorderachse dokumentiert. PR-Nummern (Bild 2) sind für die Zuordnung von Sollwerten zum Fahrzeug entscheidend.

Die Vorderachse

Am dynamischen Fahrverhalten des Octavia hat die Vorderachskonstruktion maßgeblichen Anteil. Die angetriebene, hinsichtlich Bauraum, Gewicht und Kinematik optimierte McPherson-Achse mit Federbeinen aus Schraubenfedern und Zweirohr-Stoßdämpfern ist mit dem Aggregateträger als integriertem Teil (Bild 3) verschraubt.

Zum Einsatz kommt die bewährte Kombination aus McPherson-Federbeinen und Dreiecksquerlenkern mit Torsionsstabilisator. Die neue Lagerung der Achse trägt zu einer hohen Querstabilität bei, was die Fahr-

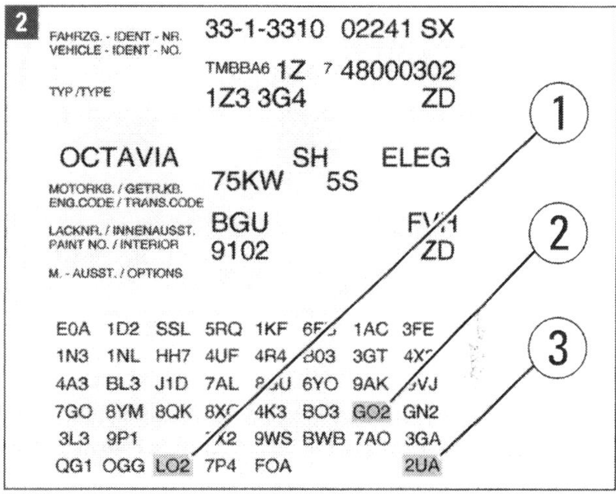

PR-Nummern im Datenträger: (1) L02 – Dämpfung, (2) G02 – Bremsen, (3) Fahrwerk – 2UA = Standard, 2UC = Sport.

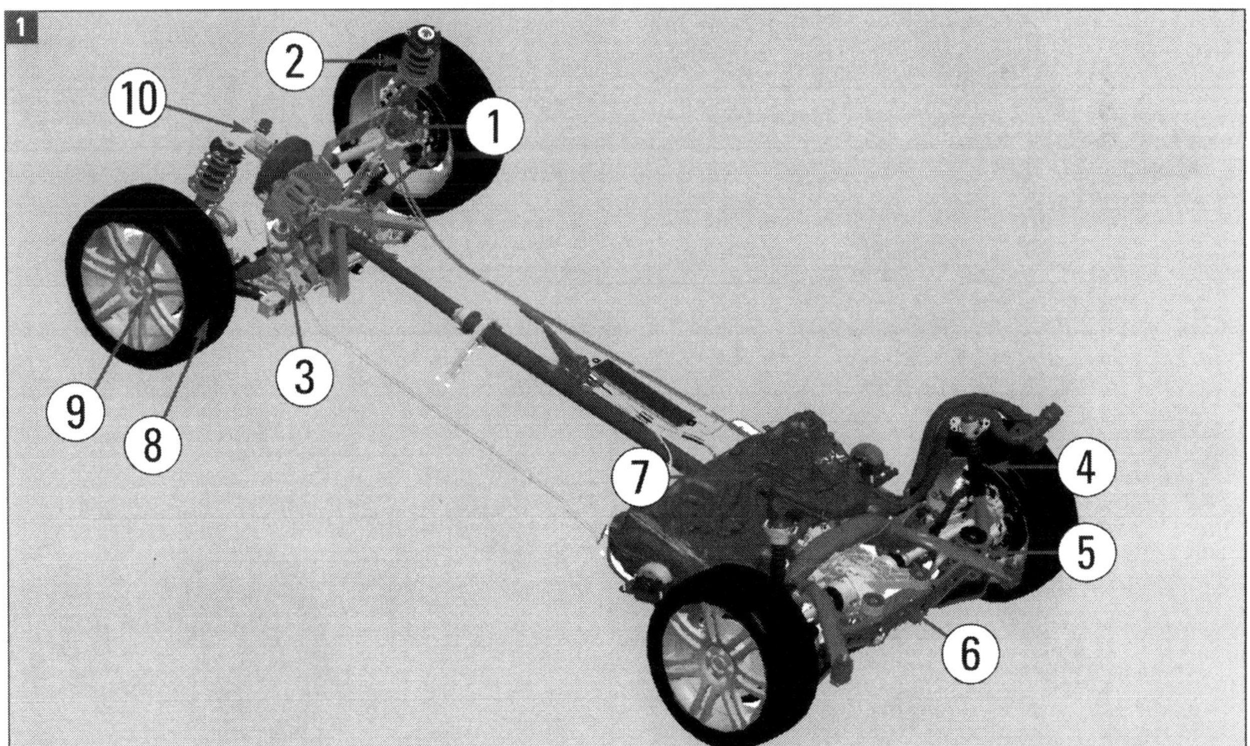

Relevante Komponenten: In diesem Beispiel beim Allradantrieb 4x4 sind (1) Radlager (vorn rechts, links spiegelbildlich), (2) Federbein rechts, (3) Vorderachse, (4) Stoßdämpfer (hinten rechts, links spiegelbildlich), (5) Schraubenfeder (hinten rechts), (6) Hinterachse, (7) Tank, (8) Reifen, (9) Radfelge, (10) Bremskraftverstärker mit Hauptbremszylinder und Flüssigkeitsbehälter.

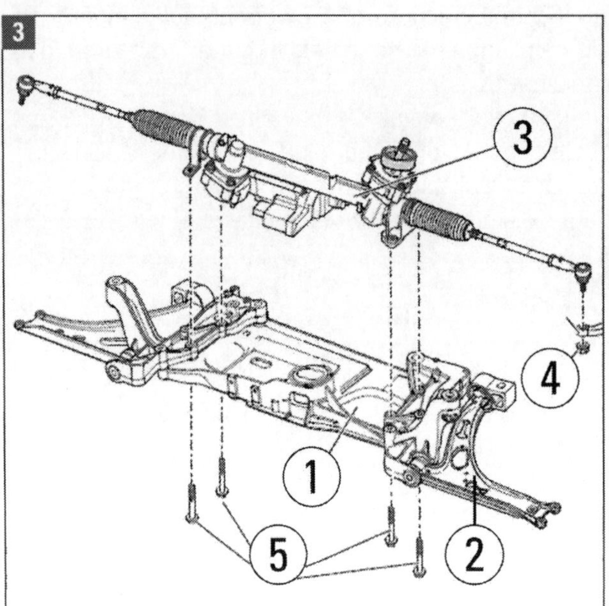

Vorderachse (Frontantrieb): (1) Aggregateträger mit Konsolen, (2) Achslenker, (3) Servolenkgetriebe mit Steuergerät, (4) Radlagergehäuse mit Mutter, (5) Schrauben für Lenkgetriebe.

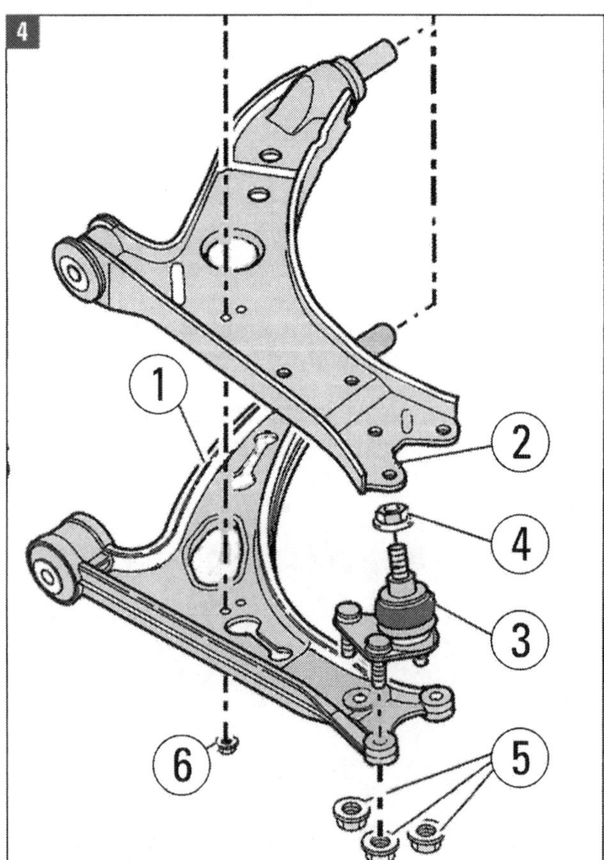

Dreieckslenker: (1) Achslenker in Stahlguss- und (2) in Stahlblech-Ausführung, (3) Achsgelenk, (4 und 5) selbstsichernde Muttern 60 Nm, (6) Mutter 9 Nm.

eigenschaft in Kurven noch einmal verbessert. Durch die sorgfältige Abstimmung von Dämpferkennung und Federung konnte die Wankneigung der Karosserie weiter verringert werden.
Über Konsolen am Aggregateträger montierte Achslenker (Bild 4) übernehmen die Radführungsaufgabe. Elastizität und Abrollkomfort sind gut abgestimmt, die präzise Einstellung von Nachlaufwinkel und Sturz (Kasten zur Lenkgeometrie) ist gewährleistet.
Das Elektronische Stabilitäts-Programm ESP verbessert noch die Fahrzeugkontrolle in fahrdynamisch kritischen Situationen. Jedes einzelne Rad kann damit zum Stabilisieren individuell gebremst und die abgegebene Motorleistung für beste Traktion bei größtmöglicher Stabilität optimiert werden. Wenn ESP eingreift, blinkt eine Warnleuchte im Kombi-Instrument. Mit ESP sind Antiblockier-Bremssystem (ABS) und Antriebsschlupfregelung (ASR) verbunden.

Drei Radlagertypen

Das Rad ist mit seiner Einheit aus Radnabe und Radlager (2) an das Radlagergehäuse (1) geschraubt (Bild 5). Je nach Ausführung sind im Octavia drei Radlager- und -gehäusetypen verbaut, die sich nach der Zahl der Schraubverbindungen unterscheiden: Zwei Lager/Gehäuse-Formen mit 4-Punkt-Aufnahme (vier Schrauben 70 Nm) und eine mit 3-Punkt-Aufnahme (drei Schrauben 70 Nm).
Die in Bild 5 gezeigte Bauform mit 4-Punkt-Aufnahme ist für Bremsen vom Typ FN3 gedacht. Der Bremsträger wird ans Radlagergehäuse angeschraubt. Die beiden anderen, sehr ähnlichen Ausführungen sind für

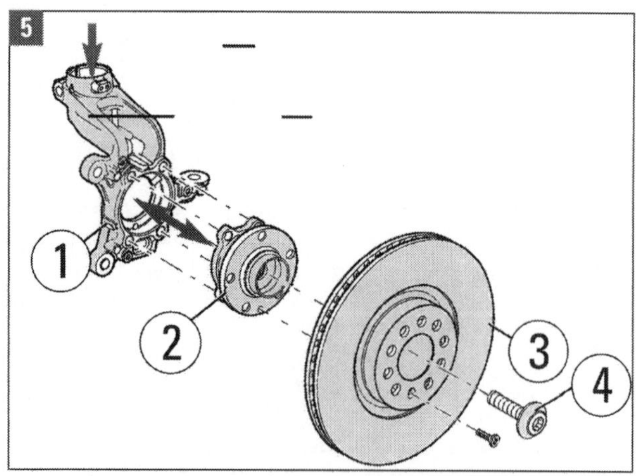

Radlagerung: (1) Radlagergehäuse, (2) Radnabe mit Radlager, (3) innenbelüftete Bremsscheibe, (4) Gelenkwellenverschraubung. Ausführung für 4-Punkt-Aufnahme und FN3-Bremse.

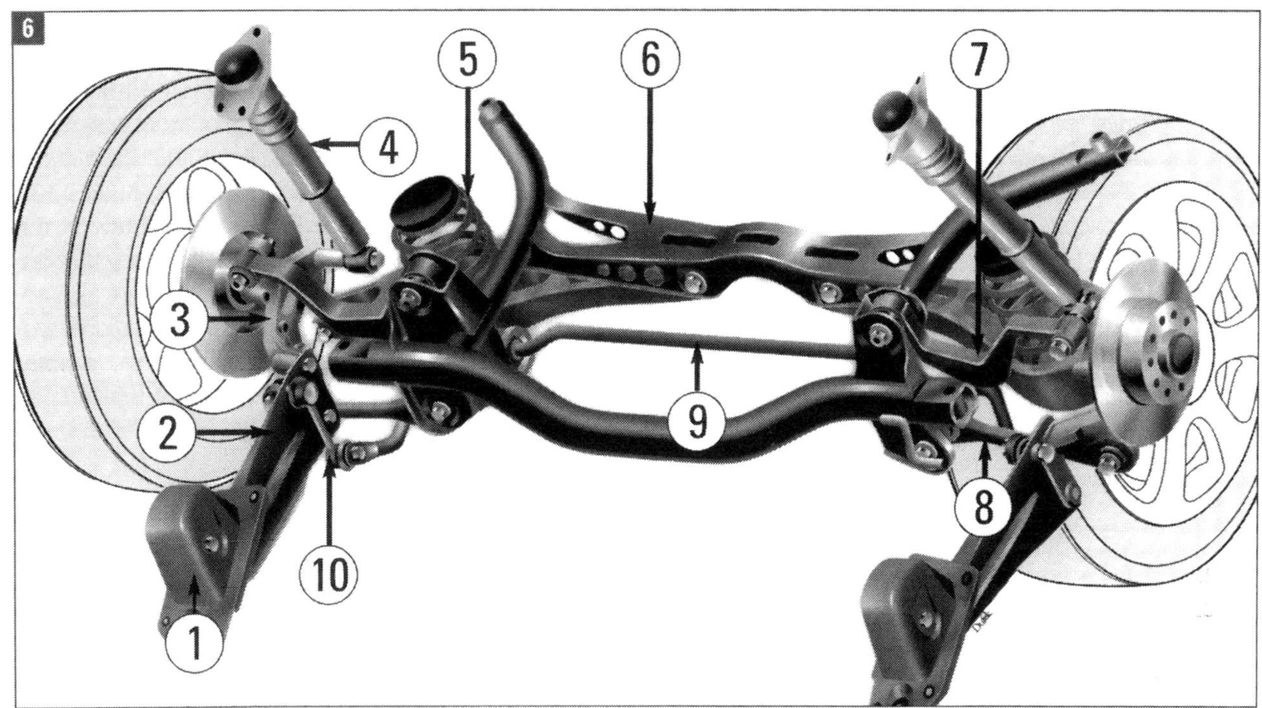

Hinterachse: (1) Lagerbock, (2) Längslenker, (3) Radlagergehäuse, (4) Dämpfer, (5) Feder, (6) Aggregateträger, (7) Querlenker oben, (8) Querlenker unten, (9) Torsionsstabilisator mit (10) Koppelstange zum Längslenker. Ausführung bei Frontantrieb.

Bremsen vom Typ FS III geeignet. Bei diesen beiden Versionen des Radlagergehäuses sind die Bremsträger integriert. Auf die Bremsen selbst gehen wir im nächsten Kapitel ausführlich ein.
In seinem oberen Teil nimmt das Radlagergehäuse in vertikaler Ebene das Federbein auf (roter Pfeil in Bild 5). Durch die horizontal orientierte Öffnung im unteren Teil des Gehäuses greift die vom Getriebe kommende Gelenkwelle ins angeschraubte Radlager (blauer Doppelpfeil in Bild 5). Sie wird mit Schraube (4) an die Bremsscheibe (3) geschraubt (siehe Kasten). Die Schraube ist nach Ausbau immer zu ersetzen.

Gelenkwellenverschraubung

PRAXISTIPP

Bei loser Gelenkwellenverschraubung dürfen die Radlager nicht belastet werden. Wenn sie durch das Fahrzeuggewicht belastet würden, würde die Lebensdauer des Radlagers durch Vorschädigung leiden. Das Radlager wird auch beschädigt, wenn ein Fahrzeug ohne Gelenkwelle bewegt wird. Muss das Fahrzeug (bei ausgebauter Gelenkwelle) bewegt werden, muss man ein Außengelenk einbauen und mit 50 Nm festziehen.

Die Hinterachse

Bei der fahraktiven Hinterachse (Bild 6) handelt es sich um eine neue Mehrlenkerkonstruktion. Die Seitenkräfte werden von Querlenkern (7 und 8 in Bild 6,

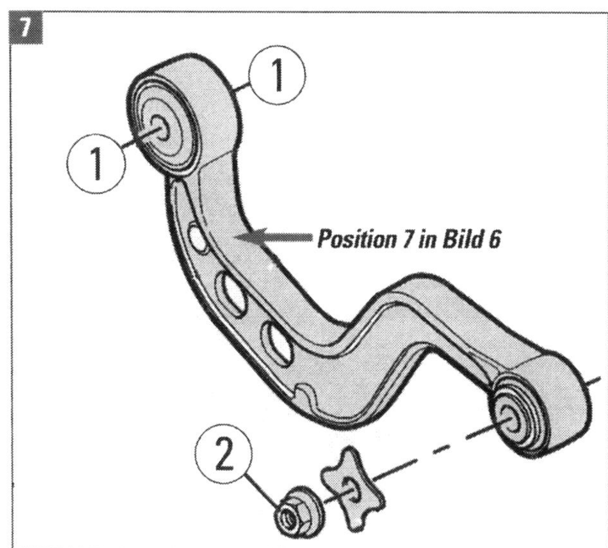

Querlenker oben: (1) zum Aggregateträger, (2) selbstsichernde Mutter mit Scheibe zur Befestigung mit Schraube 130 Nm+90° oben am Radlagergehäuse (Form bei Frontantrieb).

einzeln in Bildern 8 und 9) aufgefangen, deren Länge, Position und Lagerung so ausgelegt wurden, dass die Räder in jeder Fahrsituation in einer optimalen Stellung zur Straße gehalten werden. Die hohe Positionierung des Längslenkers (2 in Bild 6, einzeln in Bild 10) reduziert das Eintauchen des Vorderwagens beim Bremsen deutlich. Durch seine progressive Lagerung nimmt der Lenker selbst große Längskräfte gut gedämpft auf.

Ebenso wie die Vorderachse ist auch die Hinterachse mit einem Torsionsstabilisator (9 in Bild 6) ausgerüstet. Die Škoda-Ingenieure konzipierten die Elastokinematik der Hinterachse so, dass sie die Lenkung unter allen Belastungen kaum beeinflusst. Dadurch ist die Richtungsstabilität selbst auf sehr schlechten Straßen und unabhängig von der Beladung des Fahrzeugs hervorragend. Das Fahrverhalten ist auch in zügig durchfahrenen Kurven nahezu neutral. Die Radnabe/Radlager-Einheit (2 in Bild 11) ist mit dem Radlagergehäuse mit einer Schraube 180 Nm+180° und mit der Bremsscheibe mit 4 Nm-Schrauben verschraubt. Zwischen Gehäuse und Nabe/Lager-Einheit sitzt ein Abdeckblech (1 in Bild 11).

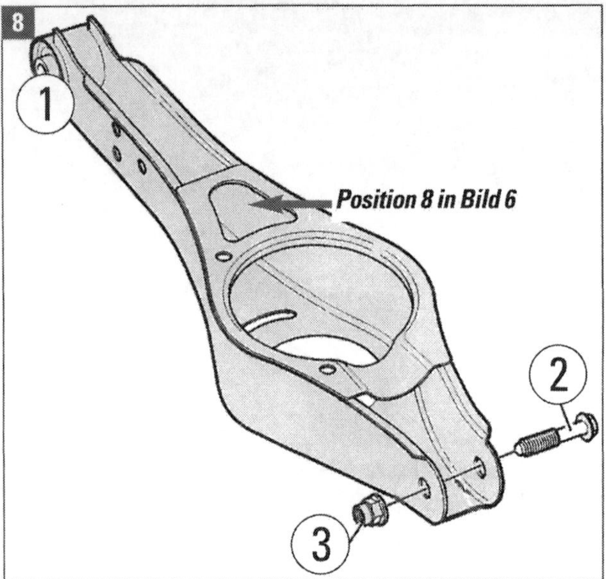

Querlenker unten: (1) zum Aggregateträger, (2) Schraube und (3) Mutter 90 Nm+90° zur Befestigung seitlich unten an Radlagergehäuse (Form bei Frontantrieb).

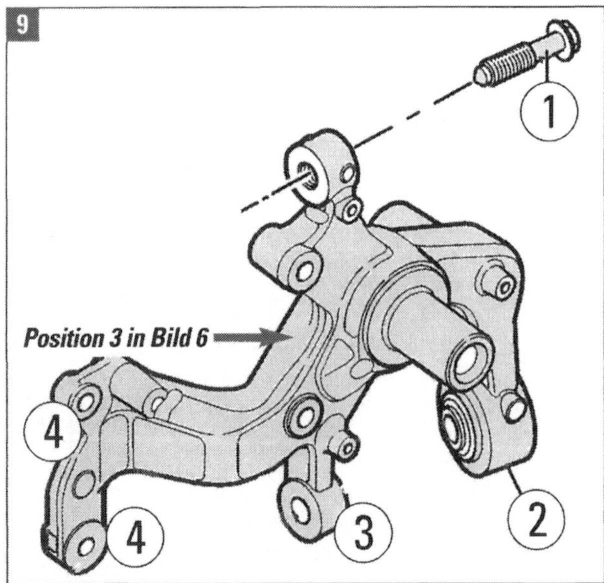

Radlagergehäuse hinten: (1) für Querlenker oben, (2) für Querlenker unten, (3) für Spurstange Hinterachse, Verschraubung 130 Nm+90°, (4) für Längslenker.

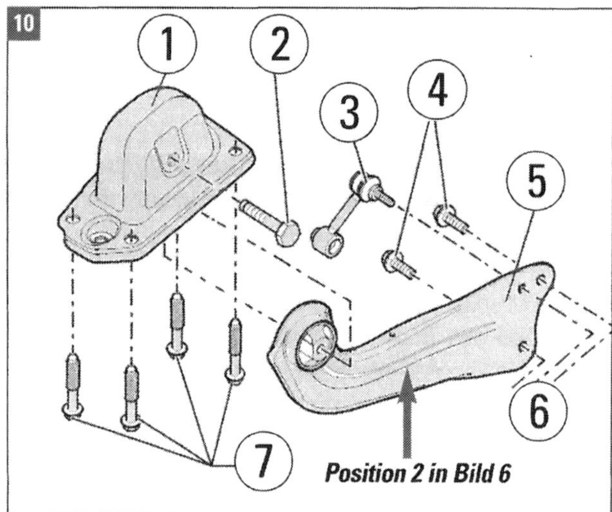

Längslenker: (1) Lagerbock, (2) Schraube 90 Nm+90°, (3) Koppelstange Stabilisator/Längsträger, (4) Schrauben 90 Nm+90°, (5) Längslenker, (6) Schraubbefestigung an Radlagergehäuse und Aggregateträger, (7) Lagerbock an Aggregateträger mit vier Schrauben 50 Nm+45°.

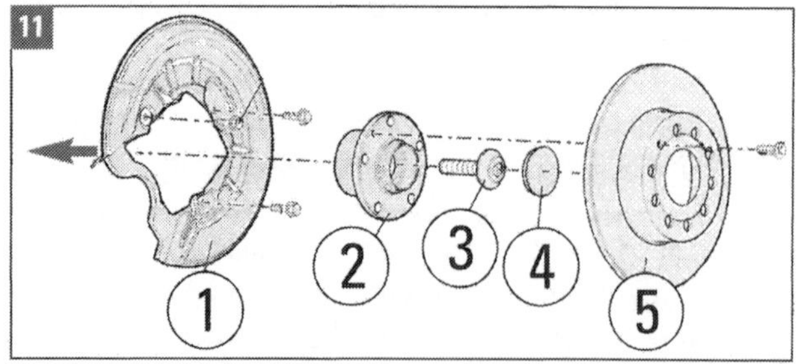

Radlagerung: (1) Abdeckblech, (2) Nabe/Lager, (3) Schraube, (4) Abdeckkappe, (5) Bremsscheibe.
Roter Pfeil: Richtung zum Radlagergehäuse.

Die Lenkung

Die elektromechanische Servolenkung des Octavia basiert auf einer konventionellen Zahnstangenlenkung. Sie gestattet gut ansprechendes sowie zielgenaues Lenken und ist genau auf Achsen und Lenkgeometrie (siehe Kasten) abgestimmt.

Begriffe der Lenkgeometrie

WISSENSWERTES

Nachlauf: Abstand (in Fahrtrichtung) zwischen der gedachten Verlängerungslinie der Lenkdrehachse zum Boden und dem Mittelpunkt der Reifenaufstandsfläche. Durch den Nachlauf werden die Räder gezogen (und nicht geschoben). Sie neigen deshalb dazu, sich von selbst geradeaus zu stellen und diese Stellung auch beizubehalten.

Spreizung: Die Neigung der Lenkungsdrehachse zu einer Senkrechten. Denkt man sich eine Linie dieser Achse zum Boden und misst den Abstand zur Mittellinie durch das Rad (Mittelpunkt der Reifenaufstandsfläche), erhält man den Lenkrollradius. Dieser soll möglichst klein sein, um die Störkräfte in der Lenkung zu verringern. Die Spreizung bewirkt zusammen mit dem Nachlauf, dass sich bei eingeschlagenen Rädern das Fahrzeug etwas anhebt. Lässt man das Lenkrad los, stellen sich die Räder selbst in die Mittelstellung zurück (Rückstellmoment).

Sturz: Die Neigung des Rades zu einer Senkrechten. Vermindert Fahrbahnstöße auf die Lenkung, reduziert Lenkkräfte und Reibung der Räder auf der Fahrbahn. Vorderräder haben positiven Sturz: Oben im Radkasten etwas weiter auseinander als unten am Boden.

Spurdifferenzwinkel: Für die Vorderradaufhängung festgelegte Abweichung zwischen den Radeinschlagwinkeln bei Stellung eines Rades auf 20°.

Vorspur: Die Vorderräder stehen vorn enger zusammen als hinten (rollen aufeinander zu). Das gleicht die Reibung zwischen Rad und Straße aus, die das linke Rad nach links und das rechte nach rechts drücken will, und verhindert Flattern der Räder und Radieren der Reifen. Bei Kurvenfahrt schwenkt das innere Rad zur Unterstützung der Lenkbewegung und der Lenkkräfte stärker ein als das kurvenäußere: Vorspur wird **Nachspur**, Räder stehen hinten enger zusammen.

Mit Hilfe des Servosystems aus Steuergerät, Sensoren und Stellmotor (Bild 12) wird eine stufenlose Lenkkraftunterstützung geregelt. Die elektrische Servolenkung macht sich vor allem beim Einparken sowie unterhalb von 100 km/h außerordentlich angenehm bemerkbar. Park- oder Rangiermanöver werden komfortabler absolviert als mit der üblichen hydraulischen Servolenkung.

Da sich der Elektromotor nur beim Lenken einschaltet, ist der Energiebedarf geringer als bei hydraulischen Servolenkungen. Das spart Kraftstoff. Die elektromechanische Lenkung arbeitet ohne Hydrauliköl und lässt sich deshalb einfacher montieren und reparieren. Die konstruktive Zielstellung für den neuen Octavia, eine optimale Kombination aus hohem Komfort und ausgezeichneten Fahreigenschaften bei größtmöglicher dynamischer Fahrsicherheit zu gewährleisten, ist auch mit der Lenkung erreicht worden.

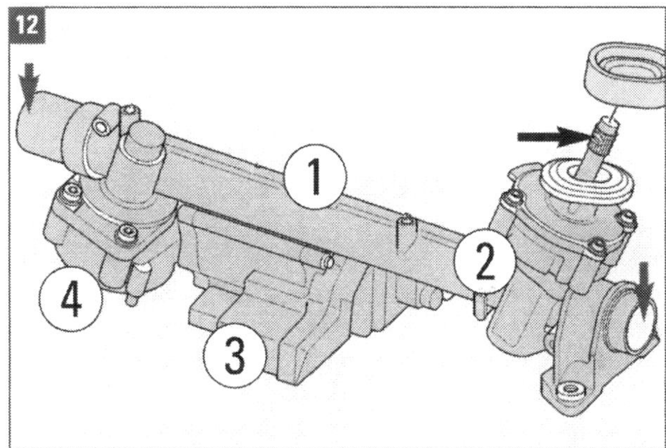

Servolenkgetriebe: (1) Gehäuse mit Zahnstange, (2) Lenkgetriebe, (3) Steuergerät, (4) Stellmotor. Rote Pfeile: Einsatzstellen für die Spurstangen, schwarzer Pfeil: Ansatz für das Kreuzgelenk der Lenksäule (Bild 13).

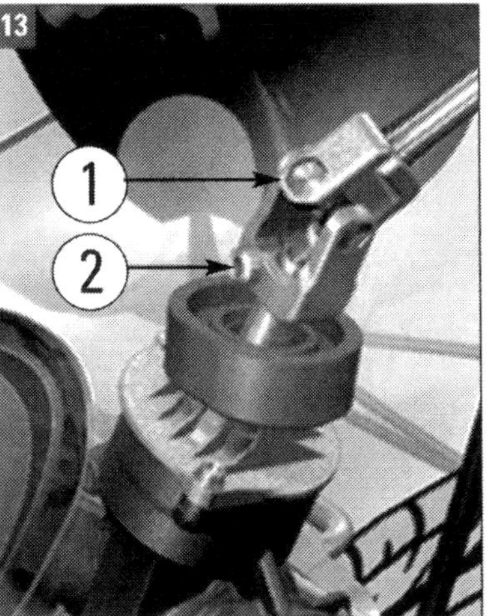

Bindeglied: (1) Kreuzgelenk, verbindet Lenksäule und Lenkgetriebe, (2) Schraube 20 Nm + 90° zur Montage des Kreuzgelenks am Lenkgetriebe. Nach Ausbau der Schraube lässt sich das Kreuzgelenk vom Lenkgetriebe abziehen.

Der Allradantrieb 4x4

Bei den starken Motorisierungen (2.0 FSI/110 kW und 2.0 TDI PD DPF/103 kW) werden die Kräfte grundsätzlich über den permanenten Allradantrieb »4x4« auf die Straße übertragen. Auch der 1.9 TDI PD/77 kW ist als »Allradler« erhältlich. Die Vorzüge der 4x4-Fahrzeuge: Plus an Traktion, Fahrdynamik, Fahrsicherheit und Geradeauslauf.

Der Octavia Combi 4x4 (Bild 14) bietet aufgrund der variablen Kräfteverteilung zwischen Vorder- und Hinterachse ein beeindruckendes Traktionsvermögen, das in allen Fahrsituationen hohen Sicherheitsgewinn darstellt. Das gefragte Combi-Ladevolumen bleibt dabei trotz der aufwändigen Allrad-Technik mit zusätzlichem Getriebe an der Hinterachse (Bilder 16 und 17) vollständig erhalten. Denn Herzstück des 4x4-An-

14

15

Kraftvolle Traktion: Octavia Combi 4x4 (Bild 14) und Octavia Scout 4x4 (Bild 15) bewähren sich unter schwierigsten Bedingungen in unwegsamem Gelände.

WISSENSWERTES

Stabilisierung durch ESP

Durch das von Škoda wie von VW und anderen Herstellern als »Elektronisches Stabilitätsprogramm - ESP« bezeichnete System wird ein Fahrzeug bis an die physikalische Grenze stabil gegen Ausbrechen. Das Anti-Schleuderprogramm soll nicht etwa Fahrwerksschwächen kompensieren. ESP erhöht die aktive Fahrsicherheit: Der Wagen bleibt damit selbst in schwierigen und unerwarteten Situationen noch besser beherrschbar. ESP bewirkt in kritischen Fahrsituationen gezielte Bremseingriffe an einzelnen Rädern und eine bedarfsgerechte Anpassung der Motorleistung zur Stabilisierung des Fahrzeugs. Das gilt besonders in Kurven und bei plötzlichen Ausweichmanövern.

ESP erkennt eine fahrdynamisch kritische Situation beispielsweise an einem durchdrehenden Rad. Sofort wird ESP aktiv und bremst je nach Situation und Bedarf eins oder mehrere Räder gezielt ab. Zusätzlich wird, falls vom System als notwendig erkannt, automatisch das Motordrehmoment angepasst. So unterstützt ESP den Fahrer dabei, das Fahrzeug wieder zu stabilisieren. Natürlich kann aber auch ESP nur im Rahmen der fahrphysikalischen Gesetze helfend eingreifen.

Herzstück des Stabilitäts-Programms ist ein Geschwindigkeitsmesser. Er verfolgt ständig die Bewegung des Fahrzeugs um seine Hochachse und vergleicht den gemessenen Ist-Wert mit dem Sollwert, der sich aus der Lenkvorgabe des Fahrers und der Geschwindigkeit ergibt. Sobald das Fahrzeug von dieser Ideallinie abweicht, greift ESP ein und beeinflusst Schleuderbewegungen schon beim Entstehen. ESP verbindet die Funktionen von Anti-Blockier-System ABS und Antriebs-Schlupf-Regelung ASR bei gleichzeitiger Erweiterung um eine wirksame Fahrstabilitätshilfe.

Anhängerstabilisierung ist dabei eine, zunächst meist optionale, Zusatzfunktion des ESP. Im Rahmen der physikalischen Möglichkeiten kann sie den Pendelschwingungen eines Anhängers bereits im Ansatz entgegenwirken. Erst wenn ein zusätzliches Abbremsen zur Stabilisierung unumgänglich wird, passt die ESP-Anhängerstabilisierung auch automatisch die Fahrgeschwindigkeit an.

triebs ist eine elektronisch gesteuerte Haldex-Lamellen-Kupplung (Pfeil in Bild 16), die nur wenig Bauraum beansprucht. Bei gleichem Transportvolumen wie die frontgetriebenen Modelle weist der 4x4-Combi dazu noch einen um fünf auf 60 Liter vergrößerten Treibstofftank auf.

Beeindruckender 4x4-»Scout«

Besonders kräftig und dynamisch wirkt der 4x4-Antrieb bei der Sonderausführung »Octavia Scout« (Bild 15) mit ihren exklusiven Designelementen. Mit 4.581 mm ist der Scout 9 mm länger als der Octavia Combi 4x4 mit Schlechtwegepaket, außerdem ist er auch 15 mm breiter und 13 mm höher. Verglichen mit dieser Modellversion, legt die Bodenfreiheit beim Scout um 17 mm zu. Die Off-Road-Tauglichkeit wird dadurch beträchtlich gesteigert, schlechte und ausgefahrene Wege werden mühelos gemeistert.
Komponenten und Aufbau der Hinterachse sind beim 4x4 im Prinzip der Hinterachse des Fronttrieblers vergleichbar. Wesentlichste Ausnahme ist der Aggregateträger, auf den der Hinterachsantrieb geschraubt ist (Bild 17). In Fahrtrichtung am Gehäuse des hinteren Achsgetriebes angeflanscht (Pfeil in Bild 17) ist die Haldex-Kupplung, eine Entwicklung des schwedischen Unternehmens Haldex. Sie sperrt den Drehzahlausgleich zwischen dem vorderen und hinteren Achsgetriebe traktionsabhängig und verteilt das vom Wechselgetriebe kommende Drehmoment je nach Erfordernis an die Achsgetriebe.

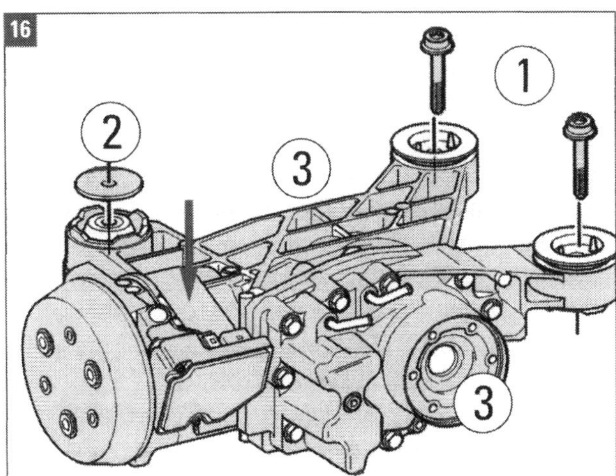

Achsantrieb hinten bei Allrad-Fahrzeugen: (1) Schrauben 60 Nm+90°, (2) Scheibe der von unten angesetzten dritten Befestigungsschraube, (3) Durchführungen für Achswellen. Pfeil: Haldex-Kupplung in Fahrtrichtung am Antrieb.

Die Steuerung erfolgt im Unterschied zum mechanischen Torsen-Differenzial, das bei Allradantrieben auch gebräuchlich ist, elektronisch und kann kurzfristig reagieren. Der Sperrwert lässt sich, je nach Drehzahldifferenz zwischen Vorderrädern und Hinterrädern, zwischen 0 und 100% verändern.

Sportfahrwerk optional

Auf Wunsch liefert Skoda den Octavia II mit einem Sportfahrwerk aus. Das operiert mit strafferen Federn und Dämpfern und senkt die Karosserie um 20 mm ab. Die niedrigere Schwerpunktlage schärft die Optik und erhöht die Dynamik.

Das Räderprogramm

Die Octavia-Räder in den Formaten 15 bis 18 Zoll füllen mit ihren großen Durchmessern die Radhäuser souverän aus. Für die vier Gruppen möglicher Motorisierungen werden jeweils drei oder vier Räder-Reifen-Kombinationen vom Hersteller als zulässig deklariert. Bei allen Radgrößen betragen die Mittenlochdurchmesser 57 mm, und die stets fünf Bohrungen für die Radschrauben sind auf einem Kreis mit dem Durchmesser 112 mm angeordnet. Die Tragfähigkeitskenn-

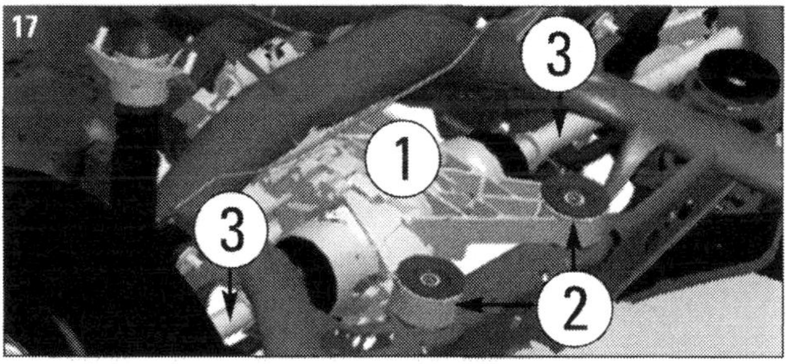

Achsantrieb am Aggregateträger: (1) Achsantrieb gemäß Bild 16, (2) die Gummi-Metalllager links und rechts, (3) links und rechts austretende Achswellen. Pfeil: Fahrtrichtung.

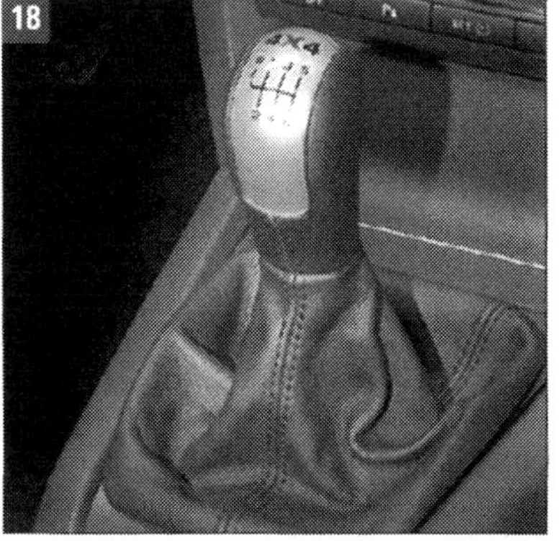

Schalthebel: Ausführung für Fahrzeuge mit dem permanenten Allradantrieb 4x4.

zahl (siehe Grafik Bild 19a), auch als Last-Index bezeichnet, ist für alle Räder/Reifen-Kombinationen die 91, die für 615 kg steht. Bei den Hochmotorisierungen gibt es dabei eine Ausnahme: Index 92 für 630 kg. Die Räder/Reifen-Kombinationen beim Octavia sind:

- 1,4-Liter-Motoren / 55 und 59 kW:
  - Scheibenrad 6J x 15 / 6,5J x 15 – Reifen 195/65 R15
  - Scheibenrad 6,5J x 15 / 6,5J x 16 / 6J x 16 – Reifen 205/60 R15 / 205/55 R16
  - Scheibenrad 7J x 17 – Reifen 225/45 R17
- 1,6-Liter-, 1,9-Liter-Motoren / 75, 77 und 85 kW:
  - Scheibenrad 6J x 15 / 6,5J x 15 – Reifen 195/65 R15
  - Scheibenrad 6,5J x 15 / 6,5J x 16 / 6J x 16 – Reifen 205/60 R15 / 205/55 R16
  - Scheibenrad 7J x 17 – Reifen 225/45 R17
- 2,0-Liter-Motoren / 100, 103 und 110 kW:
  - Scheibenrad 6J x 15 / 6,5J x 15 – Reifen 195/65 R15
  - Scheibenrad 6,5J x 15 / 6,5J x 16 / 6J x 16 – Reifen 205/60 R15 / 205/55 R16
  - Scheibenrad 7J x 17 – Reifen 225/45 R17
- 2,0-Liter-Motoren / 125 und 147 kW:
  - Scheibenrad 7J x 17 – Reifen 225/45 R17
  - Scheibenrad 7,5J x 18 – Reifen 225/40 R18
  - Scheibenrad 6J x 16 – Reifen 205/55 R16

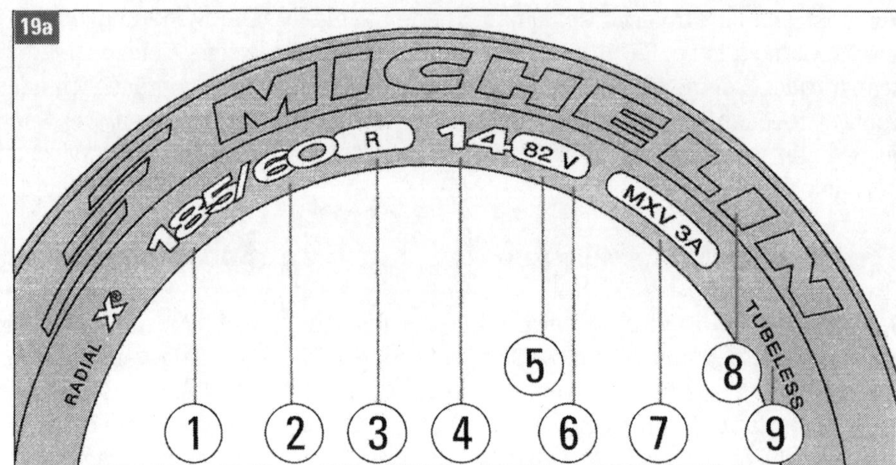

Reifendaten: (1) Nennbreite in mm, (2) Höhe-Breite-Verhältnis in %, (3) Radialkarkasse, (4) Nenndurchmesser in Zoll, (5) Last-Index; 82 = 475 kg, (6) zulässige Geschwindigkeit; V = bis 240 km/h, (7) Reifentyp, (8) Herstellerangabe, (9) Schlauchlose Bauart.

Die »DOT-Nummer«: Diese Angabe (Pfeil) benennt neben anderen Parametern die Produktionswoche und das Herstellungsjahr, im Beispiel 32. Kalenderwoche 2008.

Bestimmungsgrößen und Aufbau

Die Ziffern und Buchstaben auf der Flanke eines Reifens (Bild 19) stehen für die Reifendaten. Wichtig ist vor allem das Format des Reifens. Die Serienreifen für den Octavia haben die oben genannten Abmessungen. Die Reifenquerschnitte betragen demnach 195, oder 205 oder 225 mm. Die zweite Zahl bei der Formatangabe bestimmt das Verhältnis von Höhe und Breite. Es kann bei den Octavia-Reifen also 40, 45, 55, 60 oder 65 Prozent betragen. Je kleiner dieses Verhältnis, umso flacher und breiter der Reifen. »R« steht für die Radialbauart von Gürtelreifen, die Zahl dahinter nennt den Durchmesser der Felge in Zoll, bei den Octavia-Reifen also 15 bis 18 Zoll. Welche Reifengrößen und Felgen für Ihr Fahrzeug zugelassen sind, steht übrigens auch in den Kfz-Papieren.

Ein weiterer Kennbuchstabe auf der Reifenflanke gibt die zulässige Höchstgeschwindigkeit an: »Q« steht für 160 km/h (Winterreifen), »S« für 180 km/h, »T« für 190 km/h, »H« für 210 km/h, »V« für 240 km/h und »W« für 270 km/h Spitze. Für maximal 300 km/h gilt das Temposymbol »Y«, beim Octavia nur für die Kombination Scheibenrad 7,5J x 18 – Reifen 225/40 R18.

Datum und ECE-Prüfnummer

Auf Reifen, die seit Januar 2000 hergestellt wurden und werden, sind Herstellungswoche und Jahr mit einer 4-stelligen Zahl angegeben. So bedeutet 0907, dass der Reifen in der 9. Produktionswoche des Jahres 2007 hergestellt wurde.

Bis Ende 1999 war das Datum der Herstellung mit einer dreistelligen »DOT«-Nummer (Bild 19) angegeben. Auf Reifen ab Produktionsjahr 1990 steht hinter dieser Zahl ein kleines Dreieck.

Reifen, die nach dem 1. Oktober 1998 hergestellt wurden, tragen eine ECE-Prüfnummer auf der Reifenflanke (Bild 20). Diese Nummer (»E« und eine Zahl für das Herkunftsland) besagt, dass der Pneu typgeprüft entsprechend europäischem Qualitäts-Standard ist. Fehlt die Prüfnummer auf den Pneus, erlischt die Allgemeine Betriebserlaubnis für Ihren Wagen.

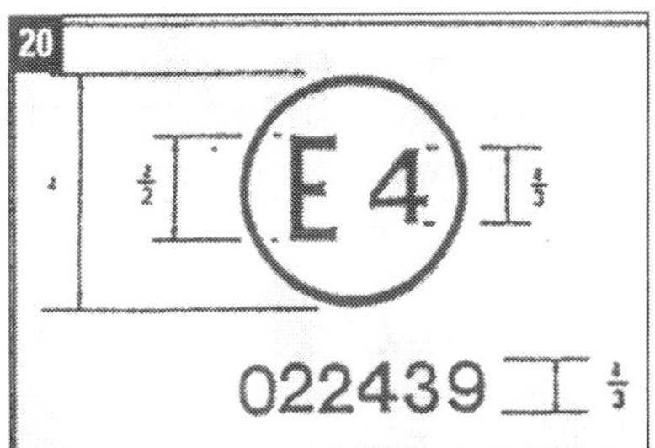

Prüfnummer: Diese Kennzeichnung bestätigt dem Reifen die Typprüfung nach europäischem Qualitätsstandard.

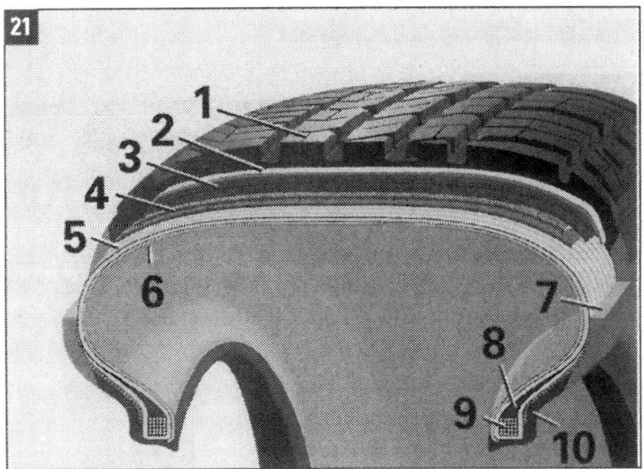

Schichtenstruktur eines schlauchlosen Gürtelreifens:

1 Laufstreifen: Profil und Mischung beeinflussen entscheidend die Eigenschaften.
2 Base: Senkt den Rollwiderstand.
3 Nylon-Spulbandagen und
4 Stahlcord-Gürtellagen steigern die Fahrstabilität.
5 Karkasse: Form- und Festigkeitsträger des Reifens.
6 Innenseele: Gasdichte Schicht, ersetzt den früher üblich gewesenen Schlauch.
7 Seitenteil: Schützt die Karkasse vor Beschädigungen.
8 Kernprofil: Unterstützt die Lenk- und Fahrpräzision.
9 Kern: Sorgt für den festen Sitz des Reifens auf der Felge.
10 Wulstverstärker: Fördert präzises Lenkverhalten und Fahrstabilität.

Aufbau und Laufleistung

Mit ihrem Unterbau, ihrer Gummimischung und ihrem ausgefeilten Profil (Bild 21) leisten moderne Reifen wie die des Skoda Octavia II einen wesentlichen Beitrag zur passiven Sicherheit. Sie tragen das Gewicht des Fahrzeugs, fangen kleinere Stöße der Fahrbahn ab und übertragen die Kräfte, die bei Antrieb, Bremsen und Kurvenfahrt entstehen.

Der Reifenverschleiß hängt wesentlich von Motorisierung, Straßenbeschaffenheit und Fahrweise ab. Die Reifen der angetriebenen Räder bringen es bei mittlerer Motorisierung und normaler Straßenbeschaffenheit auf eine Laufleistung von 50.000 bis 60.000 Kilometer. Aber auch bei nur seltener Fahrt sind die Reifen nach 6 bis 8 Jahren am Ende. Denn die Mischung des Gummis löst sich mit der Zeit auf, der Pneu versprödet und verhärtet.

Zuverlässige Druckanzeige

Optional setzt Škoda im Octavia eine innovative Reifendruckkontrollanzeige der zweiten Generation ein. Die zuverlässige und intelligente Lösung erkennt wie ein herkömmliches indirekt messendes System den schnellen Druckverlust bei einer Reifenpanne, erfasst aber auch, an welchem Rad er auftritt. Das neue System vergleicht nicht nur die Drehzahlen der vier Räder miteinander, sondern beobachtet darüber hinaus die Torsionsschwingungen, die durch die Anregungen von der Straße entstehen.

Die Reifendruckkontrollanzeige kann auch registrieren, wenn alle vier Reifen gleichmäßig schleichend Luft verlieren. Dieser Effekt, der durch Diffusion verursacht wird, kann bis zu 0,1 bar pro Monat betragen und bei Nichterkennen am Ende zu einem massiven Schaden führen.

Ins ESP integriert, lässt sich die Reifendruckkontrollanzeige auch von wechselnden Bedingungen (beladener Kofferraum, Schneeketten oder Schotterpisten) nicht irritieren). Sie kann nämlich die Frequenzmuster immer wieder neu analysieren und Störgrößen präzise herausrechnen.

Ursachen für Reifenverschleiß

Heftiges Aufprallen auf die Bordsteinkanten ist gefährlich. Dabei können Schäden an der Reifenstruktur auftreten, die zunächst unsichtbar sind. Die Gefahr solcher Schäden besteht auch beim Parken, wenn der Reifen an die Bordsteinkante gequetscht oder nur mit einem Teil der Aufstandsfläche auf einer Kante abgestellt wird. Vollbremsungen mit blockierenden Rädern können durch Abschleifen infolge Erhitzung zu »Bremsplatten« führen. Reifen mit solchen Platten erzeugen beim Fahren gefährliche Vibrationen.

Das Reifenlaufbild

Es gibt diverse Erscheinungsformen für abgenutzte Reifen, auf die Sie achten sollten. Wir möchten die augenfälligsten hier kurz auflisten.

Gründe für zu starke Abnutzung

- Außenseite (vorn) abgefahren: Zu flotte Fahrweise in Kurven. Evtl. gegen Hinterräder tauschen.
- Außenseiten stärker abgenutzt als Profilmitte: Reifen wurde lange mit niedrigem Luftdruck gefahren.
- Einseitig abgefahrene Laufflächen: Sind meist auf Sturzfehler zurückzuführen (Achsvermessung!).
- Gratbildung am Reifenprofil: Spurfehler, Achsvermessung angeraten.
- Abnutzung in Profilmitte (Bild 22): Reifen bauchen durch Fliehkraft aus, nutzen in der Mitte stärker ab.
- Schräges Profil (Bild 23): Falsche Radeinstellung.
- Starke Abnutzung: Bremsung mit blockiertem Rad führt oft zu diesen schon erwähnten »Bremsplatten«.
- Ungleiche Abnutzung: Meist durch Unwucht im Rad. Auswuchten erforderlich.

Die Unwucht

So genannte Unwucht macht sich durch Vibrationen am Lenkrad oder Schütteln im Vorderwagen bemerkbar. Ursache ist ungleichmäßige Gewichtsverteilung am Rad, die auch den Reifenverschleiß erhöht.

- Dynamische Unwucht kommt beim schnellen Drehen des Rades zur Wirkung. Die übergewichtige Stelle sitzt nicht in der Mittelebene des Rades, sondern etwas nach außen bzw. innen versetzt. Das Rad flattert und wackelt bei schneller Fahrt.
- Statische Unwucht zeigt sich, wenn man das Rad am aufgebockten Wagen frei auspendeln lässt: Der Schwerpunkt wird sich ganz von selbst nach unten begeben. Ein Rad mit einer statischen Unwucht hüpft beim Fahren, die Stoßdämpfer verschleißen schneller.

Das Auswuchten

Diese Arbeit ist Sache der Werkstatt. Eine Auswuchtmaschine zeigt die Unwuchten am Rad. An die entsprechenden Stellen der Felgen werden Gewichte montiert, die den unrunden Lauf ausgleichen.

Räder richtig tauschen

Der Kauf neuer Reifen ist hinaus zu schieben, indem die Räder je einer Fahrzeugseite gegeneinander ausgetauscht werden. Der Abrieb der Reifen erfolgt so gleichmäßiger. Beim Ersatz sind dann aber vier Reifen auf einmal fällig, und beim Wechsel in kurzen Kilometerabständen lassen auch am Reifenprofil mögliche Fehler von Radaufhängung, Lenkung und Stoßdämpfer nicht mehr deutlich erkennen. Beim Reifentausch auf jeder Achse Reifen des gleichen Fabrikats, mit gleichem Profil und Alter montieren!

Abnutzung in Profilmitte: Bei häufigem Fahren mit Höchstgeschwindigkeit und bei zu hohem Reifendruck.

Schräg abgefahren: Falsche Radstellung wird manchmal durch zu geringe Einpresstiefe von Felgen begünstigt.

Zustand der Reifen kontrollieren

Die Vorderräder treiben das Fahrzeug an, lenken es und müssen die Hauptbelastung beim Bremsen aushalten. Ihre Reifen sind schneller verschlissen als die hinteren Pneus. Schonen Sie die Reifen vorn wie natürlich auch hinten durch das Einhalten folgender

Grundregeln:

● Reifen müssen zur Höchstgeschwindigkeit passen. Zu hohes Tempo bewirkt mehr Abrieb.

● Nach längerer Fahrt die »Wärmeprobe« machen: Ist der Reifen handwarm, steht es gut um ihn. Ein heißer Gummi ist ein Alarmzeichen, das auf zu niedrigen Luftdruck oder beschädigten Unterbau hinweist.

● Bei häufiger Autobahnfahrt mit Höchsttempo am besten Reifen montieren, deren Geschwindigkeitsindex eine Klasse höher liegt als laut Fahrzeugschein.

● Nicht mit der Reifenflanke am Bordstein schrammen! Über Bordsteine und Schwellen nur langsam und immer im rechten Winkel rollen. Regelmäßig, am besten im Zusammenhang mit den Reifen- oder Radwechseln zur Winter- und zur Sommersaison, die Reifen gründlich untersuchen.

Reifen auf Zustand kontrollieren:

■ Wagen aufbocken. Jedes Rad komplett durchdrehen. Steinchen und andere Fremdkörper vorsichtig mit Schraubendreher aus den Profillamellen entfernen. Bei Glasscherben oder Nägeln in der Reifendecke kann Luft entweichen!

■ Auf Unregelmäßigkeiten wie Einstiche, Schnitte, Risse und herausgebrochene Profilstücke achten. Bei Schäden kann Feuchtigkeit ins Reifeninnere dringen. Von außen ist nicht zu erkennen, ob der Stahlgürtel schon von Rost angefressen ist. Lassen Sie beschädigte Reifen und auffälligen Reifenabrieb zur Sicherheit vom Fachmann prüfen, um vor solchen Schäden wie Abplatzungen (Bild 1) sicher zu sein.

■ Das Reifenprofil muss über die gesamte Lauffläche mindestens 1,6 mm tief sein. »Verschleißanzeiger« in den Hauptprofilrillen (Buchstaben »TWI« für »Tread Wear Indicator« auf der Reifenflanke) zeigen diese minimal zulässige Profiltiefe an (Bild 2, roter Pfeil).

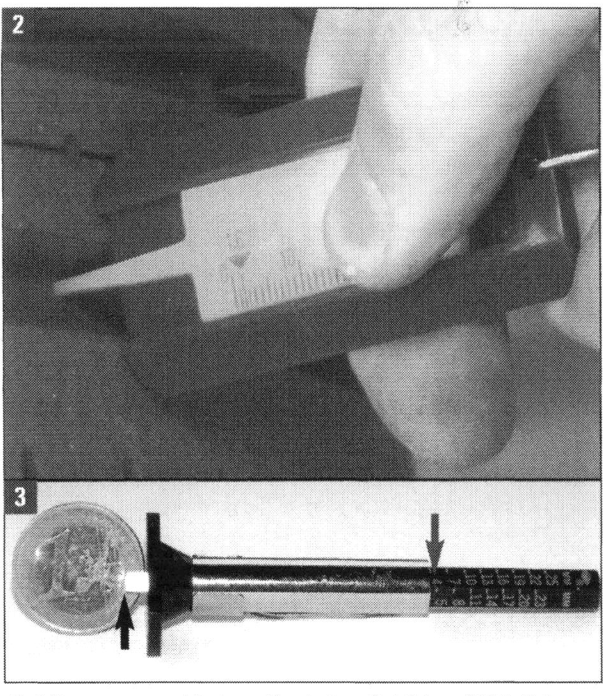

Schlimmeres verhindern: Kapitalen Schäden (Bild 1) beugt z. B. regelmäßiges Prüfen der Profiltiefe (Bilder 2 und 3) vor.

■ Das Fahrverhalten wird mit abnehmendem Profil schlechter, vor allem bei Nässe. Sommerreifen sollte man daher besser bereits bei einer Profiltiefe von 2 bis 3 mm, Winterreifen sogar bei 4 mm tauschen. Der Profiltiefemesser in Bild 3 zeigt, dass der goldfarbene Rand einer 1-Euro-Münze gerade diese 4 mm breit ist. Die Münze eignet sich also durchaus zum raschen Check bei Winterreifen.

■ Kontrollieren Sie, ob alle Reifen gleichmäßig abgefahren sind und ob es Auswaschungen gibt.

■ Seitenwände (Flanken) genau ansehen. Beulen deuten auf Beschädigung des Reifenunterbaus hin. Die wenigsten Schäden sind so auffällig wie die lebensgefährliche Abplatzung der Lauffläche (falscher Luftdruck!) in Bild 1.

Radeinstellung prüfen

Die richtige Stellung der Vorderräder entscheidet darüber, ob Ihr Fahrzeug auf ebener Strecke und in Kurven ruhig und sicher auf der Straße liegt. Nach harter Berührung des Bordsteins kann die Geometrie der Vorderradaufhängung bereits empfindlich gestört sein. Auch verschlissene Gelenke und Gummilager oder unsachgemäße Reparaturen wirken negativ. Unternehmen Sie eine kurze Probefahrt zur Überprüfung der Lenkgeometrie. Dazu müssen beide Vorderreifen dieselbe Reifensorte und Profiltiefe aufweisen und den vorgeschriebenen Luftdruck haben.

Lenkgeometrie überprüfen

■ Kontrollieren Sie genau, ob die Lenkradspeichen bei Geradeausfahrt symmetrisch stehen. Ein schief sitzendes Lenkrad ist ein Zeichen für Spurfehler.

■ Läuft das Auto auf ebener Fahrbahn und bei losgelassenem Lenkrad geradeaus? Zieht es zur Seite? Stellt sich die Lenkung nach Kurven von selbst geradeaus?

■ Prüfen Sie im Stand: Stehen die Vorderräder symmetrisch zueinander? Ist das Reifenprofil gleichmäßig abgenutzt? Zeigen die Außenkanten stärkere Verschleißspuren als die Innenseiten? Das sind Anzeichen für falsche Radeinstellung.

■ Wenn Sie Anlass zum Zweifel an der Radeinstellung haben, wenden Sie sich unverzüglich an die Werkstatt zur präzisen Vermessung und ggf. Reparatur. Immer Vorder- und Hinterachse zusammen vermessen, vorgegebene Sollwerte einhalten.

■ Am geeignetsten für die Vermessung ist die Škoda-Werkstatt. Autohersteller bestehen zumeist auf dem Einsatz der von ihnen freigegebenen Achsmessgeräte.

Im nebenstehenden Kasten geben wir die Sollwerte für die beiden Fahrzeugachsen wieder, wie sie vom

PRAXISTIPP

Sollwerte der Radeinstellung

Vorderachse:

■ Gesamtspur (ungedrückt):
10' ± 10' / 10' ± 10' / 10' ± 10'

■ Spurdifferenzwinkel bei 20° am kurveninneren Rad (nicht einstellbar):
1° 38' ± 20' / 1° 40' ± 20' / 1° 20' ± 20'

■ Spurdifferenzwinkel bei Volleinschlag zum kurveninneren Rad (nicht einstellbar):
7° 49' / 7° 41' / 7° 34'

■ Max. Radeinschlagwinkel (nicht einstellbar):
40° 40' / 40° 10' / 40° 57'

■ Sturz (in Geradeausstellung):
-30' ± 30' / -41' ± 30' / -8' ± 30'
Max. Differenz zwischen links und rechts:
max. 30' / max. 30' / max. 30'

■ Nachlauf:
7° 34' ± 30' / 7° 47' ± 30' / 7° 14' ± 30'
Max. Differenz zwischen links und rechts:
max. 30' / max. / 30' max. / 30'

Hinterachse:

■ Gesamtspur (bei vorgeschriebenem Sturz):
+10' ± 10' / +10' ± 10' / +10' ± 10'
Maximale Abweichung von der Laufrichtung:
max. 20' / max. 20' / max. 20'

■ Sturz (gültig bis bis 01.05):
–1° 45' ± 30' / –1° 45' ± 30' / –1° 45' ± 30'
Sturz (gültig ab 02.05):
–1° 20' ± 30' / –1° 20' ± 30' / –1° 20' ± 30' / –1° 45' ± 30'
Maximale Differenz zwischen links und rechts:
max. 30' / max. 30' / max. 30'

■ Standhöhe »a« in mm (bis 12.05):
398 ± 10 / 386 ± 10 / 419 ± 10
Standhöhe »a« in mm (ab 01.06):
394 ± 10 / 380 ± 10

Hersteller vorgegeben sind. Dabei verstehen sich die jeweils drei, durch »/« getrennten Winkelangaben wie folgt:

- Erste Angabe für das Standardfahrwerk (2UA)
- Zweite Angabe für das Sportfahrwerk (2UC) und für den Octavia RS
- Dritte Angabe für das Schlechtwegefahrwerk 2UB und für den Allrad-Octavia 4x4

Die Daten gelten für fahrfertige Fahrzeuge mit Leergewicht. Dieses ist definiert ohne Fahrer, aber mit vollständig gefülltem Kraftstoffbehälter, vollem Wasserbehälter für Scheiben- und Scheinwerferreinigungsanlage, Reserverad, Bordwerkzeug und Wagenheber.

Das »Maß a«, die so genannte Standhöhe, meint den senkrechten Abstand von der horizontalen Achsen-Mittellinie bis zur Radhausunterkante. Für die Hinterachse ist es im Kasten auf Seite 76 angegeben. Für die Vorderachse gelten die Maße:

- Fahrwerk 2UA: 391 mm ± 10 mm
- Fahrwerk 2UC und RS: 376 mm ± 10 mm
- Fahrwerk 2UB und 4x4: 416 mm ± 10 mm

Radlagerspiel und Spiel am Achsgelenk prüfen

Laute Laufgeräusche, vor allem bei Kurvenfahrt, signalisieren oftmals Schäden am Radlager. Treten die Geräusche zum Beispiel in Rechtskurven auf, ist das linke Radlager defekt.

Radlager können nicht eingestellt werden, sie müssen bei Schäden ausgetauscht werden. Das ist auf jeden Fall für die Lager der Vorderachse eine Sache für die Werkstatt. Lager, Laufringe, Nabe und Lenk-Schwenklager sind in engen Toleranzen gefertigt, die bei der Montage Spezialwerkzeuge erforderlich machen.

Radlagerspiel prüfen

■ Gut prüfen können Sie die Radlager auf etwaiges Spiel, wenn das Fahrzeug leicht angehoben wird. Dann das Rad kräftig in Querrichtung rütteln.

■ Die Kontrolle funktioniert aber auch im Stand. Stellen Sie den Wagen auf festem Boden ab. Packen Sie das Rad im oberen Bereich und versuchen Sie, es quer zum Wagen zu bewegen. Bei einwandfreien Lagern darf kein Spiel vorhanden sein.

■ Gibt es Spiel an den vorderen Radlagern, müssen die Achsgelenke überprüft werden, die dann meist defekt.sind.

Achsgelenke prüfen

■ Beim Prüfen von Axialspiel und Radialspiel am Achsgelenk immer auch den Gummibalg (Achsmanschette, roter Pfeil in den Bildern 1 und 2) prüfen. Etwaiges Spiel des Radlagers berücksichtigen.

■ Zur Prüfung des Axialspiels (Bild 1) am angehobenen Fahrzeug den Achslenker (oder auch das Rad) kräftig nach unten zie-

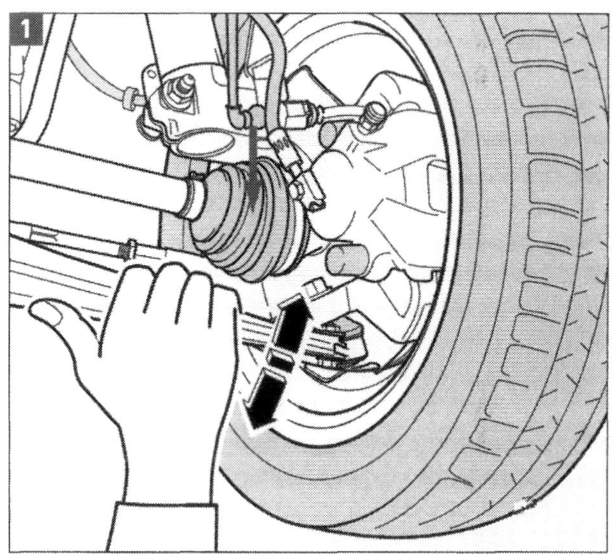

Axialspiel prüfen: Nach unten ziehen und hoch drücken.

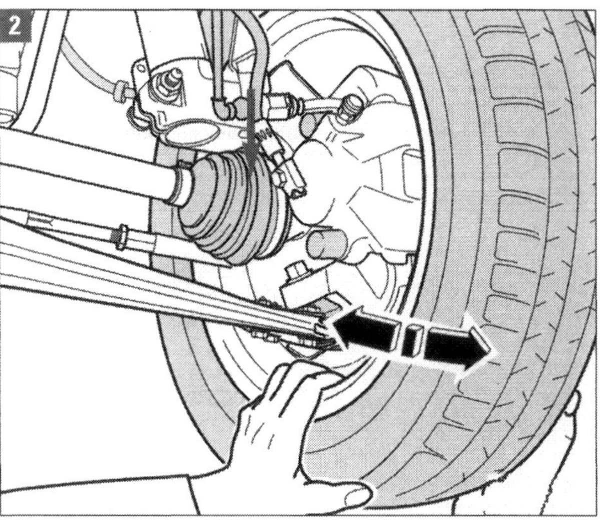

Radialspiel prüfen: Nach innen und außen drücken.

hen und wieder hochdrücken. Es darf kein Lagerspiel erkennbar sein. Falls Spiel registriert wird, müssen Achsgelenke und Gleichlaufgelenke (»Tripodegelenke«) auf Schäden überprüft und im Schadensfall ausgetauscht werden.

■ Zur Prüfung des Radialspiels (Bild 2) am angehobenen Fahrzeug das Rad unten von beiden Seiten greifen und kräftig nach innen und außen drücken. Es darf wieder kein fühl- oder sichtbares Spiel vorhanden sein.

■ Falls an den Lagern gearbeitet wird und dazu die Gelenkwellen radseitig nur lose verschraubt sind, darf das Lager nicht belastet werden. Es treten sonst Schäden ein, durch welche die Radlagerlebensdauer verringert wird.
Aus gleichem Grund darf das Fahrzeug nicht bewegt werden, falls die Gelenkwelle ausgebaut wurde (zum Ausbau der Gelenkwellenverschraubung siehe die nächste Arbeitsanleitung). In der Praxis wird in einem solchen Fall anstatt der Gelenkwelle ein Außengelenk eingebaut und mit 50 Nm festgeschraubt.

Gelenkwellenschraube und Achsgelenk ausbauen

Spezielle Werkzeuge:

■ Kugelgelenkabzieher. Bei Škoda ist das ein VW-Spezialwerkzeug mit Teilebezeichnung 3287A. Verwendbar sind alle gebräuchlichen Abzieher passender Größe.
■ Motor- und Getriebeheber üblicher Ausführung. Das Gerät in den VW- oder Škodawerkstätten ist meist ein V.A.G 1383/A.

Gelenkwellen-Verschraubung lösen:

■ Radzierblende oder Abdeckkappe abziehen. Bei auf den Rädern stehendem Fahrzeug Schraube (Pfeil in Bild 1) um maximal 90° lösen, sonst wird das Radlager beschädigt. Fahrzeug anheben, bis die Räder frei sind.

■ Von einem Helfer Bremspedal betätigen lassen. Schraube herausschrauben, Bremspedal loslassen. Das Rad abbauen.

Achsgelenk demontieren:

■ Muttern abschrauben (Pfeile in Bild 2).

■ Gelenkwelle (5) etwas aus dem Radlagergehäuse (2) und Achsgelenk aus dem Achslenker (1) herausziehen (Bild 2).

■ Achslenker soweit wie erforderlich nach unten beugen.

■ Kugelgelenkabzieher ansetzen (Bild 3, roter Pfeil) und Achsgelenk ausdrücken.

■ Zur Absicherung sollte ein Motor-/Getriebeheber oder ein ähnliches Auffanggerät unter die Montagestelle geschoben werden. Denn beim Ausdrücken des Achsgelenkes besteht durchaus Unfallgefahr. Beim Lösen des Gelenkzapfens kann der Kugelgelenkabzieher herabfallen.

■ Mutter (blauer Pfeil in Bild 3) zum Schutz des Gewindes einige Gewindegänge auf dem Achsgelenk belassen. Bei Demontage und Einbau darauf achten, dass der Dichtbalg (schwarzer Pfeil in Bild 3) nicht verdrillt und nicht beschädigt wird.

1

Gelenkwellenschraube: Schraube (Pfeil) nur leicht lösen, wenn Fahrzeug auf den Rädern steht..

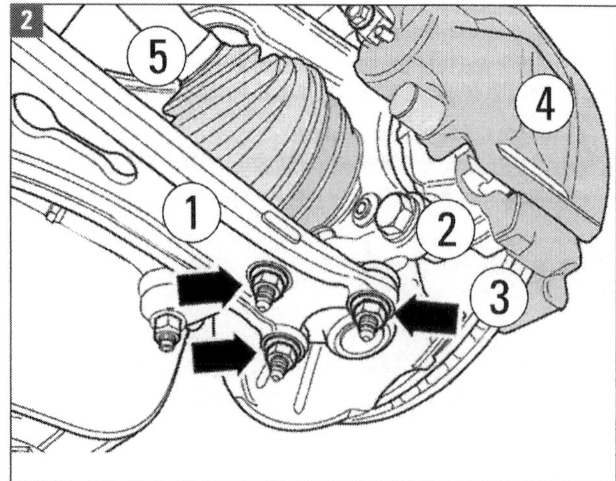

Radaufhängung vorn: (1) Achslenker, (2) Achsgelenk am Radlagergehäuse, (3/4) Bremsscheibe/-sattel, (5) Gelenkwelle.

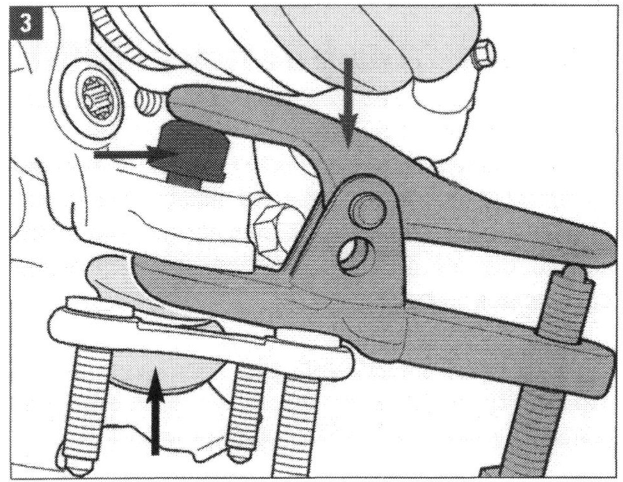

Achsgelenk ausdrücken: Mit einem Kugelgelenkabzieher (roter Pfeil) wird das Gelenk aus dem Achslenker gedrückt.

Achsgelenk einbauen:

■ Achsgelenk in Radlagergehäuse einsetzen. Neue selbstsichernde Mutter des Achsgelenks aufschrauben und mit 60 Nm festziehen.

■ Gelenkwelle zurück ins Radlagergehäuse stecken und die Muttern (Pfeile in Bild 2) mit 60 Nm festziehen.

Gelenkwellenschraube einbauen:

■ Neue Schraube eindrehen. Beim Festziehen dürfen die Räder wieder nicht den Boden berühren, weil sonst das Radlager beschädigt wird. Bremspedal betätigen (lassen), Schraube mit 200 Nm festziehen und Bremspedal loslassen.

■ Fahrzeug auf die Räder stellen. Schraube nochmals um 180° anziehen. Radschrauben mit 120 Nm festziehen.

Lenkung auf Spiel, Lenksäule auf Schäden prüfen

Die elektromechanische Servolenkung des Octavia schließt Lenkungsspiel praktisch völlig aus. Im Fahrbetrieb können sich jedoch durch höchste Beanspruchung derartige Fehler einstellen. Kontrollieren Sie in bestimmten Abständen, ob die Lenkung einwandfrei und ohne Spiel reagiert.

Im ausgebauten Zustand muss die Lenksäule mit großer Vorsicht behandelt und transportiert werden. Laut Vorschrift ist sie mit zwei Händen zu tragen und dabei am Mantelrohr und im Bereich des oberen Kreuzgelenks anzufassen. Wenn an Klemmhebel und Gewichtsausgleichfedern (rote Pfeile Bild 1) oder am Deformationselement (roter Pfeil Bild 2) getragen wird, erleidet die Lenksäule Schäden. Durchaus möglich, dass so etwas auch einmal in der Werkstatt geschieht.

Lenkungsspiel überprüfen

■ Die Räder geradeaus stellen. Von außen durchs geöffnete Fenster greifen und das Lenkrad kurz hin und her drehen.

■ Nach der Felge beurteilen, ob sich das Vorderrad wie erforderlich sofort mitbewegt. Der elastische Reifen ist für diese Kontrolle weniger gut geeignet, da er einen Teil des Einschlags schlucken kann, ehe er sich bewegt.

■ Falls Spiel bemerkt wird: Nachstellen in der Werkstatt! Wenn die Lenkung um die Geradeausstellung kein Spiel hat, aber bei stärkerem Einschlag spürbar klemmt, ist die Zahnstange verschlissen. Dann muss das Lenkgetriebe ausgetauscht werden.

Lenksäule überprüfen

■ Wenn an der Lenksäule gearbeitet wurde, muss die Säule abschließend auf sichtbare Schäden kontrolliert werden. Eine beschädigte Lenksäule stellt ein Sicherheitsrisiko dar. Ist nach Augenschein alles in Ordnung, muss gründlich die Funktion überprüft werden:

■ Lässt sich die Säule ohne zu haken und ohne Schwergängigkeit drehen?

■ Lässt sich die Lenksäule in Längsrichtung und in der Höhe leicht verstellen und kann sie betätigt werden, ohne zu haken?

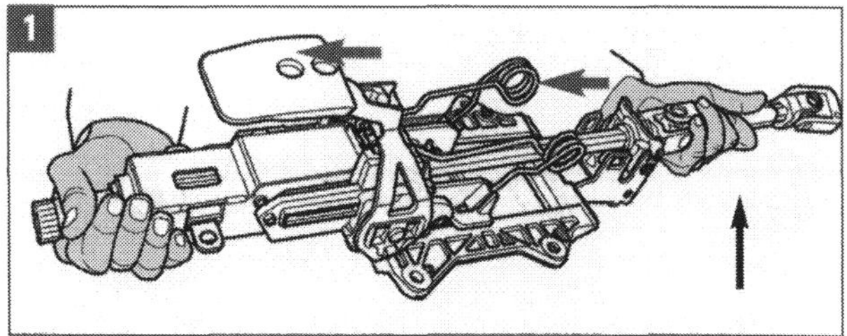

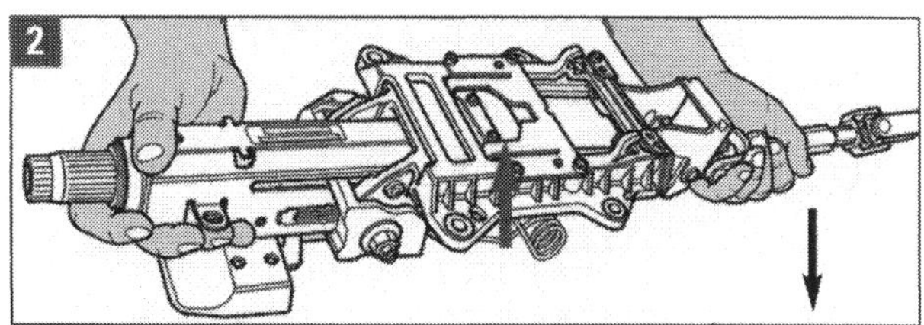

Lenksäule tragen: Nur diese Haltungen sind von Škoda zugelassen. Nicht mit einer Hand an der Gelenkwelle tragen!

Dichtungsbälge prüfen, Klemmschelle positionieren

Die verschiedenen Gelenke am Radlager wie Gleichlaufgelenk und Achsgelenke sowie das Spurstangengelenk (Bild 1) sind mit Gummimanschetten bzw. Dichtungsbälgen geschützt. Diese Schutzkappen sind mit Schmierstoff wie z. B. Gelenkwellenfett gefüllt. Sie dürfen im Fahrbetrieb und bei Montagearbeiten nicht beschädigt werden, weil sonst Schmierfett austritt, Feuchtigkeit eindringt und das jeweilige Lager Schaden nimmt.

Lenkwelle und angeschraubte Spurstange des Lenkgetriebes sind mit einem Faltenbalg aus Gummi (3 in Bild 1) geschützt. Dringen durch einen schadhaften Balg Schmutz und Feuchtigkeit ein, können Lenkritzel und Zahnstange geschädigt werden.

Prüfen Sie Manschettenfalten und Dichtungsbälge auf solche Schäden und Fettaustritt. Fahrzeug anheben oder von außen am Radlager vorbei tief in den Radkasten greifen. Ziehen Sie die Falten des Balgs auseinander und prüfen Sie mit Hilfe einer Taschenlampe oder einer geeigneten Stablampe sorgfältig jede Falte. Wenn Schäden festgestellt werden: Faltenbalg austauschen. Wenn Achsgelenkmanschetten beschädigt sind: Gelenk austauschen!

Die Achsmanschetten (1 in Bild 1, 2 in Bild 2) sind mit Klemmschellen befestigt, die mit einer Schlauchbinderzange am so genannten Klemmohr gespannt werden. Dabei ist die richtige Positionierung dieses Klemmohres zu beachten:

■ Nach Arbeiten am Gleichlauf- oder Tripodegelenk werden zwischen 100 und 130 Gramm Gelenkwellenfett in das Gelenk gedrückt. Dann wird die Gelenkschutzhülle eingebaut.

■ Die Gelenkschutzhülle wird gelenkseitig mit einer großen, wellenseitig mit einer kleinen Klemmschelle befestigt. Wichtig ist der richtige Sitz des Klemmohres der großen Schelle.

■ Das Gelenkstück (3 in Bild 2) wird mit Innenvielzahnschrauben angeflanscht. Das Einfädeln dieser Schrauben ist eine kniffige Angelegenheit. Damit diese Arbeit vereinfacht oder überhaupt ermöglicht wird, muss sich an der großen Schelle (roter Pfeil in Bild 2) das Klemmohr zwischen zwei der Befestigungsflansche (schwarze Pfeile in Bild 2) befinden.

■ Nachdem die Schelle so positioniert wurde, Schlauchbinderzange (4) ansetzen und die Schelle am Ohr spannen.

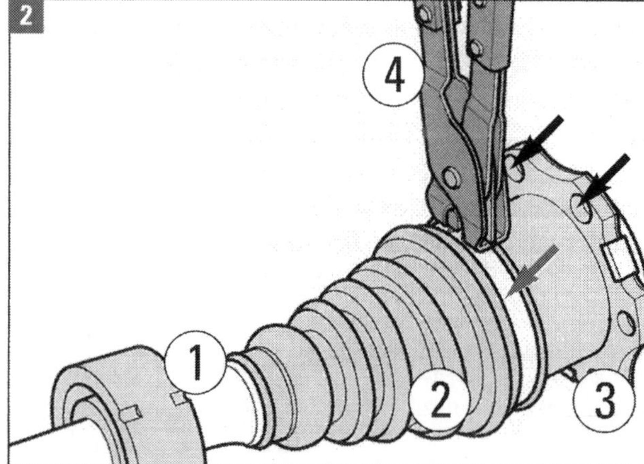

Bild 1: Faltenbälge und Manschetten. Das Schnittschema für das linke Vorderrad zeigt die einzelnen Dichtungsbälge, auf deren Unverletztheit zu achten ist. (1 und 4) Gummimanschetten am Achsgelenk der Antriebswelle, (2) Staubkappe am Spurstangenkopf, (3) Faltenbalg am Lenkgetriebe.

Bild 2: Klemmschelle an der Manschette. (1) Antriebswelle, (2) Achsmanschette, (3) Gelenkstück, (4) Schlauchbinderzange. Schwarze Pfeile: Befestigungsflansche; roter Pfeil: Klemmschelle mit Klemmohr (in der Zange).

Spurstange und Spurstangenkopf ausbauen

Nötiges Werkzeug:
- Maulschlüsseleinsatz SW 36
- Schlauchbinderzange
- Klemmzange

So gehen Sie vor:

- Rad abbauen. Lenkgetriebe außen im Bereich des Faltenbalges (2a, 2b in Bild 1) reinigen.

- Klemm- und Schlauchschelle (Pfeile in Bild 1) öffnen und Faltenbalg zurückschieben.

- Spurstange vom Spurstangenkopf mit Maulschlüssel abbauen. Beim Lösen der Mutter (2 in Bild 2) mit einem zweiten Schlüssel am Spurstangenkopf (1 in Bild 2) gegenhalten. Bild 2 zeigt den Spurstangenkopf ausgebaut. Er bleibt aber nach Abschrauben der Spurstange am Achsgelenk (Bild 3). Zum Ausbau muss das Achsgelenk vom Radlagergehäuse getrennt werden.

- Spurstange von der Zahnstange mit einem Maulschlüsseleinsatz abbauen.

- Einbau in umgekehrter Reihenfolge. Spurstange mit einem Maulschlüsseleinsatz festziehen.

- Faltenbalg auf Verschleiß und Schlitze oder Risse prüfen. Im Falle von Beschädigungen ersetzen.

- Faltenbalg und Klemmschelle montieren. Dazu dürfen nur Original-Klemmschellen verwendet werden.

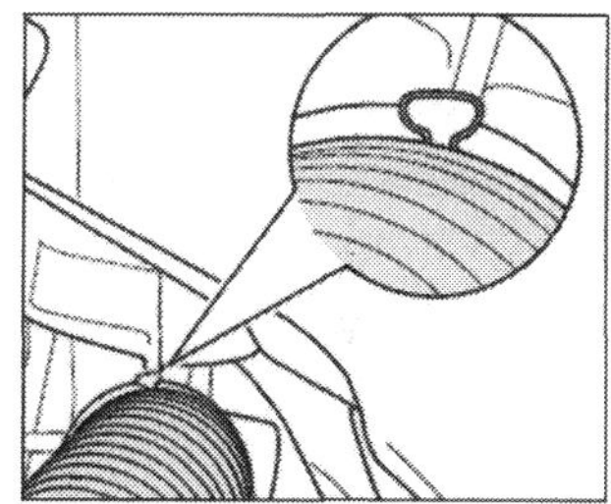

- Klemmschelle mit Klemmzange für Lenkgetriebe klemmen, wie in der nebenstehender Abbildung gezeigt. Weiterer Einbau erfolgt in umgekehrter Reihenfolge. Danach muss das Fahrzeug vermessen werden und die Grundeinstellung des Lenkwinkelgebers mit einem Fahrzeugdiagnose-, Mess- und Informationssystem (VAS 5051) erfolgen. (Anmerkung: Das Achsgelenk wird vom Radlagergehäuse mit einem Kugelgelenkabzieher abgedrückt.

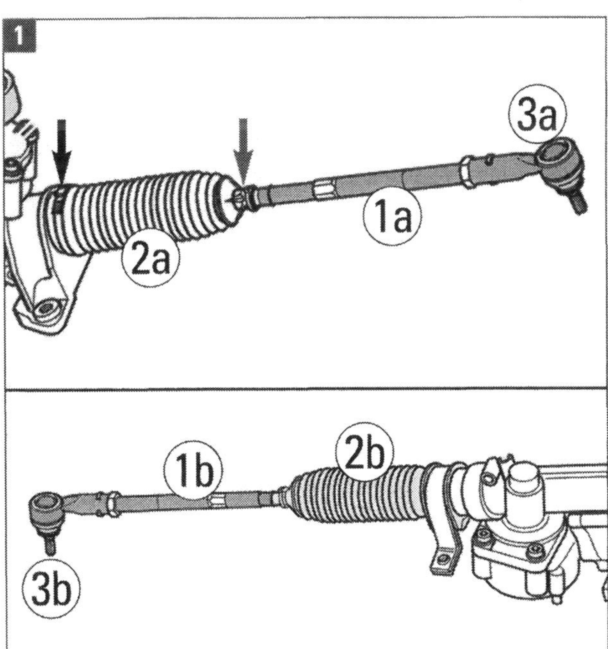

Bild 1: (1a/1b) Spurstange links/rechts, (2a/b) Faltenbalg links/rechts, (3a/b) Spurstangenkopf links/rechts. Schwarzer Pfeil: Klemmschelle, roter Pfeil: Federbandschelle.
Bild 2: (1) Spurstangenkopf, (2) Mutter.
Bild 3: (1) Kugelgelenkabzieher, (2) Spurstangenkopf.

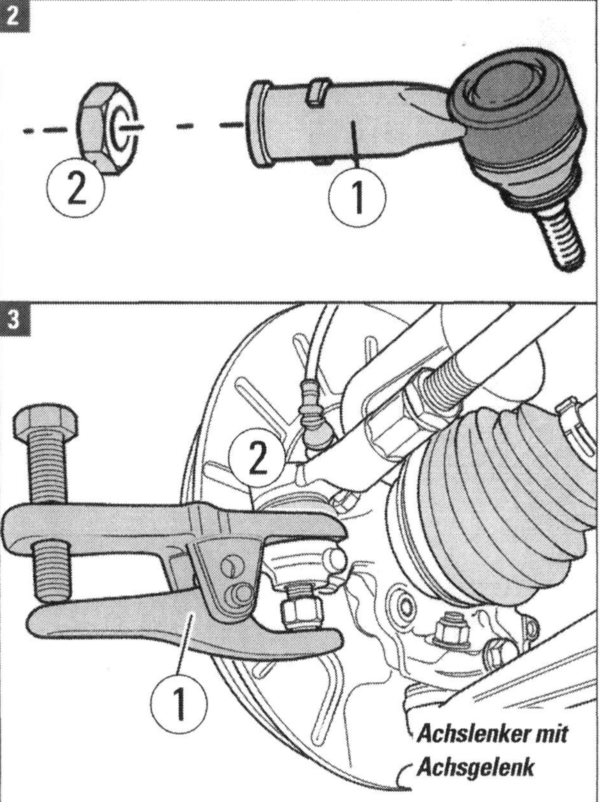

Zustand der Stoßdämpfer prüfen

Defekte Stoßdämpfer machen sich während der Fahrt durch laute Poltergeräusche infolge von Radspringen bemerkbar. Am ehesten stellen Sie das auf schlechter Fahrbahn fest. Defekte werden ferner äußerlich am Stoßdämpfer durch starken Ölverlust sichtbar. Man muss aber sehr sorgfältig auf Geräusche und Undichtigkeit prüfen, weil oft Stoßdämpferschäden vermutet werden, die gar nicht nachweisbar sind.

In den Octavia-Modellen mit komfortablerer Ausstattung sind Stoßdämpfer verbaut, die mit Ölfüllung und Druckgas arbeiten. Diese können auch im ausgebauten Zustand von Hand geprüft werden.

Geräusche und Ölaustritt prüfen

■ Probefahrt auf möglichst trockener Fahrbahn mit Unebenheiten unternehmen. Genau darauf achten, wo, wann und wie sich Geräusche äußern. Nur die genannten lauten Poltergeräusche sprechen wirklich für Stoßdämpferdefekt.

■ Achten Sie beim Fahren auch auf folgende Symptome: Flattert die Lenkung (zeitweilig fehlender Bodenkontakt), schwingt die Karosserie bei Fahrbahnunebenheiten spürbar nach? Wirkt das Fahrzeug in Kurven schwammig, als ob die kurveninneren Räder nicht genügend Bodenhaftung aufweisen?

■ Geringfügiger Ölaustritt an der Dichtung der Kolbenstange, das so genannte Schwitzen, ist kein Fehler, sondern eher noch von Vorteil. Wenn das Öl sichtbar ist, aber stumpf, matt und evtl. durch Staub trocken wie in Bild 2 und wenn der Ölaustritt nur im gezeigten Bereich auftritt, ist das kein Grund, Stoßfänger vorn oder hinten zu ersetzen. Durch geringen Ölaustritt wird der Kolbenstangendichtring geschmiert und damit die Lebensdauer des Dämpfers sogar noch erhöht.

Prüfen von Hand und mit Gerät

■ Dämpfer zusammendrücken. Die Kolbenstange muss sich über den ganzen Hub gleichmäßig schwer und ruckfrei bewegen lassen. Geht die Kolbenstange beim Loslassen von selbst in die Ausgangslage zurück, ist der Dämpfer in Ordnung. Wenn sie das nicht tut, aber auch kein Ölverlust feststellbar ist, hat der Gasdruck abgenommen. Der Stoßdämpfer bleibt jedoch noch verwendbar, er arbeitet dann wie ein konventioneller Dämpfer.

Federbein vorn links: (1) Stoßdämpfer, (2) Schraubenfeder, (3) Lenkwelle am Lenkgetriebe, (4) Antriebswelle (Achswelle). Stoßdämpfer und Schraubenfeder bilden das Federbein.

■ In der Werkstatt können die Stoßdämpfer im eingebauten Zustand mit speziellen Geräten (»Shocktester« oder »Dämpfertester«) geprüft werden. Angegeben werden dabei nur die Zustände »Dämpfwirkung ausreichend« oder »Dämpfwirkung unzureichend«. Zwischenwerte oder eine Lebensdauer-Aussage sind nicht möglich.

Stoßdämpfer ohne Feder: Wenn Ölaustritt vom oberen Dämpferverschluss (1, Kolbenstangendichtring) bis maximal zum unteren Federteller (Pfeil) reicht, gilt er als geringfügig.

Federbein ausbauen

Zum Ausbau des Federbeins brauchen Sie einen so genannten »Spreizer« (VW- und Skoda--Spezialwerkzeug 3424) mit Knarre und vor allem eine geeignete Abfangvorrichtung, am besten einen Motor-/Getriebeheber aus der Mietwerkstatt.

So vorgehen:

■ Wie bereits beschrieben, die Schraube der Gelenkwellenverschraubung ausbauen. Dann das Rad abschrauben.

■ Die Mutter der Koppelstange (Pfeil) vom Federbein abschrauben und die ABS-Drehzahlfühlerleitung am Federbein aushängen (Bild 1).

■ Die drei Muttern unten am Achslenker gemäß Bild 2 auf Seite 78 abschrauben und das Radlagergehäuse mit dem Achsgelenk aus dem Achslenker herausziehen. Dann das Außengelenk der Gelenkwelle aus der Radnabe ziehen und die Welle mit Draht oder Ähnlichem am Aufbau befestigen.

■ Die Antriebswelle muss wirklich fest aufgehängt werden, sie darf nicht etwa herunterhängen. Dadurch würde das Innengelenk der Welle beschädigt werden.

■ Achsgelenk wieder mit dem Achslenker verschrauben. Jetzt muss der (gemietete) Motor-/Getriebeheber zum Einsatz kommen. Lassen Sie sich die passende Aufnahme geben, die sich mit einer Radschraube an der Radnabe befestigen lässt.

■ Die Schraubverbindung zwischen Radlagergehäuse und Federbein durch Abschrauben der Mutter (schwarzer Pfeil in Bild 2) trennen und einen Spreizer (roter Pfeil) in den Schlitz am Rad-

Am Fahrwerk arbeiten

PRAXISTIPP

■ Schweiß- und Richtarbeiten an tragenden und Rad führenden Bauteilen der Radaufhängung und an Lenkungsteilen sind prinzipiell nicht zulässig. Beschädigte Teile dürfen nicht durch Schweißen repariert, sondern müssen erneuert werden.

■ Bei Arbeit auf der Hebebühne Fahrzeug zwischen den Säulen ausrichten und die vier Aufnahmeteller an den vorgeschriebenen Aufnahmepunkten unten an der Karosserie platzieren.

■ Abgelassenes Hydrauliköl darf nicht wieder verwendet werden.

■ Größte Sauberkeit beachten! Verbindungsstellen und deren Umgebung vor dem Lösen gründlich reinigen. Keine fasernden Lappen verwenden.

■ Ausgebaute Teile auf sauberer Unterlage ablegen. Abdecken, wenn die Reparatur nicht sofort erfolgt. Ersatzteile erst unmittelbar vor dem Einbau aus der Verpackung nehmen. Nur original verpackte Teile verwenden.

■ Geöffnete Bauteile bis zur Reparatur sorgfältig abdecken oder verschließen. Liegen Teile offen, darf nicht mit Druckluft gearbeitet und das Fahrzeug nicht bewegt werden.

■ Fehlerhafte Lenkgeometrie lässt sich weitgehend beim Fahren ergründen. Die Vermessung der Radstellung jedoch ist Sache der Werkstatt.

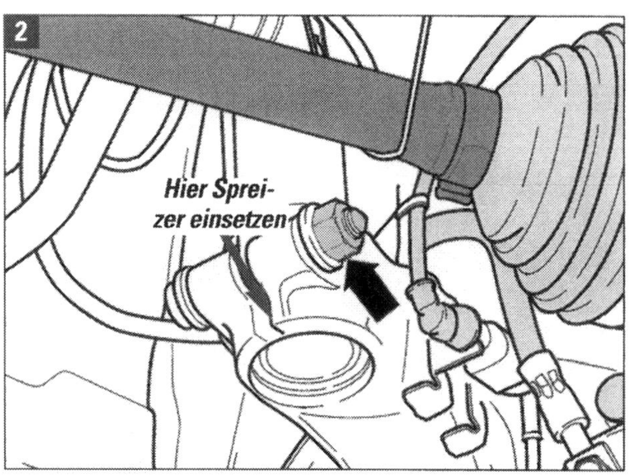

Pfeil in Bild 1: Verschraubung Koppelstange/Federbein.
Pfeil in Bild 2: Verschraubung Radlagergehäuse/Federbein.

lagergehäuse einsetzen. Den Spreizer mit einer Knarre um 90° drehen und Knarre abziehen. Mit der Hand auf die Bremsscheibe in Richtung Federbein drücken, weil sich sonst das Dämpferrohr in der Bohrung des Radlagergehäuses verkanten könnte.

■ Das Radlagergehäuse nach unten vom Dämpferrohr abziehen und mit dem Motor-/Getriebeheber so weit absenken, bis das Dämpferrohr frei hängt. Dann das Radlagergehäuse mit Draht an der Konsole der Achse festbinden und den Motor-/Getriebeheber wieder unter dem Radlagergehäuse entfernen.

■ Die Wasserkastenabdeckung ausbauen. Diese Arbeit erläutern wir im Kapitel »Fahrzeugaufbau – Karosserie«.

■ Die drei Schrauben am Federbeindom für die obere Dämpferbefestigung abschrauben (Pfeile in Bild 3) und das Federbein herausnehmen.

■ Beim Einbau das Federbein so einsetzen, dass eine der beiden Markierungen (gelbe Pfeile in Bild 4) in Fahrtrichtung zeigt. Schrauben für obere Dämpferbefestigung (Federbeindom) festziehen und Wasserkastenabdeckung einbauen. Den Motor-/Getriebeheber mit Aufnahme wieder mit einer Radschraube an der Radnabe befestigen..

■ Federbein am Radlagergehäuse ansetzen, Bindedraht für Radlagergehäuse an Achskonsole entfernen und Radlagergehäuse mit Motor-/Getriebeheber vorsichtig so weit anheben, bis die Schraube Federbein an Radlagergehäuse eingesteckt werden kann. Während des Anhebens wieder auf die Bremsscheibe in Richtung Federbein drücken, damit sich das Dämpferrohr nicht in der Bohrung des Radlagergehäuses verkantet.

■ Den Spreizer herausnehmen und die Schraubverbindung Radlagergehäuse an Federbein festziehen. Muttern unten am Achslenker abschrauben (Bild 2 Seite 78) und Radlagergehäuse mit Achsgelenk aus dem Achslenker herausziehen.

■ Gelenkwelle in die Radnabe, Radlagergehäuse mit Achsgelenk in den Achslenker einsetzen. Achsgelenk mit Achslenker verschrauben und dabei auf beschädigungsfreien und nicht verdrillten Dichtbalg achten. ABS-Drehzahlfühlerleitung am Federbein befestigen, Koppelstange ins Federbein einsetzen und festziehen, Gelenkwelle wieder verschrauben.

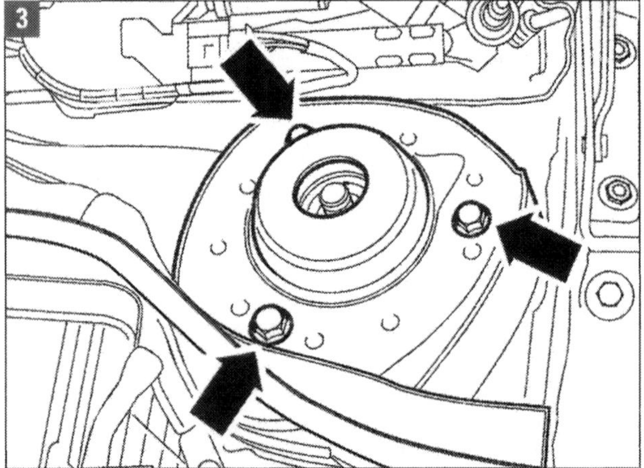

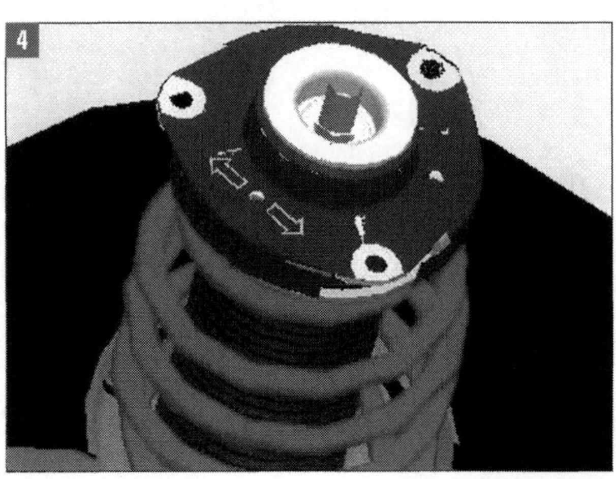

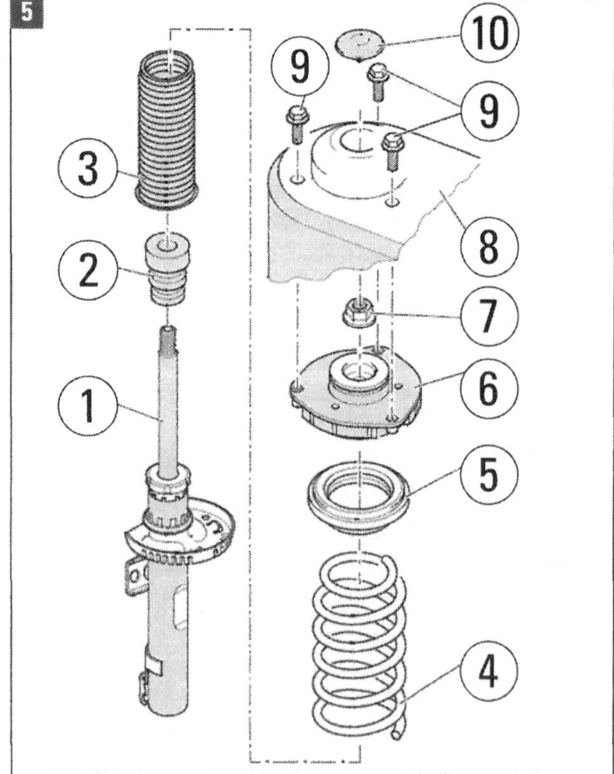

Federbeinaufbau: (1) Stoßdämpfer, (2) Puffer, (3) Schutzhülle, (4) Schraubenfeder, (5) Axialrillenkugellager, (6) Federbeinlagerung, (7) Mutter 60 Nm, (8) Federbeindom, (9) drei Schrauben 15 Nm+90°, (10) Schutzkappe.

Feder und Stoßdämpfer hinten (Frontantrieb) ausbauen

Wir demonstrieren den Ausbau der hinteren Federn und Stoßdämpfer (Bild 1) bei frontgetriebenen Fahrzeugen. Diese Reparatur dürfte ebenso selten nötig sein wie vorn am Federbein. Falls sie erforderlich wird: Stoßdämpfer immer paarweise wechseln! Zum Ausbau der Feder brauchen Sie einen Federhalter und ein Federspanngerät (Spannvorrichtung für Federbeine). Der Ausbau ist bei 4x4-Modellen ähnlich.

Öl/Gas-Teile richtig entsorgen

PRAXISTIPP

Öl- und gasgefüllte Bauteile müssen umweltgerecht entsorgt werden. Deshalb sind die Stoßdämpfer des Octavia (vorn und hinten) vor der Verschrottung zu entleeren. Sie enthalten in jedem Fall Dämpferöl. Bestimmte Ausführungen dämpfen mit Gas und Öl.

- **Öffnen durch Anbohren:** Stoßdämpfer senkrecht mit der Kolbenstange nach unten in den Schraubstock einspannen. 20 mm von oben ein Loch von 3 mm Durchmesser durch das Außenrohr bohren. Gas entweichen lassen. Weiter bohren (25 mm tief), bis auch das innere Dämpferrohr durchbohrt ist.

- Jetzt 60 mm von oben ein Loch von 6 mm Durchmesser durch Außen- und Innenrohr bohren.

- Den auf diese Weise angebohrten Stoßdämpfer über einen Ölauffangbehälter halten, Öl auslaufen lassen. Kolbenstange mehrmals über den gesamten Hub hin und her bewegen, bis kein Öl mehr austritt.

- **Öffnen mit Rohrschneider:** Stoßdämpfer senkrecht mit der Kolbenstange nach oben in den Schraubstock einspannen. Ein Loch von 3 mm Durchmesser in das Außenrohr des Dämpfers bohren. Gas entweichen lassen. Rund 20 mm von oben einen handelsüblichen Rohrschneider (z. B. Stahlwille Express - 150/3) ansetzen und das Außenrohr durchtrennen.

- Die Kolbenstange nach oben ziehen. Dabei das Innenrohr mit einer Zange festhalten und nach unten drücken. Beim langsamen Hochziehen der Kolbenstange verbleibt das innere im äußeren Rohr.

- Kolbenstange völlig vom Innenrohr abziehen und das Öl aus dem Dämpfer in ein Auffanggefäß entleeren.

Bohren und Sägen (Rohrschneider) mit Schutzbrille!

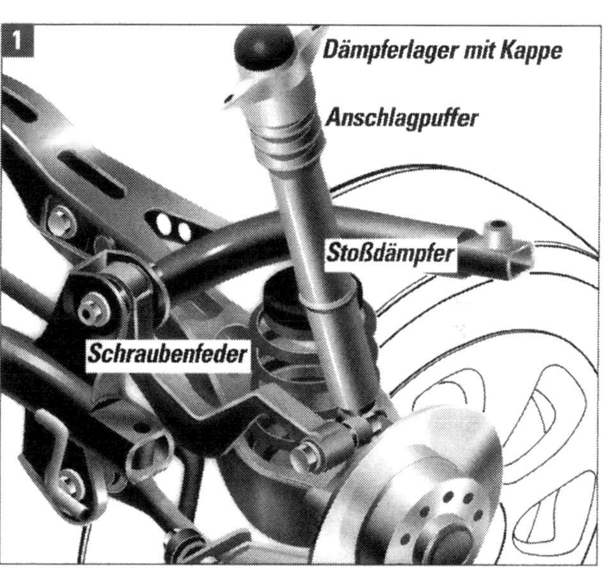

- Rad und Radhausschale (siehe Kapitel »Fahrzeugaufbau – Karosserie«) abbauen und das Fahrzeug mit der Hebebühne anheben oder sicher aufbocken. Federspanngerät gemäß Bild 2 ansetzen und Feder so weit spannen, bis sie herausgenommen werden kann. Feder entnehmen.

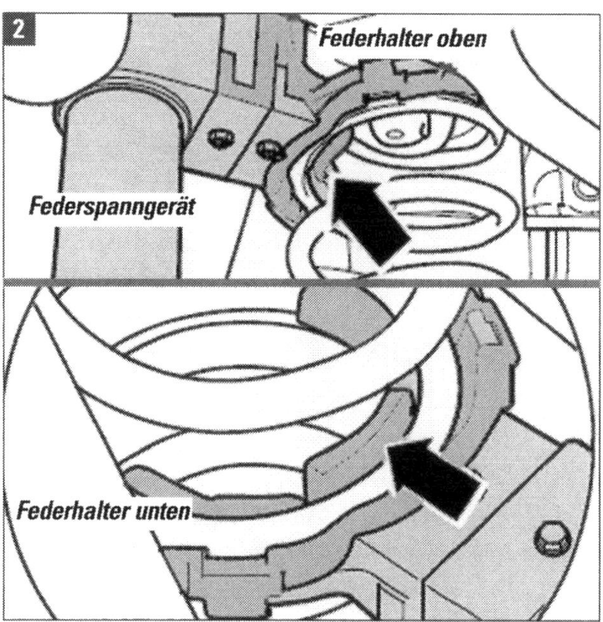

■ Schrauben oben (schwarze Pfeile in Bild 3) und Schraube unten (am Radlagergehäuse; schwarzer Pfeil in Bild 4) herausschrauben und Dämpfer herausnehmen.

■ Beim Einbau in umgekehrter Reihenfolge unbedingt beachten, dass die Verschraubung Stoßdämpfer an Radlagergehäuse nur erfolgen darf , wenn das Maß »a« zwischen der Radnabenmitte und der Unterkante Radhaus eingehalten wird. Das muss beim Fahrzeug in definierter »Leergewichtslage« erfolgen. Siehe dazu den Kasten »Sollwerte der Radeinstellung« auf Seite 76.

■ Stoßdämpfer oben einsetzen und Schrauben (Bild 3) festschrauben. Die Verschraubung am Radlagergehäuse (Bild 4) gemäß der obigen Anmerkung festziehen.

■ Schraubenfeder mit Spanngerät und zusammen mit der Federauflage einbauen. Der Federanfang muss am Anschlag der Federauflage unten anliegen, und der Zapfen der Federauflage wird in die Bohrung des Querlenkers unten eingesetzt. Dann die Federauflage oben in das obere Federende einsetzen und Feder entspannen. Dabei muss die obere Federauflage auf die Nase an der Karosserie aufgesetzt werden. Federspanngerät herausnehmen und Rad anbauen.

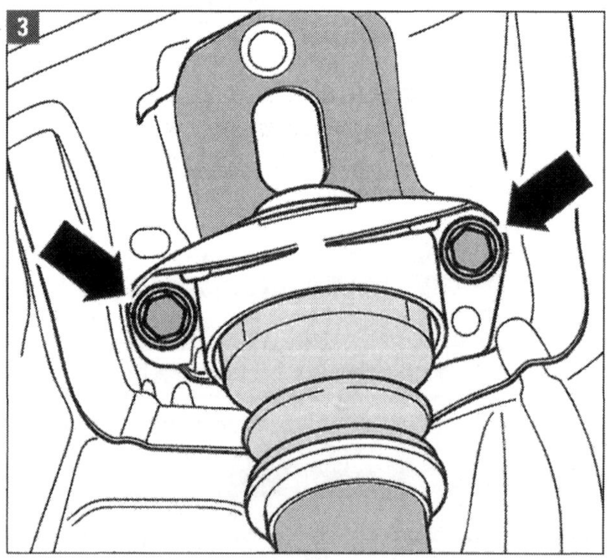

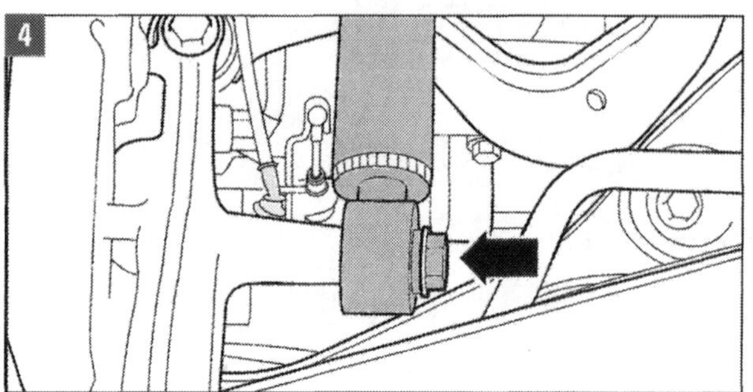

Fahrwerktuning

Anleitung zum Fahrzeugtuning liefert in Deutschland der Verband der Automobiltuner e.V. (VDAT). Eine VDAT-Grafik beweist, dass dies in erster Linie an Rädern/Reifen und Fahrwerk gewünscht wird (Bild 1):

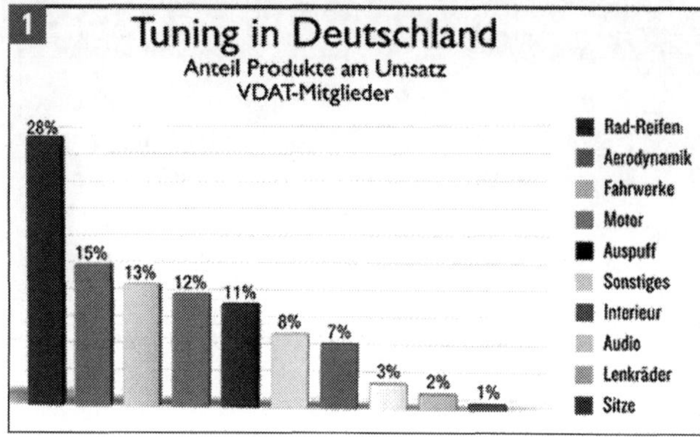

Grundgedanke jedes Tunings am Fahrwerk ist die Verbesserung des Fahrverhaltens bei sportlicher Fahrweise. Denn Tuning will als Fahrzeugveredelung verstanden werden.
Die Technik der führenden Hersteller entsprechender Komponenten verfeinert sich ständig, erklärt der VDAT auf seiner Website. »Ein Stoßdämpfer für ein straßenzugelassenes Sportfahrwerk repräsentiert heute den technischen Stand der Formel 1 vor etwa fünf Jahren«, wird betont. Die Qualitätsprodukte namhafter Hersteller von Sportfahrwerken werden demzufolge nicht zu niedrigen Preisen angeboten. Wer nicht nur Kosmetik oder Firlefanz für die Optik will, muss entsprechend in die Tasche greifen (Bild 2).

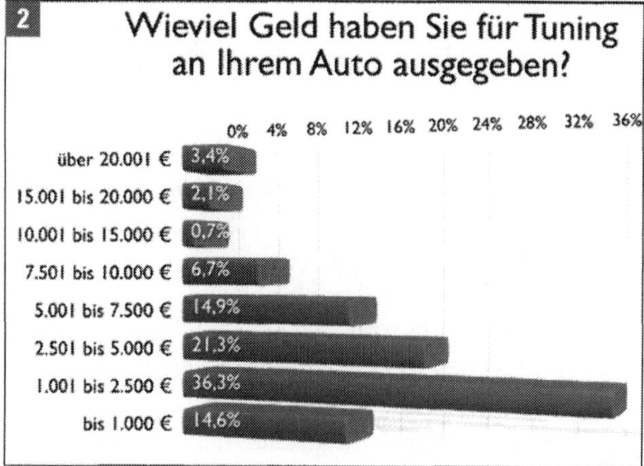

Beliebtes Tuning: Grafiken des deutschen Fachverbandes.

Andererseits sind es gerade junge Leute, die ihr Fahrzeug »veredeln« möchten. Laut DVAT-Erhebung sind Fahrer in der Altersgruppe 18 bis 21 Jahre zu fast 80% Tuner. Natürlich wird es da nicht in allen Fällen immer gleich um Sportfahrwerke gehen. Von den 22- bis 25-jährigen bekennen sich 54% zum Tuning, dann nehmen die Zahlen rapide ab, und erst die finanzkräftigen über 60-jährigen stellen mit 40% wieder eine nennenswerte Tuner-Fraktion (Bild 3).

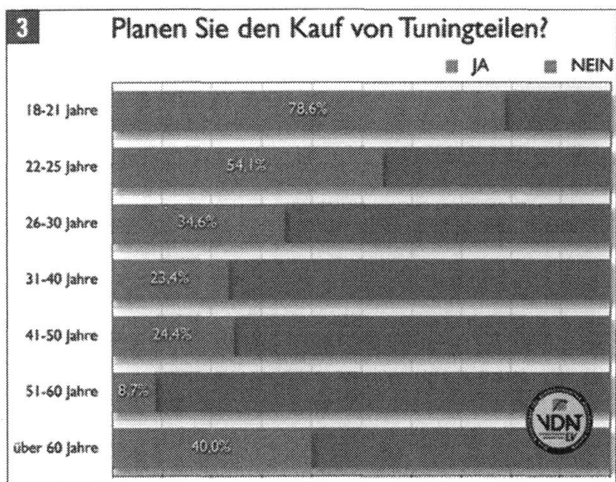

Tiefer legen

Nicht nur etwa eine andere Reifengröße kann das Fahrverhalten entscheidend verändern. Je nach Fabrikat der Komponenten dazu gibt es ganz bestimmte Philosophien. Ist das eine Produkt im Grenzbereich harmlos und bewältigt spielend die gesteigerte Fahrdynamik, kann das nächste schon in Kombination mit einem Serienfahrwerk im Grenzbereich eher tückisch sein oder ganz einfach Eigenschaften zeigen, die ein härteres Fahrwerk nochmals verstärkt.
Wir empfehlen, sich unter der Internet-Adresse

www.tune-it-safe.de

Rat zu holen. Dort ist man auch sicher: »Viele Autobesitzer, die es einmal mit Billigprodukten versucht haben, kehren zu den teureren namhaften Qualitätsprodukten zurück. Hier gibt es neben der besseren Leistungsfähigkeit des Fahrwerks auch entsprechende Garantieleistungen des Herstellers und die obligatorische Abnahme.«
Wer es einfach haben will und die Kosten nicht scheut, kann beim Hersteller seines Fahrzeugs bleiben: Auf Wunsch liefert Škoda den Octavia mit einem Sportfahrwerk aus. Das hat straffere Federn und Stoßdämpfer und senkt die Karosserie im Vergleich zum Serienmodell um 12 mm ab. Škoda garantiert damit »vorzügliches und sicheres Fahrverhalten«. Optische Merkmale sind 17 oder 18 Zoll große Leichtmetallräder. Diese und die niedrigere Schwerpunktlage schaffen ein »scharfes« Bild und erhöhen die Dynamik.

Räder und Reifen tunen

Beachten Sie beim Radtuning alle Hinweise zur richtigen Reifenmontage und ferner folgende Tipps:

- Fetten Sie auf jeden Fall Radschrauben an Gewinde, Kalotte und bei zweiteiligen Schrauben auch den Zwischenraum (Bild 4) mit Optimol TA-G 052 109 A2.
- Zweckmäßig ist der Einsatz einer diebstahlhemmenden Radschraube pro Rad. Bei Stahlfelgen soll diese Radschraube in der Bohrung direkt neben dem Ventil eingebaut sein. Die Radzierblende muss dann vom Ventil aus beginnend angebaut werden. Die Schrauben (M14 x 1,5 x 27,5; 120 Nm) werden mit einer Kappe geliefert, die mit einem kleinen Bügel abzuziehen ist. Ein Adapter für diebstahlhemmende Radschrauben gehört zum Bordwerkzeug.
- Reifen mit der größeren Profiltiefe immer auf die Hinterräder!
- Die Reifen mit der DOT-Kennzeichnung zur Radaußenseite montieren, bei laufrichtungsgebundenen Reifen nur auf der linken Fahrzeugseite.

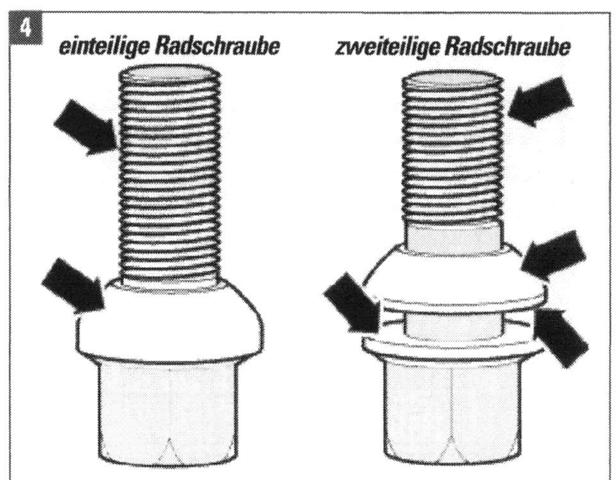

Schrauben richtig behandeln: Die Paste Optimol ist ratsam zum Fetten bestimmter Bereiche (Pfeile) der Radschrauben.

Elektromechanische Servolenkung

Störung	Was kann das sein?	Was kann oder muss ich tun?
A Lenkung erfordert vollen Krafteinsatz ohne Servo-Unterstützung	**1** Sicherung laut Belegungsschema defekt	Sicherung im Sicherungshalter nach Belegungsplan orten (meist »3« oder »6«), prüfen und ggf. ersetzen
	2 Kabelanschluss gestört	Kabel und Steckverbindungen am Lenkgetriebe prüfen
	3 Steuergerät defekt	Steuergerät für Lenkhilfe J 500 ersetzen
B Lenkung ist schwergängig	**1** Lenkgetriebe außen im Faltenbalgbereich verschmutzt	Lenkgetriebe im Bereich des Faltenbalges gründlich von Schmutzanlagerungen reinigen. Faltenbalg prüfen
	2 Lenkgetriebe defekt	Lenkgetriebe prüfen und ggf. ersetzen lassen
C Lenkgeräusche	**1** Schaden an Gummilager für Lenkgetriebe oder Dichtung	Gummilager überprüfen und ggf. auswechseln Dichtung am Lenkgetriebe muss ohne Knick anliegen
	2 Stellmotor der elektromechanischen Lenkhilfe ruckelt	Motor überprüfen lassen. Ggf. muss Austausch erfolgen, Reparatur des Motors nicht vorgesehen
	3 Lenkzahnstange schadhaft oder verschlissen	Seltener, aber möglicher Schaden. Zahnstange muss ersetzt werden
D Lenkung ist in nur eine Richtung schwergängig	**1** Mechanischer Defekt am Lenkgetriebe	Lenkgetriebe ersetzen
	2 Schaden am Steuergerät	Anpassung des Steuergeräts und Gerät prüfen (lassen)
E Lenkung reagiert generell unpräzise und hat Aussetzer	**1** Steuergerät nicht richtig angepasst	Nach Erneuerung des Lenkgetriebes ist das Steuergerät J 500 mit dem Werkstattsystem neu zu programmieren
	2 Wackelkontakt im Leitungsstrang	Elektrik am Lenkgetriebe (Kabelstrang, Steckverbindungen und Stellmotor) gründlich prüfen lassen
F Lenkung lässt das typische direkte Ansprechen vermissen und erweckt den Eindruck zu »haken«	**1** Fehler an irgendeiner Stelle der Mechanik, nicht der Steuerung oder der Elektrik	Faltenbälge der Spurstangen und Staubkappen der Spurstangenköpfe gründlich auf Schäden (Verschleiß, Schlitze, Risse) und Fettaustritt überprüfen. Schäden beheben
	2 Fehler am Lenkgetriebe	Lenkritzel und Zahnstange überprüfen lassen. Austausch
	3 Einer der Faltenbälge an Lenkgetriebe und Spurstangen ist verdrillt	Gründlich prüfen, ob durch Arbeiten an der Lenkung oder in deren Umgebung einer oder mehrere Faltenbälge verdreht wurden. Schaden beheben (lassen)

Fahrwerk

Störung	Was kann das sein?	Was kann oder muss ich tun?
A Schwammiges Fahrverhalten	**1** Reifen hat zu geringen Luftdruck	Luftdruck prüfen und einstellen
	2 Stoßdämpfer ist undicht	Ölverlust mit dem Finger prüfen. Wenn Öl am Finger bleibt: Dämpfer tauschen
	3 Stoßdämpfer vermutlich verschlissen	Kolbenstange auf Riefen und Abplatzungen prüfen
	4 Spurwerte stimmen nicht	Achsvermessung vornehmen lassen
	5 Federn erlahmt	Federn prüfen, ggf. austauschen
	6 Gummilager am Aggregateträger hinten	Nach Prüfung evtl. Gummilager erneuern lassen
B Reifen	**1** Starker, unregelmäßiger Verschleiß	Spurwerte stimmen nicht. Achsvermessung vornehmen lassen
	2 Verschleiß innen	Zu viel negativer Sturz. Einstellung ändern, Reifen erneuern
	3 Verschleiß außen	Zu viel positiver Sturz. Einstellung ändern, Reifen erneuern
	4 Verschleiß in der Mitte	Reifenfülldruck über lange Zeit zu hoch. Ändern, beachten!
	5 Verschleiß innen und außen	Reifenfülldruck über längere Zeit zu niedrig. Reifen erneuern, Druck richtig stellen
	6 Stoßdämpfer verschlissen	Stoßdämpfer prüfen (lassen) und ggf. austauschen
C Schütteln am Lenkrad	**1** Räder unwuchtig	Räder auswuchten lassen
	2 Spiel in der Lenkung	Lenkgetriebe überprüfen lassen
	3 Spiel in Fahrwerksteilen	Gelenke, Lager und Spurstangen prüfen
...beim Bremsen	**4** Bremsscheiben verzogen	Neue Bremsscheiben und Beläge einbauen
D Geräusche bei Kurvenfahrt	**1** Radlager defekt	Betroffene Seite durch Wechselkurven feststellen
	2 Spurwerte stimmen nicht	Reifenprofil kontrollieren (siehe B)

Bremsanlage: Zweikreis-Bremse und ESP

Ihr Octavia verfügt über eine leistungsfähige Bremsanlage. Das hydraulische Zweikreissystem besteht aus Unterdruckverstärker, Hauptbremszylinder, Scheibenbremsen vorn und hinten mit wirkungsvoller Handbremse sowie bewährten Regel- und Assistenzsystemen.

Die Zweikreis-Bremsanlage

Die StVZO (Straßenverkehrs-Zulassungsordnung) fordert für jedes Kfz zwei Bremsanlagen, die unabhängig voneinander arbeiten. Wenn ein System ausfällt, soll das andere das Fahrzeug immer noch abbremsen können. Deshalb verfügt auch Ihr Octavia über eine diagonal aufgeteilte Zweikreisbremsanlage analog Bild 1: Ein Bremskreis ist für linkes Vorderrad (1) und rechtes Hinterrad (2), der andere für rechtes Vorderrad (3) und linkes Hinterrad (4) zuständig. Fällt einer der beiden Bremskreise aus, bleiben ein Vorder- und ein Hinterrad bremsfähig. Man muss kräftiger aufs Pedal (Auftaktbild) steigen, es lässt sich weiter durchtreten (Bewegungspfeil in Bild 3), der Anhalteweg wird länger.

Kern der Anlage ist die Einheit aus Hauptbremszylinder (1), Bremskraftverstärker (2) und Bremsflüssigkeitsbehälter (3; Bild 2). .Beim Bremsen presst das Pedal (1) in der Pedalanlage (2) eine fest angeclipste Druckstange (3; Bild 3) gegen einen Doppelkolben im Hauptbremszylinder. Dieser wird mit Bremsflüssigkeit aus dem Ausgleichsbehälter versorgt. Die Fußkraft wird auf die Bremsflüssigkeit übertragen.

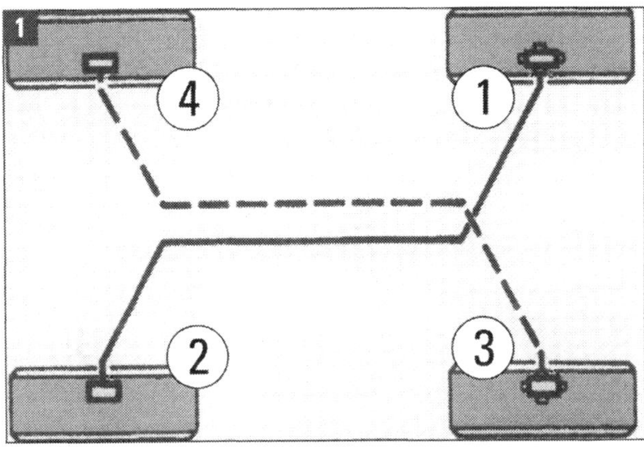

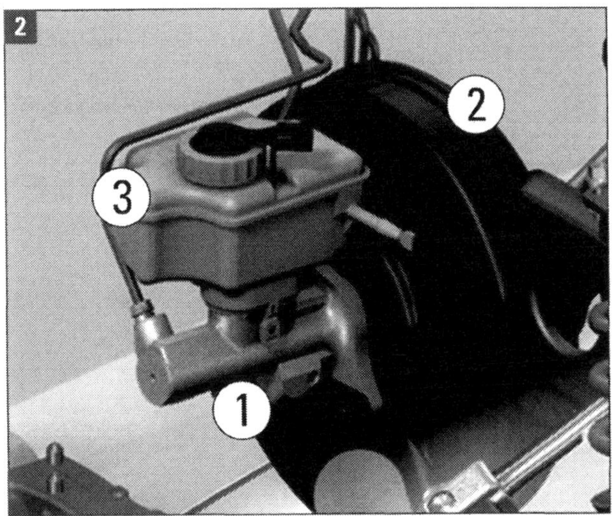

Hydraulischer Druck

Der entstehende hydraulische Druck wird in dem mit pneumatischem Unterdruck (Vakuum) versorgten Bremskraftverstärker etwa verdoppelt. Der Bremskraftverstärker bringt rund 60% der Bremskraft auf. Sein Unterdruck wird bei den Fahrzeugen mit Ottomotor dem Saugrohr entnommen und bei Benzinern mit Automatikgetriebe, wie bei den Dieselmotoren generell, von einer speziellen Pumpe erzeugt, der so genannten Unterdruckpumpe.

Vom Hauptbremszylinder wird der pneumatisch verstärkte hydraulische Druck über Schlauch- und Rohrleitungen zu einer Hydraulikeinheit geführt, die in Baueinheit mit dem Steuergerät für ABS die Antiblockierfunktion realisiert. Zwei Bremsleitungen, eine vom Druckstangenkolbenkreis und eine vom Schwimmkolbenkreis des Hauptbremszylinders, führen zur Hydraulikeinheit, und vier Leitungen gehen von dort zu den Bremssätteln.

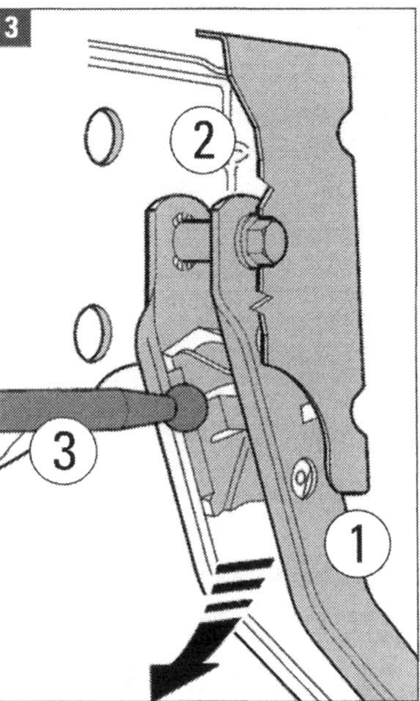

Bild 1 Zweikreisbremsanlage: (1/2) links vorn/rechts hinten, (3/4) rechts vorn/links hinten.

Bild 2 Bremshydraulik: (1) Hauptbremszylinder, (2) Bremskraftverstärker, (3) Bremsflüssigkeitsbehälter.

Bild 3 Mechanismus: (1) Bremspedal, (2) Pedalanlage, (3) Druckstange mit Kugelkopf.

Die Octavia-Bremsen im Überblick

Vorderrad-Scheibenbremse für Motoren 55 bis 110 kW

Motorkennbuchstaben BCA, BUD, BGU, BSE, BSF, BLF, BLR, BLY, BZV, BVY

Bremssattel FS-III und FN3 (2.0 FSI)	**FS-III FN3**
Hauptbremszylinder Durchmesser	22,2 mm
Bremskraftverstärker Durchmesser	10 Zoll
Bremssattel Kolbendurchmesser	54 mm / 54 mm
Belagdicke ohne Stützplatte	14 mm / 14 mm
Verschleißgrenze ohne Stützbacke	2,0 mm / 2,0 mm
Belüftete Bremsscheibe Durchmesser	280 mm / 288 mm
Bremsscheibe Dicke	22 mm / 25 mm
Bremsscheibe Verschleißgrenze	19 mm / 22 mm

Hinterrad-Scheibenbremse für Motoren 55 bis 110 kW

Motorkennbuchstaben BCA, BUD, BGU, BSE, BSF, BLF, BLR, BLY, BZV, BVY

Bremssattel CI 38 und CII 41	**CI 38 CII 41**
Bremssattel Kolbendurchmesser	38 mm / 41 mm
Belagdicke ohne Stützplatte	11 mm / 11 mm
Verschleißgrenze ohne Stützbacke	2,0 mm / 2,0 mm
Bremsscheibe Durchmesser	255 mm / 260 mm
Bremsscheibe Dicke	10 mm / 12 mm
Bremsscheibe Verschleißgrenze	8 mm / 10 mm

Vorderrad-Scheibenbremse für Motoren 77 bis 147 kW

Motorkennbuchstaben BJB, BKC, BXE, BLS, BLX, BVX, BWA, AZV, BKD, BMM

Bremssattel FN3 und FS-III	**FN3 FS-III**
Hauptbremszylinder Durchmesser	22,2 mm
Bremskraftverstärker Durchmesser	10 Zoll
Bremssattel Kolbendurchmesser	54 mm / 54 mm
Belagdicke ohne Stützplatte	14 mm / 14 mm
Verschleißgrenze ohne Stützbacke	2,0 mm / 2,0 mm
Belüftete Bremsscheibe Durchmesser	288 mm / 280 mm
Bremsscheibe Dicke	25 mm / 22 mm
Bremsscheibe Verschleißgrenze	22 mm / 19 mm

Hinterrad-Scheibenbremse für Motoren 55 bis 110 kW

Motorkennbuchstaben BJB, BKC, BXE, BLS, BLX, BVX, BWA, AZV, BKD, BMM

Bremssattel CII 41	
Bremssattel Kolbendurchmesser	41,0 mm
Belagdicke ohne Stützplatte	11,0 mm
Verschleißgrenze ohne Stützbacke	2,0 mm
Bremsscheibe Durchmesser	260 mm
Bremsscheibe Dicke	12 mm
Bremsscheibe Verschleißgrenze	10 mm

Veränderung ab Mai 2006: Bei den 1.9 TDI PD (77 kW) mit Allradantrieb bzw. mit Frontantrieb und automatischem DSG-Getriebe wurden die Vorderradbremsen durchgängig von FN3 auf FS-III umgestellt.

In den vier Bremssätteln, den Radbremszylindern, drücken die Kolben die Bremsklötze gegen die Bremsscheiben. Beim Lösen des Bremspedals werden die Bremssättel mit Bremsbelagträgern und Bremsbelägen von den Bremsscheiben zurückgezogen. Diese drehen wieder frei.

Die Radbremsen des Octavia

Die Radbremsen wurden für die jüngste Generation des Octavia mit seiner starken Motorisierung größer ausgelegt als beim Vorgänger. Alle Modelle haben vorn und hinten Scheibenbremsen und rollen mit Bremssätteln von 54 mm Kolbendurchmesser vorn sowie 41 mm hinten (einige Ausnahmen mit 38 mm) vom Band. Die Durchmesser der Bremsscheiben betragen zwischen 312 mm (vorn; siehe die Tabellen auf dieser Seite) und 255 mm (hinten). Die vorderen Bremsscheiben sind innenbelüftet.
Bei allen RS-Modellen ist die Bremsanlage rot lackiert (Bild 4). Damit soll ausdrücklich auf ihre besondere Leistungsfähigkeit hingewiesen werden. RS-Bremsen sind speziell verstärkt und bringen es auf exzellente Verzögerungswerte bei nachhaltiger Standfestigkeit.

Vorderrad-Scheibenbremse für Motoren 125 kW

Motorkennbuchstaben BMN

Bremssattel FN3	
Hauptbremszylinder Durchmesser	23,8 mm
Bremskraftverstärker Durchmesser	10 Zoll
Bremssattel Kolbendurchmesser	54,0 mm
Belagdicke ohne Stützplatte	14,0 mm
Verschleißgrenze ohne Stützbacke	2,0 mm
Belüftete Bremsscheibe Durchmesser	312,0 mm
Bremsscheibe Dicke	25,0 mm
Bremsscheibe Verschleißgrenze	22,0 mm

Hinterrad-Scheibenbremse für Motoren 125 kW

Motorkennbuchstaben BMN

Bremssattel CII 41	
Bremssattel Kolbendurchmesser	41,0 mm
Belagdicke ohne Stützplatte	11,0 mm
Verschleißgrenze ohne Stützbacke	2,0 mm
Bremsscheibe Durchmesser	286 mm
Bremsscheibe Dicke	12,0 mm
Bremsscheibe Verschleißgrenze	10,0 mm

Präzise »Rückmeldung«

Das Pedalgefühl ist straff und präzise. Dank dieser exakten Rückmeldung kann der Fahrer die Bremse mit niedriger Bedienkraft perfekt dosieren. Die entsprechend angepasste Kennlinie des Bremskraftverstärkers unterstützt den Fahrer dabei sehr wirkungsvoll.

2 Jahre für die Bremsflüssigkeit

Škoda setzt Bremsflüssigkeit nach dem Standard »FMVSS 571.116 DOT 4« ein, wovon auch die Weiterentwicklung »DOT 4 plus« erhältlich ist. Der Standard DOT 4 (plus) entspricht der US-Sicherheitsvorschrift hinsichtlich eines hohen Nasssiedepunktes. Die adäquate Škoda-Klassifikation dafür ist N 052 766 oder VW-Konzern-Norm TL 766. Übliches Wechselintervall: zwei Jahre.
Die von Marken-Herstellern wie Fuchs angebotene Bremsflüssigkeit aus Glykol und Polyglykoläther ist bis minus 40 °C dünnflüssig. Ihr Siedepunkt liegt bei 270 °C. Der Standard »DOT 5« mit noch höherem Siedepunkt enthält Silikon und darf nicht in DOT 4-Bremssysteme eingefüllt werden.
Bremsflüssigkeit ist erst bernsteinhell, verfärbt sich aber im Laufe der Zeit durch chemische Reaktion. Dunkle Färbung ohne feststellbare Verunreinigung muss Sie daher noch nicht gleich beunruhigen. Das ist noch kein Hinweis auf mangelhafte Qualität.

Bremse vorn links: Der Ovtavia RS hat große Bremsscheiben (1) und auffällig rot lackierte Bremssättel (2).

WISSENSWERTES: Bremsflüssigkeit

■ Da Bremsflüssigkeit hygroskopisch ist, nimmt sie Wasser auf, was u. a. durch undichte Bremsschläuche und Gummimanschetten geschehen kann. Sie nimmt aber auch Luftfeuchtigkeit auf, weshalb sie nur in verschlossenen, gut abgedichteten Vorratsbehältern (Original-Gebinden) aufbewahrt werden darf.

■ Durch Wasseraufnahme sinkt der Siedepunkt. Bei einem Wassergehalt von 2,5 Prozent liegt er nur noch bei 150 °C (kritische Grenze). In diesem Fall können sich bei stark erhitzten Bremsen (Gebirgsfahrt, Vollbremsungen) Dampfblasen in der Bremsflüssigkeit bilden. Diese werden beim Bremsen zusammengepresst, das System kann keinen stabilen Bremsdruck aufbauen, das Pedal lässt sich tief durchtreten, schlimmstenfalls bis auf den Boden. Es ist sogar möglich, dass die Bremsen ganz ausfallen.

■ Die Sicherheit erfordert daher den regelmäßigen zweijährlichen Wechsel der Bremsflüssigkeit. Er sollte möglichst im Frühjahr erfolgen. Die für alle Škoda-Fahrzeugtypen freigegebene Bremsflüssigkeit nach Standard DOT 4 (plus) garantiert hohe Betriebssicherheit und die Aufrechterhaltung des hohen Siedepunktes über die gesamte Gebrauchsdauer.

ESP auf aktuellem Stand

Das ABS-Steuergerät, mit der Hydraulikeinheit fest verschraubt, ist im Motorraum rechts platziert. Škoda baut im Octavia II verschiedene ABS-Bremshydrauliken ein, vor allem aber »ABS Mark 60« und »ABS Mark 70«. Mit solchen Steuerungen hatte Volkswagen vor über 20 Jahren seine Pionierarbeit zur gezielten Einflussnahme auf das Pkw-Fahrverhalten begonnen. 1986 im Golf, 1988 im Passat wurde das elektronisch geregelte ABS von ContiTeves »Mark II« eingebaut.

Dieses System mit hydraulischer Bremskraftunterstützung hatte drei Kanäle: vorne links, vorne rechts und hinten gemeinsam. Mark III mit Elektronischer Differenzialsperre EDS kam ab 1989 zum Einsatz. Etwa ab Februar 1995 wurde »Mark 20« im Golf III, ab Modelljahr 1996 im Passat verbaut. »Mark« bezeichnet dabei als Begriff aus dem technischen Englisch die Generation einer Baugruppe. Die damaligen Entwicklungsstufen des ABS hatten noch keine feste Einbindung ins Fahrzeugnetzwerk CAN.

Die jetzigen Systeme sind ins CAN-Datenbus-System integriert. Das aktuelle Mark 70 umfasst ABS und ASR und ist mit vielen modernen Assistenzsystemen ausbaufähig. Mark 60 im Octavia bietet neben ABS, EDS und ASR auch die ESP-Funktion. Die Sensoreinheit für ESP, bestehend aus Querbeschleunigungsgeber und Drehratengeber, ist in einem Gehäuse unter dem rechten Vordersitz (Beifahrersitz) verbaut.

Beachten Sie bei allen eventuellen Arbeiten an diesen empfindlichen Komponenten: Bremsleitungen im Bereich der Hydraulikeinheit dürfen nicht verbogen werden und starke Erschütterungen von Sturz oder Schlag können die Sensoreinheit für ESP zerstören. Die Einheit darf in einem solchen Fall nicht mehr verwendet werden.

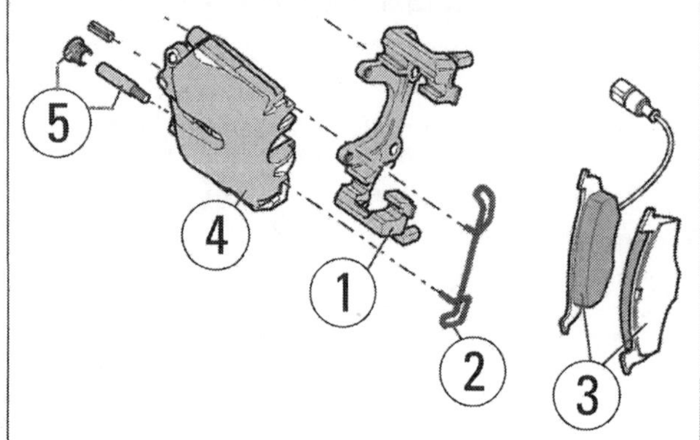

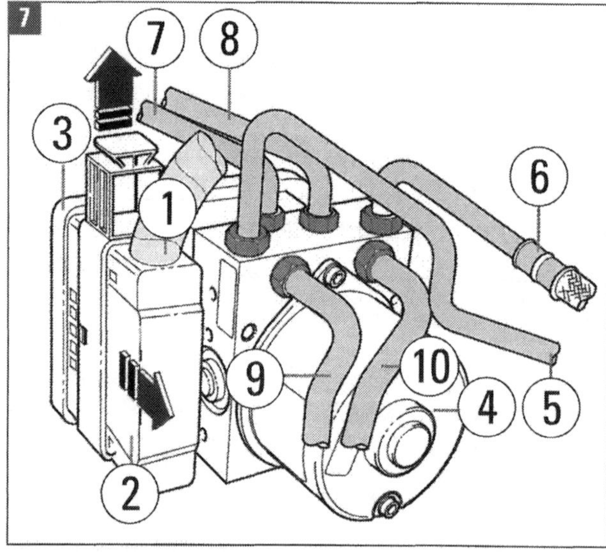

Bilder 5 und 6 Bremse FN3: (1) Bremsträger, (2) Haltefeder, (3) Bremsbeläge, (4) Bremssattel, (5) Führungsbolzen mit Kappe.

Bild 7 ABS-Hydraulikeinheit Mark 60: (1) Anschlusskabel, (2) Stecker (Pfeile: nach oben entriegeln, nach vorn abziehen), (3) Steuergerät, (4) Hydraulikeinheit mit Pumpe. Bremsleitungen:
(5) zum Druckstangen- und
(6) zum Schwimmkolbenkreis des Hauptbremszylinders,
(7) zum Bremssattel vorn links,
(8) zum Bremssattel vorn rechts,
(9) zum Bremssattel hinten rechts,
(10) zum Bremssattel hinten links.

Funktion der Bremsen kontrollieren

Regelmäßige Kontrolle der Bremsanlage ist für Autofahrer die beste Lebensversicherung. Im Straßenverkehr entscheiden die Bremsen über Ihre Sicherheit und die anderer Verkehrsteilnehmer. Scheuen Sie sich nicht, die Räder abzunehmen und den Zustand von Bremsscheiben und Bremsbelägen gründlich zu prüfen!
Ans Schrauben sollten Sie sich nur dann wagen, wenn Sie sich wirklich auskennen. Suchen Sie sonst besser die Werkstatt auf. Beim Reinigen der Anlage fällt Bremsstaub an, der zu schweren gesundheitlichen Schäden führen kann. Niemals Bremsstaub einatmen!
Bei allen Arbeiten ist strikt darauf zu achten, dass kein Mineralöl, Schmierfett oder ähnliche Stoffe in die Bremsanlage gelangen.

PRAXISTIPP

Kein Öl in die Bremsanlage!

■ Wird Mineralöl in der Bremsanlage festgestellt, müssen Hauptbremszylinder und Ausgleichsbehälter für Bremsflüssigkeit erneuert, die gesamte Bremsanlage mit neuer Bremsflüssigkeit durchgespült, alle Baugruppen mit Bestandteilen aus Gummi ausgewechselt und die Bremsanlage entlüftet werden.

■ Bremsbeläge sind Bestandteil der Allgemeinen Betriebserlaubnis (ABE), außerdem vom Werk auf das jeweilige Fahrzeug abgestimmt. Deshalb dürfen nur vom Automobilhersteller beziehungsweise vom Kraftfahrtbundesamt (KBA) freigegebene Bremsbeläge (mit KBA-Freigabenummer) verwendet werden.

Arbeitsschritte

■ **Sichtprüfung:** Bremskraftverstärker, Hauptbremszylinder (bilden eine Montage-Einheit mit dem Bremsflüssigkeitsbehälter und befinden sich links hinten im Motorraum direkt an der Wasserkastenwand) und Bremssättel auf Beschädigungen und Undichtigkeiten prüfen. Alle Anschlüsse und Verbindungen von Schläuchen und Rohrleitungen auf richtigen Sitz, Undichtigkeiten und Korrosion untersuchen. Auf dunkle und feuchte Flecken achten.

■ **Sichtprüfung:** Kontrollieren Sie besonders, ob Hydraulikleitungen geknickt oder Anschlüsse an der Hydraulikeinheit undicht sind. Undichtigkeiten und Schmutznester am Hydrauliksystem müssen beseitigt werden.

■ **Sichtprüfung:** Bremsschläuche dürfen nicht in sich verdreht und nirgendwo porös und brüchig sein. Bei maximalem Lenkeinschlag muss ihr Abstand zu anderen Achsteilen mindestens 15 mm betragen. Die Rastnasen der Leitungen müssen einwandfrei in den Haltern sitzen.

■ **Sichtprüfung:** Wenn Bremsschläuche, elektrische Leitungen und Steckkupplungen Scheuerstellen aufweisen und Schläuche feucht oder aufgequollen sind: auswechseln!

■ **Funktionsprüfung:** Eine Minute lang mit voller Kraft aufs Bremspedal treten. Das Pedal darf nicht nachgeben. Eine exakte Druckprüfung ist allerdings Sache der Werkstatt mit Spezialgerät und Diagnosesystem.

■ **Funktionsprüfung:** Auf 50 km/h beschleunigen, Lenkrad loslassen, Hände griffbereit halten. Zuerst sanft, dann scharf bis zum Stillstand bremsen. Fahrzeug soll die Spur halten. Nach dem Test auf leicht abschüssiger Strecke Fahrzeug aus dem Stand losrollen lassen. Drehen die Räder frei?

■ **Wärmeprobe:** Räder anfassen. Alle vier Felgen müssen gleich warm sein. Eine einzelne kalte Felge weist auf mangelhafte Bremsfunktion an diesem Rad hin. Wenn eine Felge ungewöhnlich warm ist (oder das bei allen so scheint), muss weiter gesucht werden. Ursache für zu hohe Temperatur können schleifende Bremsen oder defekte Radlager sein.

■ **Professionelle Bremsenprüfung:** Erfolgt auf 1-Achs-Rollenprüfstand. Von Škoda dafür freigegebene Anlagen erfüllen die Bedingung, dass die Prüfgeschwindigkeit 6 km/h nicht überschreitet, da sonst beim zeitversetzten Anlaufen der Rollen Bremseingriffe durch das EDS (elektronische Differenzialsperre, Bestandteil des ABS-Systems) erfolgen. Für Prüfstand-Kontrollen ist ein diagnosefähiges Werkstattsystem (VAS 5051, 5052 oder 5053) erforderlich. Jeweils eine Achse auf die Rollen fahren. Handgeschaltete Autos in den Leerlauf, automatisch geschaltete in Stellung »N« schalten. Der Antrieb erfolgt durch die Rollen.

■ **Auswertung:** Ratsam ist es, die Bremsentests von DEKRA, TÜV oder ADAC in Anspruch zu nehmen. Alle dabei oder von Ihnen festgestellten Mängel müssen unverzüglich in eigener Arbeit oder durch die Werkstatt beseitigt werden.

Bremsscheiben und Bremsbeläge kontrollieren

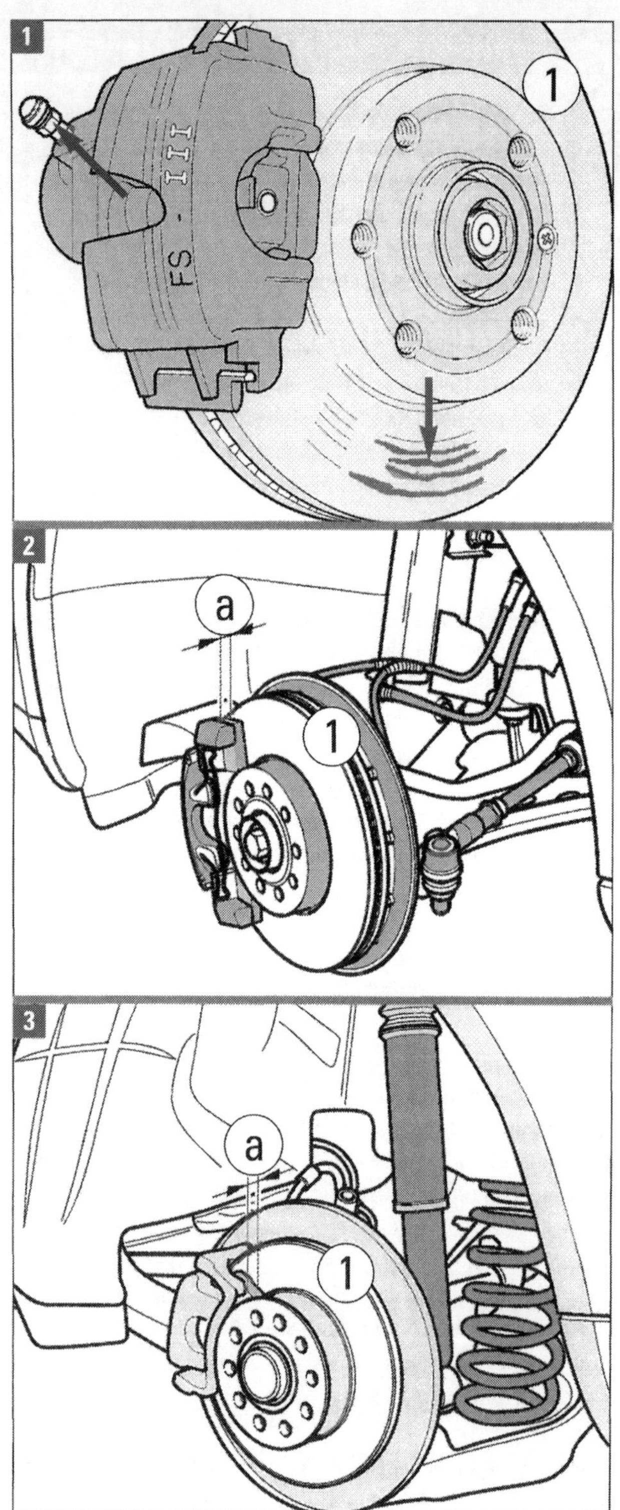

Bremsen: Bild 1 Vorderrad mit FS-III-Sattel, Bild 2 Vorderrad mit FN3-Sattel, Bild 3 Hinterrad mit CII 41.

Räder abschrauben, Bremsscheiben (1, alle Bilder) genau ansehen. Bläuliche Verfärbung der Scheibe ist normal. Regelmäßig, mindestens alle 15.000 km oder einmal im Jahr, die Stärke der Bremsbeläge (a, Bilder 2 und 3) kontrollieren. Bremsbeläge grundsätzlich immer auf beiden Seiten erneuern. Mit neuen Bremsbelägen auf den ersten 200 Kilometern häufige Vollbremsungen vermeiden, der Belag verändert sonst seine Struktur. Er verhärtet (»verglast«) und erreicht dadurch nicht seine beste Bremswirkung.

Kontrolle der Bremsscheiben

■ Sind Rillen durch Schmutz oder zu stark abgefahrene Beläge in den Scheiben? Sie dürfen nicht tiefer als 0,5 mm sein. Durch hohe Belastung können Haarrisse entstehen. Ihre Länge darf nicht mehr als 25 mm betragen. Bei Riefen oder zu starken Verschleißspuren (Pfeil in Bild 1) die Scheiben paarweise austauschen, niemals nachbearbeiten!

■ Die Dicke der Bremsscheiben messen Sie am besten, indem Sie zwischen Messschieber und Bremsscheibe eine Münze legen. Die Dicke der jeweiligen Münze müssen Sie dann natürlich vom gemessenen Wert abziehen. Messen Sie die Bremsscheibe an mehreren Punkten. Es gilt der jeweils schlechteste Wert.

■ Zu dünne Scheiben (Verschleißgrenzwert in mm siehe Tabelle) müssen immer paarweise ausgetauscht werden.

Kontrolle der Bremsbeläge

■ Räder und Bremsklötze ausbauen, auf Verschmutzung durch austretende Bremsflüssigkeit oder Fett achten.

■ Mit dem Messschieber die Belagdicke (a in den Bildern 2 und 3) der Bremsklötze prüfen. Sollwerte und Verschleißgrenzwerte siehe Tabellen auf Seite 92.

■ Sind die Bremsklötze über die Verschleißgrenze abgefahren, kann der Steg zwischen Dichtungsnut und Staubkappe beschädigt sein. Dann die Bremsanlage mit einem Druckprüfgerät auf Dichtheit prüfen.

■ Die Prüfung kann ohne Ausbau der Räder erfolgen, wenn ein spezieller Prüfstift (T40139 oder ein vergleichbares Messwerkzeug) zur Verfügung steht.

■ Zur Ermittlung der Bremsbelagstärke wird der bewegliche Ring am Stift bis zum Anschlag in Richtung Messspitze geschoben. Dann Prüfspitze durch die Felge schieben und an der Bremsscheibe anlegen.

■ Prüfstift so lange gleichmäßig in Richtung Bremsbelag schieben, bis er auf der Rückenplatte des Bremsbelags aufliegt. Prüfstift entnehmen und den Wert ablesen. Die Skala ist mit dem Bremsensymbol kenntlich gemacht. Beim Entnehmen des Stiftes darf der bewegliche Ring nicht verschoben werden, weil das zu falschen Resultaten führt. Der gemessene Wert »a« versteht sich als Belagdicke einschließlich Rückenplatte und Dämpfungsblech.

■ Wenn der gemessene Wert 7 mm nicht mehr übersteigt, ist das Verschleißmaß erreicht. Die reinen Beläge sind dann kaum noch 2 mm stark (siehe Tabellen). Die verschlissenen Bremsklötze müssen satzweise erneuert werden, also stets links und rechts an jeder Achse. Dieses Prinzip muss unbedingt beachtet werden, weil sich sonst eine ungleiche Wirkung der beiden Bremsen einer Achse ergeben kann.

■ Achsweiser Wechsel gilt auch für die Bremsscheiben!

■ Der Prüfstift hat noch eine zweite Skala, die ein Reifensymbol trägt. Damit kann das Werkzeug zum Messen der Profiltiefe verwendet werden.

Bremskraftverstärker prüfen

■ Motor abstellen, Bremspedal mehrmals durchtreten, Unterdruck im Gerät wird abgebaut. Pedal in Stellung mit spürbarem Widerstand halten.

■ Bei weiter in Bremsstellung gehaltenem Pedal den Motor starten. Jetzt muss die Bremskraftverstärkung wirksam werden, wodurch das Bremspedal unter dem Fuß merklich nachgibt. Senkt sich das Pedal nicht, liegt eine Störung vor. Meist muss der Bremskraftverstärker komplett ersetzt werden.

■ Eine weitere Prüfmöglichkeit besteht darin, bei laufendem Motor das Bremspedal bis zu einem gut fühlbaren Widerstand durchzutreten und dann den Motor auszuschalten. Bremspedal frei geben. Wenn man hören kann, wie leise zischend Luft in die Vakuumkammer einströmt, ist das Gerät in Ordnung. Allerdings ist diese Prüfmethode unsicher; es kann, je nach Bauart des Bremskraftverstärkers, durchaus möglich sein, dass das Einströmen nicht zu hören ist.

■ Eine genaue quantitative Prüfung ist nur mit Unterdruck- und Druckprüfgerät möglich. Das ist Sache der Werkstatt. Der Ablauf ist dann:

■ Bremspedal mehrmals betätigen; Unterdruckprüfgerät über Prüfanschluss zwischen Bremskraftverstärker und Unterdruckleitung einsetzen; Laufrad abmontieren. Bremsanlage am Bremssattel entlüften: Schlauch eines Auffangbehälters auf Entlüftungsventil aufstecken (blauer Pfeil in Bild 1 Seite 96, roter Pfeil in Bild 1 auf dieser Seite) und Ventil öffnen. Bremsflüssigkeit auslaufen lassen, bis sie blasenfrei und sauber austritt. Entlüftungsventil schließen.

■ Entlüfterschraube aus dem Bremssattel herausschrauben, Stutzen des Druckprüfers anschließen. Motor starten, Gas geben, Unterdruck von knapp 0,8 bar erzeugen. Wird dieser nicht erreicht oder fällt gleich wieder ab: Dichtring zwischen Bremskraftverstärker und Hauptbremszylinder und/oder Rückschlagventil in der Unterdruckleitung überprüfen. Schadhafte Bauteile erneuern.

■ Druckprüfgerät mit Stutzen vom Bremssattel abbauen, Entlüfterschraube eindrehen und festziehen. Unterdruckprüfgerät vom Bremskraftverstärker trennen. Bremsanlage am Bremssattel entlüften, Laufrad wieder anschrauben.

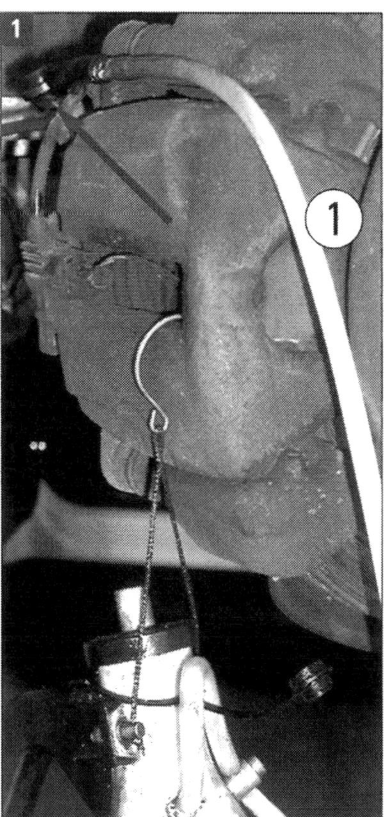

Entlüften: (1) am transparenten Schlauch prüfen, ob Flüssigkeit blasenfrei abläuft.

Bremsflüssigkeit kontrollieren und nachfüllen

Zu Wartungen und anderen Arbeiten, die Sie selbst an der Anlage vornehmen können, gehört die regelmäßige Kontrolle des Standes der Bremsflüssigkeit im Ausgleichsbehälter (2, Bilder 1 und 2). Auch bei intakter Bremsanlage kann der Flüssigkeits-Pegel sinken.
Ursache können der Verschleiß an den Bremsbelägen oder bei Fahrzeugen mit Handschaltgetriebe Defekte am Kupplungssystem sein. Denn die Kupplungshydraulik ist am System der Bremshydraulik angeschlossen.
Ebenfalls wichtig ist die Kontrolle des Wassergehalts der Bremsflüssigkeit. Untersuchungen haben gezeigt, dass bei vielen in Deutschland rollenden Fahrzeugen die Bremsflüssigkeit infolge Wasseraufnahme den kritischen Siedepunkt von 150 °C unterschreitet. Das kann zum Versagen der Bremsen führen.

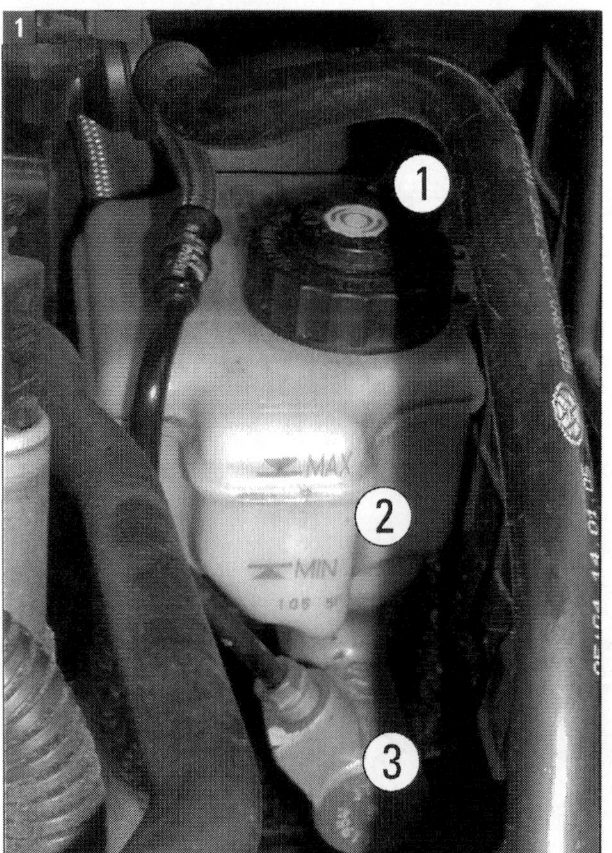

Arbeitsschritte:

■ Flüssigkeitsstand von außen am Behälter kontrollieren: Der Pegel muss zwischen den Markierungen »MIN« und »MAX« (2) liegen (2, Bilder 1 und 2).

■ Wenn die Bremsbeläge schon sehr abgefahren sind (und bald erneuert werden müssen), ist ein Pegelstand leicht über »MIN« noch zulässig. Beim Einbau neuer Beläge werden dann nämlich die Bremskolben wieder zurückgedrückt, wodurch der Stand im Bremsflüssigkeitsbehälter wieder ansteigt.

■ Sind die Bremsbeläge noch neuwertig und hat die vorangegangene Prüfung keine Undichtigkeit im Bremssystem ergeben, muss zur Überbrückung bis zum nächsten Wechsel der Bremsflüssigkeit etwas nachgefüllt werden.

■ Nachfüllen nur die schon erwähnte Bremsflüssigkeit nach Norm FMVSS 571 116 DOT 4. Möglich, aber nicht erforderlich ist auch Flüssigkeit nach DOT 5.1, sie hat einen etwas höheren Siedepunkt. DOT 5 nicht verwenden!

■ Die Steckverbindung trennen und den Deckel (1) abschrauben. Deckel mit Einsatz herausnehmen. Bremsflüssigkeit nachfüllen. Der Füllstand muss stets ausreichend sein, damit keine Luft ins Bremssystem gelangen kann. **Bremsflüssigkeit ist giftig, hygroskopisch und ätzend!**

Bild 1 beim FSI, Bild 2 beim TDI: (1) Verschlussdeckel mit Steckanschluss, (2) Bremsflüssigkeitsbehälter mit MAX- und MIN-Markierungen, (3) Hauptbremszylinder.

Bremsflüssigkeit wechseln, Bremsanlage entlüften

Nach Aus- und Einbau von Bremsbelägen und Bremsscheiben, nach Erneuern von Bremsschläuchen oder dem Öffnen von Bremsleitungen müssen die Bremsanlage oder Teile von ihr entlüftet werden. Wird die Bremsflüssigkeit gewechselt, muss man die gesamte Anlage entlüften (im Prinzip ist das ein und derselbe Vorgang). In einzelnen Reparaturfällen kann es genügen, nur den Bremskreis zu entlüften, an dem gearbeitet wurde.
Beim gesamten Entlüftungsvorgang darf der Bremsflüssigkeitspegel im Vorratsbehälter auf keinen Fall unter die MIN-Markierung fallen. Ansonsten gelangt Luft ins System.

Bremsflüssigkeit wechseln

■ Motorhaube öffnen. Elektrische Steckverbindung (1) am Verschlussdeckel (2) des Bremsflüssigkeitsbehälters abschrauben. Sieb (3) herausnehmen und reinigen (Bild 1).

■ Flüssigkeit mit Pipette oder sauberer Injektionsspritze absaugen. In geeignetem Auffangbehälter sammeln. Gebrauchte Bremsflüssigkeit nicht wieder verwenden!

■ Zweckmäßig ist die Verwendung eines Bremsenfüll- und Entlüftungsgerätes wie z. B. des Romess S15. Škoda-Werkstätten verwenden häufig das Volkswagen-Gerät VAS 5234. Saugschlauch des Gerätes in den Bremsflüssigkeitsbehälter einführen und Flüssigkeit im Auffangbehälter des Gerätes sammeln. Abgesaugte Bremsflüssigkeit nicht wieder verwenden, sachgerecht entsorgen!

■ Sieb einsetzen und neue Bremsflüssigkeit der Spezifikation FMVSS 571 116 DOT 4 bis leicht über die »MIN«-Marke in den Bremsflüssigkeitsbehälter einfüllen.

■ Bei Fahrzeugen mit Schaltgetriebe einen Ablaufschlauch oder den Schlauch der Absaugvorrichtung (Pfeil in Bild 2) auf die Entlüftungsschraube (1) des Kupplungsnehmerzylinders (am angehobenen Fahrzeug) stecken. Schraube lösen und durch Betätigen des Kupplungspedals ca. 0,1 Liter Bremsflüssigkeit herausfließen lassen. In Auffangbehälter (oder Flasche des Gerätes) sammeln.

■ Kupplungspedal mit einer Bremspedalstütze in unterer Position sichern oder von einem Helfer ganz durchdrücken und halten lassen. Schraube schließen und festziehen, Schlauch abnehmen. Fahrzeug absenken. Bremsflüssigkeit DOT 4 nachfüllen bis leicht über »MIN«.

■ Diese Prozedur jetzt an allen Radbremszylindern vornehmen: Ablaufschlauch oder Schlauch der Absaugvorrichtung (1 in Bild 3) in der Reihenfolge
hinten rechts / hinten links / vorne rechts / vorne links
auf die Entlüftungsschraube des Bremssattels stecken.

■ Schraube öffnen und durch Betätigung des Bremspedals jeweils ca. 0,2 Liter Bremsflüssigkeit herausfließen

1

Behälter öffnen: (1) elektrische Steckverbindung, (2) Verschlussdeckel, (3) Sieb für Bremsflüssigkeit.

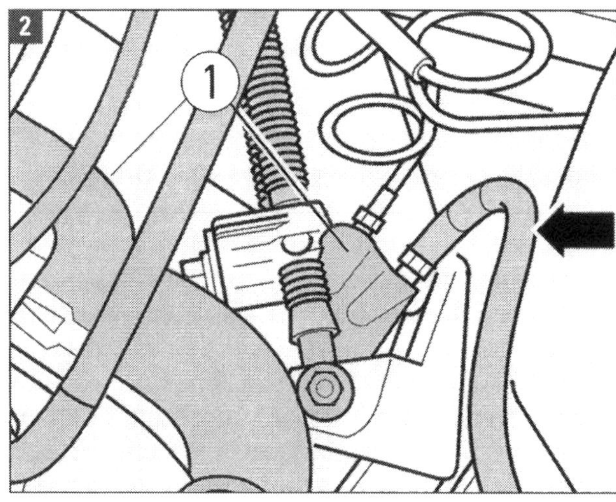

Absaug- und Füllgerät: Absaugschlauch (Pfeil) auf Entlüftungsschraube (1) am Kupplungsnehmerzylinder stecken.

lassen. Pedal in unterer Position durch Pedalstütze sichern oder von einem Helfer treten und halten lassen. Entlüftungsschraube schließen, Schlauch abnehmen. Bremsflüssigkeit nachfüllen. Darauf achten, dass während des gesamten Vorgangs an den einzelnen Bremssätteln der Flüssigkeitsstand im Behälter nicht unter »MIN« absinkt.

Bremsanlage entlüften

■ Das Entlüften geschieht ähnlich wie beim Flüssigkeitswechsel. Alle vier Bremssättel (Radbremszylinder) in einer bestimmten Reihenfolge, jetzt allerdings
vorn links / vorn rechts / hinten links / hinten rechts

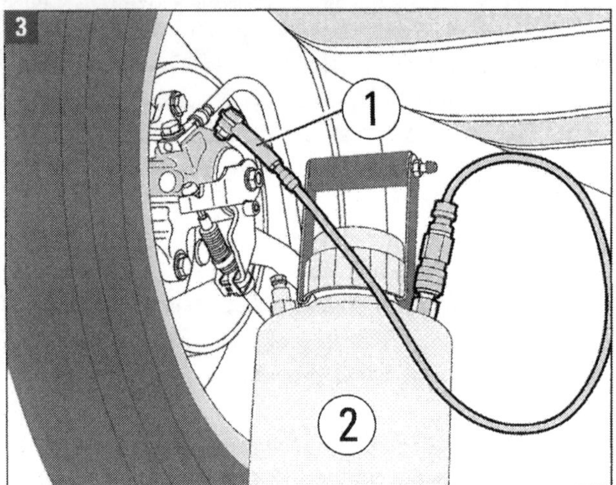

Am Hinterrad rechts: (1) Absaugschlauch des (2) Bremsenfüll- und -absauggeräts an der Entlüftungsschraube des Bremssattels.

entlüften. Den (durchsichtigen) Schlauch aufstecken und in einen geeigneten Auffangbehälter für Bremsflüssigkeit hängen. Wird das Füllgerät verwendet, dessen Entlüfterschlauch aufstecken. Eignung des Schlauchs überprüfen! Er muss straff auf der Entlüfterschraube sitzen, damit keine Luft in die Bremsanlage gelangen kann.

■ Entlüftungsschraube (Ventil) öffnen und Flüssigkeit ablaufen lassen, bis sie blasenfrei, nicht schäumend und sauber ist. Wenn alle vier Bremssättel entlüftet sind, muss eine

Nachentlüftung erfolgen:

■ Dazu ist ein Helfer erforderlich. Bremspedal mit hoher Fußkraft betätigen und halten, Entlüftungsventil am Bremssattel öffnen, Bremspedal bis Anschlag durchtreten und Entlüfterschraube bei leicht getretenem Bremspedal wieder schließen. Bremspedal langsam lösen.

■ Dieser Entlüftungsvorgang muss in der bekannten Reihenfolge vorn links, vorn rechts, hinten links, hinten rechts pro Bremssattel fünfmal durchgeführt werden.

■ Mehrmals das Bremspedal betätigen, um Druck und Leerweg zu prüfen. Der Leerweg darf nicht größer als ein Drittel des gesamten Pedalweges sein.

■ Probefahrt zur Kontrolle der Bremsenfunktion unternehmen. Dabei sollte mindestens eine Bremsung mit ABS-Regelung erfolgen.

Bremsbeläge und Bremsscheiben ausbauen und wechseln

Im Octavia sind die Scheibenbremsen FS-III und FN3 (vorne) sowie CI 38 und CII 41 (mit Handbremse, hinten) verbaut (vergl. Übersicht S. 92). Wir demonstrieren die sich im Prinzip gleichenden Arbeiten für diese drei Typen und merken die Besonderheiten für jeden einzelnen Typ an.
Beim Ausbau sollten Sie Bremsbeläge, die Sie weiter verwenden wollen, unbedingt kennzeichnen, da sie an gleicher Stelle wieder eingebaut werden müssen. Wird dieses Prinzip nicht befolgt, kann es nach Wiedereinbau zu ungleichmäßiger Bremswirkung kommen. Nach dem übrigens immer paarweisen Ersetzen von Bremsbelägen muss das Bremspedal im Stand mehrmals durchgetreten werden, damit die Beläge ihren dem Betriebszustand gemäßen Sitz einnehmen. Im Anschluss stets den Bremsflüssigkeitsstand prüfen, ggf. nachfüllen.
Auch Bremsscheiben müssen grundsätzlich achsweise, also stets links und rechts, ersetzt werden. Sie lassen sich nur ausbauen, wenn der Bremssattel abgebaut ist.

Benötigte Werkzeuge:

■ Drehmomentschlüssel mit Knarreneinsatz
■ Kolbenrücksetzvorrichtung (z. B. T10143, T10165)

Aus- und Einbau der Bremsbeläge

■ Räder abbauen, elektrische Steckverbindung (gibt es nur vorn links; 1 in Bild 1) für Verschleißanzeige trennen.

Vorderrad-Bremsen FS-III und FN3:

■ Bei FN3-Bremsen die Haltefeder für Bremsbeläge mit einem Schraubendreher aus dem Bremssattelgehäuse aushebeln und abnehmen (Bild 2).

■ Abdeckkappen über den Führungsbolzen der Bremssättel abnehmen. Beide Bolzen lösen und aus dem Bremssattel herausnehmen.

■ Bremssattel abnehmen und so mit Draht an der Karosserie befestigen, dass das Gewicht des Bremssattels den Bremsschlauch nicht belastet bzw. beschädigt.

■ Bremsbeläge aus Bremssattel herausnehmen. Bremssattel reinigen, vor allem Klebeflächen der Bremsbeläge. Zum Reinigen ausschließlich Spiritus verwenden!

Hinterrad-Bremsen CII 41 und CI 38:

■ Bei CII 41-Bremsen Schrauben am Bremsträger herausschrauben, dabei an Führungsbolzen gegenhalten (Bild 3). Bremssattel abnehmen und z. B. mit Draht sicher an einer geeigneten Stelle des Aufbaus befestigen. Bremsbeläge (1) und Belaghaltebleche (2) in Bild 4 abnehmen.

■ Auch beim CI 38-Bremsentyp sind Befestigungsschrauben vom Bremssattel abzuschrauben, dabei an Führungsbolzen gegenhalten (Bild 5). Bremssattel abnehmen und (mit Draht) sicher befestigen, damit der Bremsschlauch nicht belastet oder beschädigt wird.

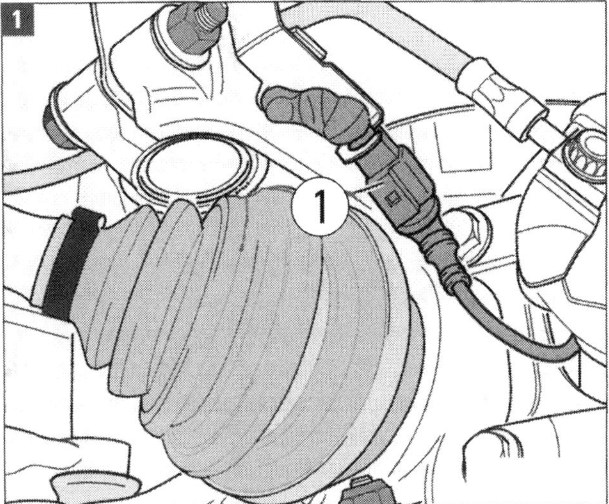

Verschleißanzeige: (1) Sensor-Steckverbindung trennen.

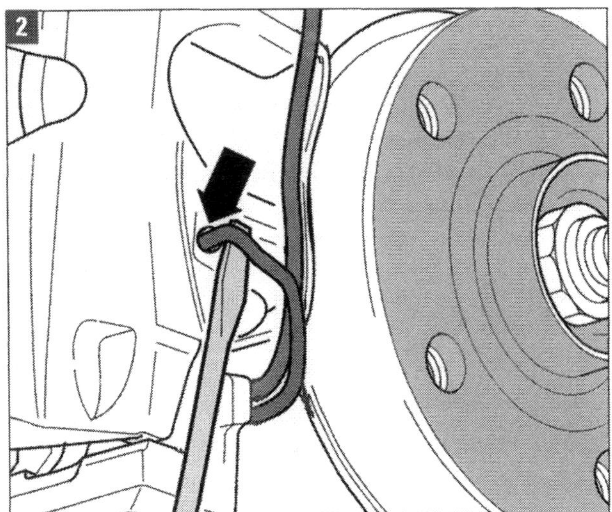

Bremse FN3: Haltefeder mit Schraubendreher abhebeln.

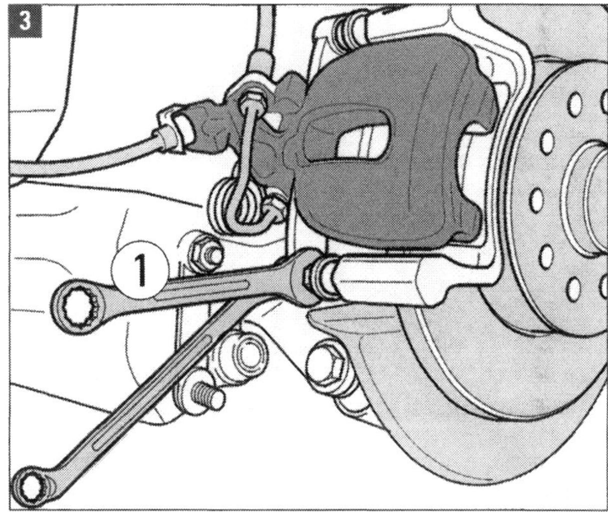

Bremse CII 41: (1) Gegenhalten beim Abschrauben.

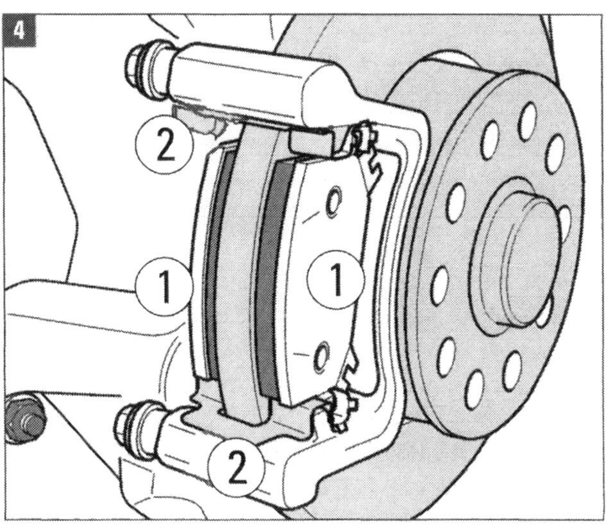

Bremse CII 41: (1) Bremsbeläge, (2) Belaghaltebleche.

■ Bremsbeläge herausnehmen und Bremssattelgehäuse (mit Spiritus) reinigen, besonders die Klebefläche für den Bremsbelag. Diese muss frei von Kleberesten und Fett sein.

■ **Zum Einbau** den Kolben mit der Kolbenrücksetzvorrichtung (Werkstatt: Vorderradbremsen mit T10143, Hinterradbremsen mit T10165) in den Zylinder drücken. Zuvor etwas Bremsflüssigkeit aus dem Ausgleichsbehälter absaugen, denn wenn inzwischen Bremsflüssigkeit nachgefüllt wurde, könnte sie auslaufen und zu Schäden führen.

■ Bei den **FS-III**-Bremsen den inneren (Kolbenseite) und den äußeren Bremsbelag mit Haltefedern in den Bremssattel einsetzen. Der innere Belag hat den großen Dreifingerclip (und ist mit »Kolbenseite« beschriftet), der äußere den kleinen (Bild 6) und ist meist schwarz gefärbt.

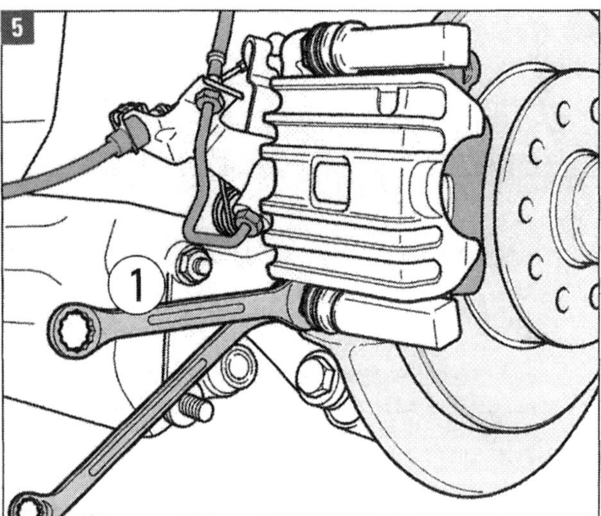

Bremse CI38: (1) am Führungsbolzen gegenhalten.

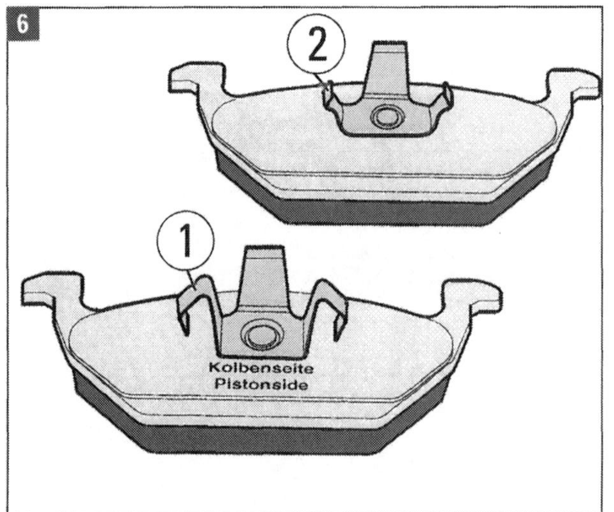

Bremsbeläge FS-III: (1) Kolbenseite, (2) Außenseite.

■ Bremssattel mit Bremsbelägen zuerst unten am Bremsträger ansetzen und mit beiden Führungsbolzen am Bremsträger anschrauben (30 Nm). Der Zapfen vom Bremssattel muss hinter der Führung vom Bremsträger stehen!

■ Bei den **FN3**-Bremsen Schutzfolie von der Stützplatte des äußeren Bremsbelages abziehen und den Belag auf den Bremsträger aufsetzen. Inneren Bremsbelag mit Haltefeder in den Bremssattel (Kolben) einsetzen. Beim Ansetzen des Bremssattels darauf achten, dass der Bremsbelag nicht mit dem Bremssattel verklebt, bevor die richtige Einbaulage erreicht ist. Keinesfalls die Klebefläche beschädigen!

■ Bei den **CII 41**-Bremsen neue Belaghaltebleche und Bremsbeläge in den Bremsträger einsetzen. Darauf achten, dass die Bremsbeläge wirklich richtig in den Belaghalteblechen (Pfeile in Bild 7) sitzen.

■ Bei den **CI 38**-Bremsen Schutzfolien von den Stützplatten der neuen Bremsbeläge abziehen und Bremsbeläge in den Bremsträger einsetzen (Bild 8). Beim Ansetzen des Bremssattels darauf achten, dass die Beläge nicht mit dem Sattel verkleben, bevor die richtige Einbaulage erreicht ist.

■ Die Bremssättel der Vorderradbremsen mit beiden Führungsbolzen am Bremsträger anschrauben. Bei Bremse FS III muss der Zapfen vom Bremssattel hinter der Führung vom Bremsträger stehen. Bei Bremse FN3 Haltefeder in den Bremssattel einsetzen. Beide Abdeckkappen über den Lagerbuchsen einsetzen. Bei den Vorderradbremsen Steckverbindung der Bremsbelagverschleißanzeige verbinden.

■ Räder montieren.

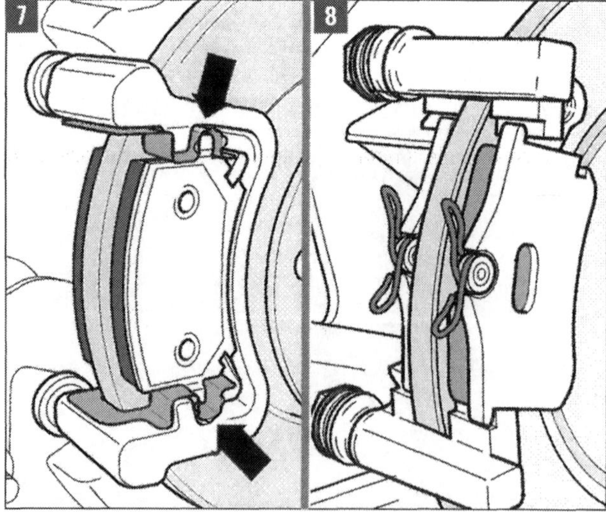

Bremsbeläge hinten: Bild 7 für CII 41, Bild 8 für CI 38.

Aus- und Einbau der Bremssättel

■ **Ausbau alle:** Der Arbeitsablauf gleicht bei allen Bremsen dem für den Ausbau der Bremsbeläge. Zusätzliche Arbeiten sind:

■ **Hinterradbremsen:** Handbremsseil aus dem Hebel am Bremssattel aushängen. Federklammer ausbauen und Handbremsseil aus dem Halter am Bremssattel ziehen.

■ **Alle:** Entlüfterschlauch einer Entlüfterflasche auf das Entlüftungsventil des Bremssattels stecken und dann das Entlüftungsventil öffnen. Einen Bremspedalbelaster, bei Škoda ist das ein Spezialwerkzeug V.A.G 1869/2, einsetzen. das Entlüftungsventil schließen und die Entlüfterflasche abnehmen. Den Bremsschlauch abschrauben.

■ **Einbau alle:** Der Arbeitsablauf erfolgt bei allen Bremsen in sinngemäß umgekehrter Reihenfolge: Der Kolben muss zurückgedrückt sein, die Bremsbeläge sind richtig eingesetzt. Die Bremssättel werden mit ihren Führungsbolzen (vorn) angeschraubt oder mit neuen selbstsichernden Schrauben (hinten) am Bremsträger befestigt. Dann die Bremsleitungen an die Bremssättel anschrauben und Bremsanlage entlüften. An den Hinterradbremsen das Handbremsseil einbauen und mit Federklammern am Halter befestigen, Handbremse einstellen (wird später beschrieben). Räder montieren.

Aus- und Einbau der Bremsscheiben

■ Nach dem hier beschriebenen Abbau des Bremssattels mit den Bremsbelägen und dem Bremsträger kann die Bremsscheibe ausgebaut werden. Auch wenn nur sie ausgebaut werden soll, zuvor den Bremssattel ausbauen!

■ Beim 15-Zoll-Fahrwerk haben die (innenbelüfteten) Bremsscheiben vorn 280 mm (FN3) oder 288 mm (FS-III) und hinten 255 mm (CI 38) oder 260 mm (CII 419 Durchmesser. Beim 16-Zoll-Fahrwerk des RS haben die (innenbelüfteten) Bremsscheiben vorn 312 mm (FN3) und hinten 286 mm (CII 41) Durchmesser. Siehe dazu und zu den Verschleißwerten die Tabellen auf Seite 92.

■ Die Bremsscheibe von der Radnabe/Radlagereinheit abschrauben und abnehmen, ohne sie zu verkanten. Die herausgenommene Bremsscheibe, die Radnabe und die Auflageflächen reinigen.

■ Zum **Einbau** Bremsscheibe auf die Nabe setzen, ohne die Scheibe zu verkanten. Schrauben eindrehen und bei allen Bremsscheiben mit 4 Nm festziehen. Bremssattel wieder einbauen. Räder montieren.

■ Nach Abschluss aller Arbeiten sollte mit einem Werkstattsystem (VW: 5051 oder 5052) eine Anpassung und die Abfrage/das Löschen des Fehlerspeichers erfolgen.

Handbremse einstellen, Bremsseil ausbauen

■ **Handbremse einstellen:** Die Neueinstellung der Handbremse ist nur erforderlich, wenn die Handbremsseile, der Bremssättel oder/und die Bremsscheiben ausgebaut und ersetzt wurden.

■ Mittelkonsole ausbauen: Kapitel »Aufbau - Karosserie«.

■ Bremspedal mindestens dreimal kräftig treten und die Handbremse dreimal anziehen und lösen.

■ Handbremshebel in Ruhestellung bringen. Die Nachstellmutter (1 in Bild 1) so weit anziehen, bis sich der Hebel (1) an den Bremssätteln vom Anschlag (2, Bild 2) abhebt.

■ Der Abstand »a« zum Anschlag (2) am linken und rechten Bremssattel darf in der Summe nicht 1 mm unter- und nicht 3 mm überschreiten (Bild 2).

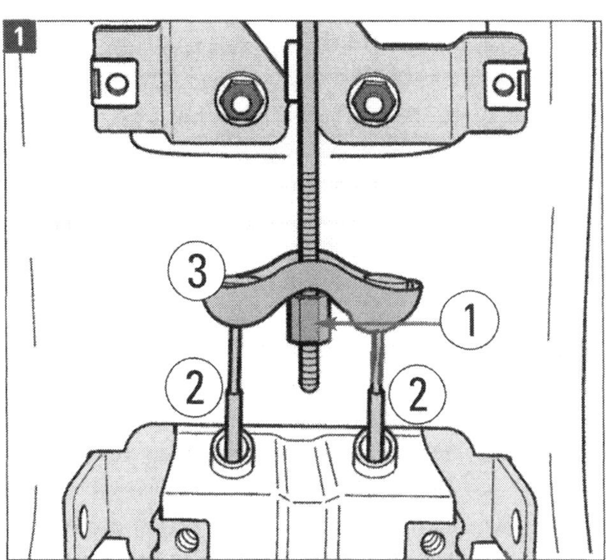

Handbremse: (1) Nachstellmutter, (2) Seile, (3) Bügel.

■ Prüfen, ob sich die Räder frei durchrehen lassen. Nach der Neueinstellung ist infolge automatischer Nachstellung der Hinterradbremse ein Nachstellen der Handbremse nicht erforderlich.

■ **Bremsseil ausbauen:** Handbremse lösen. Mittelkonsole entsprechend »Fahrzeugaufbau - Karosserie« ausbauen.

■ Die Nachstellmutter (1) so weit lösen, bis das jeweilige Handbremsseil (2) aus dem Ausgleichsbügel (3) ausgehängt werden kann (Bild 1). Die Federklammer (3, Bild 2) abhebeln.

■ Hebel am Bremssattel in Richtung des roten Pfeils drücken und das Handbremsseil (4) aushängen (Bild 2).

■ Schraube für Handbremsseil vom Längslenker der Hinterradachse abschrauben, Handbremsseil aus dem Halter aushängen und aus dem Führungsrohr ziehen.

■ **Bremsseil einbauen:** Handbremsseil in das Führungsrohr schieben und in den Halter einhängen.

■ Hebel am Bremssattel in Richtung des roten Pfeils in Bild 2 drücken und Handbremsseil einhängen. Die Federklammer auf das Handbremsseil drücken. Das Seil muss zwischen Halter am Bremssattel und Befestigungsclip spannungsfrei eingebaut sein. Erst wenn das gewährleistet ist, kann der Befestigungsclip an den Längslenker geschraubt werden.

■ Handbremsseil in den Ausgleichsbügel einhängen und mit der Nachstellmutter vorspannen (Bild 1). Abschließend Handbremse einstellen.

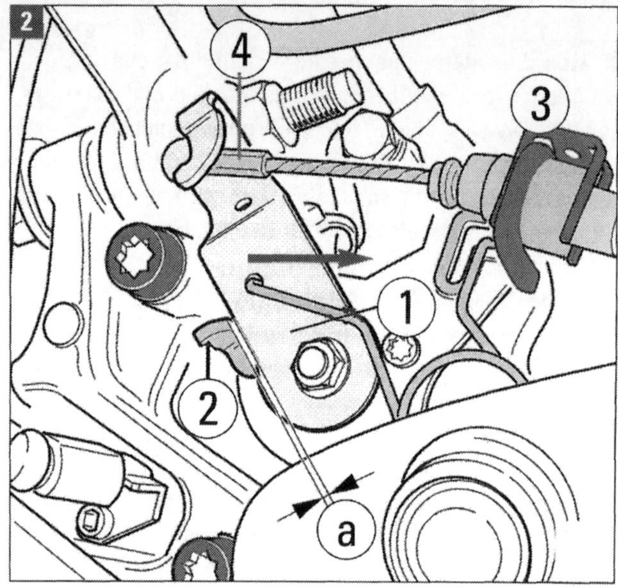

Handbremsseil: (1) Hebel am Bremssattel, (2) Anschlag, (3) Federklammer, (4) Bremsseil, (a) Abstand.

Bremslichtschalter ausbauen

■ Bei Fahrzeugen bis 10.05 sind Bremslicht- und Bremspedalschalter (F/F47) am Pedal montiert (Bild 1): Verkleidung Fahrerseite und Luftkanal ausbauen (»Innenraum«), den Stecker abziehen und Schalter durch 45°-Linksdrehung ausbauen. Vor Einbau (umgekehrte Reihenfolge) Stößel vollständig herausziehen. Schalter durch Montageöffnung führen, gegen das Pedal (bleibt immer in Ruhestellung) drücken und durch 45°-Rechtsdrehung befestigen.

■ Ab 11.05 ist der Tandemschalter (1) am Hauptbremszylinder (roter Pfeil, Bild 2) montiert. Zum Ausbau Luftfilter und Batterie mit Trog ausbauen (»Elektrik«). Stecker (3) vom Schalter (1) abziehen. Schraube (2) herausdrehen und Schalter aus der Verriegelung (4) nehmen. Vor Einbau Bremspedal mit Druckstange des Bremskraftverstärkers verclipsen. Stößelkopf mit Polyharnstofffett (G 052 142 A2) fetten und Bremslichtschalter einstellen.

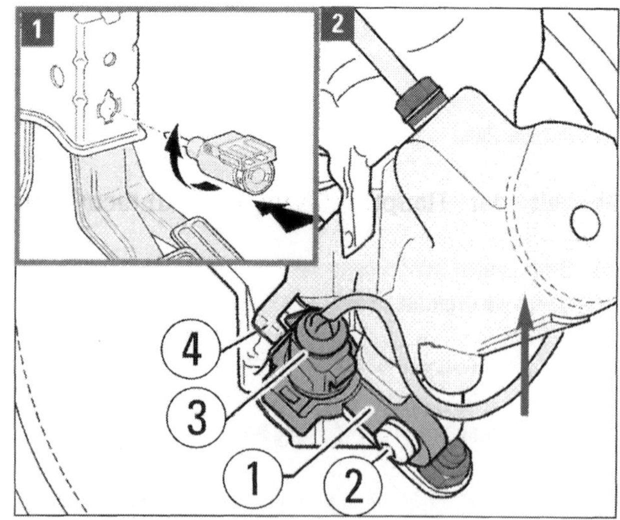

Bild 1: F/F47 am Pedal. ***Bild 2:*** (1) F/F47, (2) Schraube am Hauptbremszylinder, (3) Stecker, (4) Verriegelung.

Bremsanlage perfektionieren

An der Bremsanlage gibt es wenig zu »tunen« oder zu verbessern, weil sie optimiert ist und weil zur Wahrung der Betriebssicherheit und des Gewährleistungsschutzes weitgehend nur Originalteile verbaut werden dürfen. Das Steuergerät für ABS/ESP realisiert so viele Funktionen, dass kaum Ansprüche offen bleiben. Wir möchten daher in diesem Abschnitt zwei Arbeiten beschreiben, die über das bisher Gebotene hinaus für Sie von Wert sein können.

Dichtheitsprüfung der Bremsanlage

Besser als nur eine Sichtprüfung ist eine Dichtheitsprüfung der Anlage durch Betätigen der Bremse. Dazu muss die Hydraulikbremsanlage entlüftet sein (wie vorher beschrieben).

Motor abstellen und den »Bremskraftverstärker leer pumpen«: Bremspedal so oft betätigen, bis keine Bremskraftunterstützung mehr spürbar ist. Das Pedal »wird hart«. Pedal etwa 20 mm aus der Ruhelage drücken und die Pedalkraft für 20 Sekunden konstant halten. Der Bremspedalweg darf dabei nicht länger werden.

Bremspedal lösen und dann mit sehr hoher Fußkraft wiederum drücken. Auch diese Pedalkraft wieder mindestens 20 Sekunden konstant halten. Bremsweg darf nicht länger werden.

Wenn bei einer der beiden Prüfungen das Bremspedal »durchsackt«, wie es im Fachjargon heißt, muss die Systemprüfung durch Augenschein (»visuelle Prüfung«) wiederholt werden. Schauen Sie sich alle Verbindungsstellen gründlich an. Wenn bei der visuellen Prüfung erneut keinerlei feuchte Bereiche und Leckagen festgestellt werden, ist mit hoher Wahrscheinlichkeit der Hauptbremszylinder undicht. Er muss dann (wie folgt) ersetzt werden.

Hauptbremszylinder ersetzen

Wasserkastenabdeckung und Wasserkastenwand ausbauen (Kapitel »Fahrzeugaufbau - Karosserie«). Zum Schutz vor auslaufender Bremsflüssigkeit reichlich fusselfreie Lappen in den Bereich unter dem Hauptbremszylinder auslegen. Die ätzende Flüssigkeit kann Korrosion und Lackschäden hervorrufen!

Verschlussdeckel vom Bremsflüssigkeitsbehälter öffnen, so viel Bremsflüssigkeit wie möglich absaugen (möglichst mit professionellem Befüll- und Entlüftungsgerät).

Elektrische Steckverbindung zum Warnkontakt für Bremsflüssigkeitsstand trennen. Fahrzeug mit Handschaltgetriebe: Hydraulikleitung für die Kupplung vom Behälter abziehen und mit Stopfen verschließen.

Unteren Verriegelungsstift aus dem Bremsflüssigkeitsbehälter herausziehen und den Behälter aus dem Hauptbremszylinder herausnehmen.

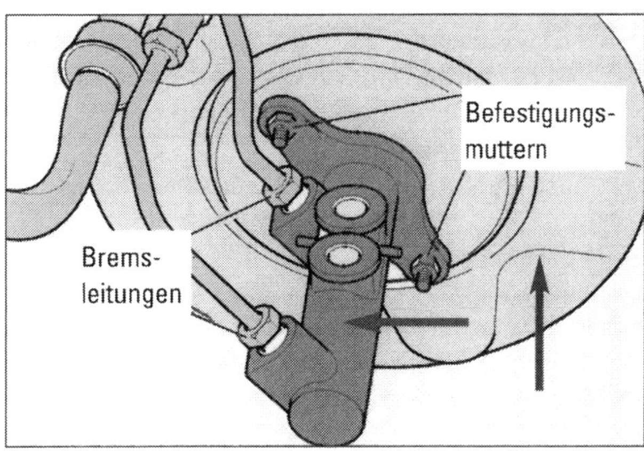

Die Bremsleitungen (Bild) am Hauptbremszylinder (roter Pfeil) abschrauben. Leitungen mit Verschlussstopfen verschließen. Škoda bietet nach Ersatzteilkatalog solche Stopfen in einem Satz an. Jetzt Befestigungsmuttern (Bild) herausdrehen. Hauptbremszylinder vom Bremskraftverstärker (blauer Pfeil) abziehen und aus dem Fahrzeug herausnehmen. Dabei keine Bremsflüssigkeit in den Bremskraftverstärker gelangen lassen!

Der Einbau aller Komponenten erfolgt in umgekehrter Reihenfolge zum Ausbau. Den Dichtring zwischen Hauptbremszylinder und Bremskraftverstärker erneuern.

Beim Einsetzen des Hauptbremszylinders auf richtigen Sitz der Druckstange im Bremskraftverstärker achten. Wenn ein Helfer das Bremspedal etwas niederdrückt, lässt sich die Druckstange besser in den Hauptbremszylinder einführen. Neue Muttern aufsetzen und festziehen, Bremsleitungen wieder anschrauben (Stopfen entfernen!). Bremsflüssigkeitsbehälter in Stopfen einsetzen und mit Stift verriegeln. Befüllen und entlüften.

Bremsanlage

STÖRUNGSBEISTAND

Störung	Was kann das sein?	Was kann oder muss ich tun?
A Bremsen quietschen	**1** Hochfrequente Schwingungen	Längskanten der Beläge mit einer Feile anschrägen, dazu Anti-Quietsch-Paste auf Rückseite der Beläge
	2 Verglaste Beläge nach extremer Überhitzung	Die Bremsklötze müssen ersetzt werden; dabei die Scheiben genau prüfen
	3 Beläge verschlissen, der Verschleißanzeiger liegt an	Die Bremsklötze müssen ersetzt werden, dabei die Scheiben genau prüfen
B Schwache Bremswirkung	**1** Ungünstige Materialpaarung zwischen Scheiben und Belägen	Scheiben und Beläge ersetzen und dabei zumindest Teile vom gleichen Hersteller, am besten die original verbauten Teile verwenden
... bei zu hartem Bremspedal	**2** Bremskraftverstärker ausgefallen	Unterdruckanschluss prüfen. Evtl. ein Marderbiss?
... bei zu weichem Bremspedal	**3** Bremse überhitzt	Bei langsamer Fahrt abkühlen lassen
	4 Luft im System	Mit speziellem Gerät entlüften lassen und dabei die Bremsflüssigkeit erneuern
C Übermäßiger Verschleiß	**1** Überstrapazieren der Bremse	Lieber etwas stärker und dafür weniger lang bremsen
... an einer Bremse	**2** Schwergängiger Sattel oder Belag verklemmt	Zerlegen und reinigen. Etwas stärkerer Verschleiß an der Kolbenseite ist jedoch normal
... nur vorne	**3** Ungünstige Materialpaarung	Scheiben und Beläge ersetzen und dabei Originalteile verwenden. Evtl. größere Bremsanlage verwenden
... nur hinten	**4** Luftspiel zu gering	Park- und Feststellbremse überprüfen. Sie sollte erst nach der ersten Tastung greifen
D Park- und Feststellbremse reagiert träge oder gar nicht	**1** Die Elektromechanik funktioniert nicht einwandfrei	Steuergerät für elektrische Park- und Handbremse überprüfen und ggf. austauschen. Wenn das Steuergerät in Ordnung ist: Stellmotor prüfen und ggf. austauschen
	2 Beläge hinten abgenutzt oder verglast	Bremsbeläge tauschen und dabei die Bremsscheibe genau inspizieren. Bei Riefen austauschen

STÖRUNGSBEISTAND

Bremsanlage

Störung	Was kann das sein?	Was kann oder muss ich tun?
E Bremsflüssigkeitsstand zu niedrig	**1** Starker Verschleiß an den Bremsbelägen	Alle Bremsen auf Verschleiß prüfen und ggf. ersetzen. Beim Zurücksetzen der Kolben steigt der Stand an
	2 Flüssigkeitsverlust	Undichte Stelle lokalisieren (Bremsleitungen?). Bei deutlichem Leck: Auto abschleppen lassen
F Warnleuchte geht an	**1** Bremsflüssigkeitsstand prüfen	Wenn nötig, etwas nachfüllen
	2 ABS- und/oder ESP-Ausfall	Wagen neu starten. Den Fehlerspeicher auslesen lassen. Manchmal ist der Bremslichtschalter schuld
G Schiefziehen beim Bremsen	**1** Reifenzustand fehlerhaft	Reifenprofil und Luftdruck überprüfen
	2 Eine Bremse ist defekt	An den Felgen die Temperatur erfühlen. Ist eine heißer als die anderen, hängt der Bremssattel; ist eine zu kalt, kommt hier kein Bremsdruck an
H Hässliche Schleifgeräusche beim Bremsen	**1** Bremsscheiben angerostet	Vor und nach längeren Standphasen die Bremsanlage freibremsen
	2 Bremsbeläge verschlissen	Prüfen, ob der Verschleißanzeiger bereits an der Bremsscheibe kratzt
	3 Fremdkörper in der Bremsanlage	Fahren Sie ein paarmal rückwärts und bremsen sie dann
I Vibrationen beim Bremsen	**1** Bremsscheiben verzogen	Scheiben genau anschauen, Blaue Verfärbung deutet auf thermische Überlastung hin, dabei können sich die Scheiben verzogen haben
	2 Bremsscheiben verschmiert	Auf den Scheiben können Spuren von Fremdmaterial verblieben sein, die für ein Rubbeln sorgen
	3 Spiel in der Radaufhängung	Querlenker und andere Bauteile prüfen
	4 Ungünstige Materialpaarung	Scheiben und Beläge ersetzen und dabei Originalteile verwenden. Falsche Fahrwerk- und Lenkungsteile können zu Bremsflattern führen

Fahrzeugaufbau: Stabilität, Komfort, Multimedia

Modernste Produktionsverfahren auf der Grundlage jahrzehntelanger Erfahrungen und Forschung verleihen der Rohkarosserie, jedem Anbauteil und dem reichen Innenleben des Octavia hohe Qualität. Was man im Bedarfsfall selbst an dem Bündel von Innovationen warten und reparieren kann, wollen wir in diesem Kapitel zeigen.

Die Karosserie

Škoda Auto nimmt für sich in Anspruch, mit der Octavia Baureihe »eine neue Ära eingeläutet« zu haben. Mit dem Octavia sei es seit 1996 kontinuierlich gelungen, »die Werte der unteren Mittelklasse neu zu definieren«. Das sind starke Töne, aber bei der Vorstellung der zweiten Octavia-Generation 2004 wurde in der Tat unübersehbar klar, dass es sich hier um ein Design mit Premiumcharakter und eine erstaunlich umfangreiche Ausstattung handelt.
Blickfang der Karosserie vorn ist der Kühlergrill: markentypisch gestaltet und großzügig mit Chrom umrandet. Akzentuierte Kotflügel und dynamisch wirkende, vom Škoda-Markenzeichen bis zur Windschutzscheibe über die Motorhaube laufende Sicken sind weitere charakteristische Merkmale. Elegante Seitenlinien, von schräg stehenden C-Säulen am Heck aufgefangen, schaffen eine harmonische Silhouette (Bild 1). Beim Combi löst die D-Säule den spannungsvollen Bogen der Dachlinie auf (Bild 2).

2

Hohes Maß an Sicherheit

Der Octavia bietet ein Höchstmaß an passiver Sicherheit. Er übertrifft sowohl alle gesetzlichen Anforderungen als auch die selbst gesteckten hohen Standards der Marke und erfüllt darüber hinaus die Kriterien von Verbrauchertests neutraler Prüforganisationen. Die stabile Fahrgastzelle bietet den Insassen einen größtmöglichen Überlebensraum, weil sie mit progressiv ver-

1

»Werte der unteren Mittelklasse neu definiert«: Eleganter Chromrahmen am Kühlergrill, dynamische Sicken und Seitenlinien, betonte Kotflügel und Harmonie von Dachlinie und Säulen ergeben ein gelungenes Karosserie-Design.

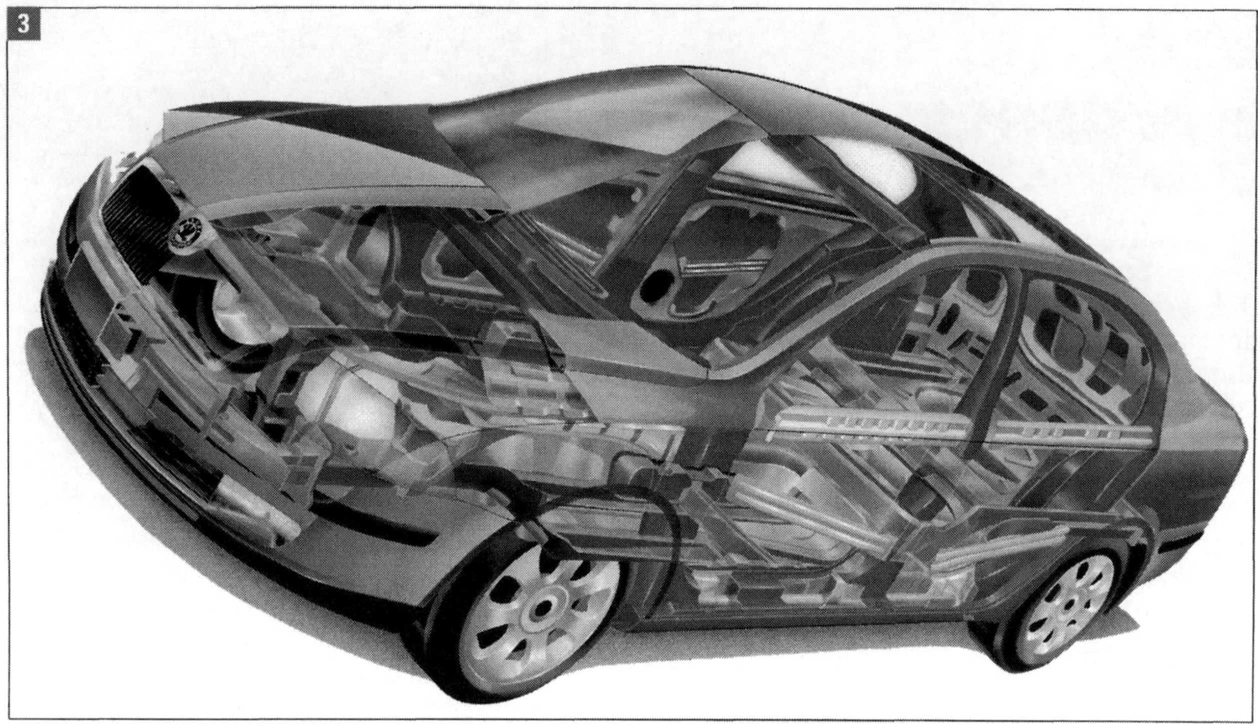

formbaren Knautschzonen vorne und hinten ausgerüstet ist. Die hohe Verwindungssteifigkeit, die neben Sicherheit auch hervorragende Fahreigenschaften bietet, konnte durch hochfeste Materialien erzielt werden (Bild 3).
Die Karosserie ist aus beidseitig verzinkten Blechen gefertigt. Reparaturarbeiten an der Karosserie empfehlen wir Ihnen ohnehin nicht, dazu verweisen wir auf Band 175 unserer Buchreihe (Sonderband »Die Autokarosserie«). Hier möchten wir nur auf Montagearbeiten eingehen, die dem Selbstschrauber zumutbar sind. Betonen müssen wir jedoch für den Fall, dass es z B. nach einem Unfall doch zu selbst versuchtem Austausch von Karosserieteilen kommt, dass der serienmäßige Korrosionsschutz nach einer

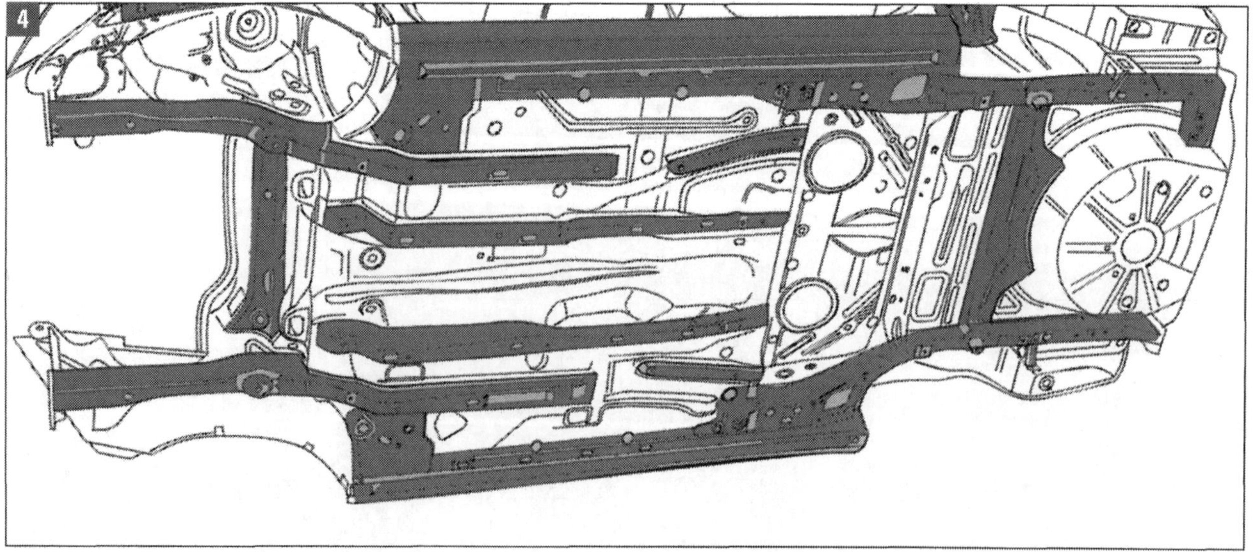

Leicht, stabil und wertbeständig: Die Karosserie verdankt ihre Formstabilität dem warmumgeformten, formgehärteten Stahl (rot) und den verformbaren Holmen und Streben (gelb) in definierten Bereichen (Bild 1). Alle Hohlräume (Bild 4) der aus beidseitig verzinktem Stahl durchrostungssicher aufgebauten Karosserie sind sorgfältig konserviert.

Instandsetzung mit den vom Hersteller vorgegebenen Materialien unbedingt wieder hergestellt werden muss, da dies eine Voraussetzung für die Gewährleistung auf Korrosionsfreiheit ist. Das soll nach Škoda-Orientierung so geschehen:

● **Karosserie-Langzeitschutz:** Blanke Blechstellen nach der Reparatur sofort mit Korrosionsschutzgrundierung »ALN 002 003 10« oder »ALK 007 003 10« grundieren. Neue Teile, die nach Instandsetzungsarbeiten von innen nicht zugänglich sind, z. B. Unterholm, sollten vor dem Verschweißen von innen mit entsprechender Grundierfarbe des Fahrzeuges lackiert werden. Dabei sollten die Schweißflansche mit Klebeband abgedeckt werden.

● **Verzinkte Teile:** Vor dem Trennen verzinkter Karosserieteile sind Unterbodenschutz und Abdichtnähte zu entfernen. Dabei keine wärmetechnischen Trennverfahren (Schneidbrenner) einsetzen. Mechanische Trennverfahren (Schweißpunktfräser, Karosseriesäge) bevorzugen, um keine Verletzung der Zinkschicht im Trennbereich zu verursachen.

Arbeiten an der Karosserie

PRAXISTIPP

■ Die meisten der in diesem Kapitel behandelten Reparaturen können Sie mit einer Werkzeug-Grundausstattung selbst erledigen. Zunehmend sind Fahrzeugteile mit Torx-Schrauben befestigt, weshalb Sie zusätzlich einen entsprechenden Schlüssel-Satz benötigen.

■ Teile wie Motorhaube, Heckklappe und Türen sind ziemlich sperrig. Sie können beim Ausbau nur schwer gesichert werden. Um Kratzer oder Beulen beim Ausbau zu vermeiden, lassen Sie sich von einem Helfer unterstützen. Den Wiedereinbau von Motorhaube und Heckklappe erleichtern Sie sich, wenn Sie die Lage der Scharniere vor der Demontage mit einem wasserfesten Filzstift anzeichnen.

■ Bei der Montage von verschraubten Karosserieteilen müssen die vorgeschriebenen Spaltmaße eingehalten werden, da es sonst zu Klapper- und Windgeräuschen kommen kann (Bilder/Tabelle Seite 114).

● **Punkt-Schweißflansche:** Immer beidseitig Zinkspray »D 007 500 04« auftragen. Bereiche, die später Schutzgas geschweißt werden, müssen allerdings zur Vermeidung giftiger Dämpfe unbedingt von der Vorbehandlung mit Zinkspray ausgenommen werden.

● **Nahtbereiche:** Vor dem Abdichten von innen und außen mit Korrosionsschutzgrundierung »ALN 002 003 04« behandeln.

● **Dichtmasse:** Nur auf grundierte Blechteile auftragen und vor der weiteren Behandlung mit Lacken genügend aushärten lassen. Alle Blechüberlappungen, Blechkanten, Stoßverbindungen, Schweißnähte usw. sind völlig mit Dichtmasse zu versiegeln.

● **Unterbodenschutz wiederherstellen:** Mit Langzeit-Unterbodenschutzmaterial. Alle Hohlräume (Bild 4) im Reparaturbereich nach der Decklackierung konservieren. Nach Abtrocknen des Hohlraumkonservierungmaterials müssen die Wasserabläufe geöffnet werden.

Ausschäumung dämpft Geräusche

Diverse Karosseriehohlräume des Octavia sind ausgeschäumt. Dadurch wird die Übertragung von Fahrgeräuschen in den Innenraum verringert. Die Ausschäumung erfolgt im Karosseriebau durch Kunststoff-Formteile (Dämpfungen), die in der Rohbaufertigung montiert werden (Codes und Einbauorte: Bild 5). Diese vergrö-

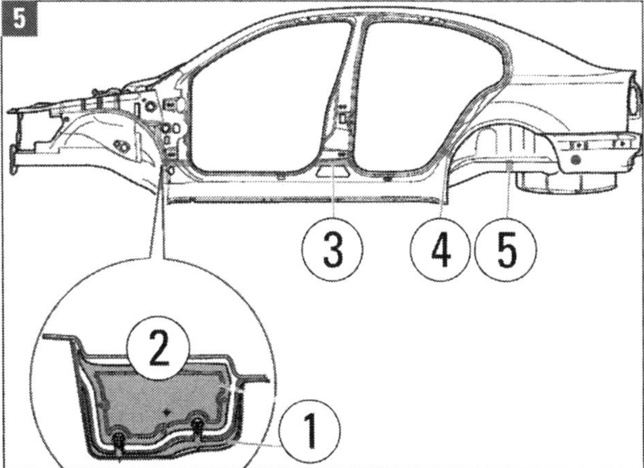

Codes der Formteile: (1) 1Z0 864 627, (2) 1Z0 864 627A, (3) 1Z0 864 649, (4) 1Z0 864 621, (5) 1K0 864 625.

ßern ihr Volumen nach dem Grundieren im Trockenofen der Lackiererei ab Temperaturen von ca. 180 °C.
Die Lage der Ausschäumungen muss bekannt sein, wenn sie bei Reparaturen zu ersetzen sind. Dabei ist außerdem zu beachten, dass die genannte Temperatur über 180 °C unter Werkstattbedingungen nicht erreicht wird. Deshalb muss vor notwendigen Arbeiten an solchen Karosserieabschnitten das zu ersetzende Blechteil einbaufertig vorbereitet werden: zuschneiden, einpassen, Korrosionsschutz durchführen. Dann Reste des ursprünglichen Schaums am Fahrzeug entfernen und den Lackaufbau wiederherstellen. Erst dann kann die Dämpfung ersetzt werden. Sie wird umlaufend mit Dichtschnur (Teilekennung »AKD 497 010 04 R10«) belegt und am Fahrzeug montiert.

GEFAHRHINWEISE

Gurt, Klimaanlage, Elektrik

■ Die Gurtstraffer des Octavia, die bei einem Crash die Sicherheitsgurte schlagartig anziehen, zwingen zu besonderer Vorsicht bei Arbeiten außen und innen an der Karosserie. Aktiviert werden die Gurtstraffer von elektrisch gezündeten Gasgeneratoren. An diesen Rückhaltesystemen ist jedes Do-it-yourself untersagt. Montage und Demontage der Gurtstraffer sind Sache der Werkstatt, die dabei strenge Sicherheitsvorschriften einhalten muss. Wenn Sie an der Karosserie arbeiten, dürfen Sie nicht ohne weiteres in der Umgebung der Gurtrolle mit Schlagschrauber oder Hammer arbeiten. Die Gurtstraffer reagieren empfindlich auf Vibrationen und harte Schläge und können auslösen. Ziehen Sie auch vor allen Arbeiten unter dem Fahrzeug die Sicherung für die Gurtstraffer ab und warten Sie fünf Minuten, bis sich die Kondensatoren entladen haben.

■ Eine zweite Gefahrenquelle bei Karosseriearbeiten ist die Verzinkung. Die Karosserie ist außen elektrolytisch und innen feuerverzinkt. Bei Schweißarbeiten entsteht giftiges Zinkoxid. Sorgen Sie für gute Belüftung am Arbeitsplatz.

■ Ein weiteres Tabu bezieht sich auf die Klimaanlage. Es dürfen keine Schweiß- oder Lötarbeiten vorgenommen werden, bei denen sich Teile der Anlage erwärmen könnten. Der Kältemittelkreislauf darf nicht geöffnet werden.

■ Auch die empfindliche und nicht ungefährliche elektrische Anlage fordert Vorsicht. Soweit Schweißarbeiten oder andere Funken erzeugende Arbeiten durchgeführt werden, müssen grundsätzlich die Batterie abgeklemmt und beide Batterieklemmen (Plus und Minus) sorgfältig isoliert werden.

Einbau von Dämpfungen

Dazu wird so ein Neuteil (z. B. die A-Säule) fixiert und im Bereich der Dämpfung durch sanften Druck angelegt und eingeschweißt. Da beim Schweißen wie beim Trennen mit Funken erzeugenden Werkzeugen oder auch beim Verzinnen in geschäumten Bereichen für Mensch und Umwelt besonders gesundheitsschädigende Gase entstehen, sind solche Arbeitsverfahren direkt am Schaum in jedem Fall zu unterlassen. Auch bis 15 mm beiderseits der Dämpfung darf nicht unter Schutzgas geschweißt werden. Nach der Lackierung des Fahrzeugs wird der Reparaturbereich dann hohlraumkonserviert.

Unterboden verkleidet

60% des Gesamtluftwiderstands eines Autos hängen vom Karosseriekörper ab. Den großen Rest allerdings trägt der Unterboden bei. Den Löwenanteil davon bringen bekanntlich seit eh und je die Räder und Radhäuser auf. Durch Verkleidungen am Unterboden (Bild 6) erarbeiteten die Aerodynamiker beim Octavia II eine be-

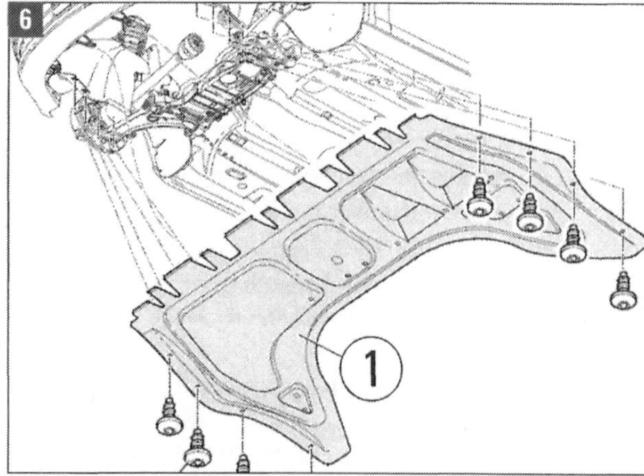

Schutz nach unten: Es gibt 6 schraubbare Bodenabdeckungen, hier (1) »Geräuschdämpfung kurz« aus Kunststoff.

trächtliche Reduzierung des Strömungswiderstandes (cw-Wert). Das sorgt nicht nur für mehr Ruhe im Fahrzeug, sondern dieses Ergebnis schlägt sich auch in verbesserten Fahrleistungen und geringerem Verbrauch nieder. Die CO_2-Emission sinkt dadurch ebenfalls um einige Gramm pro Kilometer.
Nebenher wird damit natürlich eine wesentliche Schutzfunktion realisiert. Die Kunststoff- oder Blechplatten, deren Aus- und Einbau wir später zeigen, schirmen die Karosserie und die Aggregate wirksam gegen Salz, Nässe und Steinschlag ab.

Geringer Strömungswiderstand

Seine Karosserie macht den Octavia zu einem sehr leisen Auto. Per Aeroakustik-Windkanal ließen sich die Windgeräusche, die ab Fahrzeugtempo 120 km/h die größte Lärmquelle darstellen, deutlich unter das Niveau des Vorgängermodells drücken, z. B. durch die Form der Wasserfangleisten an den A-Säulen, wodurch trotz gewisser Höhe die störenden Wirbel vermieden werden. Die Türen mit integrierten Fensterrahmen liegen auch bei Höchstgeschwindigkeit satt an der Karosserie an, Dichtungen schließen sie hermetisch ab.
In der Basisversion erzielt der Wagen einen recht geringen »Strömungswiderstandskoeffizienten« (Stirnwiderstand oder auch Luftwiderstands-Beiwert) von $c_W = 0{,}30$ bei der Limousine über 0,31 (RS), 0,32 (Combi) bis immerhin noch lediglich 0,34 beim Scout. Obwohl die Stirnfläche durch die verbreiterte Karosserie gewachsen ist, ging der Luftwiderstand um einige Prozent zurück. Nach der Computersimulation in der Entwurfsphase wurde der Grundkörper dann noch in vielen Details vor allem im Windkanal weiter geschliffen.
Wichtige Arbeitsfelder waren die Frontschürze, die Einbettung der Radhäuser und Räder in die Seitenwand sowie die großen Außenspiegel gemäß der neuen Zulassungsnormen, die ein besseres Sichtfeld für den Fahrer verlangen. Durch Verringerung der Tiefe blieben die Umströmungsverluste jedoch auf dem alten Stand. Übrigens: Elektrische Verstellung, Beheizung und integrierte LED-Blinker sind nun auch für Octavia-Spiegel zu erhalten.

7

8

Kunststoffteile: Reduzieren Gewicht, sind gut für die Aerodynamik.

Reparatur an Kunststoffteilen

PRAXISTIPP

Bei groben Beschädigungen wie Rissen und tiefen Kratzern im Material von Kunststoffteilen bleibt nichts weiter übrig, als die Teile zu erneuern. Bei kleineren Schäden wie Abschürfungen oder nicht sehr tiefen Rissen und Löchern erlauben spezielle Kunststoff-Reparatur-Sets erfolgreiche Reparaturen. Gearbeitet wird im Prinzip mit Spachtel und Lack.

Beim Lackieren von Kunststoffteilen gilt:

- Lackieren nur im ausgebauten Zustand.
- Kunststoffanbauteile derart legen oder hängen, dass ihre Form erhalten bleibt.
- Bei ungeeigneter Auflage und Trocknungstemperaturen über 60 °C kann es zu bleibenden Formveränderungen kommen.

Spalt- oder Fugenmaße einhalten

Ein Qualitätsmerkmal des Karosseriebaus bei jedem Auto sind möglichst geringe Maße des Spalts oder der Fugen zwischen beweglichen Teilen wie Klappen und Türen und den festen Strukturen der Karosserie. Die Einhaltung dieser Spalt- oder Fugenmaße ist auch ein Gradmesser für die Güte von Reparaturen an der Karosserie. Nach jedem Austausch oder Aus- und Wiedereinbau von Motorhaube, Gepäckraumklappe, einzelner Tür oder Scheinwerfer muss dieses Maß wieder stimmen, wie es der Hersteller bei Fahrzeugauslieferung vorgibt.

Verlaufen die beiden Grenzkanten der Fuge nicht parallel (wobei beim Octavia eine Toleranz von 0,5 mm gestattet ist, ebenso wie für die Toleranz der Fugenbreite), ist das schon mit bloßem Auge recht leicht zu erkennen. Nicht fachgerecht ausgeführte Reparaturen sind damit schnell zu »entlarven«. Die 0,5-mm-Toleranz jedoch ist fertigungstechnisch bedingt, sie ist kaum zu unterbieten.

Letzter Arbeitsschritt bei Reparaturen an Türen und Klappen ist stets die Kontrolle der Spaltmaße. Überprüft werden die Fugen, die wir in den Bildern 1 und 2 an der Karosserie vorn und hinten zeigen, mit einer Einstelllehre. Dies ist im Škoda-Werkzeugkatalog die Lehre 3371.

Spalt-/Fugenmaße Škoda Octavia II

Fuge	Spaltmaß	Toleranz
Karosserie vorn		
(1)	5,7	± 0,8 mm
(2)	0,8	± 0,6 mm
(3)	3,5	± 0,5 mm
(4)	3,3	± 0,5 mm
(5)	2,5	± 0,5 mm
(6)	2,5	± 0,5 mm
(7)	3,5	± 0,5 mm
(8)	1	± 0,2 mm
(9)	2,9	± 0,5 mm
(10)	2,9	± 0,5 mm
(11)	4	± 0,5 mm
(12)	5,5	± 0,8 mm
Karosserie hinten		
(1)	4,5	± 0,5 mm
(2)	4,5	± 0,5 mm
(3)	4	± 0,5 mm
(4)	4,9	± 0,5 mm
(5)	1	± 0,2 mm
(6)	4,3	± 0,6 mm
(7)	1,5	± 0,5 mm
(8)	1,8	± 0,5 mm
(9)	4,3	± 0,6 mm
(10)	1	± 0,2 mm
(11)	4,3	± 0,6 mm
(12)	5	± 1,0 mm
(13)	6,7	± 1,0 mm

Prüfungen an der Karosserie / Staubfilter

■ **Unterbodenschutz:** Ist die Schicht aus PVC Plastisol am Boden, an Kotflügel und Radhaus sowie am Schweller unbeschädigt?

■ **Karosserielack:** Ist der Lack an allen Karosserieverbindungen sowie an den Rahmen von Front- und Heckscheibe, am Bördel der Innenfläche der Motorraumklappe, an waagerechten und senkrechten lackierten Flächen, am Anschluss des Daches im Bereich der Heckklappe ohne sichtbare Schäden?
Festgestellte Mängel sind unbedingt zu beseitigen! Die Materialien mit entsprechenden Arbeitsanleitungen sind im Škoda-Handbuch »Service-Technik« unter Technologie der Lackreparatur, chemische Materialien, angeführt.

■ **Wasserkasten und Wasserablauföffnungen:** Verschmutzungskontrolle als Sichtprüfung durch die Wasserkastenabdeckung (Bild 1, Pfeile). Wenn Reinigung erforderlich ist, muss die Abdeckung ausgebaut werden. Die Wasserablauföffnungen dürfen nicht durch Wachs oder Unterbodenschutz verklebt sein.

■ **Schiebedach:** Sichtprüfung des Schiebedachs auf Undichtigkeiten und Korrosionsschäden durchführen. Führungsschienen (1 in Bild 2) reinigen und mit Gleitmittel »G 052 778« fetten. Funktion des Schiebedachs überprüfen, Vorsicht wegen evtl. Schleifreste!

■ **Schließzylinder:** Funktion am Türschloss der vorderen Tür prüfen. Metallkappe für den Schlüsselschlitz vorsichtig abdrücken und den Schloss-Innenmechanismus mit einem Schmiermittel (Škoda empfiehlt »Auto Grease« von Retech) einschmieren. Schlüssel in das Schloss einstecken und dreimal in jede Richtung bis Anschlag drehen. Ggf. befleckte lackierte Flächen mit einem sauberen Lappen abwischen. Schlüssel abziehen.

■ **Staub- und Geruchsfiltereinsatz:** Abdeckung unter dem Handschuhfach ausbauen, Rastnase des Filters zurückdrücken und Filtereinsatz (1 in Bild 3) herausnehmen. Einbau in umgekehrter Reihenfolge.

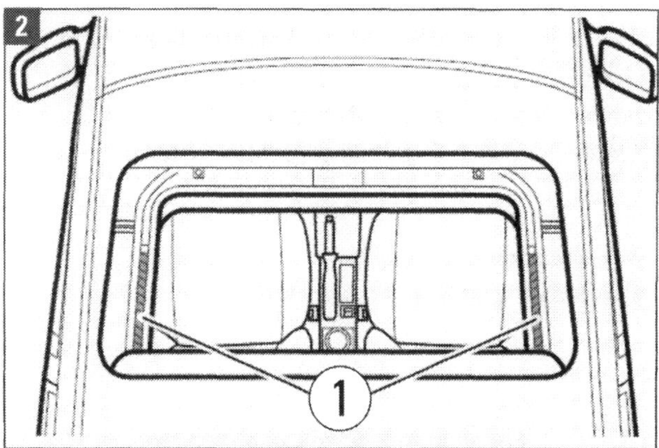

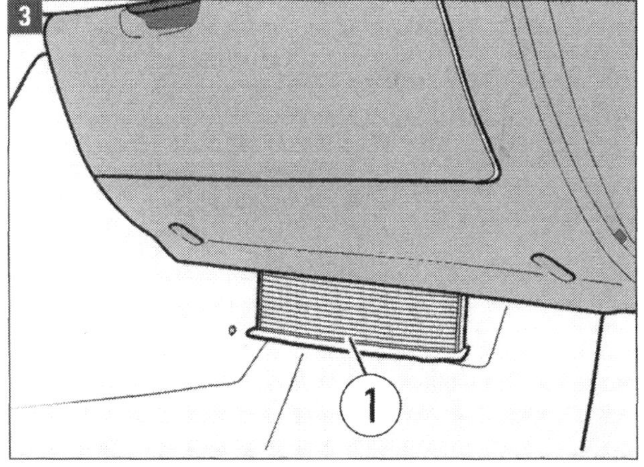

Geräuschdämpfungen ausbauen

Die im Octavia verbauten Geräuschdämpfungen unter dem Motorraum (untere Motorraumabdeckungen) variieren je nach Motorisierung. Es werden eine kurze Dämpfung aus Kunststoff und zwei lange Dämpfungen aus Metall oder Kunststoff verwendet. Alle diese Verkleidungselemente werden mit Schrauben am Unterboden befestigt.

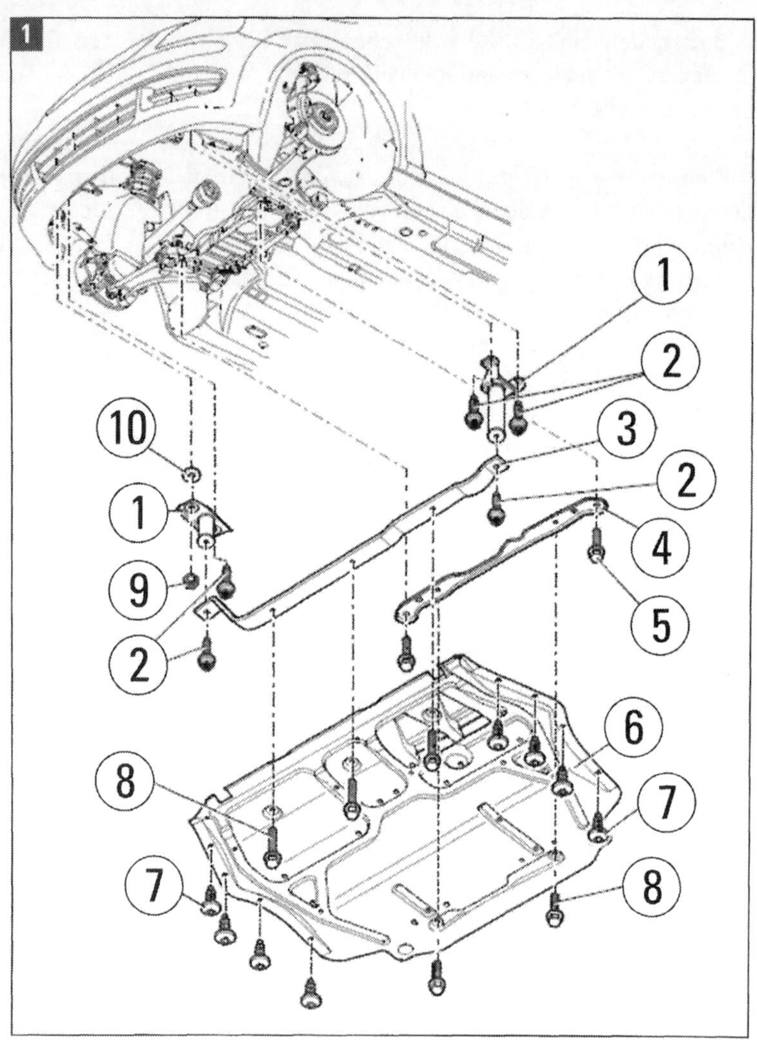

■ Geräuschdämpfung, lange Ausführung aus Metall (Bild 1), **ausbauen:** Die Schrauben (7; 2 Nm) und (8; 20 Nm) herausdrehen und die Geräuschdämpfung abnehmen. Der **Einbau** erfolgt in umgekehrter Reihenfolge.

Lange Metall-Geräuschdämpfung:
(1) Halter,
(2) 35 Nm,
(3) Träger,
(4) Bügel,
(5) Schrauben 70 Nm + 90°,
(6) Geräuschdämpfung,
(7) Schrauben 2 Nm,
(8) Schrauben 20 Nm,
(9) Muttern 20 Nm,
(10) Scheibe.

■ Geräuschdämpfung, kurze Ausführung aus Kunststoff (Bild 6, Seite 112), wird ebenfalls lediglich durch Herausdrehen der Schrauben (2; 2 Nm) **ausgebaut**. Geräuschdämpfung abnehmen. **Einbau:** umgekehrte Reihenfolge.

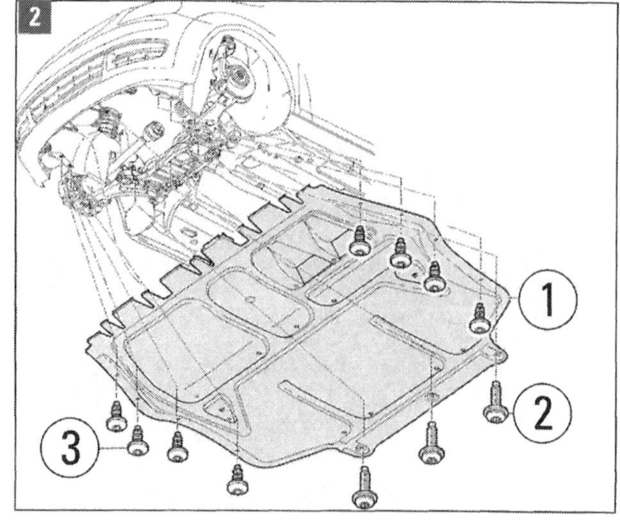

■ Geräuschdämpfung, lange Ausführung aus Kunststoff (Bild 2), **ausbauen:** Die Schrauben (2 und 3) herausdrehen und die Geräuschdämpfung (1) abnehmen. Der **Einbau** erfolgt in umgekehrter Reihenfolge. Anzugsdrehmomente der Schrauben beachten.

Lange Kunststoff-Geräuschdämpfung:
(1) Geräuschdämpfung,
(2) Schrauben (6 Nm),
(3) Schrauben (2 Nm).

Abdeckungen für Fahrzeugboden ausbauen

Neben den vorn verbauten Geräuschdämpfungen unter dem Motorraum gibt es am Octavia in der Mitte und hinten Bodenabdeckungen. Sie sind mit Muttern an Stehbolzen oder (hinten) mit Muttern an Bolzen und mit Schrauben befestigt. Zur Arbeit unter dem Fahrzeug (z. B. an der Abgasanlage) müssen die Abdeckungen ausgebaut werden. Das geschieht an beiden Seiten und hinten durch abschrauben, Einbau umgekehrt.

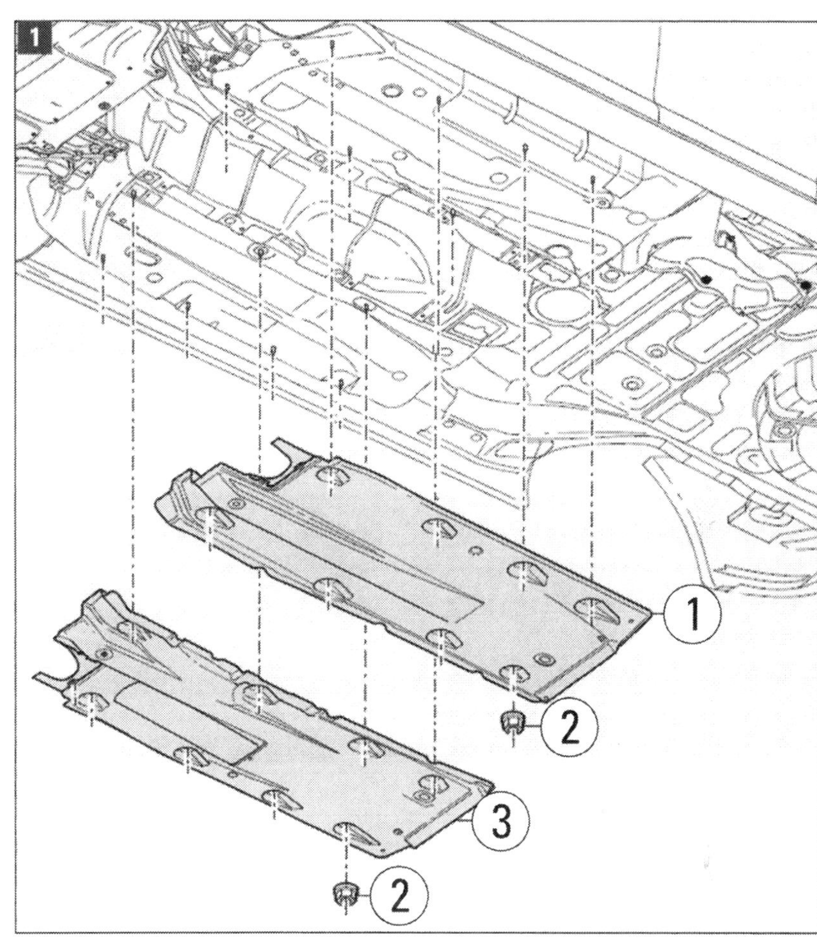

Abdeckungen für Fahrzeugboden:
(1) Abdeckung links,
(2) Muttern 1,5 Nm,
(3) Abdeckung rechts.

Machbare Arbeiten an der Karosserie sind Demontage und Anbau von Komponenten, die nur geschraubt, geklebt oder/und geclipst sind. Wir beschreiben hier und auf den nächsten Seiten die häufigsten Fälle.

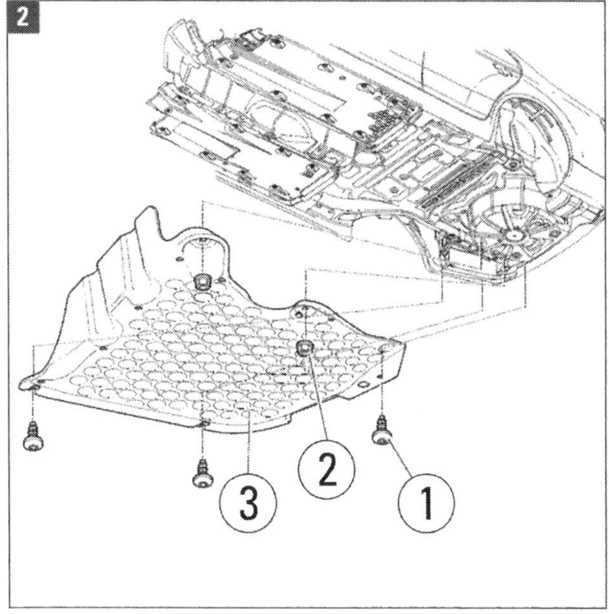

Abdeckung für Fahrzeugboden hinten:
(1) Schraube 2 Nm,
(2) Mutter 1,5 Nm,
(3) Abdeckung hinten.

Wasserkasten: Abdeckung und Zwischenwand

■ **Ausbau:** Scheibenwischer vorn (1) ausbauen (Kapitel »Fahrzeugelektrik«) und Dichtung für Motorraumklappe (Pfeile; Bild 1) abziehen. Wasserkastenabdeckung (2) herausnehmen.

■ Durch Abziehen den Scheibenwaschschlauch und die Steckverbindungen von den beheizbaren Waschdüsen trennen.

■ Befestigungsschrauben 3 Nm rechts (Pfeil; Bild 2) und links an der Zwischenwand (1) für Wasserkasten ausbauen. Elektrische Leitung von der Zwischenwand lösen und Zwischenwand nach oben herausnehmen.

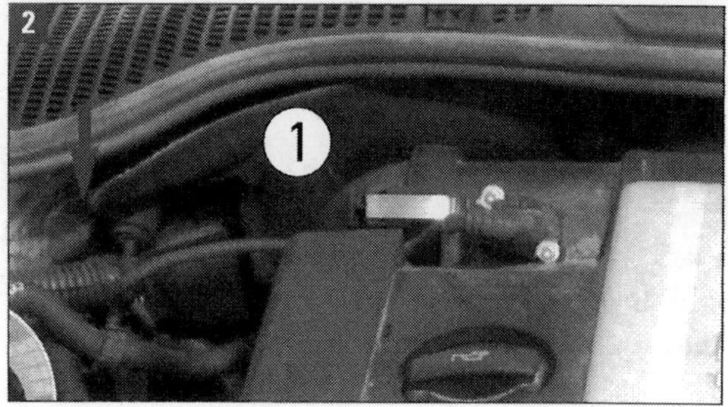

■ **Einbau** in umgekehrter Reihenfolge. Schlauchanschlüsss und Steckverbindung sicher aufstecken.

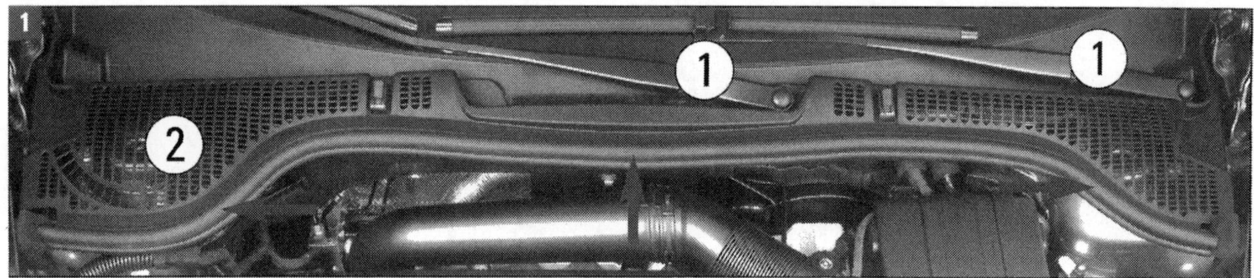

Seitenschutzleisten entfernen und aufkleben

■ Benötigtes **Werkzeug und Material:** Heißluftgebläse und Reinigungslösung (z. B. D 009 401 04).

■ **Ausbauen:** Schutzleisten (1, 4) mit der heißen Luft eines professionellen Heißluftgebläses auf ca. 100 °C erwärmen und Leisten von den Türen hinten und vorn trennen (Bild 1).

■ Zum Einbau die beiden Türen mit Reinigungslösung (Nach Škoda-Katalog D 009 401 04) sorgfältig säubern. Schutzfolien von den Klebebändern entfernen und die Schutzleisten (1 und 4; Bilder 1 und 2) auf die Türen aufkleben. Folgende Maße entsprechend Bild 2 beachten:

a = 0 + 0,5 mm,
b = 0 + 0,5 mm (1,2 + 0,5 mm beim Octavia II RS).

■ Die Temperatur der Außenbleche und Leisten sollte ca. 20 bis 40 °C betragen. Auf der anderen Fahrzeugseite gleichermaßen vorgehen.

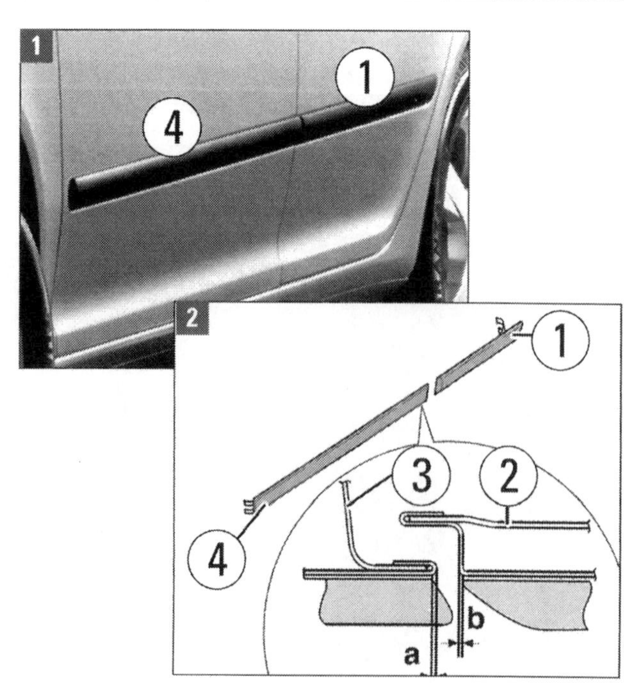

Seitliche Zierleisten Octavia Combi aufkleben

Benötigte Werkzeuge und Materialien: Heißluftgebläse, technisches Benzin (»Waschbenzin«), fettfreie Spirituslösung, doppelseitiges Klebeband.

■ **Ausbauen:** Zierleiste (1 in Bild 1) mit Heißluftgebläse erwärmen. Temperatur der Heißluft max. 100 °C. Zierleiste vorsichtig abnehmen.

■ **Einbauen:** Klebebandreste (2) vom Dichtprofil (3) und von der Zierleiste (1) mit technischem Benzin entfernen. Dichtprofil und Zierleiste mit fettfreier Spirituslösung reinigen.

■ Auf Dichtprofil doppelseitiges Klebeband (2) aufkleben. Schutzfolie vom Klebeband entfernen. Zierleiste auf Dichtprofil der Seitenscheibe aufkleben. Die Temperatur von Zierleiste und Dichtprofil sollte ca. 20° C betragen.
Auf der anderen Fahrzeugseite gleichermaßen vorgehen.

■ Bis 48 Stunden nach Montage der seitlichen Zierleisten sollten Sie nicht in die Waschanlage fahren!

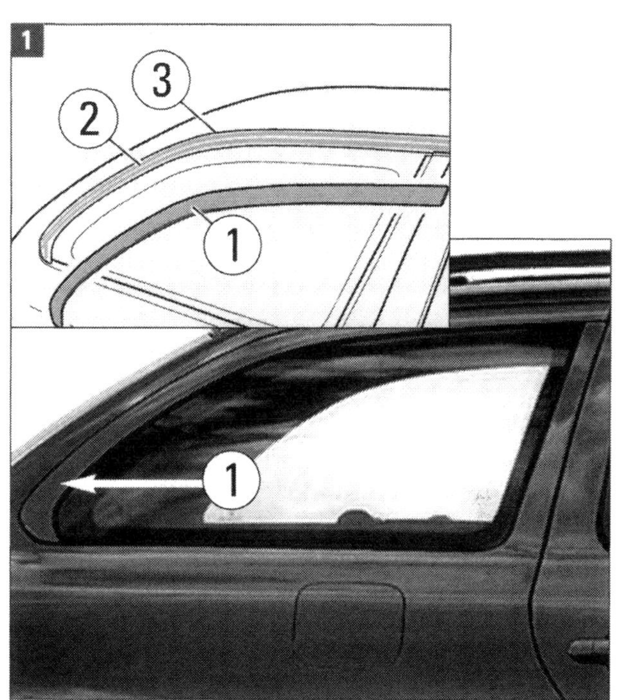

Arbeiten am Rückblickspiegel (Außenspiegel)

Der Rückblick- oder Außenspiegel besteht aus dem Gehäuse (1), der Abdeckung (2) unten zur Aufnahme der Spiegelverstelleinheit, dem Spiegelglas (roter Pfeil oben rechts, Glas im Bild nicht zu sehen) und dem Seitenteil (3) zur Montage des Spiegels am Fahrzeug (Bild 1). Oben im Gehäuse sitzen Aufnahme und Verstelleinheit, in der Abdeckung unten sitzt die Warnleuchte (roter Pfeil unten links) für Spurwechsel. Wir beschreiben Arbeiten an Spiegelglas und Gehäuse. Bei Aus- und Einbau unbedingt Schutzhandschuhe und Schutzbrille benutzen. Spiegelgehäuse z. B. mit Klebeband vor Beschädigung schützen.

PRAXISTIPP: Leitungen verlegen

Auch wenn Sie, wie z. B. bei Karosserie-Reparaturen, nicht unmittelbar an Leitungen zu arbeiten haben, müssen diese oft aus Befestigungen gelöst oder sogar ausgebaut werden, um an betreffende Baugruppen heranzukommen. Wenn Sie aber hydraulische, pneumatische oder elektrische Leitungen lösen oder aus- und einbauen müssen, fertigen Sie sich Skizzen oder Fotos von der Originalsituation an. Nur so können Sie den ursprünglichen Einbau, der vom Hersteller verlangt ist, wirklich sicherstellen.

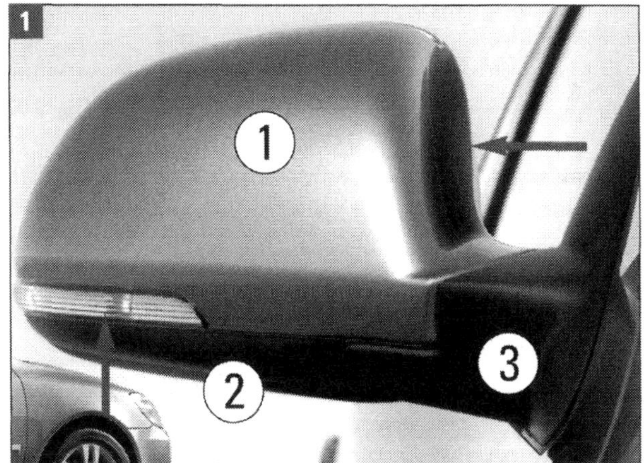

■ **Außenspiegel ausbauen:** Türverkleidung ausbauen (siehe später), Anschlussstecker für Rückblickspiegel (6, Bild 3) abziehen. Dämpfungsstück (7) herausnehmen und Schraube ausbauen. Spiegel abnehmen.

■ **Einbau** sinngemäß umgekehrt.

■ **Spiegelglas ausbauen:** Um das Glas nicht zu beschädigen, ist ein Abdrückhebel empfehlenswert (VW/Škoda-Werkzeug »MP 8-506« oder »MP 8-602/1«).

■ Gehäusekanten oben und unten mit Klebeband gegen etwaige Lackschäden sichern. Schutzhandschuhe anziehen. Spiegelglas nach unten ins Gehäuse (1) drücken. Mit dem Hebel das Glas oben abdrücken (roter Pfeil, Bild 2) und das Spiegelglas vorsichtig von der Verstelleinheit im Gehäuse ab- und aus dem Gehäuse herausnehmen. Die elektrischen Steckverbindungen (6, Bild 3) für die Spiegelglasbeheizung an der Glasrückseitetrennen.

■ **Einbau** sinngemäß umgekehrt. Steckverbindungen aufstecken, Glas an der Verstelleinheit ansetzen und vorsichtig ins Spiegelgehäuse eindrücken. Dabei nur auf die Spiegelmitte drücken!

■ **Spiegelgehäuse ausbauen:** Spiegelglas ausbauen und Bereich um das Gehäuse zum Lackschutz mit weichem Tuch abkleben. Die beiden Schrauben 1 Nm (2, Bild 2) oben an der Verstelleraufnahme herausdrehen. Spiegelhalter mit seitlichen Blinkleuchten (3; Bild 2) nach unten abnehmen und Steckverbindung trennen. Spiegelgehäuse (1; Bild 2) nach oben abnehmen.

■ **Einbau** sinngemäß umgekehrt. Steckverbindung fest bis zum Einrasten aufstecken.

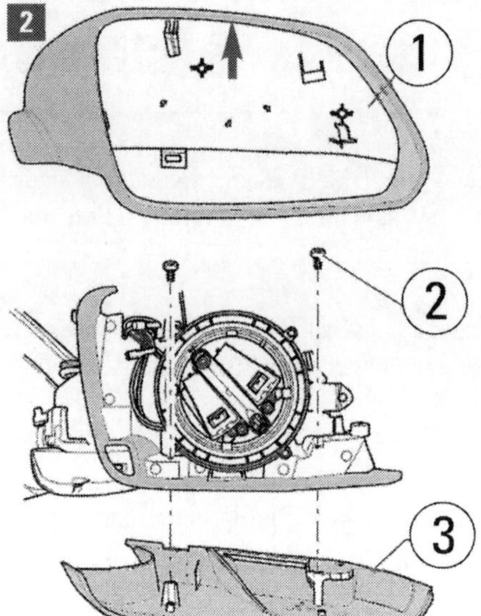

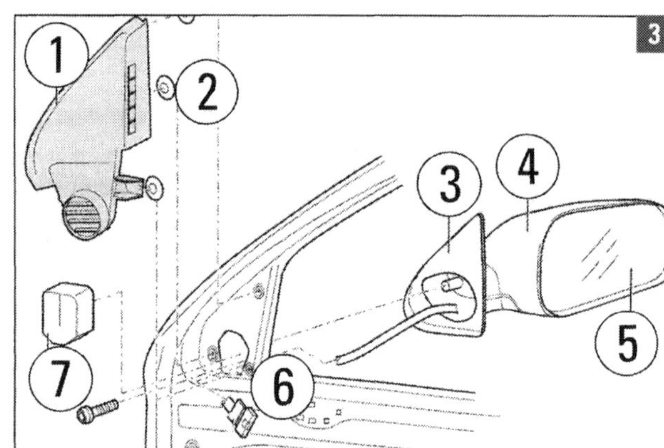

Außenspiegel Bild 2: (1) Gehäuse, (2) Schrauben, (3) Spiegelhalter mit seitlichen Blinkleuchten.
Außenspiegel Bild 3: (1) innere Abdeckung, (2) drei Clips, (3) Außenspiegel, (4) Spiegelgehäuse, (5) Spiegelglas, (6) Anschlussstecker, (7) Dämpfungsstück mit Schraube 20 Nm.

Kühlergrill ausbauen und zerlegen

■ **Kühlergrill ausbauen:** Schraube (4, Bild 2 Seite 121) herausschrauben. Oberteil des Kühlergrills (3, Bilder 1 und 2) ausclipsen, wegklappen und dadurch die Aufnahmen unten links und rechts lösen.

■ Oberteil des Kühlergrills zuklappen und die mittlere Aufnahme des Kühlergrills mit einem flachen Demontagewerkzeug (z. B. Keil 3409) in Pfeilrichtung (Bild 2 Seite 121) lösen.

■ Kühlergrill (3) von der Motorraumklappe(5) abnehmen (Bilder 1 und 2 Seite 121).

■ **Kühlergrill einbauen:** Der Einbau erfolgt in umgekehrterReihenfolge. Der Kühlergrill muss nach dem Einbau mit der Motorraumklappe bündig abschließen. Dazu sind auch die Spaltmaße zu beachten, die wir auf Seite 114 dargestellt haben. In diesem Fall sind die Fugen 1, 2 und 3 in Bild 1 betroffen.

■ **Kühlergrill zerlegen:** Das hier als Bildposition (3) »Kühlergrill« genannte Bauteil besteht aus zwei Teilen: der Zierleiste (1) und dem eigentlichen Grill (2). Der Kühlergrill lässt sich gemäß Bild 3 in diese beiden Teile zerlegen:

■ An dem vom Fahrzeug abgebauten Kühlergrill die seitlichen Clips der Zierleiste mit einem Schraubendreher in Pfeilrichtung »A« entriegeln (Bild 3).

■ Obere und untere Clips der Zierleiste mit einem Schraubendreher in Pfeilrichtung »B« entriegeln und Zierleiste abnehmen.

■ Zum **Zusammenbau** in umgekehrter Reihenfolge die einzelnen Teile des Kühlergrills ineinander einclipsen und den Kühlergrill wieder an die Motorraumklappe anbauen.

■ Im Zusammenhang mit dem Kühlergrillausbau möchten wir auf die **Betätigung der Motorraumklappe** hinweisen. Sie wird ja im Fahrzeuginneren über einen Hebel mit Bowdenzug bedient. Dieser Bowdenzug verläuft links in der Klappe. Er besteht aus den zwei Teilen »Bowdenzug vorn« und »Bowdenzug hinten«. Jedes dieser beiden Teile des Betätigungsseils, die mit einer »Bowdenzugkupplung« verbunden sind, kann einzeln ersetzt werden.

■ Die Bowdenzugkupplung liegt unmittelbar links neben dem Motorhaubenschloss.

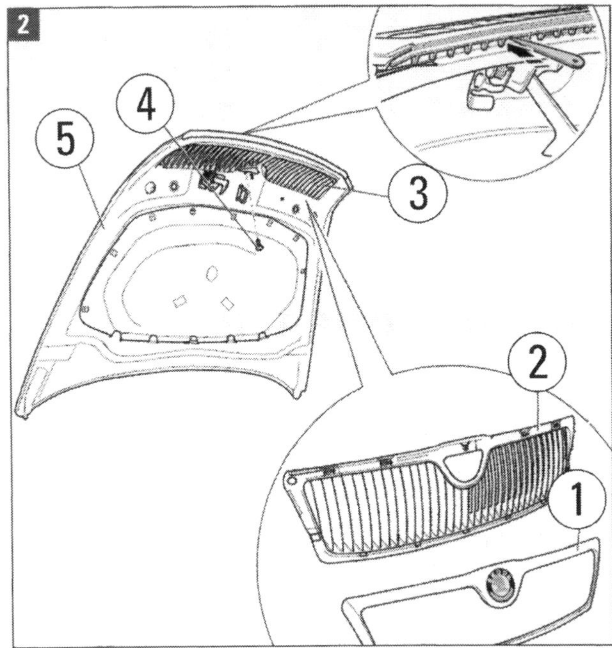

Kühlergrill (Bilder 1 und 2): (1) Zierleiste, (2) Grill, (3) Kühlergrill, (4) Schraube 3 Nm, (5) Motorraumklappe.

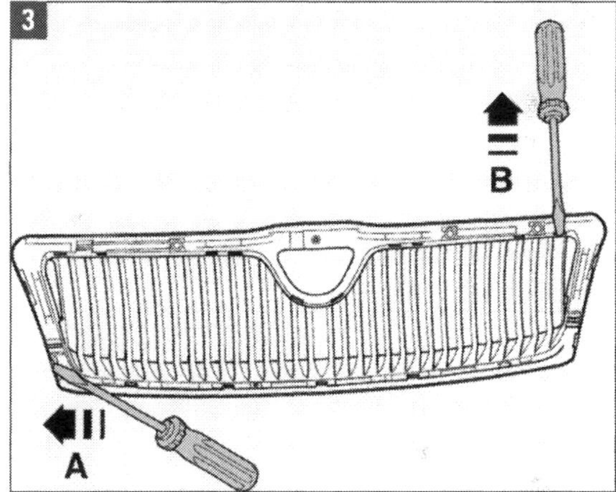

PRAXISTIPP: Kontaktkorrosion vermeiden

Bei allen Reparaturarbeiten müssen Montagefehler vermieden werden, die zu Kontaktkorrosion führen können. Kontaktkorrosion kann entstehen, wenn nicht geeignete Verbindungselemente wie Schrauben, Muttern oder Scheiben verwendet werden. Deshalb sollte man nur Verbindungselemente mit der Oberflächenbeschichtung der Originalteile verbauen. Keine Gefahr besteht bei Gummi- oder Kunststoffteilen und Klebstoffen aus elektrisch nichtleitenden Materialien. Falls Sie bei der Montagearbeit bei bestimmten Teilen Zweifel haben, richten Sie sich am besten nach dem Škoda-Teilekatalog.

Am besten geeignet sind natürlich stets die Original-Ersatzteile, weil sie geprüft und aluminiumverträglich sind. Es sollte daher nach Möglichkeit nur Škoda-Zubehör zum Einsatz kommen. Schäden durch Kontaktkorrosion fallen nicht unter die Gewährleistung!

Radhausschalen ausbauen

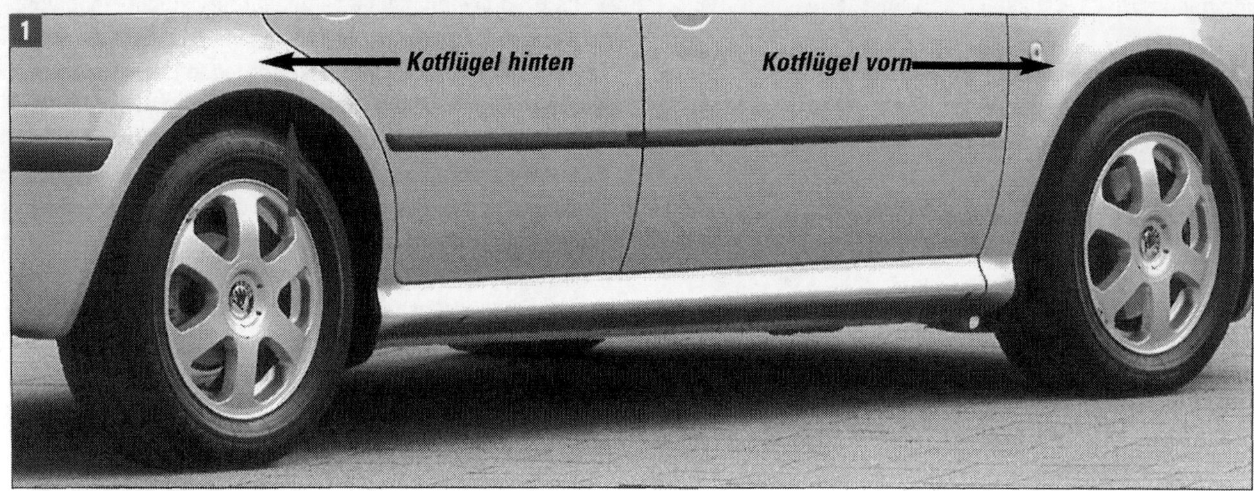

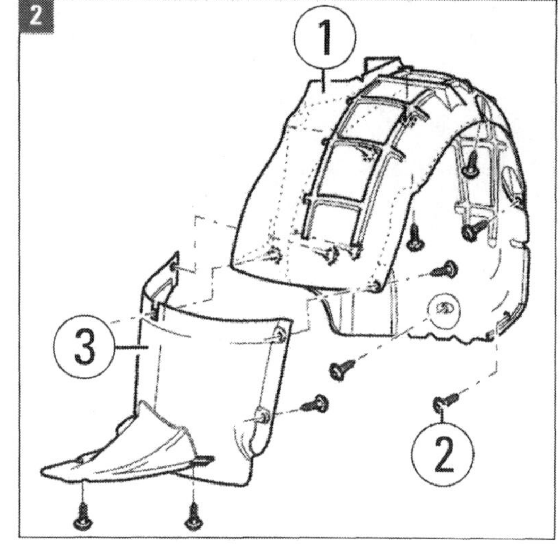

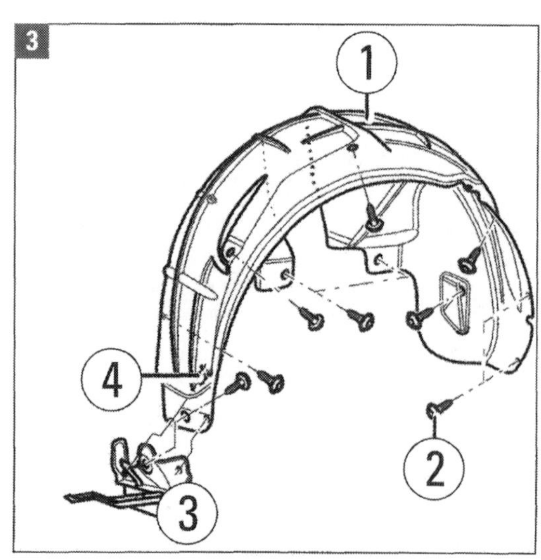

Für verschiedene Arbeiten müssen die Auskleidungen der Kotflügel (schwarze Pfeile), die so genannten Radhausschalen (rote Pfeile) herausgeschraubt werden (Bild 1).

■ **Radhausschale vorn ausbauen:** Rad abschrauben. Beim Einbau das Drehmoment der Radschrauben von 120 Nm beachten.

■ Geräuschdämpfung, lange Ausführung aus Kunststoff, wie vorher beschrieben ausbauen.

■ Die zwölf Schrauben (2; 1 Nm) herausdrehen. Radhausschale (1) und die Abdeckung (3) herausnehmen (Bild 2).

■ **Radhausschale hinten ausbauen:** Rad abschrauben, Drehmoment der Radschrauben 120 Nm.

■ Zwei Spreiznieten (4) ausbauen. Dazu muss jeweils der Mittelstift der Niete herausgedrückt werden. Die acht Schrauben (2; 1 Nm) herausdrehen (Bild 3).

■ Radhausschale (1) und Spoiler (3) herausnehmen.

■ **Einbau** in beiden Fällen umgekehrte Reihenfolge.

Bild 2 Radhausschale vorn: (1) Radhausschale, (2) Schrauben, (3) Abdeckung.

Bild 3 Radhausschale hinten: (1) Radhausschale, (2) Schrauben, (3) Spoiler, (4) Spreizniete.

Heckspoiler für RS aus- und einbauen

Aus- und Einbau des Kotflügels (nur vorn zum Austausch vorgesehen) sind schwierige Arbeiten, die Kenntnis und spezielles Werkzeug erfordern. Sie müssen vorderen Stoßfänger und Führungsprofil, Radhausschale und Alarmanlage, Trennabdeckung und Dichtstopfen am Federbeindom, Geräuschdämmung und andere Komponenten ausbauen und mit Heißluftgebläse und Kleberkitt arbeiten. Wir empfehlen diese auf Karosseriebauer zugeschnittene Tätigkeit hier nicht. Eine Arbeit mit Heißluft und Kleberkitt, die wir aber empfehlen können, sind Ein- und Ausbau des RS-Heckspoilers Bilder 1 und 2).
Gebraucht werden: Schneidedraht mit Haltern (z. B. V.A.G 1351), Kleberkitt HHA 381 013, Reinigungslösung D 009 401 04 und vier Stiftschrauben ca. 15 mm lang, spitz zugeschliffen.

■ **Kompletten Heckspoiler ausbauen:** Befestigungsschrauben vom Spoiler herausschrauben. Lackierte Flächen im Umfeld des Spoilers mit Textilklebeband abkleben. Den Spoiler von der Heckklappe abschneiden. Dazu den Kleberkitt mit dem Schneidedraht durchschneiden. Spoiler abnehmen. Lackierte Flächen nicht beschädigen!

■ **Heckspoiler auf neuer Heckklappe einbauen:** Wenn Sie ein Fahrzeug mit einer Heckklappe haben, an der noch kein Spoiler befestigt war, müssen Sie Vorbereitungen treffen: Stiftschrauben in den Spoiler einschrauben. Spoiler in die vorgeschriebene Position stellen: Mittig auf der Klappe und in einem Abstand der vorderen Spoilerkante zur Heckscheibe links und rechts von jeweils genau 824 mm. Wichtig ist es, den Spoiler auf der Heckklappe exakt zu zentrieren.

■ Gleichmäßig auf den Spoiler drücken, bis im Lack die Stiftschraubenspitzen abgedrückt werden. 6 mm-Bohrungen für Schrauben an den durch die Stiftschrauben markierten Stellen einbringen.

■ Stiftschrauben ausbauen. Bohrungen reinigen und mit Schutzanstrich gegen Korrosion schützen.

■ **Spoiler-Einbau für alle Fahrzeuge:** Sitzflächen von Spoiler und Karosserie mit Reinigungslösung D 009 401 04 reinigen und Kleberkitt um die gefärbte Spoilerfläche herum (roter Pfeil) auftragen. Zu Reinigungslösung und Kleber die Hinweise des Herstellers beachten!

■ Spoiler an die Heckklappe andrücken und Befestigungsschrauben einbauen (5 Nm; blaue Pfeile). Schmutz mit Reiniger säubern. Der Kleberkitt muss 2 Stunden trocknen. In dieser Zeit nicht mit dem Fahrzeug fahren, und bis 24 Stunden nach Ankleben des Spoilers keine Waschanlage benutzen!

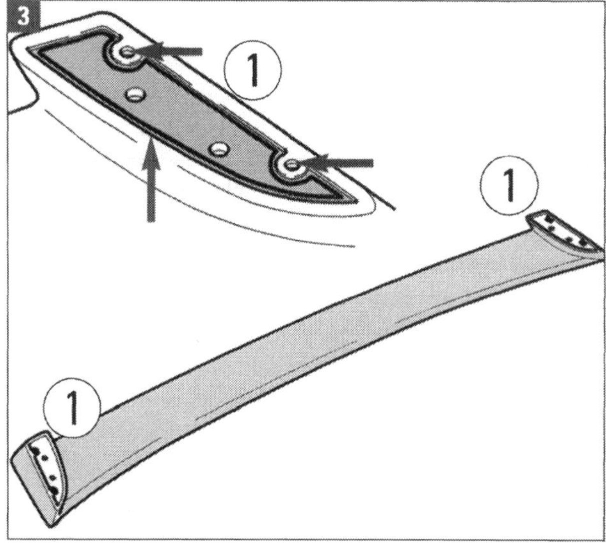

Heckspoiler: (1) Befestigungsfläche(n).

Stoßfänger vorn und hinten ausbauen

■ **Stoßfänger vorn ausbauen:** Scheinwerfer (»Fahrzeugelektrik«) und die eingeclipsten Abdeckungen (1, Bild 1) links und rechts ausbauen.

■ Die Spreizniete am oberen Stoßfängerrand ausbauen und die Schrauben von unten, von unten vorn und von oben am Stoßfänger herausdrehen. Stoßfänger von den Führungsteilen nach vorn abnehmen.
Vorher alle vorhandenen Stecker (Nebelscheinwerfer, evtl. Parksensoren) und (ebenso falls vorhanden) die Schläuche der Scheinwerferreinigungsanlage abziehen.

■ **Einbau** in umgekehrter Reihenfolge

■ **Stoßfänger hinten ausbauen:** Abdeckung der Kofferraum-Ladekante und teilweise die Seitenverkleidung im Kofferraum ausbauen (abschrauben).
Beim Combi die untere Verkleidung der D-Säule (siehe später) und die Heckleuchten (wie unter »Fahrzeugelektrik« beschrieben) ausbauen.

■ Zum Ausbau der Seitenverkleidung im Kofferraum ist der Ausbau der Seitenpolster nötig. Dann Schrauben und Clipse (beim Combi vorher Abdeckkappen entfernen) sowie den Steckeranschluss für die Heckleuchten ausbauen und die Verkleidung abziehen. Schrauben darunter abschrauben.

Abdeckleisten links und rechts auf Höhe der Heckleuchten (4 und 5, Bilder 4 und 5) abnehmen. Je drei Schrauben links und rechts von der Unterseite und je drei Schrauben an den Stirnkanten links und rechts (beim Combi sind das Spreizniete von oben!) herausschrauben (Vorsicht: nur 1 bzw. 1,5 Nm!).

■ Stoßfänger nach hinten schieben. Falls im Stoßfänger Parksensoren (Pfeile in Bild 3) eingebaut sind: Stecker abziehen. Dann den Stoßfänger abnehmen. Beim RS sind hinten wie vorn eine schmale Stoßfängerleiste unten an den Stoßfänger und ein stark nach innen abgewinkelter, ebenfalls sehr schmaler Spoiler unten in die Stoßfängerleiste eingeclipst (2 und 3, Bilder 2 und 3). Diese Teile können am Stoßfänger verbleiben oder abgezogen werden.

■ Der **Einbau** erfolgt ebenfalls wieder in umgekehrter Reihenfolge.

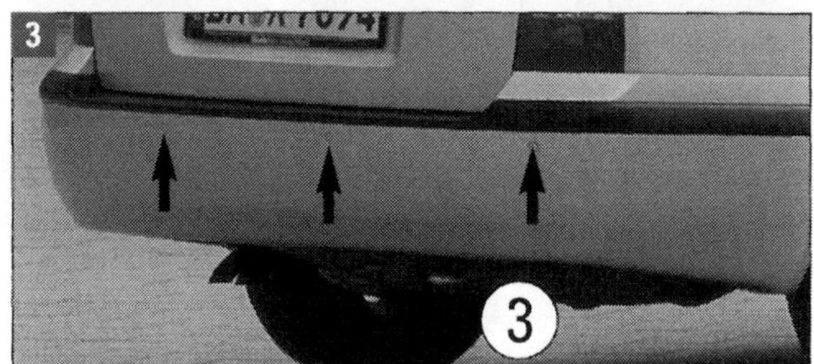

Stoßfängerparade: Bild 1 Limousine, Bild 2 Combi, Bilder 3 und 4 Combi und Bild 5 Limousine. Die Unterschiede sind nicht erheblich.
(1) Abdeckungen, (2) Leiste und Spoiler vorn beim RS, (3) Leiste und Spoiler hinten beim RS, (4 und 5) Einbauort der Abdeckleisten links und rechts unter dem Stoßfänger.

Klappenschlösser und Klappen ausbauen

■ **Klappenschloss Motorraum ausbauen:** Motorhaube öffnen, aufstellen und sichern. Luftführung ausbauen und den bereits erwähnten Bowdenzug aushängen. Die Steckverbindung vom Klappenschloss (1) trennen und die beiden Schrauben (20 Nm; Pfeile in Bild 1) links und rechts am Schloss ausbauen. Klappenschloss abnehmen.

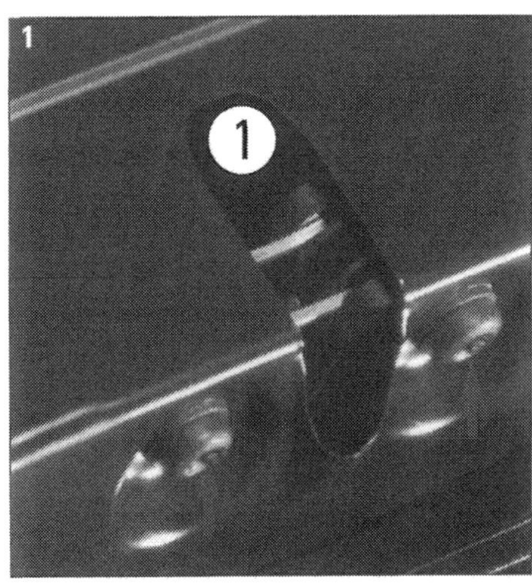

■ **Klappenschloss Heckklappe ausbauen:** Untere Verkleidung für Heckklappe (wie später beschrieben) ausbauen und den Stecker für Klappenschloss (1) abziehen. Die beiden Befestigungsschrauben (20 Nm; Pfeile in Bild 2) links und rechts vom Schloss ausbauen und Klappenschloss herausnehmen.

■ Der **Einbau** beider Schlösser (vorn und hinten) erfolgt in umgekehrter Reihenfolge.

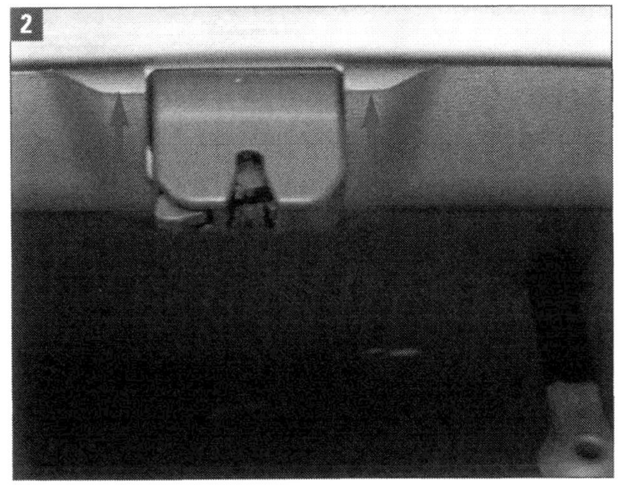

■ **Motorhaube/Klappe vorn ausbauen:** Zum Aus- und Einbau brauchen Sie einen Helfer, der die Klappe bei der Demontage hält und sie nach Ausbau mit Ihnen vom Fahrzeug hebt. Ansonsten gibt es keine Schwierigkeiten beim Ausbau: Klappe öffnen und mit Bügel (1) sichern, die jeweils zwei Schrauben (20 Nm; Pfeile in Bild 3) an den Scharnieren links und rechts herausdrehen und Klappe abnehmen.

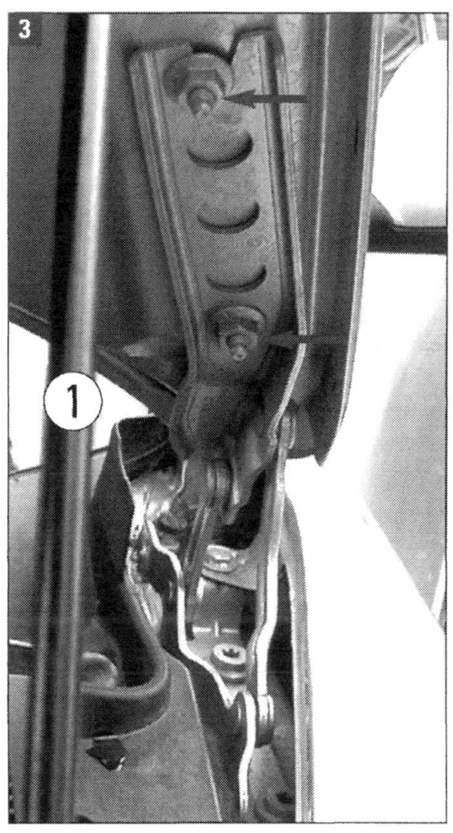

■ **Heckklappe ausbauen:** Zum Aus- und Einbau der Klappe ist wieder ein Helfer erforderlich. Die Klappe öffnen und von den Gasfederstützen sowie vom Helfer halten lassen. Obere und untere Verkleidung der Heckklappe und die Abschlussleiste ausbauen, wie später beschrieben wird.

■ Elektrische Steckverbindungen trennen und Kabel aus der Heckklappe herausnehmen.

■ **Gasdruckfedern ausbauen**. Dazu den Sicherungsbügel (weißer Pfeil in Bild 4) unten am Kugelzapfen (2) mit einem Schraubendreher anheben und die Gasdruckfeder (1) vom Kugelzapfen abziehen.

■ Lassen Sie jetzt Ihren Helfer die Heckklappe festhalten.

Befestigungsmuttern (20 Nm; roter Pfeil in Bild 4) der Scharniere (3) herausschrauben und Heckklappe (Bild 4) abnehmen.

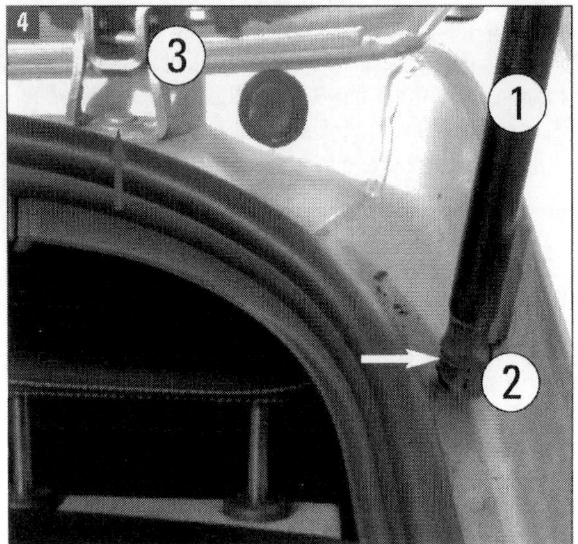

■ **Einbau** in umgekehrter Reihenfolge. Beim Einpassen der Heckklappe ist das gleichmäßige Spaltmaß zwischen Klappe und Karosserie zu beachten. Anschlagpuffer einstellen und das Öffnen und Schließen der Klappe prüfen.

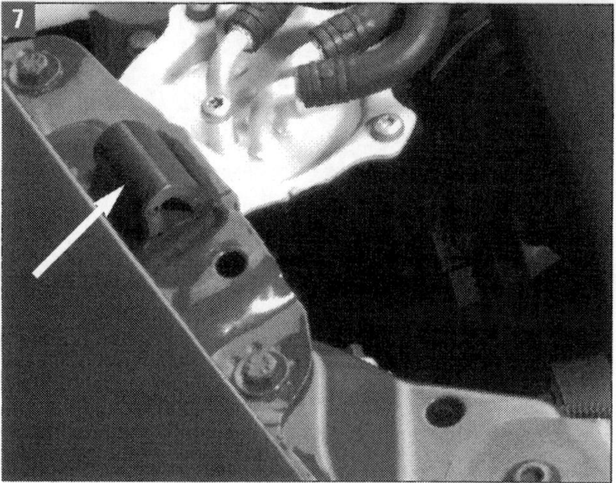

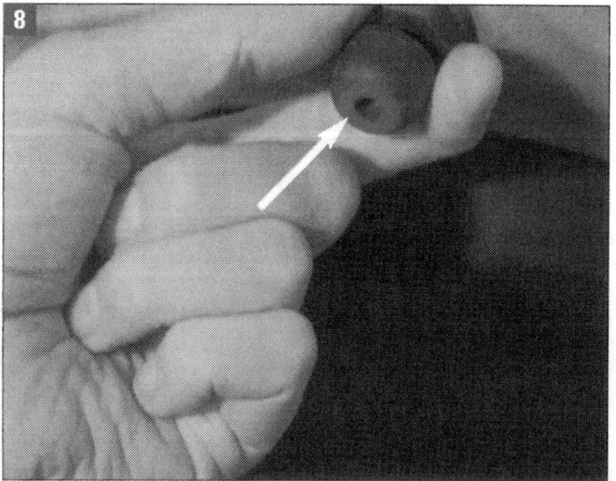

Einpassen: Relevante Spaltmaße (Sp) vorn/hinten (Bilder 5/6), Position zum Gummipuffer vorn/hinten (Bilder 7/8).

Tankklappeneinheit ausausbauen: Den Tankverschluss herausschrauben, Stellelement ausbauen. Dazu die Abdeckung der Kofferraum-Ladekante ausbauen und Seitenverkleidung im Kofferraum teilweise entfernen. Den Anschlussstecker abziehen, die Schrauben lösen und Stellelement nach hinten herausnehmen. Montageteil um 90° drehen und herausnehmen. Jetzt kann die Tankklappeneinheit (Tankklappe und Gummimanschette) aus dem Seitenteil herausgenommen werden.
Der **Einbau** erfolgt in umgekehrter Reihenfolge.

Türen vorn und hinten ausbauen

■ **Tür vorn ausbauen:** Faltenbalg (1) von der A-Säule abziehen und die darin befindlichen Steckverbindungen trennen (Bild 1).

■ Muttern (Pfeile) aus den Scharnieren (2) ausbauen. Die Schraube (3) aus dem Türfeststeller herausschrauben.

■ Tür nach oben aushaken und zusammen mit einem Helfer entnehmen und zur Seite stellen.

■ **Einbau** in umgekehrter Reihenfolge. Dabei muss der Faltenbalghalter von der A-Säule abgenommen werden. Der Faltenbalghalter wird in den Faltenbalg eingesetzt und der Halter mit Faltenbalg in Säule A eingebaut. Wenn der Halter beschädigt ist, muss er durch ein neues Originalteil ersetzt werden.

■ **Tür einstellen:** Für eine korrekte Türeinstellung müssen die Türscharniere an der Säule und der Tür gelöst werden. Andere Einstellungsmaßnahmen, z. B. der Versuch, die Türen nach oben auszurichten, sind wirkungslos. Beim nachfolgenden Überdrücken sackt die Tür wieder ab.

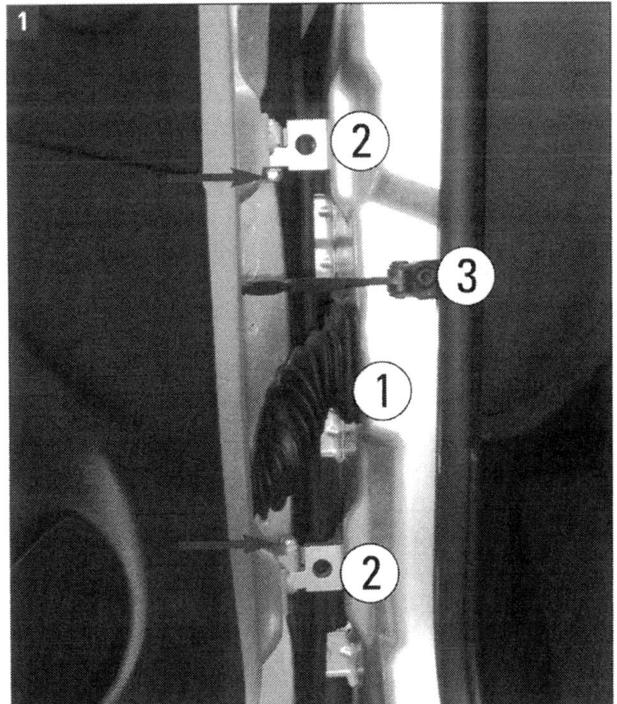

Tür vorn: (1) Faltenbalg mit Steckkontakten, (2) Scharniere mit Muttern (rote Pfeile), (3) Schraube am Türfeststeller.

■ Schrauben lösen, bis sich die Tür verschieben lässt. • Die Türen sind richtig eingestellt, wenn sie im geschlossenen Zustand überall einen gleichmäßigen Abstand vom Türrahmen haben.

■ **Tür hinten ausbauen:** Der gesamte Arbeitsablauf ist dem Ausbau der Vordertür sehr ähnlich: Faltenbalg diesmal von Säule B abziehen, Steckverbindungen trennen.

■ Übrigens ist ebenso wie vorn zu beachten: Vor Beginn von Arbeiten an der elektrischen Anlage ist das Batterie-Masseband abzuklemmen!

■ Muttern aus den Scharnieren ausbauen, die Schraube aus dem Türfeststeller herausdrehen und Tür nach oben aushaken.

■ Auch der **Einbau** in umgekehrter Reihenfolge geschieht analog zur vorderen Tür: Faltenbalghalter von Säule B abnehmenH alter in den Faltenbalg einsetzen und Halter mit Faltenbalg in Säule B einbauen. Beschädigte Faltenbalghalter durch neues Originalteil ersetzen.

■ **Eingestellt** wird die Tür hinten ebenfalls in der Weise wie die Tür vorn.

■ Der **Aggregateträger** in der Tür wird zusammen mit dem Fensterheber ausgebaut. Dazu müssen Türverkleidung und Türgriff ausgebaut werden.

⚠ Fahrzeuge mit Seitenairbags

GEFAHRENHINWEIS

Bei Fahrzeugen mit Seitenairbags sind die Drucksensoren für Seitenaufprall in den Vordertüren untergebracht. Zur einwandfreien Funktion des Airbag-Systems dürfen daher an den Vordertüren keine Änderungen wie Demontage eines Lautsprechers oder Einbau eines zusätzlichen Lautsprecherns vorgenommen werden.
Vor dem Komplettieren der Vordertüren soll mit dem Fahrzeug möglichst nicht gefahren werden. Unbedingt beachten: Nicht genehmigte Änderungen an den Vordertüren oder nicht komplette Vordertüren können die Funktion des Airbag-Systems erheblich beeinträchtigen!

Einbau einer Anhängerkupplung

Auf Seite 56 haben wir schon umfassende Hinweise zum nachträglichen Einbau einer Anhängevorrichtung gegeben. Wir halten natürlich wie Sie die Möglichkeit, einen Anhänger zu nutzen, für eine wirkliche Verbesserung am Fahrzeug. Darum reichen wir die dazu erforderlichen Arbeiten im Detail in dieser unserer Rubrik »Besser machen« im Zusammenhang mit dem Fahrzeugaufbau nach.

■ **Einbau der Anhängevorrichtung:** Sie müssen zunächst den für den Octavia (als Ersatzteil erhältlichen) Anhängerkupplungsrahmen einbauen. Das muss das originale Skoda-Teil sein, sonst gibt es Probleme mit Gewährleistungsansprüchen. Aber Sie würden sich ohnehin nicht an den »Octavia mit neuem Gesicht« vom facelifting 2009 wagen, sondern einen aus der Modellreihe seit 2004 hernehmen - und der hat dann ja schon drei, vier Jahre auf dem Buckel.

■ Rahmeneinbau bedeutet Rahmenaustausch, denn es ist ja auf jeden Fall der hintere Aufprallträger eingebaut, nur ist dieser nicht für eine Anhängevorrichtung ausgelegt.

■ Zum Auswechseln müssen der hintere Stoßfänger und teilweise auch das Wärmeschutzblech am Nachschalldämpfer ausgebaut werden. Den Nachschalldämpfer muss man aushängen. Den Ausbau des Stoßfängers haben wir beschrieben, das Abschirmblech zwischen Nachschalldämpfer und Wagenboden wird nur abgeschraubt (zwei Blechmuttern) und dann etwas nach unten gebogen. Der Haltenippel des Nachschalldämpfers wird aus der Halteschlaufe rechts oberhalb des Auspuffs ausgehängt.

■ Jetzt wird der Stoßfängerträger abgeschraubt. Er ist links und rechts mit 20 Nm-Schrauben am Trägerwerk der Karosserie befestigt. Dann den Anhängerkupplungsrahmen anschrauben. Durch den Rahmen das elektrische Kabel des Einbausatzes für die Anhängerelektrik fädeln und die Steckdose nach Einbauanleitung montieren, Gehäuse anschrauben. Škoda macht übrigens darauf aufmerksam, dass der Typ der Steckdose und der Elektroinstallation »gemäß den in Deutschland geltenden Vorschriften gewählt werden« muss.

■ Mit der Elektrik kombiniert werden kann übrigens ein auch als Originalteil erhältliches »Steuergerät für Anhängererkennung«. Das Gerät wird hinter der Seitenverkleidung ganz hinten links im Kofferraum verbaut und über Steckverbindungen angeschlossen. Das aber sollte man dem Fahrzeugelektriker der Fachwerkstatt überlassen.

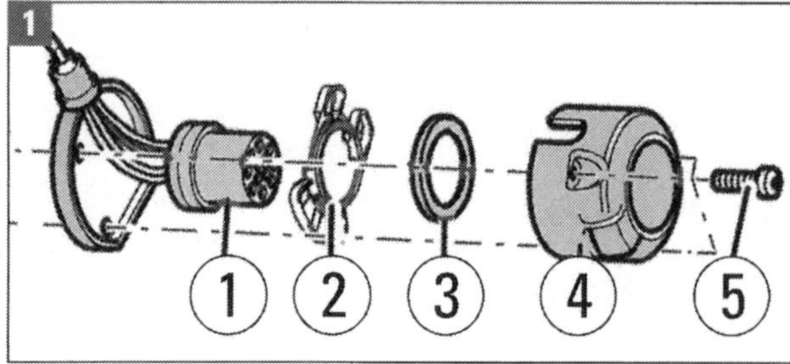

Anhängerelektrik
(1) Elektrische Leitung (Kabelsatz),
(2) Halter,
(3) Dichtung,
(4) Steckdose,
(5) zwei Schrauben.

Wasserablaufschläuche reinigen

Eine sehr sinnvolle Verrichtung bei den Bemühungen um sorgfältige Fahrzeugpflege ist eine Sache, an die kaum jemand denkt: Das Reinigen der Wasserablaufschläuche am Wagen. Die Schläuche vorn verlaufen beim Octavia in den Säulen A und enden zwischen Tür und Säule. Die Reinigung erfolgt vom oberen Schlauchende her.

Die Wasserablaufschläuche hinten enden im Wasserkanal für die Heckklappe. Ihre Reinigung erfolgt vom unteren Schlauchende her. Die Schläuche mit ihren Wasserablaufventilen müssen zur Reinigung nicht ausgebaut werden.
Aber es gibt eben eine Tücke: Man braucht ein passendes Reinigungswerkzeug. Als geeignete Hilfe empfiehlt sich schon seit langen Zeiten ganz einfach ein Tachometerbowden. Das kleine, feine und stabile Stahlseil sollte etwa zweieinhalb Meter lang sein (»2300 mm« formuliert es der Fachmann).

ID-Nummern in Fahrzeugscheiben ätzen

Alle Scheiben bei neuen Škoda-Fahrzeugen sind durch Laser mit der Fahrzeug-Identifizierungsnummer gekennzeichnet. Wenn es aber einmal Glasschäden am Octavia durch z. B. Einbruch oder Unfall geben sollte, müssen neue Scheiben eingebaut werden. Die Scheiben werden eingeklebt, was einer darauf spezialisierten Fachwerkstatt überlassen werden sollte.
Die als Ersatzteil gelieferten Scheiben haben natürlich die Kennzeichnung nicht und müssen nach Einbau mit der Fahrzeug-Identifizierungsnummer, nicht etwa mit Laserwerkzeugen, sondern durch Einätzen versehen werden. Das ist als eine Arbeit unter dem Motto »besser machen« bestimmt in Eigenregie zu leisten. Sie brauchen dazu:

- Reinigungslösung (Škoda: D 009 401 04)
- Ätzpaste und Pinsel. Škoda bietet dazu ein Set unter der Teile-Nummer 1Z0 898 101 an. Das ist eine Einmalpackung für eine Scheibe, die Sie sich für Ihr Fahrzeug beschaffen müssen.
- Selbstklebeschild 1Z0 000 101ND mit ausgeschnittener Fahrzeug-Identifizierungsnummer und übertragbarer Folie.

Gehen Sie gemäß dem nachfolgend dargelegten Arbeitsablauf vor. Beim Umgang mit der Ätzpaste müssen Schutzhandschuhe getragen werden.

■ **Schild kleben:** Außenseite der betreffenden Scheibe reinigen und entfetten, z. B. mit Reinigungslösung D 009 401 04..

■ Selbstklebeschild mit Klarsichtfolie überkleben und die Klarsichtfolie mit Selbstklebeschild vom Unterlagspapier ablösen.

■ Selbstklebeschild mit Klarsichtfolie auf die Außenseite der jeweiligen Scheibe kleben und Selbstklebeschild glätten. Klarsichtfolie von der Scheibe so abnehmen, dass das Selbstklebeschild auf der Scheibe haften bleibt.

■ **Ätzpaste auftragen:** Paste mit Pinsel auf die Fahrzeug-Identifizierungsnummer auf der Scheibe auftragen und Paste ca. 4 Minuten wirken lassen. Unbedingt Schutzhandschuhe tragen, evtl. doch verätzte Haut mit kaltem Wasser spülen!

■ Ätzpaste mit einem nassen Tuch von der Scheibe entfernen und das Selbstklebeschild von der Scheibe abnehmen. Scheibe reinigen.

■ **Fahrzeug-Identifizierungsnummer positionieren:**

– **Auf der Frontscheibe:** Gemäß Bild 1 steht die Fahrzeug-Identifizierungsnummer »a« vom Rand der Keramikschicht = 39 mm, »b« vom Rand der Keramikschicht = 5 mm.
– **Auf der Heckscheibe:** Gemäß Bild 2 steht die Fahrzeug-Identifizierungsnummer »a« = 8 mm in Vertikalachse zum Zulassungszeichen (dem »Homologationsstempel«).
– **Auf den Seitenscheiben (Bilder 3 und 4):** Gemäß Bild 2 steht die Fahrzeug-Identifizierungsnummer »a« = 6 mm ebenfalls in Vertikalachse zu diesem Stempel.

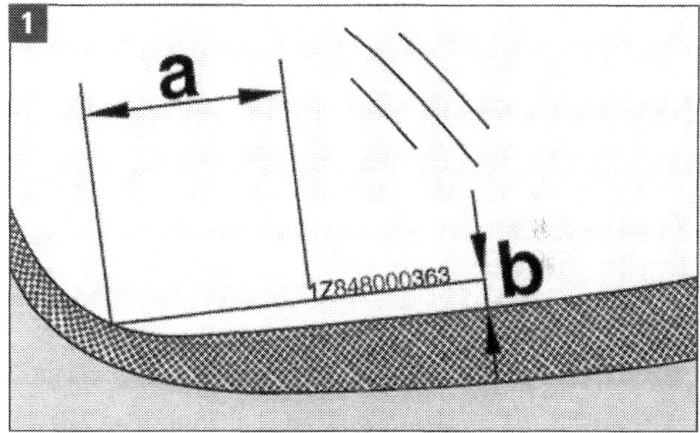

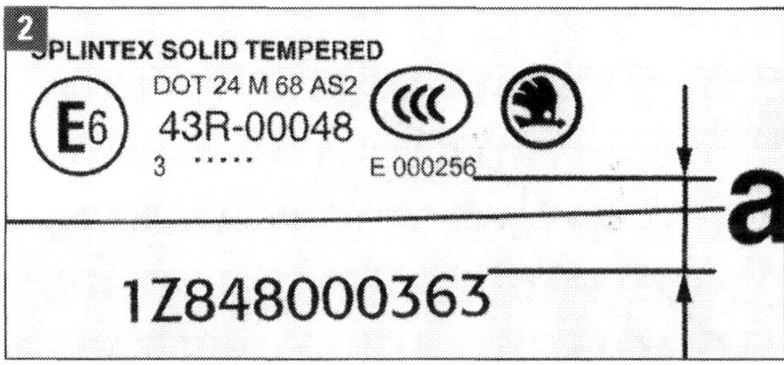

Glasscheiben-Kennung: Bild 1 Kennzeichnung an der Frontscheibe, Bild 2 Kennzeichnung an allen anderen Scheiben, Bild 3 Kennzeichnungsstellen an den Seitenscheiben der Limousine, Bild 4 Kennzeichnungsstellen an den Seitenscheiben des Octavia II Combi.
Frontscheibe rechte, Heckscheibe linke untere Ecke.

Der Innenraum

Großzügig ist das Raumangebot im Innern des Octavia II. Vordersitze und Fond bieten gute Bewegungsfreiheit, und der Gepäckraum ist bei Limousine wie Combi höchst reisefreundlich. Das Interieur besticht durch sorgsame Materialwahl. Die Bedienungselemente sind gut erreichbar, ergonomisch richtig positioniert und eindeutig gekennzeichnet.
Herausragenden Komfort in der Automobilklasse des Octavia bietet Škoda Auto mit der höchsten Ausstattungsstufe Laurin & Klement. Benannt nach den Unternehmensgründern, die in Mladá Boleslav ab 1905 Automobile herstell-

Komfort und Sicherheit: Der Octavia bietet von edlen Lederbezügen biszum optimalen Airbagsystem einen hohen Standard im Innenraum.

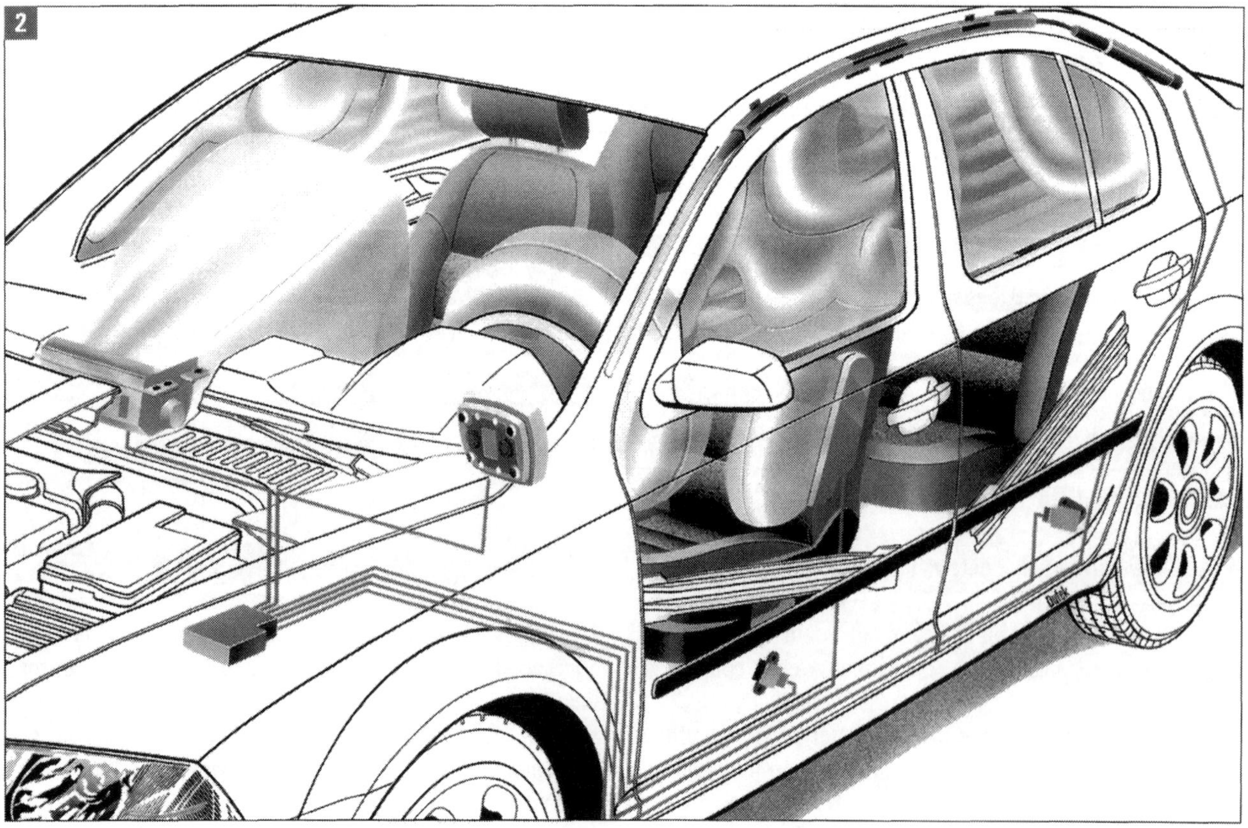

ten, vereint diese Ausstattungsversion eine exquisite Materialwahl mit feinster Verarbeitung und einem herausragenden Angebot technischer Finessen.
Von den Art Déco-Plaketten an den vorderen Kotflügeln bis zum hochwertigen »Royalty«-Interieur mit hellgrauen Sitzbezügen in der Kombination Leder/Kunstleder fehlt bei den L&K-Versionen nichts. Sogar Türleisten in Klavierlackierung gehören dazu. Die inneren Türgriffe sind beleuchtet, Kopfairbags und aktive Kopfstützen sind serienmäßig, die Limousine hat ein mechanisches Sonnenrollo und ein Netzset zur Ladungssicherung im Kofferraum, ein Ablagefach in der Rolloabdeckung des Combi-Kofferraums, gewebte Fußmatten mit silbergrauer Umrandung, die elektronisch geregelte Zweizonen-Klimaanlage Climatronic, beheizbare Vordersitze, elektrisch verstellbaren Fahrersitz und gespeicherte Anpassung der Außenspiegel.

Hoher Grad an Sicherheit

Modernste Rückhaltesysteme, darunter großvolumige Fahrer- und Beifahrerairbags sowie Seitenairbags an den Vordersitzen (Bild 2), sorgen überdies für Sicherheit. Als Sonderausstattung stehen Kopfairbags zur Verfügung. Die Insassen werden darüber hinaus durch weitere wichtige Sicherheitselemente und konstruktive Maßnahmen geschützt:

- Der Motor ist so gelagert, dass er sich bei einer starken Deformierung nicht in, sondern unter den Fahrgastraum schiebt.
- Die Pedale schwenken bei einem Aufprall zur Seite und verringern so das Risiko von Fuß- sowie Beinverletzungen des Fahrers.
- Einbauten im Innenraum, die bei einem Unfall Verletzungen verursachen könnten, beispielsweise die Armaturentafel, der Bereich der Armaturentafel unter dem Lenkrad oder die B-Säule, werden aus weichen, verformbaren Materialien gefertigt.
- Im Kofferraum kann die Ladung an Ösen gesichert werden.

Der Innenraum des Octavia II wird ferner von einer Vielzahl praktischer und durchdachter Ablagemöglichkeiten geprägt. Hierzu zählen:

- Ablagefächer in den Türen vorne und hinten,

Gutes Klima: Die Mittenausströmer für den Fond.

Clevere Ablagen: Vom Dosenhalter bis zum Staufach.

- Flaschenhalter in den vorderen Türen,
- ein geräumiges, ab »Ambiente« beleuchtetes, bei »Elegance« sogar gekühltes Fach in der Armaturentafel vor dem Beifahrersitz,
- ein abschließbares Fach in der Mitte der Armaturentafel (bei »Classic« ist es offener Stauraum) und ein
- Klappfach beim Fahrer links unterm Lenkrad.

Arbeiten im Innenraum

Unsere ausführliche Schilderung der Innenraum-Features hat schon gezeigt, dass hier mit großer Vorsicht und an manchem Funktionsdetail am besten gar nicht gearbeitet werden sollte. Ablagen und Fächer, Blenden und Spiegel, Abdeckungen und Verkleidungen, Haltegriffe und Sitze lassen sich wie bei jedem Fahrzeug recht problemlos aus- und einbauen.

Vor Arbeiten an Komponenten mit Sicherheitstechnik müssen wir allerdings warnen. Hier sollte es bei der schon früher erwähnten Gurtprüfung (Bild 6) bleiben. Wenn es an Kenntnis und Erfahrung mangelt, müssen Gurtstraffer sowie Sitze und Lenkrad mit den Airbags tabu sein. Selbst in den Werkstätten darf nur speziell geschultes Personal daran tätig werden. Vermeiden Sie, bei Reparaturen verletzt zu werden und bei Unfall keinen ordnungsgemäß funktionierenden Insassenschutz zu haben!

Ablagen, Blenden und Verkleidungen (Bilder 7 bis 9) auszubauen, kann allerdings schnell nötig werden. Mechanik, Elektrik und Elektronik sind dahinter versteckt. Aber beim Umgang mit Kunststoff-Verkleidungen Vorsicht ist geraten : Clipselemente können schnell beschädigt werden, Oberflächen sind oft kratzempfindlich. Arbeiten Sie beim Aushebeln nicht mit metallenem Schraubendreher, sondern mit einem Kunststoffkeil!

6

8

7

Stauraum: Hinter der Verkleidung steckt viel Technik.

9

Platz trotz Lautsprecher: Großes Türfach auch hinten.

Richtiges Werkzeug verwenden

Das legt nahe, gerade für die Arbeiten im Innenraum darauf zugeschnittenes Werkzeug zu verwenden. In den Werkstätten der VW-Konzernbetriebe sind einheitlich folgende Spezialwerkzeuge üblich (Bilder 10 bis 16):

- Lösehebel T10039 mit Unterlegkeil T10039/1
- Abdrückhebel 80-200
- Haken für Frontend 3370
- Absteckstift T40011
- Demontagekeil 3409
- Demontagehaken 3438
- Demontagezange 3392

Wir zeigen diese Werkzeuge hier deshalb so komplett, damit Sie im Bedarfsfall auch Ersatzlösungen finden können: Handelsübliche Kunststoffkeile, zu passenden Haken gebogene Nägel oder einen Winkelschraubendreher, Hebelwerkzeuge aus zugebogenem Metallstreifen oder Plastikmaterial, Stahldrahtstifte in Durchmessern von 0,8 bis 1,5 mm mit Griffring.

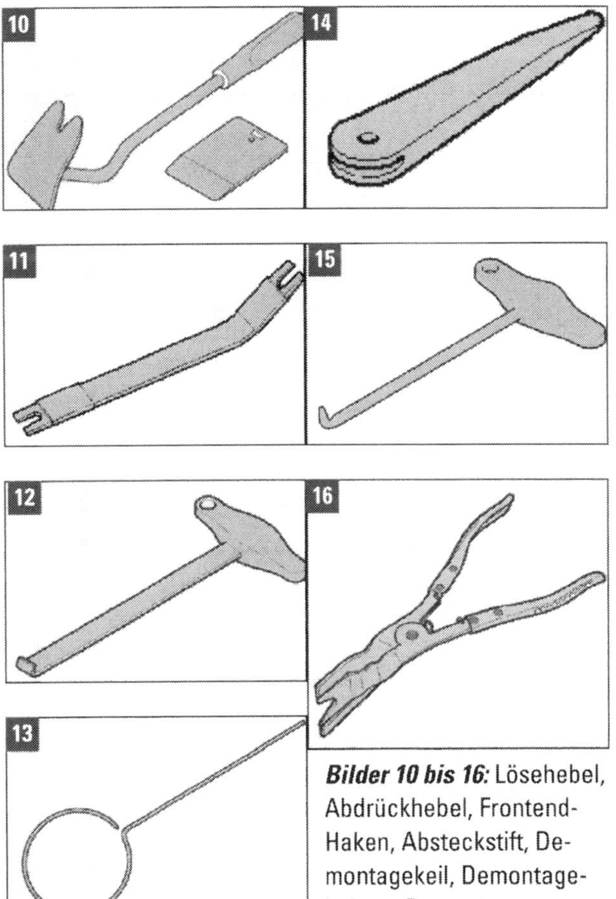

Bilder 10 bis 16: Lösehebel, Abdrückhebel, Frontend-Haken, Absteckstift, Demontagekeil, Demontagehaken, Demontagezange.

Beachten Sie unbedingt, dass alle Clips, Verschraubungen und elektrischen Steckverbindungen an oder unter Verkleidungen in logischer Reihenfolge getrennt und wieder zusammengebracht werden müssen. Machen Sie sich in komplizierteren Fällen oder bei einer Abfolge mehrerer Ausbauvorgänge eine kleine Zeichnung oder einige Fotos!

Einbaulage und Festsitz beachten

Beim Einbau von Dichtungen muss darauf geachtet werden, den richtigen Sitz herzustellen. Diese Regel ist auch wichtig, was den Sitz und den Zustand von Clips angeht. Wenn immer nötig, ersetzen Sie beschädigte Befestigungselemente unbedingt, sonst halten später Abdeckungen und Blenden nicht. Das ist besonders beim Aus- und Einbau der Säulenverkleidungen zu beachten.
Noch ein Tipp: Wenn aus unumgänglichem Grund der Umlenkbeschlag für Sicherheitsgurte abgeschraubt wurde, muss beim Wiedereinbau die Funktion der Gurthöhenverstellung geprüft werden.

PRAXISTIPP

Sicherheitstechnik entsorgen

Vor einer Verschrottung des Fahrzeugs etwa nach Unfall müssen die Airbageinheiten und Gurtstraffer nach bestimmten Vorschriften entsorgt werden. Auf keinen Fall dürfen Sie diese Komponenten wie üblichen Abfall behandeln. Das gilt auch für gezündete Einheiten und Gurtstraffer, denn es ist immer möglich, dass nicht alle ihre pyrotechnischen Ladungen wirklich gezündet wurden.

In den folgenden Arbeitsbeschreibungen gehen wir auf alle »klassischen« Reparaturen im Fahrzeuginnenraum ein. Wir demonstrieren die Vorgehensweise stets am prinzipiellen Fall und behandeln nicht jede Ausstattungsvariante, weil das bei der Vielfalt von Details im Octavia den Rahmen dieses Buches völig sprengen würde. Was Sitzanlagen, Türverkleidungen und die Mittelkonsole betrifft, setzen Sicherheits-, Steuerungs- und Komforttechnik den Möglichkeiten der Hobby-Arbeit ohnehin feste Grenzen.

Innenspiegel ausbauen und reparieren

■ **Innenspiegel ausbauen:** Die Halteplatte für den Spiegelfuß (Pfeil in Bild 1) ist an die Windschutzscheibe geklebt. Zum Abbau den Innenspiegel (1) am Spiegelfuß im Uhrzeigersinn drehen.

■ Den Spiegel von der Halteplatte abnehmen. Die Klemmfeder sitzt im Spiegelfuß.

■ Der **Einbau** erfolgt sinngemäß umgekehrt. Den Innenspiegel um ca. 90° gedreht rechts in die Halteplatte einsetzen und entgegen Uhrzeigersinn drehen, bis die Arretierfeder einrastet.

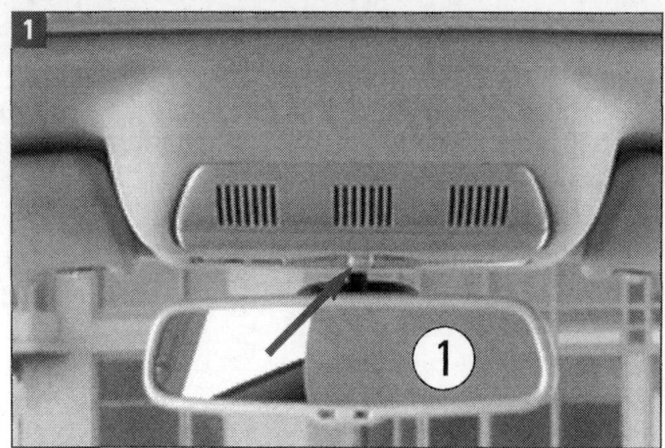

■ **Spiegel mit Regensensor ausbauen:** Wenn im Fahrzeug ein Innenspiegel mit Regensensor verbaut ist, dann müssen zum Ausbau Abdeckkappen am Spiegelfuß auseinandergedrückt und abgenommen werden.

■ Spiegelfuß mit Spiegel nach unten von der Halteplatte abziehen und die beiden Steckverbindungen vom Regensensor trennen.

■ Der **Einbau** erfolgt wieder in umgekehrter Reihenfolge.

■ **Innenspiegel reparieren:** Wenn es Schäden am Spiegel gibt, kann ein neuer eingeklebt werden. Dazu benötigen Sie ein

– Kleber-Set für Keramikklebungen (Skoda: D 000 703 A1) und einen

– Glasschaber. Den gibt es als Spezialwerkzeug »SC - 170«.

– Schleifpapier Körnung 360 ... 400.

■ Auf der Außenseite der Scheibe müssen Sie die Lage der Halteplatte kennzeichnen, z. B. mit Kreide oder abwaschbarem Filzstift.

■ Halteplatte aus dem Spiegelfuß herausnehmen und alten Kleber mit einer Drahtbürste von der Halteplatte entfernen.

■ Legen Sie das Schleifpapier auf eine plane Fläche und schleifen Sie mit leichtem Druck die drei Abstandsnoppen auf der Klebefläche ab. Die geschliffene Fläche muss schmutz- und fettfrei gehalten werden.

■ Alte Kleber- und Primerreste bis auf die Keramikvorbeschichtung mit dem Glasschaber von der Frontscheibe herunterschaben und die Klebefläche mit Reinigungslösung D 009 401 04 reinigen. Das Nylonmaschengewebe aus dem Set genau auf die Größe des Spiegelfußes zuschneiden. Tragen Sie bei diesen Arbeiten unbedingt Gummi-Schutzhandschuhe! Beschädigen Sie nicht die Keramikschicht, denn die Kratzer bleiben für immer von außen sichtbar.

■ Kleber gleichmäßig und satt auf die Halteplatte auftragen und das Nylonmaschengewebe auf die Halteplatte auflegen.

■ Mit der Tube unter weiterem Auftragen von Kleber das Nylonmaschengewebe antupfen.

■ Berücksichtigen Sie, dass vom Auflegen des Nylonmaschengewebes auf den Kleber bis zum Andrücken an die Frontscheibe nur 30 Sekunden zur Verfügung stehen.

■ Halteplatte 15 Sekunden lang fest, aber nicht mit Gewalt an die Frontscheibe drücken. Überschüssigen Kleber mit einem Lappen entfernen.

■ Nach 15 Minuten kann der Spiegel montiert werden.

■ Auch der **Innenspiegel mit Regensensor** kann auf diese Weise repariert werden. Allerdings muss der Sensor im Spiegelfuß berücksichtigt werden:

■ Primer D 009 200 02 auf die Scheibe auftragen und mindestens 10 Minuten Entlüftungszeit einhalten, maximal aber nur 1 Stunde.

■ Halteplatte zum Ankleben vorbereiten: Kleberreste entfernen, Klebefläche nass mit sehr feinem Schleifpapier (diesmal Körnung 800 ... 1200) einschleifen und mit Reinigungslösung D 009 401 04 reinigen.

■ Halteplatte ankleben: Kleber D 180 KD2 A1 direkt auf die Klebefläche der Halteplatte auftragen, und zwar in Raupe mit etwa 3 mm Durchmesser. Sofort nach dem Kleberauftrag die Halteplatte an die vorbereitete Frontscheibe andrücken.

■ Halteplatte in ihrer vorgesehenen Lage auf der Keramikschicht ausmitteln und mit Klebeband fixieren. Klebeband nach einer Stunde vorsichtig entfernen, überschüssigen Kleber mit einem Lappen abwischen und Klebestelle mit Reinigungslösung reinigen.

■ Spiegel frühestens nach drei Stunden montieren.

Säulenverkleidungen ausbauen

Um an Gerätetechnik und Bordelektrik im Innenraum heranzukommen, ist stets der Abbau von Blenden und Verkleidungen nötig. Das geschieht fast immer in vergleichbarer Weise. Es genügt also, Aus- und Einbau der wichtigsten Komponenten zu beschreiben. Ein gut geeignetes Werkzeug ist dabei ein Kunststoffkeil nach Art des flachen Demontagekeils 3409.
Die Säulenverkleidungen sind links und rechts gleich aufgebaut und befestigt. Sie müssen, oben beginnend, vorsichtig nach unten ausgeclipst und abgezogen werden. An den Gurtumlenkbeschlägen der unteren Säulenteile (Pfeil in Bild 2) müssen Schrauben herausgedreht und die Beschläge gelöst werden. Vorsicht an allen Verkleidungen mit dem Airbagzeichen! Hier sind besondere Vorkehrungen wegen der Sicherheitstechnik zu treffen.

2

Säulenverkleidung: Die Fahrzeugsäulen wie in Bild 1 ein Teil der A-Säule und in Bild 2 die B-Säule links sind mit Kunststoffverkleidungen gekapselt. Hauptsächliches Montageelement sind dabei Clipse nach Art des in Bild 3 gezeigten: (1) Säulenverkleidung, (2) Clip, (3) Hülse.

1

3

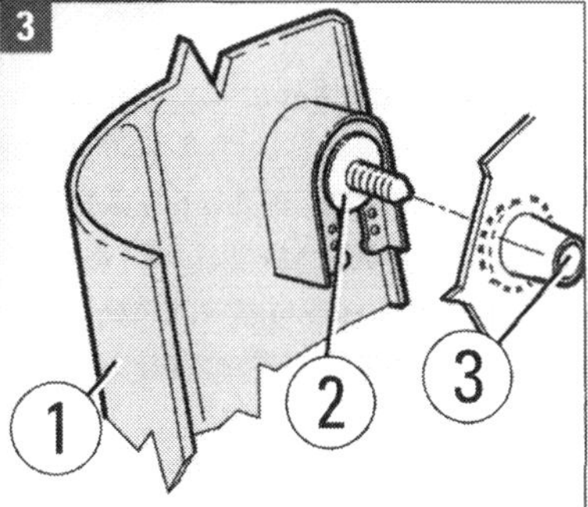

■ **Verkleidung Säule A oben ausbauen:** . Verkleidung von der Säule abclipsen, dabei von oben nach unten vorgehen. Einbau in umgekehrter Reihenfolge, Clips in der Verkleidung und Hülsen ggf. durch neue ersetzen.

Bei Fahrzeugen mit **Kopfairbag** beachten: Batteriemasseband abklemmen! Es ist die Abdeckkappe herauszuhebeln und die 3-Nm-Schraube auszubauen, ehe die Verkleidung von der Säule abgeclipst werden kann. Besser aber: nicht in Eigenarbeit! Bei Handhabung der Airbageinheiten sind die Sicherheitsvorschriften einzuhalten. Bei fehlerhaftem Vorgehen riskieren Sie die Airbagauslösung. Für die weiteren Säulen beschreiben wir den Ausbau der Verkleidung nur für den Fall ohne Kopfairbag.

■ Beim **Einbau** in umgekehrter Reihenfolge beachten, dass vor Anklemmen der Batterie die Zündung einzuschalten ist.

■ **Verkleidung Säule A unten:** Hierzu muss zuvor die untere Verkleidung der B-Säule ausgebaut werden. Dann (nur auf der Fahrerseite natürlich) den Hebel für die Entriegelung der Motorraumklappe ausbauen. Schraube herausschrauben (auch nur auf der Fahrerseite) und Verkleidung unten abziehen. Auf der Beifahrerseite kann die Verkleidung gleich nach Ausbau der unteren B-Säulenverkleidung abgezogen werden. Beim **Einbau** ggf. Clips durch neue ersetzen.

■ **Verkleidung Säule B:** Zuerst die untere Verkleidung ausbauen. Dazu das Unterteil der oberen Verkleidung lösen und das Oberteil der unteren Verkleidung mit einem langen Schraubendreher lösen und abziehen, dann die untere Verkleidung nach oben abnehmen. Auf der Fahrerseite die Stekkverbindung vom Schalter für Innenraumüberwachung trennen. Schraube (35 Nm) unten am Umlenkbeschlag des Sicherheitsgurtes an der B-Säule herausdrehen und den Beschlag lösen. Nun obere Verkleidung der Säule B zuerst an den Seiten von der Türdichtung lösen und danach im oberen Bereich die Clips von der Säule abclipsen. Den Sicherheitsgurt durch die Verkleidung ziehen (Bild 4). **Einbau** in umgekehrter Reihenfolge, ggf. Clips erneuern.

■ **Verkleidung Säule C:** Oben beginnen. Auflagen für Kofferraumabdeckung und Abschlussleiste ausbauen. 3-Nm-Schraube herausdrehen und die Verkleidung von der Säule abclipsen. Jetzt Rücksitzbank und Seitenpolster ausbauen, Rücksitzlehne vorklappen, 1,5-Nm-Schraube und Mutter ausbauen. Oberteil der Verkleidung von Säule C nach oben lösen und nach vorn abnehmen.
Einbau in umgekehrter Reihenfolge, Clips und Hülsen ggf. durch neue ersetzen.

PRAXISTIPP

Formhimmel nicht knicken!

Bei allen Arbeiten, bei denen der Formhimmel berührt wird (zur Seite drücken zum Ausbau von Säulenverkleidungen), und erst recht beim Aus- und Einbau des Formhimmels sehr vorsichtig vorgehen! Der Formhimmel ist äußerst knickempfindlich, und ein geknickter Formhimmel muss ersetzt werden.

■ **Abschlussleiste ausbauen:** Nach Öffnen der Kofferraumklappe wird am oberen inneren Rand der Fahrgastzelle die Abschlussleiste zugänglich. Sie kann, in der Mitte über dem Kofferraum beginnend, nach unten ausgeclipst werden.

■ **Säule D beim Combi ausbauen:** Abdeckung der Kofferraum-Ladekante ausbauen. 1,5-Nm-Schraube ausbauen, Abdeckkappe heraushebeln, weitere 1,5-Nm-Schraube ausbauen und den Clip abnehmen. Untere Verkleidung von Säule D abclipsen. Zum Ausbau des oberen Verkleidungsteils muss die Abschlussleiste wie beschrieben ausgebaut werden. Auflagen für Kofferraumabdeckung ausbauen, Verkleidung von Säule D ausclipsen.
Einbau wieder umgekehrt, Clips evtl. erneuern.

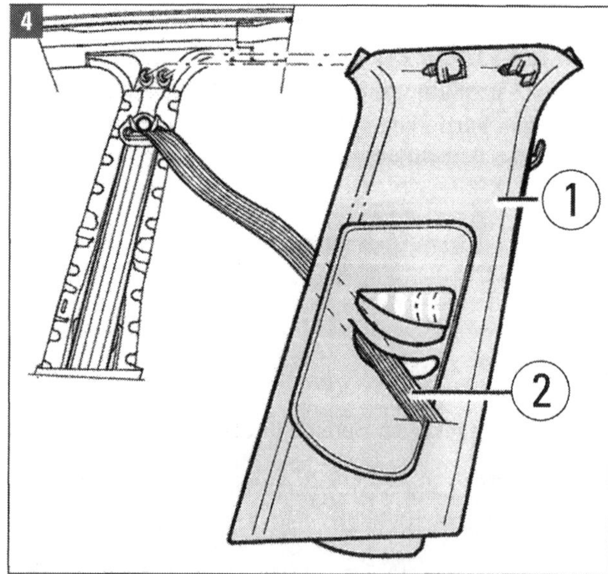

Säule B: (1) obere Verkleidung der Säule, (2) Sicherheitsgurt

Ausströmer und Bedieneinheit für Klima ausbauen

Teile der Klimaanlage ausbauen

Probleme bei Beheizung und Klimatisierung des Innenraumes kann es geben, wenn Ausströmer nicht richtig funktionieren. Deren Arbeit lässt sich bei eingeschalteter Heizung oder Klimaanlage überprüfen, indem sie mit dem Rändelrad geöffnet und geschlossen werden. Wird keine Luftstromänderung registriert, muss der Ausströmer ausgebaut und gecheckt werden.

An der Klimaanlage mit ihrem Kältemittelkreislauf, der nicht geöffnet werden darf, empfehlen wir keinerlei Arbeit. Der Komplex aus Steuergerät für Climatronic sowie Bedienungs- und Anzeigeeinheit für Klimaanlage/Climatronic kann jedoch im Schadensfall aus- und eingebaut werden. Dieser Komplex ist ein einheitliches, nicht zerlegbares Bauteil.

■ **Mittenausströmer ausbauen:** Ausströmer mit Demontagekeil (3409) im Bereich der Halteklemmen (Pfeile in Bild 2) vorsichtig heraushebeln. Stecker vom Warnlichtschalter abziehen. Beim Einbauen beachten, dass die Halteklemmen richtig montiert sind, ggf etwas nachbiegen. Prüfen Sie nach dem **Einbauen** die Ausströmer auf Leichtgängigkeit der Verstellung.

■ **Fondausströmer Mitte ausbauen:** Wieder mit dem Keil im Bereich der Halteklemmen (Pfeile in Bild 3) vorsichtig heraushebeln. Nach dem Einbauen die Leichtgängigkeit der Verstellung prüfen.

■ **Seitenausströmer rechts und links:** Die Lamellen öffnen. Mit Demontagekeil im Bereich der Halteklemmen (Pfeile in Bild 4) vorsichtig heraushebeln. Ausströmer zur Mitte hin aus dem Ausschnitt herausschwenken. Beim Herausnehmen des Seitenausströmers darauf achten, dass die Betätigungselemente der Verstellung nicht beschädigt werden, falls nicht diese defekt und der Grund für den Ausbau sind. Beim Einbauen die Halteklemmen richtig montieren, ggf. etwas nachbiegen. Nach **Einbau** auf Leichtgängigkeit der Verstellung prüfen.

■ **Fondkanal ausbauen:** Wenn trotz Überprüfung der Ausströmer noch immer kein befriedigender Luftstrom erzielt wird, sollte der Fondkanal im Fußraum links und rechts kon-

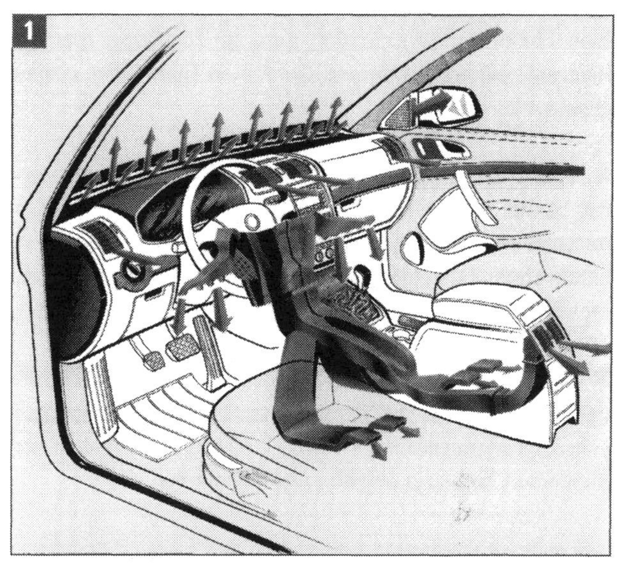

Klimaanlage:
Bild 1 das Prinzip der Luftführungen im Innenraum.
Bilder 2 bis 4 Ausströmer vorn Mitte, hinten Mitte und Seite.

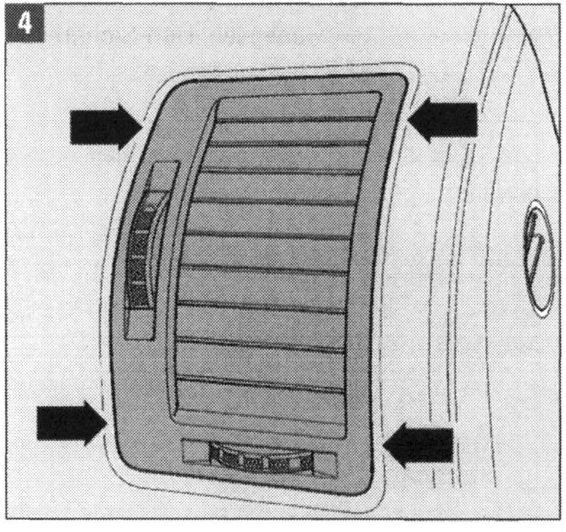

trolliert werden. Beifahrer- bzw. Fahrersitz und Mittelkonsole wie später beschrieben ausbauen, Befestigungen des Bodenbelags vorn abbauen, Bodenbelag anheben, Fondkanal aus dem Querträger ausclipsen und vom Heizgerät abziehen. Beim Einbau darauf zu achten, dass der Fondkanal erst am Heizgerät aufgeschoben und danach im Querträger eingeclipst wird.

■ **Fußraumausströmer rechts ausbauen:** Handschuhkasten wie später beschrieben ausbauen, Befestigungsschraube herausdrehen und Fußraumausströmer abnehmen. Einbau in umgekehrter Reihenfolge. Bei Fahrzeugen mit Handschuhfachkühlung auf korrekten Sitz des Kühlschlauches achten!

■ **Fußraumausströmer links ausbauen:** Unterteil links von der Schalttafel und die Dämpfung ausbauen, Befestigungsschraube herausdrehen und den Fußraumausströmer links abnehmen. Einbau in umgekehrter Reihenfolge.

■ **Climatronic-Bedienung ausbauen:** Blende (schwarzer Pfeil in Bild 5) vorsichtig mit dem Keil heraushebeln. Die zwei seitlichen und die beiden unteren Schrauben (Einbauorte unter der Blende in Höhe der roten Pfeile in Bild 5) herausdrehen und die Bedienungs- und Anzeigeeinheit für Klimaanlage/Climatronic aus der Schalttafel herausnehmen. Die Steckverbindungen trennen.

■ Nach Einbau in umgekehrter Reihenfolge die Funktion der Bedienungs- und Anzeigeeinheit prüfen.

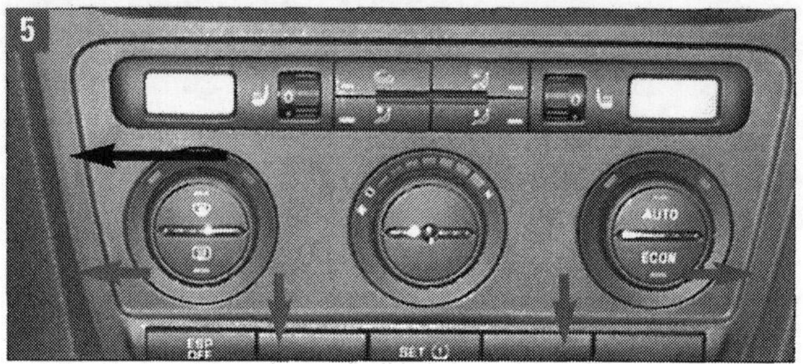

Einstiegsleisten und Formhimmel ausbauen

■ **Einstiegsleiste ausbauen:** Gebraucht werden Heißluftgebläse und Reinigungslösung (z. B. D 009 401 04). Einstiegleiste mit heißer Luft aus dem Heißluftgebläse auf ca. 100 °C erwärmen und Leiste vom Schweller trennen.

■ **Einstiegsleiste einbauen:** Berührungsfläche am Schweller mit Reinigungslösung säubern. Türdichtung im Klebebereich der Leiste abnehmen. Schutzfolien von den Klebebändern entfernen.

■ **Leiste innen** (weißer Pfeil) auf den Schweller kleben, dabei a = 145 mm von Hinterkante der Bohrung einhalten.

■ **Leiste außen** (roter Pfeil) auf Schweller kleben, wobei b = 359 mm von Hinterkante der Bohrung einzuhalten ist.

■ Für 24 Stunden nach Montage der Leisten nicht in die Waschanlage fahren.

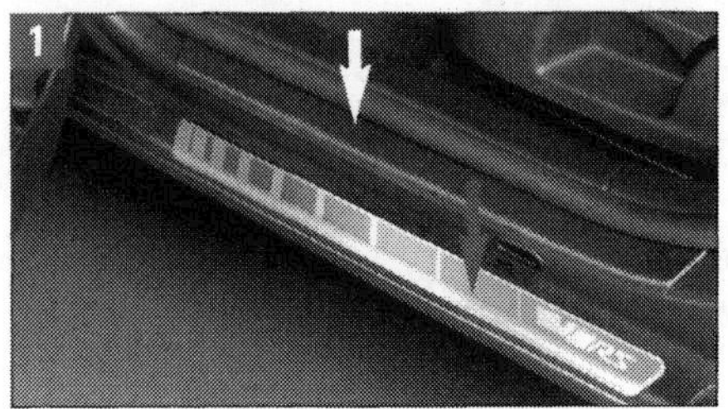

■ **Formhimmel ausbauen:** Die sehr aufwändige Prozedur erfordert den Ausbau von allem, was am Dach befestigt ist (Bild 2).

■ Verkleidungen der Säulen A, B, C oben (beim Combi auch D oben) wie beschrieben, Innenleuchten vorn und hinten wie beschrieben ausbauen.

■ Brillenablage, Dach-Haltegriffe und Sonnenblenden ausbauen (folgt später).

■ Sitze vorn und hinten umklappen und Kofferraumabdeckung herausnehmen. Den Formhimmel absenken und gemeinsam mit einem Helfer (Bruchgefahr!) aus dem Fahrzeug herausnehmen.

■ Der **Einbau** erfolgt in umgekehrter Reihenfolge.

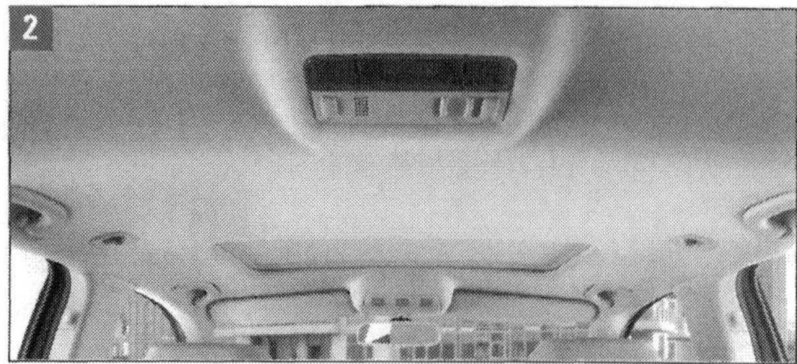

Griffe, Sonnenblenden, Ablagen ausbauen

■ **Haltegriff ausbauen:** Haltegriff nach unten klappen. Abdeckkappen (1; Bild 1) mit einem schmalen Schraubendreher aufhebeln und aufklappen.

■ Darunter befindliche Schrauben (3 Nm) herausdrehen und den Haltegriff abnehmen.

■ Der **Einbau** erfolgt in umgekehrter Reihenfolge.

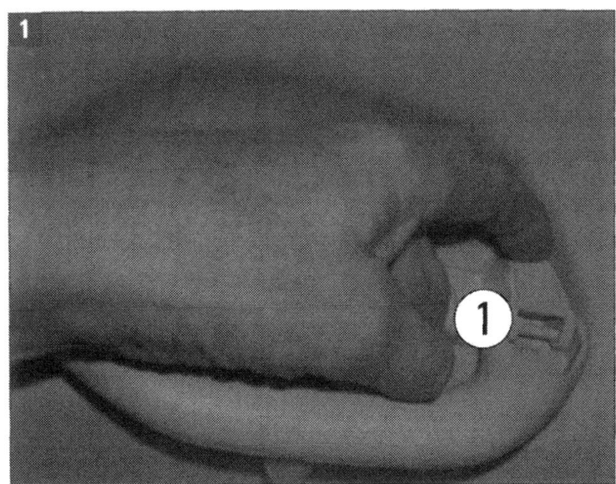

■ **Sonnenblenden ausbauen:** Sonnenblende (1, Bild 2) aus ihrer Halterung (roter Pfeil) aushängen. Abdeckkappe (schwarzer Pfeil) mit einem schmalen Schraubendreher aufhebeln und aufklappen.

■ Schraube (2 Nm) herausdrehen und Halter für Sonnenblende aushängen.

■ Sonnenblende herausnehmen. Abdeckkappe (roter Pfeil) abhebeln, Schrauben herausdrehen, Halterung abnehmen.

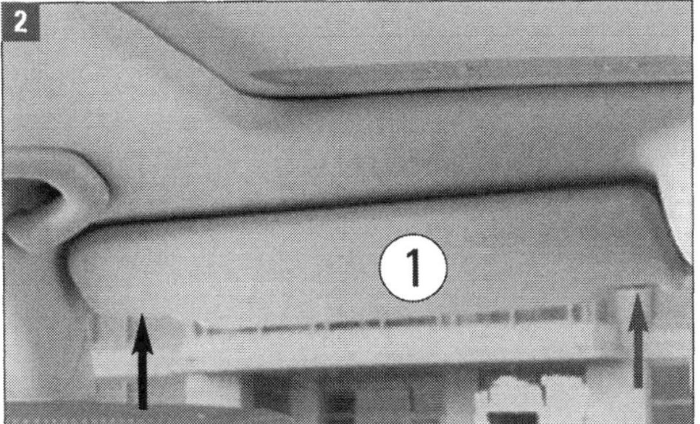

■ Der **Einbau** erfolgt in umgekehrter Reihenfolge.

■ **Brillenablage ausbauen:** Brillenablage (1) öffnen (Bild 3).

■ Brillenablage nach unten herausnehmen (Pfeile).

■ Steckverbindung trennen und die Ablage entnehmen. **Einbau** wieder in umgekehrter Reihenfolge.

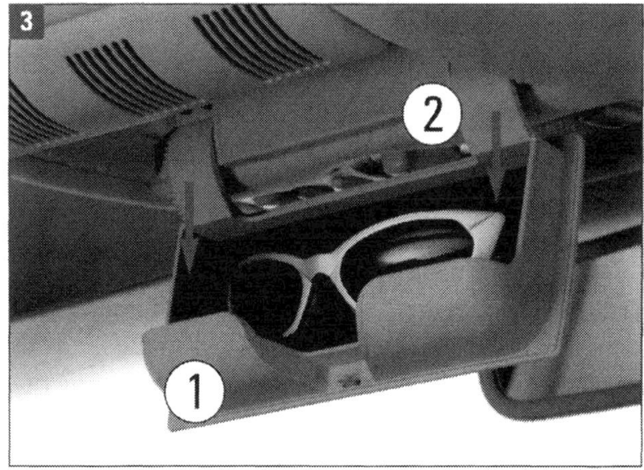

■ **Mittelkonsole ausbauen:** Abdeckung für Schalthebel (Pfeil in Bild 4) ausbauen.

■ Die frei liegenden Schrauben ausschrauben und den Ascher herausnehmen.

■ Stecker für die Ascherbeleuchtung, wenn vorhanden, nach hinten abziehen.

■ Frei werdende Schrauben ausbauen und beide Seitenabdeckungen der Konsole nach vorn abnehmen.

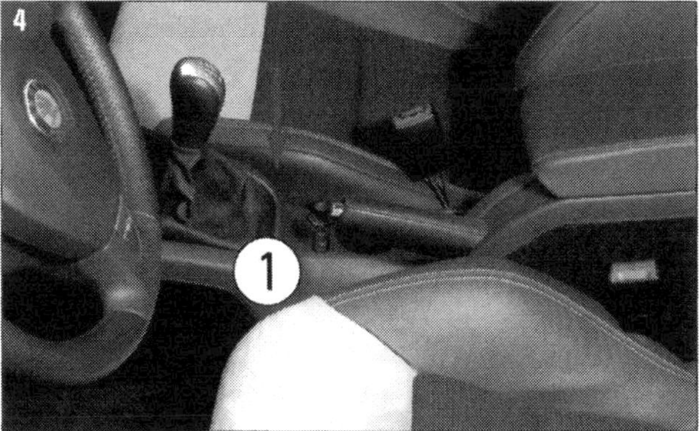

■ Hinten frei gelegte Schrauben ausbauen und den Ascher hinten herausnehmen.

■ Stecker für Ascherbeleuchtung hinten bzw. Stecker von der Betätigung für Beheizung der Fondsitze (falls vorhanden) abziehen. Ausströmer hinten herausnehmen.

■ Träger hinten an Konsole abschrauben und abnehmen.

■ Die Handbremse anziehen und die gelockerte Mittelkonsole nach oben schieben.

■ Stecker vom Zigarettenanzünder und vom Zentralverriegelungsschalter abziehen.

■ Der **Einbau** erfolgt in umgekehrter Reihenfolge.

Verkleidungen von Türen und Heckklappe ausbauen

■ Die Türen sind unterschiedlich ausgestattet und etwas unterschiedlich geschnitten, aber das Arbeitsprinzip ist in allen Fällen ähnlich. **Verkleidung Fahrertür ausbauen:** Griffschale (2) nach oben ausclipsen.

■ Die freigelegte Steckverbindung trennen (Vor Arbeiten an der elektrischen Anlage Batterie-Masseband nach gegebenen Hinweisen abklemmen).

■ Schrauben (4 Nm) unter der Griffschale ausbauen. Die Abdeckung für Hochtonlautsprecher (4) ausclipsen und Steckverbindung trennen.

■ Schrauben (1 Nm) und falls vorhanden die Fensterkurbel ausbauen.

■ Jetzt kann man die Türverkleidung von der Tür ausclipsen und nach oben abnehmen.

■ Betätigungsseilzug des Türgriffs aushängen und Steckverbindungen trennen.

■ Die Verkleidung der Beifahrertür wird ähnlich ausgebaut. Aber abweichend von der Fahrertür wird hier ein schmaler, maximal 5 mm breiter Schraubendreher in die Öffnung an der Unterseite des Handgriffes eingeführt und die Abdeckung herausgehebelt. Um Beschädigungen an der Türverkleidung zu vermeiden, sollte man einenKunststoffspachtel zwischen Schraubendreher und Türverkleidung legen. Dann die freigelegten Schrauben (4 Nm) ausbauen, erst die einzelne, dann die weiteren.

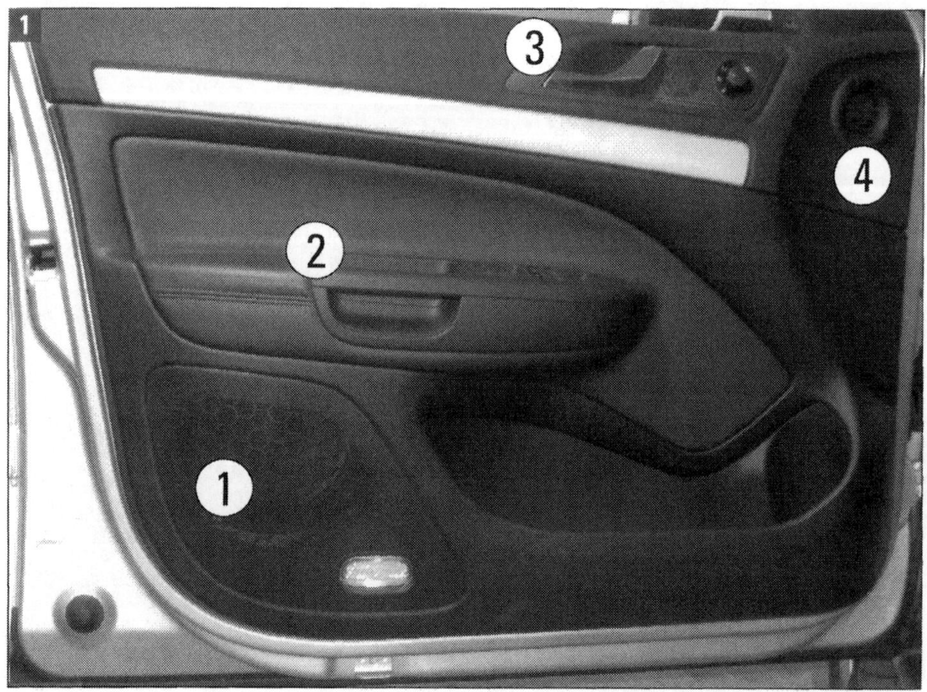

Türverkleidung: Im Bild die linke Vordertür. Die Verkleidungen sehen an allen Türen ähnlich aus.
(1) Lautsprecherblende,
(2) Armlehnenblende mit Griffschale,
(3) Türgriff,
(4) Hochtonlautsprecher.

■ Der Handgriff ist mit der Türverkleidung verschraubt. Er lässt sich daher nur von der Innenseite der ausgebauten Türverkleidung abschrauben.

■ Jetzt muss wieder an der Elektrik gearbeitet werden, also Batterie abklemmen! Abdeckung für Hochtonlautsprecher ausclipsenund Steckverbindung trennen.

■ Schrauben (1 Nm) ausbauen. Wieder die Fensterkurbel ausbauen, so vorhanden.

■ Türverkleidung aus der Tür ausclipsen und herausnehmen, den Betätigungsseilzug des Türgriffs aushängen und die Steckverbindungen trennen.

■ **Einbau** in umgekehrter Reihenfolge.

■ **Verkleidung der Fondtür ausbauen:** Ähnlich wie bei der Beifahrertür einen schmalen Schraubendreher in die Öffnung an der Unterseite des Handgriffes (roter Pfeil, Bild 2) einführen und die Abdeckung heraushebeln. Um Beschädigungen an der Türverkleidung zu vermeiden, Kunststoffspachtel zwischen Schraubendreher und Türverkleidung legen.

■ Schrauben (4 Nm) unter der herausgenommenen Abdekkung ausbauen, Abdeckung für Hochtonlautsprecher (weißer Pfeil) ausclipsen und Steckverbindung trennen.

■ Schraube und falls vorhanden Fensterkurbel ausbauen.

■ Türverkleidung aus der Tür ausclipsen und herausnehmen. Betätigungsseilzug des Türgriffs aushängen und Steckverbindungen trennen.

■ Einbau in umgekehrter Reihenfolge.

■ Falls **Fensterkurbel** vorhanden, so **ausbauen:** Abstandsring durch Zug lösen und Kurbel von der Fensterheberwelle abziehen. **Einbau** in umgekehrter Reihenfolge. Die Fensterkurbel muss bei geschlossenem Fenster parallel zum Türinnengriff stehen.

■ **Obere Verkleidung für Heckklappe ausbauen:** Aus- und Einbau der oberen Verkleidung sind bei Limousine und Combi ähnlich. Kofferraumabdeckung abnehmen und die

■ **untere Verkleidung für Heckklappe ausbauen:** Befestigungsschraube (1,5 Nm) des Handgriffes ausbauen, untere Verkleidung von der Heckklappe abziehen und hinten und an den Seiten mit einem Keil (3409) lösen. An den Seiten unten beginnen.

■ Untere Verkleidung vorn ebenfalls mit dem Demontagekeil lösen und die Verkleidung von der Heckklappe abnehmen.

■ Jetzt die obere Verkleidung erst an den Seiten mit dem Keil lösen, dann vorn ebenso und die Verkleidung von der Heckklappe abnehmen. **Einbau** der beiden Teile in umgekehrter Reihenfolge, ggf. neue Clips einsetzen.

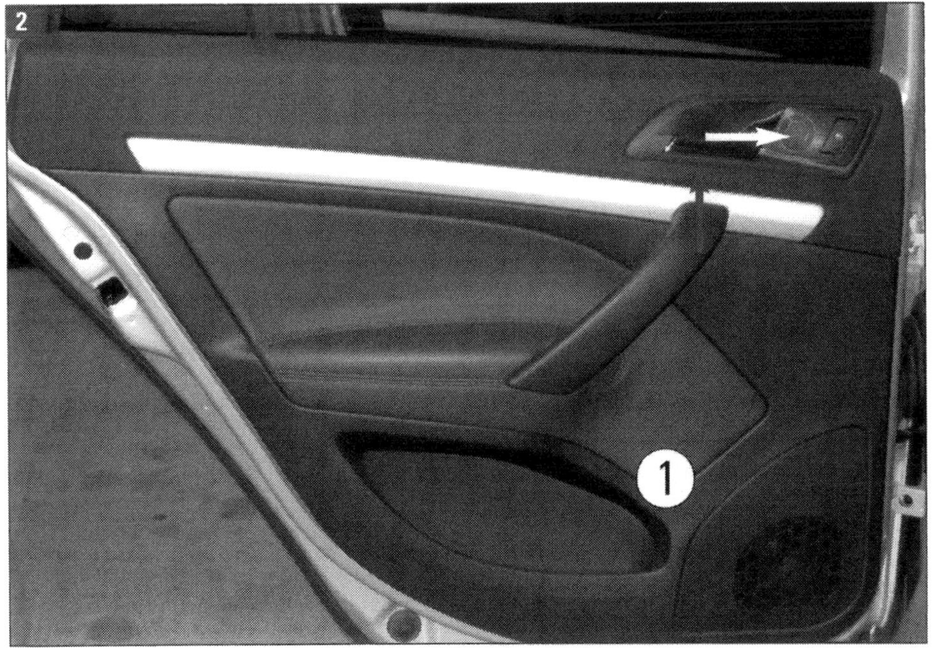

Türverkleidung: Im Bild die linke Fondtür. Die Verkleidungen (1) sind bei allen Modellen ähnlich.
Roter Pfeil: Kerbe unter dem Türgriff zum Aushebeln der Griffblende.
Weißer Pfeil: Blende am Hochtonlautsprecher.

Sitze und Sitzbank, Polster und Lehnen ausbauen

■ **Vordersitz (Bild 1) ausbauen:** Sitz nach vorn schieben (Roter Pfeil nach vorn) und die hinteren Befestigungsschrauben (40 Nm) unten an der Schiene herausdrehen.

■ Dann den Sitz nach hinten schieben (roter Pfeil nach hinten) und die vorderen Befestigungsschrauben (ebenfalls 40 Nm) herausdrehen.

■ Den Sitz im vorderen Bereich anheben (schwarzer Pfeil) und die Abdeckung für Steckverbindungen herausnehmen. Alle Steckverbindungen, je nach Ausstattung verschieden viele, aber mindestens zwei müssen es sein, trennen.

■ Sitz aus dem Fahrzeug herausnehmen.

■ Der **Einbau** erfolgt in umgekehrter Abfolge.

■ **Rücksitzbank ausbauen:** Sitzbank anheben (schwarzer Pfeil in Bild 2), bis die Verankerungsösen an der Bank-Unterseite ausclipsen.

■ Dann die Bank nach hinten drücken und nach vorn schieben (Blauer Doppelpfeil). Steckverbindungen für Sitzheizung hinten (selten eingebaut, aber möglich) trennen.

■ Zum **Einbau** Evtl.Steckverbindungen für Sitzheizung hinten aufstecken.

■ Sitzbank nach hinten schieben und so drücken, bis die Verankerungsösen in den Kunststoffhülsen verrasten.

■ **Umklappbare Rücksitzbank (Bild 2) ausbauen:** Sitzbank umklappen. Evtl. vorhandene Steckverbindungen für Sitzheizung hinten trennen.

■ Auf den Drahtrahmen drücken und Sitzbank aus den Clips herausnehmen.

■ Der **Einbau** erfolgt in umgekehrter Reihenfolge.

■ **Rücksitzlehne (1 in Bild 2) ausbauen:** Umlenkbeschlag unten für den mittleren Sicherheitsgurt ausbauen. Beide Lehnenteile entriegeln und umklappen.

■ Frei gelegte Schraube (9 Nm) ausbauen und Schelle abnehmen.

■ Lehne aus den Mittellagern aushaken und evtl. Steckverbindungen für Sitzheizung hinten trennen.

■ Lehne aus dem Fahrzeug herausnehmen.

■ **Einbau** wieder in umgekehrter Reihenfolge.

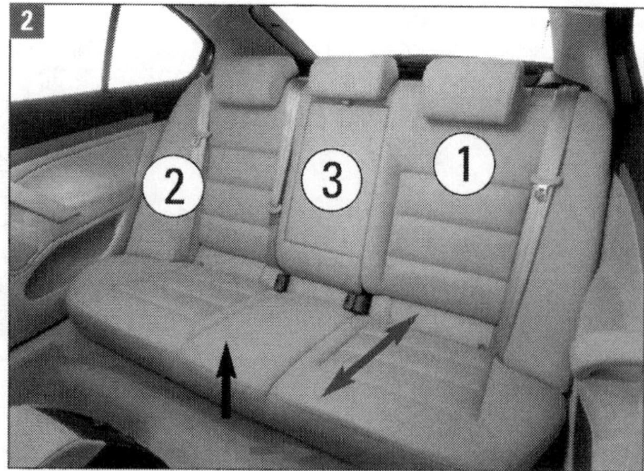

Vordersitze und Bank im Fond: Vorsicht vor Airbags!

■ **Seitenpolster (2 Bild 2) ausbauen:** Sitzbank ausbauen, Rücksitzlehne umklappen. Seitenpolster nach vorn drücken und nach unten herausnehmen.

■ Zum **Einbau** Seitenpolster nach hinten drücken und nach oben einschieben. Rücksitzlehne einclipsen.

■ **Armlehne hinten (3 in Bild 2) ausbauen:** Armlehne vorklappen. Schrauben (9 Nm) ausbauen und die Lehne aus dem Fahrzeug herausnehmen.

■ **Einbau** in umgekehrter Reihenfolge. Vorsicht mit der Schraubarbeit bei empfindlichen Lederbezügen!

Handschuhfach Beifahrerseite ausbauen

■ **Handschuhfach Beifahrerseite ausbauen:** Zuerst die Seitenabdeckung für Schalttafel rechts (Bild 1) mit dem Demontagekeil (gut geeignet: 3409) ausbauen.

■ Die vier Befestigungsschrauben (2, Bild 2) ausbauen. Sie haben 1,4 Nm Anzugsdrehmoment.

■ Handschuhfach (1) ein wenig herausziehen. Wenn Sie ein Handschuhfach mit Airbag-Schlüsselschalter (Bild 3) für Beifahrerairbags haben, sind die besonderen Sicherheitsmaßnahmen bei Reparaturen am Airbagsystem zu beachten.

■ Steckverbindung für den Schlüsselschalter für Beifahrerairbags trennen.

■ Stecker vom Schloss, Stecker von der Handschuhfachleuchte und einen eventuell vorhandenen Luftschlauch (Fachkühlung) abziehen.

■ Handschuhfach herausnehmen.

■ **Einbau** in umgekehrter Reihenfolge. Beachten Sie dabei unbedingt, dass bei Fahrzeugen mit dem Airbag-Schlüsselschalter vor Anklemmen der Batterie die Zündung eingeschaltet werden muss.

Da beim Ausbau des Fachs an der elektrischen Anlage gearbeitet werden muss: Batterie-Masseband abklemmen. Beim Anklemmen die im Kapitel »Fahrzeugelektrik« dazu gegebenen Hinweise beachten.

■ In ähnlicher Weise das **Schalttafelunterteil ausbauen:** Lichtschalter ausbauen, Abdeckung links und rechts sowie mit dem Keil die Seitenabdeckung für Schalttafel links ausbauen. Befestigungsschrauben herausdrehen und den Diagnosestecker ausclipsen. Schalttafelunterteil aus dem Fahrzeug herausnehmen.

1

Handschuhfach ausbauen: Mit dem Demontagekeil (Kunststoff) wird die Seitenwand rechts von der Schalttafel gehebelt (Bild 1). Bild 2: Handschuhfach (1) aus der Schalttafel Beifahrerseite herausgeschraubt. (2).

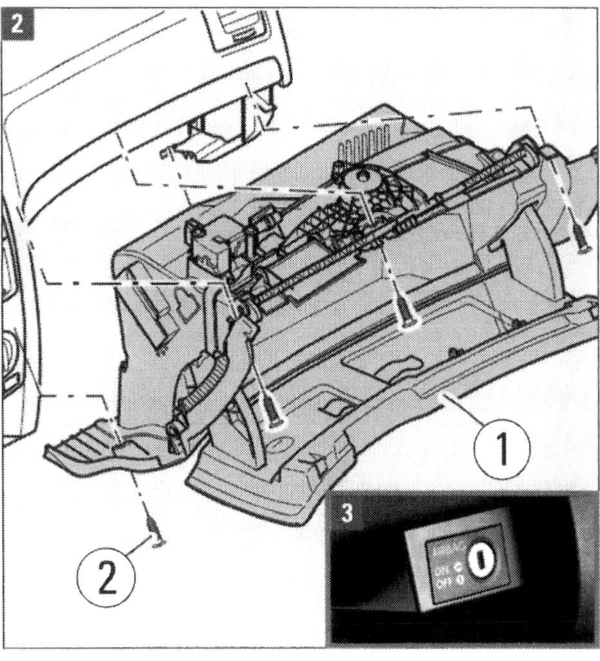

Fensterheber

Störung	Was kann das sein?	Was kann oder muss ich tun?
A Fensterscheibe wird nur in eine Richtung verstellt	**1** Schalter defekt; weniger wahrscheinlich: Fehler im Türsteuergerät	Schalter auswechseln Türsteuergerät mit Diagnosesystem überprüfen lassen (Fehler auslesen)
B Fensterscheibe wird in keine Richtung verstellt	**1** Fensterscheibe schwergängig; Sicherung wegen Motorüberlastung defekt	Fensterscheibe in den Führungen gängig machen Evtl. Sicherung erneuern
	2 Motor läuft nicht, obwohl die Sicherung nachprüfbar in Ordnung ist	Spannung direkt an die Motoranschlüsse legen. Wenn der Motor jetzt läuft, liegt der Fehler in der Zuleitung. Läuft der Motor nicht: auswechseln!
	3 Seilführungen ausgerissen	Reparatursatz Fensterheber verbauen
C Fensterscheibe wird im gesamten Verstellbereich zu langsam verstellt	**1** Fensterscheibe in den Führungen verklemmt, Führungen gebrochen	Reparatursatz Fensterheber verbauen
	2 zu hohe Reibung in der gesamten Mechanik	Mechanik ohne Scheibe auf Reibungsverluste überprüfen; ggf. erneuern
	3 Kabelverbindungen defekt oder oxidiert	Überprüfen, reinigen, ggf. auswechseln
	4 Schalter defekt oder oxidiert	Überprüfen; ggf. auswechseln
D Fensterscheibe wird an der oberen Grenze des Verstellbereichs zu langsam verstellt	**1** Fensterscheibe in den Führungen verklemmt. In seltenen Fällen Schaden an den Aufnahmen	Reparatursatz Fensterheber verbauen
	1 seltener Fehler: Mitnehmer gebrochen oder verrutscht	Reparatursatz Fensterheber verbauen Ratsam: Fehlerspeicher auslesen lassen

Zentralverriegelung

Störung	Was kann das sein?	Was kann oder muss ich tun?
A Verriegelung funktioniert nicht	**1** Sicherung durchgebrannt	Erneuern
	2 Motor der Fahrer- oder Beifahrertür defekt	Funktion überprüfen, ggf. auswechseln
	3 Verkabelung unterbrochen	Überprüfen, ggf. erneuern
B Schlösser werden entriegelt, aber nicht verriegelt	**1** Verkabelung unterbrochen	Überprüfen, ggf. erneuern
	2 Mehrfachstecker an Motor und Türkasten locker oder oxidiert	Festen Sitz kontrollieren, ggf. reinigen
	3 Schalter in Servomotor defekt	Durchgangsprüfung an den entsprechenden Motorklemmen durchführen
C Schlösser werden verriegelt, aber nicht entriegelt	**1** Motor der Fahrer- oder Beifahrertür defekt	Funktion überprüfen, ggf. auswechseln
	2 Mehrfachstecker an Motor und Türkasten locker oder oxidiert	Festen Sitz kontrollieren, ggf. reinigen
	3 Schalter in Servomotor defekt	Durchgangsprüfung an den entsprechenden Motorklemmen durchführen
D Eines der Schlösser funktioniert nicht	**1** Motor defekt	Funktion überprüfen, ggf. auswechseln
	2 Kabel- oder Steckerverbindung am Servomotor oder Türkasten defekt	Überprüfen und ggf. instand setzen
	3 Mechanische Übertragungsteile klemmen	Teile auf Funktion überprüfen und festen Sitz kontrollieren. Ggf. Teile etwas fetten; verschlissene Teile auswechseln
	1 Schlüsselbatterie erschöpft oder Fehler in der Schlüsselelektronik	Neue Batterie einsetzen; ggf. muss Schlüssel ersetzt werden

Die Kommunikation

Der Octavia II genügt im Bereich Multimedia beispielhaften Standards für die untere Mittelklasse. Die entsprechenden Komponenten lassen sich auf individuelle Ansprüche abstimmen. Drei auf den Octavia zugeschnittene Audiosysteme werden angeboten.

Die Anlagen

- Melody,
- Stream und
- Audience

können nur in den Octavia eingebaut werden, was das Diebstahlrisiko erheblich verringert. Externe oder integrierte CD-Wechsler und ein Sound System mit zwölf Lautsprechern, Verstärker samt Equalizer und ein digitaler Signalprozessor ergänzen das Audioangebot.

Zwei unterschiedliche Navigationssysteme stehen zur Wahl. Das Autoradio Audience ist erstmals mit einem Doubletuner ausgestattet. Er hat eine zweite, zusätzlich zur klassischen Stabantenne auf dem Dach in der Heckscheibe (Limousine) oder im rechten Seitenfenster (Combi) integrierte Empfangseinheit. Das garantiert einen weit besseren und über weite Strecken rauschfreien Radioempfang.

Das Navigationsgerät

Das im Octavia verbaute Navigationsgerät verbindet die Funktionen von Radiogerät, CD-Wechsler und Navigationssystem. Im Doppel-DIN-Gehäuse des Systems befinden sich ein

- RDS-Autoradio, eine
- TMC-Box für den Empfang von Verkehrsmeldungen,
- das Farbdisplay 6,5 Zoll (16:9), ggf. auch ein schwarzweißes (monochromatisches) Display,
- ein Navigationssystem mit GPS-Satellitenempfänger und
- ein CD-Laufwerk für Navigationssystem, mit dem Audio-Discs abspielbar sind. Das System kann mit einem externen CD-Wechsler nachgerüstet werden, der links hinten hinter der seitlichen Abdeckung im Kofferraum im Gerätefach installiert wird.

1

2

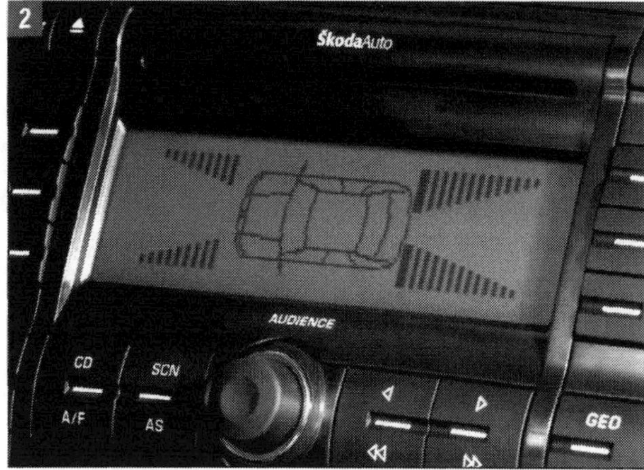

3

Diebstahlsicher: Originalradios (hier »Audience«) sind nur im Octavia zu gebrauchen. Bild 3: Navigationssystem.

Die Dachantennen

Die Antennen mit Antennenverstärker im Fuß werden in drei Ausführungen eingebaut, wobei zum Aus- und Einbau der Formhimmel hinten abgesenkt werden muss (»Innenraum«).
- Die einfache Ausführung hat nur den einen Anschluss für das Antennenkabel zum Radio.
- Die erweiterte Ausführung hat zwei Anschlüsse: für Antennenkabel zum Radio und für Antennenkabel zur Telefonvorbereitung und Telefonanlage.
- Die Maximal-Ausführung hat dazu noch als dritten Anschluss einen für das Antennenkabel zur Navigation.

Der Antennenfuß mit eingeschraubter Antenne wird mit einer Sechskantmutter mit Zahnscheibe auf das Dach geschraubt. Mutter und Zahnscheibe sind durch einen Kunststoffring verbunden. Im Bereich der Zahnscheibe muss Kontaktfett auf die Dachinnenseite aufgetragen werden.
In der einfachen Ausführung lässt sich der Antennenstab vom Antennenfuß abschrauben. Bei den beiden erweiterten Ausführungen ist die Dachantenne ein kombiniertes Bauteil. Der Antennenstab lässt sich nicht abschrauben, sondern nur herunterklappen.

DasMultifunktionslenkrad

Verfügbar sind die zwei Ausführungen »Audio« und »Audio + Telefon«. Zu Reparaturzwecken und zum Austausch sind aus dem Lenkrad die Tasteneinheiten und das Steuergerät auszubauen, wobei rechte und linke Tasteneinheit völlig identisch behandelt werden. Tasten und Steuergerät sind äußerst einfach durch Abziehen des Steckers vom Steuergerät und Herausnehmen der jeweiligen Baugruppe auszubauen.
Allerdings muss zuvor die Airbageinheit Fahrerseite ausgebaut werden, was keine Arbeit für Hobbyschrauber sein darf. Ans Lenkrad also muss schon die Fachwerkstatt! Wenn die Airbageinheit abgenommen wurde, liegen die Komponenten frei:
- Rechte Tasteneinheit, identisch für beide Ausführungen des Multifunktionslenkrades,
- Linke Tasteneinheit, unterschiedlich je nach Ausführung,
- Steuergerät für Multifunktionslenkrad und
- Kabelstrang.

Das Multifunktionslenkrad ist eigendiagnosefähig. Für diese Prüfung wird allerdings das Werkstattsystem (VAS 5051) benötigt. Genutzt wird die Funktion »Geführte Fehlersuche«.

4

Multifunktionslenkrad: Verfügbar sind die beiden Ausführungen »Audio« und »Audio + Telefon«.

Radio ausbauen mit Abstellen des CD-Wechslers

■ **Radios Typ »Stream« und »Audience« ausbauen:** Radio, Zündung und alle elektrischen Verbraucher ausschalten. Das Radio Audience (Bilder 1/ 2 Seite 146, und 1/2 diese Seite unten) enthält einen 6-fach-CD-Wechsler, dessen CD-Laufwerk vor dem Ausbau des Radios aus dem Fahrzeug »abgestellt« werden muss, um Schäden des Laufwerks durch unbeabsichtigte Erschütterungen bei Arbeiten außerhalb des Fahrzeug-Cockpits zu vermeiden:

■ **Abstellen des CD-Wechslers:** Bei abgezogenem Zündschlüssel mit dem Drehknopf das Radio einschalten.

■ Durch Drücken der „EJECT"-Taste sich vergewissern, dass der Wechsler leer ist (alle Positionen »NO CD« gemäß Bedienungsanleitung des Radios).

■ Beide Tasten mit einfachem Pfeil drücken und ca. 2 Sekunden lang gedrückt halten. Nach der Anzeige »System Debug" die Tasten loslassen.

■ Mit der Vorwahltaste das Feld »Hardware« wählen. Durch Betätigung dieser Taste in die weitere Anzeigefläche übergehen.

■ In dieser Anzeigefläche die Vorwahltaste »CD TRANS« drücken, um den Befehl zum Abstellen des Laufwerks auszusenden. Ein Gongton bestätigt den Befehl.

■ Nach dem Gong die „BACK"-Taste drücken. Dadurch erscheint wieder in der Anzeigefläche »System Debug«. Das Radio geht nach ca. 10 Sekunden in die Standard-Anzeigefläche des FM-Senders zurück.

■ Mit dem Drehknopf das Radio ausschalten. Jetzt wird das Laufwerk abgestellt, wenn alles korrekt durchgeführt wurde. Hören Sie auf die Geräusche des Laufwerks, die beim Abstellen ähnlich sind wie beim CD-Wechsel. Das Radio ist zum Herausnehmen vorbereitet, wenn alle Geräusche nachlassen.

■ Bei entsprechend ausgestatteten Fahrzeugen jetzt den **Handyhalter lösen:** Handy aus der Halterung herausnehmen und mit einem kleinen Schraubendreher die obere Abdeckung der Handykonsole mit dem Handyträger vorsichtig aus den Verrastungen nehmen. Die Befestigungsschrauben der Halterung herausschrauben und die Halterung nach unten aushängen. Steckverbindungen trennen.

■ **Weiter Radio-Ausbau:** Abdeckrahmen des Radios (rote Pfeile in Bild 1) mit einem Schlitzschraubendreher vorsichtig entriegeln und Abdeckkappen (1) heraushebeln.

■ Schrauben 1,5 Nm unter den Abdeckkappen herausdrehen und Radio aus der Schalttafel herausziehen. Antennenkabel und Steckverbindungen trennen.

■ **Einbau** in umgekehrter Reihenfolge.
Beim Einschieben des Radios nicht auf Display oder Bedientasten drücken! Wenn das Radio ersetzt wurde: anpassen und codieren.

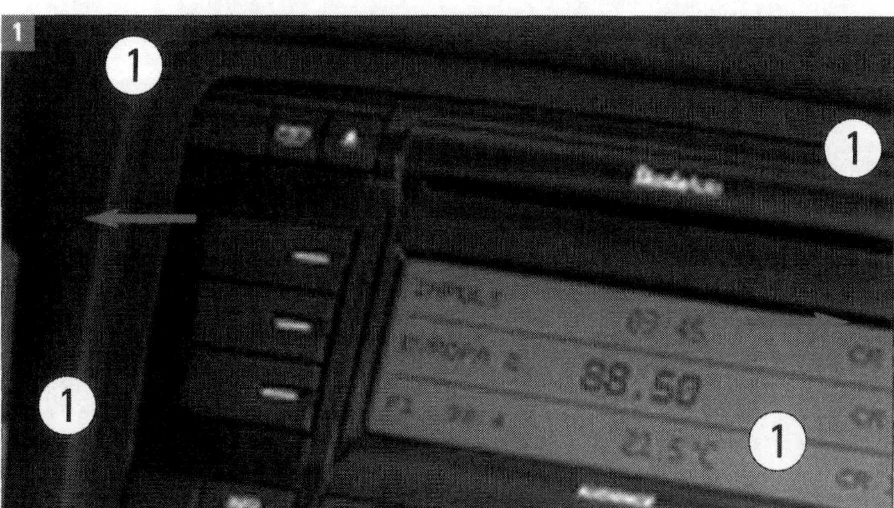

Radio »Audience«:
(1) Abdeckungen über den Schrauben. In Bild 2 weist der rote Pfeil auf die Abdeckung (1) rechts unten am Gerät.

■ **Radio Typ »Melody« ausbauen:** Radio, Zündung und alle elektrischen Verbraucher ausschalten. Der Ausbau des Typs »Melody« (Bild 3) erfolgt analog zu Stream und Audience. Es entfällt das Abstellen des CD-Wechslers. Abdeckrahmen des Radios mit einem Schlitzschraubendreher vorsichtig entriegeln und Abdeckkappen (1) heraushebeln.

■ Schrauben (2; 1,5 Nm) herausdrehen und Radio aus der Schalttafel herausziehen. Antennenkabel und Steckverbindungen trennen.

■ Der Einbau erfolgt in umgekehrter Reihenfolge, dabei nicht auf Display oder Bedientasten drücken, um das Gerät nicht zu beschädigen.

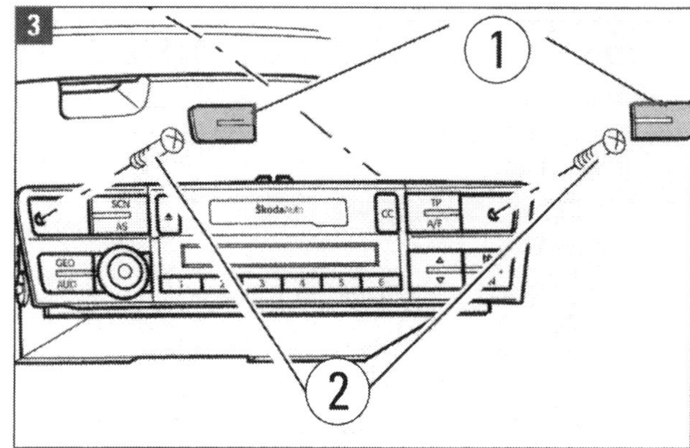

Radio »Melody«: (1) die Abdeckkappen, die abgehebelt werden, um an die Schrauben (2) heranzukommen.

CD-Wechsler im Kofferraum ausbauen

■ **CD-Wechsler aus- und einbauen:** Das Gerät hat seinen Einbauort im Kofferraum hinter der abnehmbaren Seitenverkleidung links (Bild 1). Er kann dort auch nachgerüstet werden. Zum Ein- und Ausbau ist das VW-Entriegelungswerkzeug für Radio »T 10057« (Bild 2) erforderlich. Benötigt werden zwei dieser Haken, die sich ggf. in Selbsthilfe herstellen lassen.

■ Radio, Zündung und alle elektrischen Verbraucherausschalten.

■ Entriegelungswerkzeuge in die Entriegelungsschlitze (Pfeile Bild 1) stecken, bis sie einrasten. Diese Hakenwerkzeuge dürfen nicht zur Seite gedrückt oder verkantet werden!

■ CD-Wechsler aus der Halterung herausziehen.

■ Um die Radio-Entriegelungswerkzeuge wieder abzuziehen, müssen die seitlichen Rastnasen am CD-Wechsler nach innen gedrückt werden.

■ Steckverbindung trennen und Gerät entnehmen.

■ **Einbau** erfolgt in umgekehrter Reihenfolge.

■ Der **Anschluss** befindet sich an der Rückseite des CD-Wechslers. Es ist eine 12-fach-Steckverbindung. Im Falle des Nachrüstens ist die Kenntnis der Steckerbelegung wichtig. Sie ist folgendermaßen festgelegt (Bild 3):

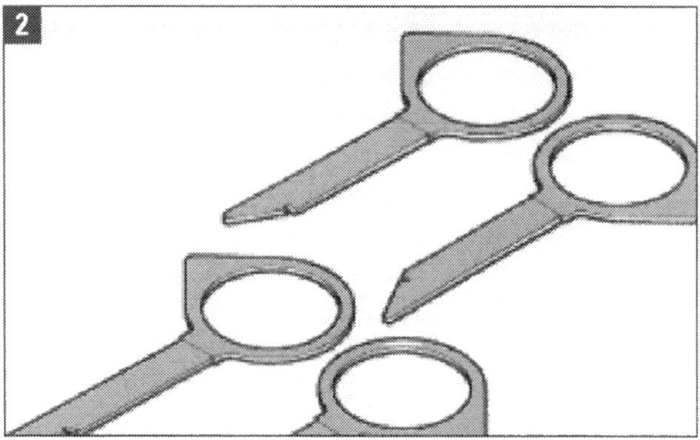

CD-Wechsler: Bild 1 zeigt Einbau im Kofferraum links, Pfeile: Ausbauschlitze. Bild 2: Haken T10057 zum Ausbau.

1 – data CD out (in Radio)
2 – CD-CLK out (in Radio)
3 – CD Masse
4 – data CD in (aus Radio)
5 – nicht belegt
6 – 12 V Stromversorgung (vom Radio)
7 – rechter Kanal +
8 – geschaltetes Plus (vom Radio)
9 – Signalmasse
10 – linker Kanal +
11 – nicht belegt
12 – nicht belegt

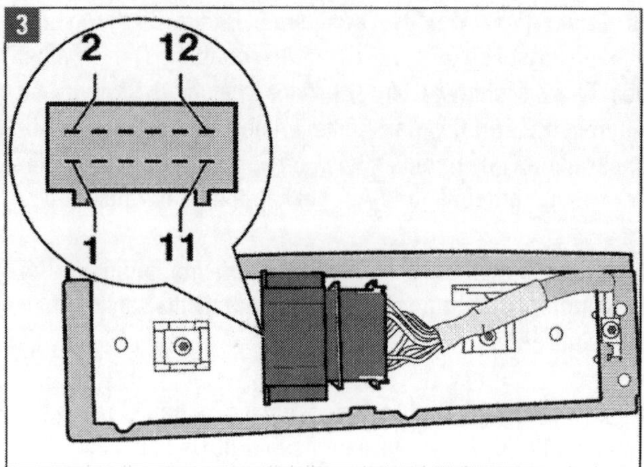

Einbauorte für die Lautsprecher des Audiosystems

Um beschädigte Lautsprecher der umfangreichen Soundanlage zu wechseln oder um zusätzliche Lautsprecher im Falle des Umstiegs auf ein höheres Level der Radioanlage einzubauen, müssen die definierten Einbauorte bekannt sein. Aus- und Einbau erfolgen durch Entfernen von Verkleidungen und Blenden (meist mit dem Demontagekeil) und durch Aus- und Einclipsen oder Ab- und Anschrauben.

Basis des Octavia-Soundsystems ist ein externer Achtkanal-Audioverstärker mit digitaler Tonverarbeitung. Schnittstelle zwischen Verstärker und Radio sind vier Niederfrequenzleitungen und der CAN-Datenbus Infotainment. Der Verstärker bei Ausstattung mit dem Soundsystem verwendet für die Kommunikation mit dem Radio den CAN-Datenbus Infotainment, über den auch die Eigendiagnose von Verstärker und Lautsprechern erfolgt.

Durch die vom Radio auf den Datenbus gesendeten Signale erfolgen das Ein- und Ausschalten des Verstärkers und das Umschalten zwischen den sechs vom Hersteller vorgegebenen Effekten im »Digital Sound Processor« DSP. Die Ausstattung mit dem Soundsystem kann nur mit dem Radio »Audience« kombiniert werden, das ein integriertes Menü für den Wechsel der Effekte enthält und das Ein- und Ausschalten des Verstärkers ermöglicht. Daher haben wir auf den vorangegangenen Seiten auch vorrangig diesen Radiotyp dargestellt.

Zum Aus-/Einbau von Lautsprechern:

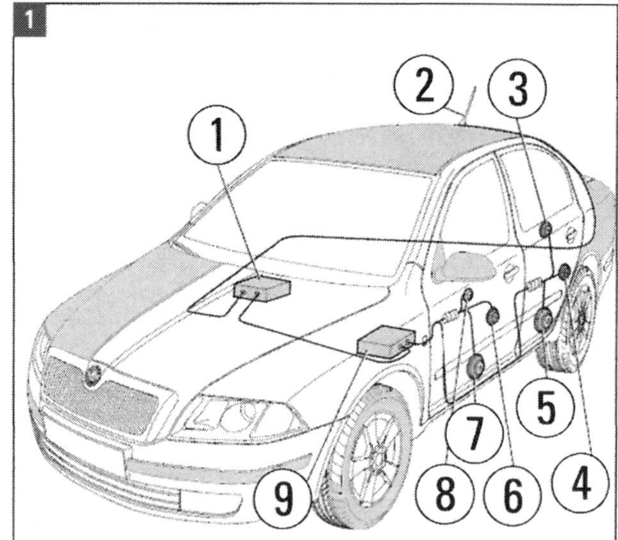

Octavia-Soundsystem: (1) Radio in der Mittelkonsole, (2) Dachantenne mit Antennenverstärker, (3) Hochtonlautsprecher neben dem Türinnengriff hinten, (4) Mitteltonlautsprecher an der Türverkleidung hinten, (5) Tieftonlautsprecher hinten in der Tür, (6) Mitteltonlautsprecher an der Türverkleidung vorn, (7) Tieftonlautsprecher vorn in der Tür, (8) Hochtonlautsprecher neben dem Türinnengriff vorn, (9) Verstärker unter dem Fahrersitz.

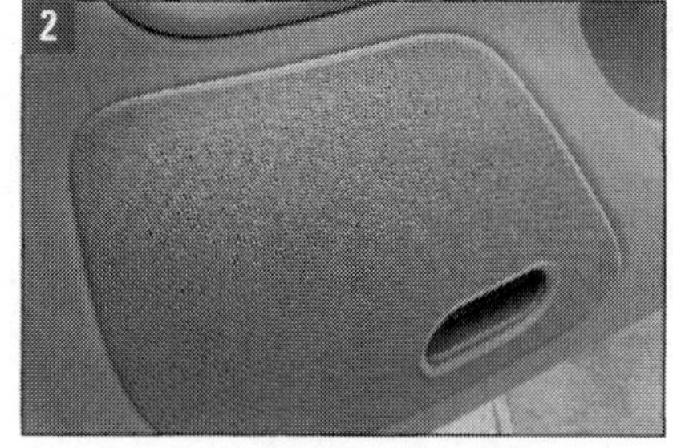

Mitteltonlautsprecher: Einbau in der Türverkleidung vorn.

■ **Tieftonlautsprecher ausbauen:** Radio ausschalten. Verkleidung der jeweiligen Tür ausbauen (»Innenraum«) und Steckverbindung am Lautsprecher trennen.

■ Die bei den Vordertüren sechs, an den hinteren Türen vier Nieten, mit denen der Lautsprecher befestigt ist, mit einem geeigneten Bohrer abbohren und den Lautsprecher herausnehmen. Unbedingt alle Bohrspäne aus der Tür entfernen, da es sonst zu Korrosionsschäden kommen kann. Wenn durch das Ausbohren Lack beschädigt wurde: Schäden sofort beseitigen.

■ Der **Einbau** erfolgt in umgekehrter Reihenfolge. Neuen Lautsprecher mit passenden Blindnieten befestigen.

■ **Mittel- und Hochtonlautsprecher ausbauen:** Verkleidung der Tür (Bild 2) ausbauen (»Innenraum«) und Steckverbindung am Lautsprecher trennen. Die Hochtonlautsprecher sind teilweise fest mit der Türinnenbetätigung verbunden. Dann muss diese ausgebaut werden. Schrauben (1,5 Nm) herausdrehen, Lautsprecher herausnehmen.

■ Der **Einbau** erfolgt in umgekehrter Reihenfolge.

Navigationssystem und Handy-Steuergerät ausbauen

■ **Radio-Navigationsgerät ausbauen:** Für einen eventuellen Austausch brauchen Sie die Ersatzteilnummer für das komplette Radio-Navigationssystem (Bild 1). Sie befindet sich auf einem Aufkleber am Gehäuse. Notieren Sie sich die Nummer. Ansonsten erfolgt der Ausbau ganz ähnlich wie für die Radios angegeben:

■ Navigationsgerät, Zündung und alle elektrischen Verbraucher ausschalten. Bei entsprechend ausgestatteten Fahrzeugen den Handyhalter wie beschrieben lösen.

■ Abdeckrahmen des Navigationsgerätes mit einem Schlitzschraubendreher vorsichtig entriegeln und die 1,5-Nm-Schrauben (liegen darunter, rote Pfeile in Bild 1) herausdrehen. Navigationsgerät aus der Schalttafel herausziehen, Antennenkabel und Steckverbindungen trennen.

■ Der **Einbau** erfolgt in umgekehrter Reihenfolge. Drücken Sie beim Einschieben des Gerätes keinesfalls auf Display oder Bedientasten, damit nichts beschädigt wird. Wenn das Navigationssystem ersetzt wurde, muss das neue Gerät angepasst und codiert werden.

Octavia-Telefonanlagen sind in den Ausführungen als Basis-Telefonvorbereitung oder als universale Telefonvorbereitung möglich. Sind Fahrzeuge damit ausgerüstet, so ist ein nachträglicher Einbau von Handys möglich.

■ **Basisversion:** Dieses Netzwerk umfasst Antenne für Radio/Telefon, Radio, Türenlautsprecher, Spannungsversorgung (Klemmen 15, 31 und 58d), Anschlussstecker für Telefonvorbereitung und Antennenleitung für Telefon hinter dem Radio. Mikrofon in der Innenleuchte.

■ **Universalversion:** Sie umfasst Antenne für Radio/ Telefon, Radio, Türenlautsprecher, Spannungsversorgung für Telefonanlage, Mikrofon für Telefon in der Innenleuchte, 54-fache Steckverbindung am Steuergerät für Bedienelektronik des Handy (»Interface-Box« J412) und die Interface-Boxselbst, Steckverbindung in der Handy-Halterung, Antenne für bluetooth (falls vorhanden) an der Interface-Box.

■ **Interface-Box ausbauen:** Beifahrersitz ausbauen, Clips ausclipsen und Deckel von Interface-Box abnehmen. Stekkverbindung und Antenne für bluetooth (falls vorhanden) trennen. 1,7-Nm-Schrauben herausdrehen und den Halter für Interface-Box aus dem Fahrzeug herausnehmen.

■ Interface-Box aus dem Halter entnehmen. Dieses Gerät steuert die Telefoneinpassung.

■ **Einbau** in umgekehrter Reihenfolge.

Fahrzeugelektrik: Licht, Wischer, Instrumente

Elektrik im Auto ist so alt wie das Kraftfahrzeug selbst. Aber sie geht über Motor starten, Licht und Scheibenwischer inzwischen weit hinaus. Im Fahrzeugbetrieb kann es daher zu vielfältigsten Ausfällen, Fehlern und Schäden kommen. Dass man mit etwas Kenntnis und geeignetem Werkzeug auch in diesem Bereich einige Probleme selbst beheben kann, zeigen wir in diesem Kapitel.

Das Bordnetz

Ihr Octavia ist vom Start an auf elektrischen Strom angewiesen. Motorsteuerung und Kraftstoffeinspritzung müssen mit Elektroenergie versorgt werden. Alle für Fahrbetrieb, Sicherheit und Bequemlichkeit eingebauten Systeme und die gesamte Lichtanlage sind ohne sie arbeitsunfähig.
Autoelektrik war daher immer schon hochwichtig und gewinnt ständig noch mehr an Bedeutung. Die meisten Innovationen im Kraftfahrzeug sind heute von Elektrik und Elektronik geprägt. Das Auto kommuniziert inzwischen via Internet und Satellit, nimmt über Dutzende Sensoren die verschiedensten Daten auf, reagiert darauf automatisch und ist trotz vieler Taster, Schalter, Anzeigenleuchten und Instrumente doch erstaunlich einfach und intuitiv zu bedienen.

Bus-Systeme CAN und MOST

Das dezentral aufgebaute moderne Bordnetz des Octavia mit verteilten Steuergeräten (Bild 1), Relaisplätzen, Sicherungsboxen und Kupplungsstationen für die Kabel ermöglicht schnelle und genaue Fehlerdiagnose, allerdings in erster Linie mit dem schon in früheren Kapiteln erwähnten Werkstattsystem für Diagnose und Information. Das Bordnetz beruht auf dem Bus-System, bei dem auf einer Gruppe von Leitungen viele Informationen parallel übertragen werden.
Zahlreiche Funktionen sind über »CAN-Bus« miteinander vernetzt, dem »Controller Area Network«, das aus mehreren Bussystemen aufgebaut ist. Die einzelnen Systeme werden über eine Schnittstelle zusammengeführt, um reibungslosen Datenaustausch zu garantieren.
Die CAN-Technik gewährleistet sehr schnelle Datenübertragung zwischen den Steuergeräten, gestattet Platzgewinn durch kleinere Steuergeräte und Stecker und ermöglicht die Einsparung von Kabeln und Sensoren, weil Signale mehrfach genutzt werden. Sie verlangt aber auch ein ganz bestimmtes Vorgehen bei der Reparatur im Leitungssystem. Z. B. darf bei allen Reparaturen an der Fahrzeugelektrik keinesfalls gelötet werden, erlaubt sind nur Quetschverbindungen. Leitungsstrangreparaturen dürfen nur mit dem Service-Koffer ausgeführt werden.

Bestimmte Komponenten der Elektrik/Elektronik an Bord, vor allem Geräte der Kommunikation und des Entertainment, sind mit einem speziellen Bus-System unter der Bezeichnung MOST verbunden. In diesem Teil des Bordnetzes werden Lichtwellenleiter eingesetzt, die ein noch strikteres Einhalten von Vorschriften und Arbeitsweisen erfordern. Arbeiten daran sind Sache der Fachwerkstatt.
Nötige Arbeiten an der elektrischen Anlage sind aber durchaus nicht immer von der kompliziert gewordenen Elektronik verursacht. Pflege und Wartung der Batterie, Ersetzen von Lampen im ausgedehnten Beleuchtungssystem oder Austausch von Sicherungen sind durchaus zu bewältigen. Dazu geben wir im Folgenden die wichtigsten Beispiele.

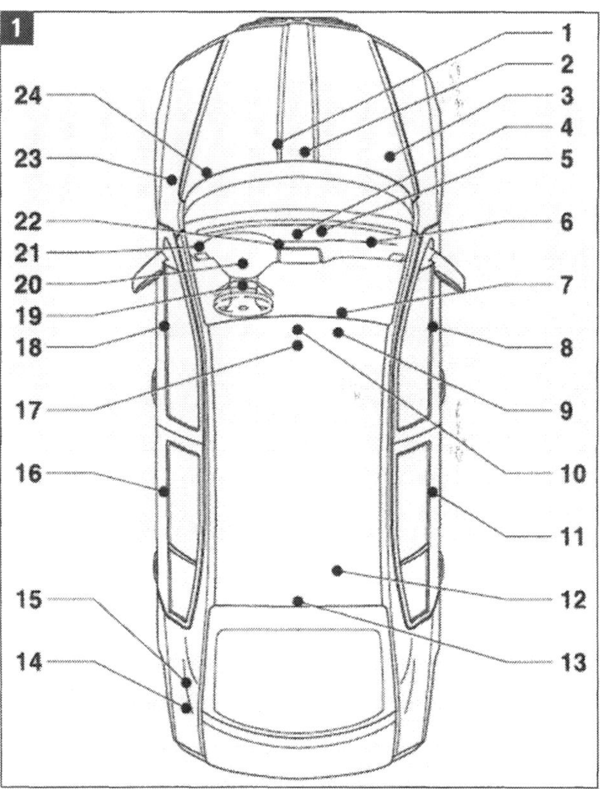

Steuergeräte: (1) für Servolenkung, (2) für Motor, (3) für ABS/EDS/ASR/ESP, (4) für Airbag, (5) für Leuchtweitenregelung, (6) für Komfortelektrik, (7) für Handy-Bedienung, (8, 11, 16, 18) Türsteuergeräte, (9) für beheizbare Vordersitze, (12) für Kraftstoffpumpe, (13) für Allradantrieb, (14) für Einparkhilfe, (15) für Anhängererkennung, (17) für Schiebedachverstellung, (19) für Lenksäulenelektronik, (21) für Bordnetz, (23) für automatisches Getriebe.
(10) Geber für Fahrzeugneigung, (20) Schalttafeleinsatz, (22) Diagnose-Interface für Datenbus, (24) Steckverbindungen im Wasserkasten.

Batterie

Liefert die am Vortag noch intakte Batterie des Octavia (Bild 2) keinen Strom, hat vielleicht ein defekter Verbraucher im Bordnetz den Akku über Nacht leer gesaugt. Blei-Säure-Batterien können auch Wasser aus der Batterieflüssigkeit verlieren, was allerdings bei wartungsfreien Akkus eher unwahrscheinlich ist. Auch Selbstentladung durch lange Standzeiten oder Tiefentladung durch versehentlich nicht ausgeschaltete starke Stromverbraucher kommen als Ursache in Frage.

Defekte Verbraucher zu finden, ist schon eine knifflige Sache. Eine ausgebaute Batterie oder den Akku in einem vorübergehend stillgelegten Fahrzeug aufladen, das ist zu schaffen, und das sollten Sie einmal im Monat tun. Denn damit das Fahrzeug starten kann, muss der Anlasser ausreichend Power erhalten. Das sind zwischen 400 Watt (Durchdrehen des warmen Motors) und 2.000 Watt (Kaltstart). Diese Startenergie bereitzustellen, ist die wichtigste Aufgabe der Batterie.

Energie zum Start: Batterie links hinten im Motorraum. Die Abdeckung wurde entriegelt (Pfeil) und abgenommen.

Zuverlässige Lichtmaschine: Generator rechts am Motor.

Generator

Der im Fachjargon »Lichtmaschine« genannte Drehstrom-Synchrongenerator des Octavia (Bild 3) versorgt, vom Motor über den Keilriemen (Pfeil) mit angetrieben, schon bei Motorleerlauf alle elektrischen Aggregate mit Strom und lädt ständig die Batterie auf. Der Generator bringt es auf mehr als 2 kW Elektroenergie. Leistungsdioden besorgen die Gleichrichtung des produzierten Wechselstroms. Der Generator im Octavia ist wartungsfrei, selbst die Schleifkohlen im Spannungsregler von Bosch oder Valeo sind ohne Weiteres für 100.000 Kilometer gut.

Je schneller die Lichtmaschine dreht, umso höher steigt die Spannung. Der Regler schützt vor Überspannungen und verhindert ein Überladen der Batterie. Er ist an die Lichtmaschine angeschraubt und reguliert die Betriebsspannung je nach Temperatur von Batterie und Umgebung auf Werte zwischen 13,8 und 14,5 Volt im so genannten 14-Volt-Toleranzfeld.

Anlasser

Der Schub-Schraubtrieb-Anlasser des Octavia ist unten ans Getriebegehäuse montiert. Auf dem Anlasser sitzt ein Magnetschalter mit den Anschlüssen Klemme 30 (dickes Pluskabel von der Batterie) und Klemme 50 (dünnes Kabel vom Zündanlassschalter). Beim Starten wird Spannung ans Einrückrelais (Magnetschalter) gelegt. Der Relaisanker zieht den Einrückhebel an, der den Mitnehmer gegen den Zahnkranz des Motorschwungrads schiebt. Wenn das Ritzel bis zum Ende des Schubweges eingespurt ist, wird der Startermotor eingeschaltet.

Funktioniert beim Starten der Anlasser nicht: Kontakte überprüfen, durchmessen. Der Magnetschalter oder die Schleifkohlen können klemmen oder stark abgenutzt sein. Auch ein Verschleiß der Lagerung ist möglich.

Die Beleuchtung

Die Fahrzeugbeleuchtung ist das zentrale aktive Sicherheitselement im nächtlichen Straßenverkehr und bei schlechten Sichtverhältnissen am Tage. Wegen der weiter wachsenden Verkehrsdichte ist das Fahren mit Licht am Tag bereits aktuell geworden. Nach Untersuchungen kann mit Tagfahrlicht die Zahl der Unfälle beträchtlich reduziert werden.
Der Octavia ist entsprechend ausgestattet. Seine Lichttechnik ist schon über Steuergeräte in den Daten- und Kommunikationsverbund des Fahrzeugs integriert. Neue Funktionen werden realisiert und vernetzt.

Für Sicherheit auf der Straße

Die in die Breite orientierten Scheinwerfer (Bild 4) unterstreichen eindrucksvoll den Auftritt des Octavia. Hinter den Kunststoff-Abdeckscheiben in Klarglas-Optik verbirgt sich moderne Lichttechnik, die für großflächige und gleichmäßige Ausleuchtung der Fahrbahn sorgt. Halogen-Abblendscheinwerfer (H7-Lampen) in Reflexionstechnik sind serienmäßig.
Xenon-Licht ist optional, ebenso (seit 2008) das wirkungsvolle Abbiegelicht. Zur Xenon-Ausstattung gehört eine dynamische Leuchtweiteregulierung, die den Neigungswinkel der Lichtbündel automatisch an die jeweilige Karosserielage anpasst, und die Scheinwerfer-Reinigungsanlage mit Hochdruck-Wasserstrahl.
Die serienmäßigen Halogen-Nebelscheinwerfer liegen in den großen Lufteinlässen der Front-Stoßfängerverkleidung. Die Rückleuchten sind großflächig und zugunsten einer breiten Kofferraumklappe bei der Limousine zweigeteilt. Die hochgesetzte dritte Bremsleuchte hinter der Heckscheibe ist mit leistungsstarken, langlebigen Leuchtdioden bestückt.
Komfort bieten die Assistenzsysteme (»Light Assistant«) mit »Coming Home« und »Leaving Home« (kurzzeitiges Abblendlicht) sowie »Tunnel Light«, dem automatischen Einschalten des Abblendlichts in Dämmerung oder Tunnel.

Reichhaltige Ausstattung

WISSENSWERTES

Für Fahr- und Betriebssicherheit sowie hohen Komfort bietet die Fahrzeugelektrik eine reichhaltige Liste. Das alles gehört, oft recht unauffällig, jedenfalls sehr schnell selbstverständlich, dazu und sollte auch in regelmäßige Kontrollen einbezogen werden:

- Innen- und Leseleuchten,
- Abschaltautomatik für Innenleuchte vorn,
- beleuchteter Ablagekasten,
- beleuchteter Ascher,
- Kofferraumbeleuchtung,
- Warnsummer für nicht ausgeschaltetes Licht und/oder Radio,
- Schalter in der Konsole,
- Fahrerinformationssystem,
- Instrumenteneinsatz (Schalttafeleinsatz) mit Anzeigen, Zählern, Leuchten und Beleuchtung,
- Doppeltonfanfare,
- Scheibenwisch-/Scheibenwaschanlage,
- Scheinwerferreinigungsanlage,
- Zigarrenanzünder,
- Elektrische Außenspiegel (beheizbar, einstellbar),
- Elektrische Fensterheber,
- Elektrisches Schiebe-/Ausstelldach,
- Zentralverriegelung mit Funkfernbedienung und Komfortschließung,
- Beheizbare Sitze,
- Radio, Navigation, Handy-Freisprechanlage.

Scheinwerfer: Normal und Nebel in die Breite orientiert.

Die Scheibenwischanlage

Über das innovative Bordnetz des Octavia wird auch die Steuerung der Scheibenwischer geregelt. Die Wischeranlage ermöglicht neben dem Wischen in Geschwindigkeitsstufe Stufe 1 und 2, dem Intervallbetrieb (zwischen 2 und 24 Sekunden) und dem Regen- und Lichtsensorbetrieb das Tippwischen und Waschen.

Wischerfunktionen

Die Scheibenwisch- und -waschanlage ist ein komplexes System, das mit vier Steuergeräten vernetzt ist: dem im Schalttafeleinsatz, dem für Wischermotor, dem für Bordnetz und dem für Lenksäulenelektronik. Das gewährleistet z. B. die Servicestellung bei stehendem Fahrzeug nach Aktivierung der Funktion Tippwischen und die alternierende Parkstellung. Dabei fährt der Wischer bei jedem zweiten Abschalten der Wischeranlage in eine Unterhub-Endstellung und wieder ein Stück aufwärts. Er klappt das

Für gute Sicht: Bedienhebel für die Wisch-/Wasch-Anlage am Lenkstockschalter.

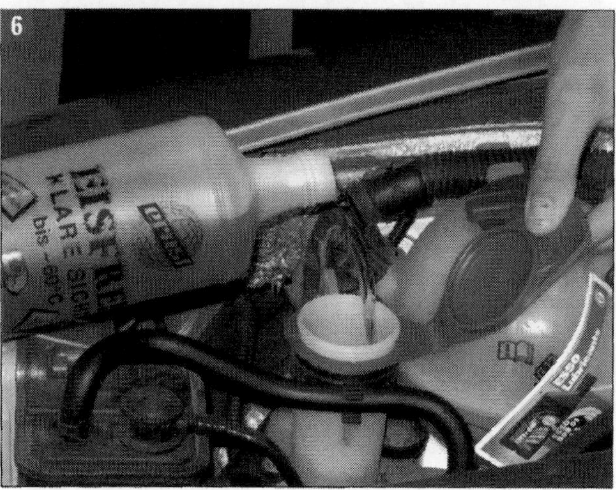

Wird elektrisch gepumpt: Wasser und Frostschutzmittel.

Wischergummi auf der Scheibe um und erhöht so dessen Lebensdauer.
Es gibt vier von der Fahrzeuggeschwindigkeit abhängige Intervallstufen, die mit dem kleinen Schalter (roter Pfeil in Bild 5) auf dem Bedienhebel (weißer Pfeil) der Wisch-/Wasch-Anlage gewählt werden. Das Frontwischersystem ist eine einmotorige Anlage mit mechanischer Verbindung zwischen den beiden Wischern. Es stoppt automatisch bei offener Motorhaube.
Der Heckwischer beginnt bei eingeschalteten Frontwischern automatisch zu laufen, wenn im Fahrzeug der Rückwärtsgang eingelegt wird. Natürlich ist er auch separat einzuschalten.

Regen-/Licht-Sensor

Was viel Komfort bedeutet, kann allerdings auch Nachteile haben. Verfügt man im Octavia über den (optionalen) »Sensor für Regen- und Lichterkennung«, dann machen schon verschmutzte Frontscheiben Probleme. Der Sensor deutet Insekten, Salzschlieren und Betauung als Regentropfen und schaltet den Wischer an. Auch Wachs und Glanztrockner oder beschichtete Scheiben können die Sensorfunktion stören. Reparaturen an der Frontscheibe »im Bereich der sensiblen Fläche des Sensors« werden nicht empfohlen. Bei Frontscheiben-Wechsel muss der Sensor neu codiert werden.
Der Sensor lässt sich allerdings auch nicht deaktivieren. Wenn das geschieht, ist die automatische Fahrlichtsteuerung ohne Funktion. Der Wischer arbeitet dann aber ganz normal.

Helfer im Netz

Damit Sie die Elektrik Ihres Autos einfach, zuverlässig und sicher nutzen können, gibt es Schaltstellen, Leitungsstränge und Sicherheitsvorkehrungen. Die zahlreichen Schalter, Taster und Stecker (Bilder 7 und 9) können bei Defekt durchaus Ursache für eine Störung im elektrischen System sein. Zur Kontrolle verwenden Sie am besten eine Prüflampe mit Nadelkontakt. Defekte Schalter müssen Sie auswechseln. Dazu stets Zündung und elektrische Verbraucher ausschalten, Zündschlüssel abziehen.

Relais

Im Fahrzeug gibt es Verbraucher, die hohen Strom aufnehmen. Sie werden nicht direkt durch Schalter, sondern durch Schaltrelais in Betrieb genommen. Wird ein Schalter betätigt, aktivieren Sie dadurch zunächst nur einen geringen Schaltstrom. Erst über das Schließen des Schaltstromkreises wird der Stromkreis für den Arbeitsstrom hergestellt.

Sicherungen

Schmelzsicherungen schützen die elektrischen Systeme. Sie treten in Aktion, wenn bei Kurzschluss oder bei Anschluss zusätzlicher Verbraucher an ausgelastete Stromkreise der Strom plötzlich stark ansteigt. Das Innenleben der Sicherung wird zerstört, der Stromfluss unterbrochen. Wo sich Relaisträger und Sicherungshalter im Octavia befinden, zeigen wir im folgenden Abschnitt. Die vom Innenraum her zugänglichen Sicherungen z. B. sind im Halter seitlich links in der Schalttafel zu finden (Bild 8).

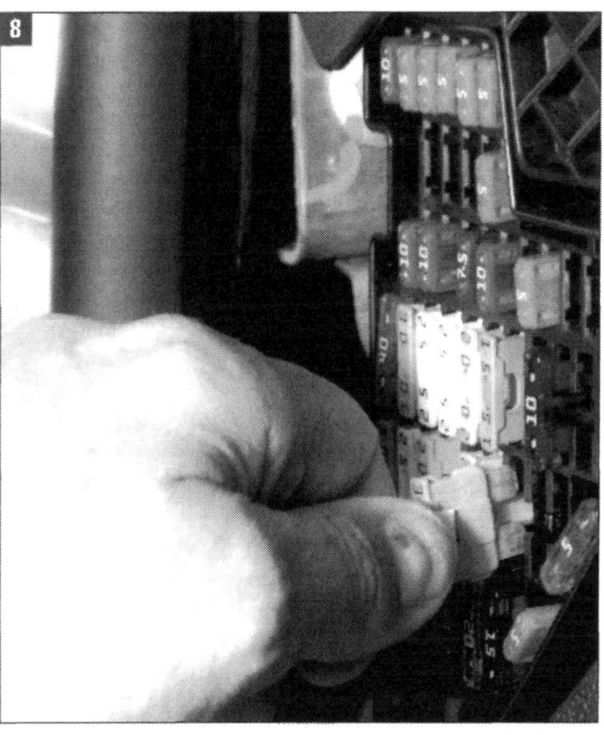

Elektrikschutz : Sicherungskasten in der Schalttafel links.

Bauteilkennung und Kabelfarben

Die Elektrik wird anschaulich durch Stromlaufpläne. In deren Legende sucht man das Bauteil, um das es sich dreht. Es hat Kennbuchstaben in Kombination mit Zahlen. In allen Stromlaufplänen werden für gleiche Bauteile gleiche Bezeichnungen verwendet. Die Kabel sind ebenfalls gut geordnet: Farben weisen den Weg, und die meisten Anschlüsse an den Mehrfachsteckern wie an den Relais sind nummeriert.

Schalter satt: Im Cockpit ist die Bedienung konzentriert .

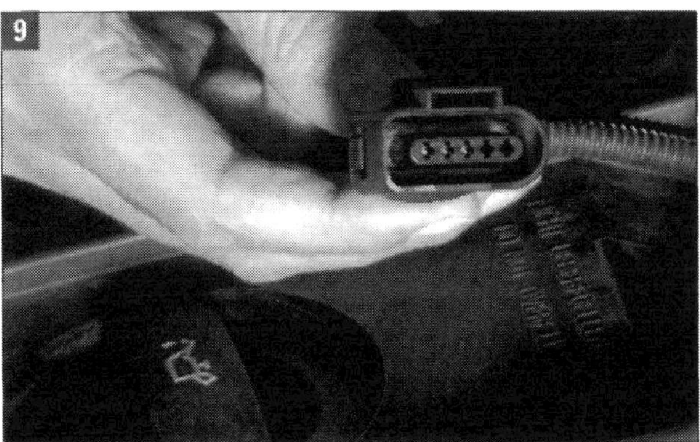

Für guten Kontakt: Einer der zahlreichen Steckverbinder.

Batterie: Sichtprüfung und richtige Behandlung

Fehlt der »normalen«, nahezu wartungsfreien Batterie doch einmal Flüssigkeit (Sichtprüfung!), füllen Sie destilliertes Wasser nach, weil Leitungswasser ebenso wie abgekochtes Wasser Salze und andere mineralische Stoffe enthält, die der Batterie schaden. Wirkt die Batterie trotz richtigem Säurestand kraftlos, wird per Säureheber die Säuredichte in der Batteriezelle geprüft. Diese Prüfung gibt zusammen mit der Belastungsprüfung Aufschluss über den Batteriezustand. Sie entfällt bei den wartungsfreien Vlies-Batterien. Diese erkennt man am schwarzen Gehäuse mit dem Aufdruck VRLA.
Batteriestopfen müssen gut schließend eingeschraubt sein. Zum Laden muss die Batterie eine Mindesttemperatur von 10 °C haben. Schnellladen schadet der Batterie und ist nur im Ausnahmefall (z. B. bei Starthilfe) akzeptabel. Verwenden Sie zum Batterieladen nur Geräte, die ausgewiesen ohne Strom- und Spannungsspitzen arbeiten.
Piktogramme auf der Batterie beachten! Räume, in denen Batterien geladen werden, dürfen wegen des sich bildenden Gases nicht mit offenem Licht oder rauchend betreten werden. Funken beim An- oder Abklemmen könnten das Gas ebenfalls zur Explosion bringen. Stellen Sie auf jeden Fall Durchlüftung sicher!

■ **Sichtprüfung der Batterie:** Zündung aus, Zündschlüssel abgezogen. Die Batterie (1, Bild 1) des Octavia II ist hinten im Motorraum links vom Bremsflüssigkeitsbehälter mit einer Abdeckung in einem Haltetrog eingebaut. Untersuchen Sie sie auf Schäden am Gehäuse. Wenn Säure ausgelaufen ist: Mit Säurewandler oder Seifenlauge entfernen und reinigen. Undichte Batterien auswechseln!

■ Taste drücken (Pfeil, Bild 1) und Abdeckung abnehmen. Sind die Batteriepole (Leitungsanschlüsse; Bild2) beschädigt? Bei Polbeschädigungen könnte der nötige Kontakt der Klemmen (sind in Bild 2 abgenommen; Plusklemme: roter Pfeil) nicht mehr gewährleistet sein. Oxidkristalle an Batterieklemmen mit warmem Sodawasser abwaschen oder mit Säurewandler Neutralon behandeln.

■ Die Batteriepolklemmen (Bild 3) müssen korrekt aufgesteckt und festgezogen sein, weil es sonst zu Leitungsbränden und Funktionsstörungen der elektrischen Anlage kommen kann. Der Funktionszustand des Fahrzeugs ist dann in erheblichem Maße nicht gewährleistet.

■ Der Austritts-Schlauch der zentralen Entgasung (Entlüftungsschlauch) darf nicht verstopft oder geknickt sein.

■ Die Batterie muss, von Bügel (1, Bild 2) gehalten, fest in ihrer Halterung sitzen. Lockerer Sitz verkürzt durch Erschütterungen die Batterielebensdauer, kann zu Schäden an den Batterieplatten führen und stellt eine Gefährdung durch die Möglichkeit dar, dass es zur Explosion kommt. Schraube (2) mit 22 Nm anziehen.

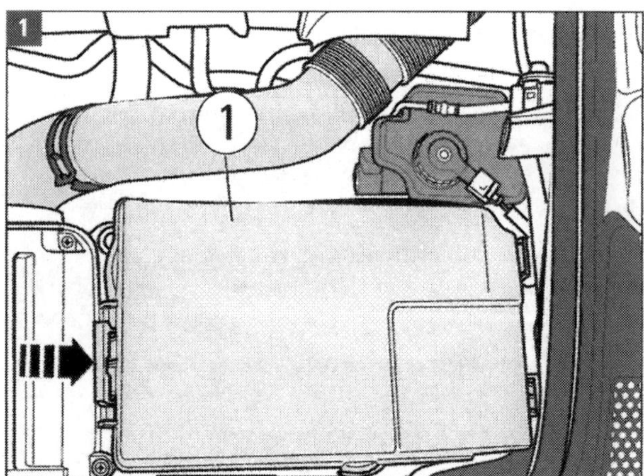

Einbaulage: (1) Batterie mit Abdeckung links hinten im Motorraum. Pfeil: Entriegelungstaste für die Abdeckung.

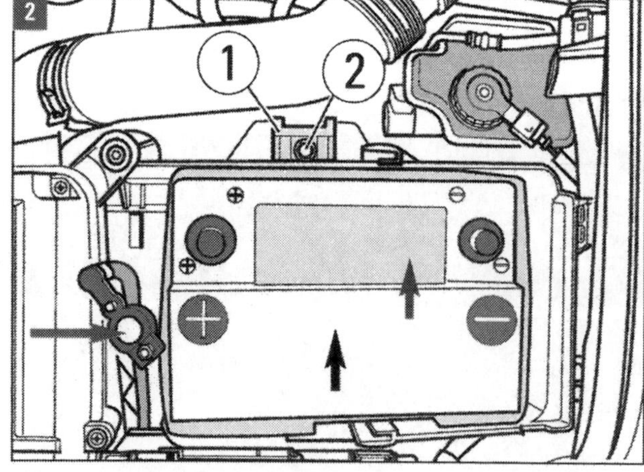

Ohne Abdeckung: (1) Haltebügel, (2) Schraube. Pfeile: rot Plusklemme, blau Magisches Auge, schwarz Zellstopfen.

■ **Batterie richtig behandeln:** Die Polklemmen (Bild 3) dürfen nur gewaltfrei von Hand aufgesteckt werden, um das Gehäuse nicht zu beschädigen. Die Klemmen so einbauen, dass die Batteriepole mit den Klemmen in einer Ebene stehen oder herausragen.

■ Immer zuerst Minuspol, dann Pluspol abklemmen. Anklemmen stets umgekehrt: Erst Pluspol, dann Minuspol (»Masseband der Batterie«) anklemmen! Erst wenn Pluspolklemme befestigt ist, darf die Minuspolklemme auf den Minuspol der Batterie gesteckt werden. Alle elektrischen Verbraucher ausschalten und Zündschlüssel abziehen. Polschuh der Masseleitung auf Batterie-Minuspol aufstecken und die Mutter (Pfeil) mit 6 Nm festziehen.

■ Verpolung und Kurzschlüsse vermeiden!

■ Wenn die Batterie längere Zeit im abgestellten Fahrzeug verbleibt, sollte der Minuspol abgeklemmt werden.

■ Nach Wiederanklemmen der Batterie folgende Arbeiten entsprechend der Fahrzeugausstattung durchführen:
- Uhr einstellen,
- elektrische Fensterheber und andere Komfortelektronik nach Betriebsanleitung des Fahrzeugs prüfen,
- falls das Radiogerät im Fahrzeug nicht ab Werk montiert ist, muss das Gerät mit Safe-Codierung nach Bedienungsanleitung des Radios gesichert werden,
- Geber unter dem Lenkrad initialisieren.

■ Motorabhängig sind weitere Einstellungen wie z. B. der »Readinesscode« notwendig, wofür allerdings das Fahrzeugdiagnose-, Mess- und Informationssystem VAS 5051gebraucht wird. Fachwerkstatt aufsuchen und, falls das nicht ohnehin geschieht, Fehlerspeicher auslesen und löschen lassen.

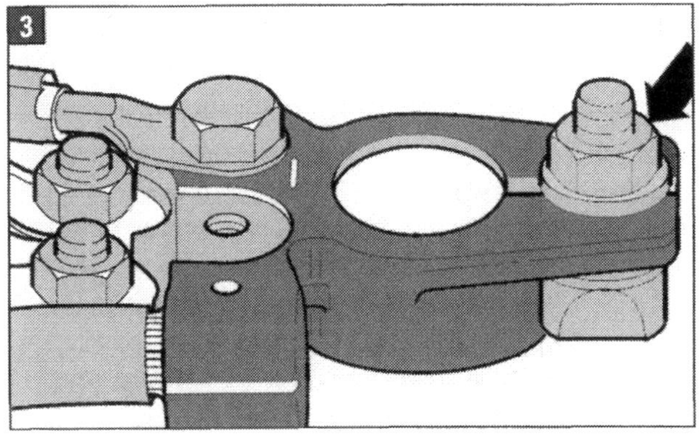

Batterie-Polklemme: Nur vorsichtig von Hand aufstecken, ganz auf den Pol aufdrücken, Mutter mit 6 Nm festziehen.

Säurestand, Ladezustand

■ **Magisches Auge:** Die Batterien sind zumeist mit »Magischem Auge« (Ladezustand-Indikator) ausgestattet. Der blaue Pfeil in Bild 2 markiert den Einbauort. Klopfen Sie mit einem Gegenstand leicht auf das Magische Auge. Luftblasen lösen sich auf, die Farbanzeige wird genauer.

■ Drei unterschiedliche Farbanzeigen sind möglich: Grün = Batterie ausreichend geladen. Dunkel = Keine oder zu geringe Ladung. Farblos oder gelb = Der kritische Säurestand ist erreicht, die Batterie muss erneuert werden. Nach 5 Jahren Einsatz im Fahrzeug soll man die Batterie ohnehin ersetzen.

■ **Prüfung an Markierungen:** Den genauen Säurestand von Batterien mit Verschlussstopfen können Sie von außen prüfen, wenn MIN- und MAX-Markierungen am Batteriegehäuse vorhanden sind. Die Säure muss über die MIN-Markierung (Oberkanten der Platten müssen gut bedeckt sein) reichen, darf aber auch nicht über der MAX-Marke liegen.

■ Gibt es keine Markierungen oder kann man den Säurestand nicht ablesen (schwarzes Gehäuse), Kunststofffolie von den Zellverschlussstopfen abziehen und alle Verschlussstopfen (schwarzer Pfeil in Bild 2 markiert den Einbauort) herausziehen. Jetzt durch Blick in das Innere (Taschenlampe!) den Säurestand prüfen. Er ist in Ordnung, wenn er mit der inneren Markierung (Kunststoffsteg) abschließt..

■ Bei zu niedrigem Säurestand destilliertes Wasser nachfüllen. Füllflasche verwenden! Ihr Einfüllstutzen verhindert Überfüllen der Batteriezelle und Austreten von Säure.

■ Bei einer geladenen Batterie bis zum MAX-Strich (15 mm über den Plattenoberkanten) auffüllen. In eine stark entladene Batterie nur so viel Wasser füllen, dass die Platten gerade bedeckt sind. Beim Aufladen steigt der Säurestand erheblich. Erst nach dem Laden bis zur oberen Marke nachfüllen.

■ Der Akku darf nicht überfüllt werden, weil der Elektrolyt (Schwefelsäure/Wasser) sonst an den Verschlussstopfen oder an der seitlichen Entlüftungsbohrung austritt. Überschüssige Batteriesäure mit einem Säureheber absaugen!

■ Die originalen Verschlussstopfen wieder einschrauben. Nur so gewährleisten Sie die Dichtigkeit der Batterie. Ersatz nur mit Verschlussstopfen der gleichen Bauart. Die Stopfen müssen mit einer O-Ring-Dichtung ausgestattet sein.

Batterie abklemmen, ausbauen, laden, prüfen

■ **Abklemmen:** Zündung ausschalten, Zündschlüssel abziehen. Motorhaube öffnen und sichern. Abdeckung durch Tastendruck vorn entriegeln und abnehmen. Mutter lösen, Polklemme der Masseleitung von Batterie abziehen.

■ Wenn die Batterie wieder angeklemmt wird: Arbeiten gemäß Auflistung auf Seite 159 ausführen. Fehlerspeicher sämtlicher Steuergeräte abfragen lassen. Škoda empfiehlt, das Fahrzeug vom Fachbetrieb überprüfen zu lassen, »damit die Funktionsfähigkeit aller elektrischen Systeme gewährleistet ist«.

■ **Batterie ausbauen:** Um Speicherfunktionen im Fahrzeug aufrecht zu erhalten, kann man ein Batterie-Ladegerät für Stützbetrieb anschließen. Erst dann Polklemme der Masseleitung und danach Plusleitung abnehmen. Schlauch für Zentralentgasung links hinten von Batterie abziehen. Schraube am Befestigungsbügel (2 an 1 in Bild 2) abschrauben. Batterie aus der Aufnahme ziehen und herausheben (Bild 4).

■ Beim **Einbau** die Batterie so in die Aufnahme einsetzen, dass die Batteriefußleiste in die Halteleisten der Batterieaufnahme eingreift. Die Batterie darf sich nicht mehr verschieben lassen! Erst dann den Befestigungsbügel ansetzen, dessen Nase in die Aussparung an der Fußleiste eingreifen muss. Entgasungsschlauch aufstecken, Batterie bei ausgeschalteter Zündung und abgeschalteten Verbrauchern anklemmen. Erst Plusleitung, dann Minusleitung!

Batterie herausheben: Tragebügel (Pfeile) hochklappen und abgeschraubte Batterie aus dem Trog heben.

■ Zum **Laden** kann die Batterie, muss aber nicht ausgebaut werden. Eingebaut:: Zündung und Verbraucher abschalten.

■ Rote Ladeklemme an den Pluspol, schwarze Ladeklemme an den Massepol anschließen. Netzstecker des Batterieladegerätes anschließen, Ladestrom entsprechend Batteriekapazität einstellen und Ladegerät einschalten. Während des Ladevorgangs die Motorhaube geöffnet lassen.

■ Vorsicht bei **tiefentladenen Batterien**! Bei ihnen ist die Ruhespannung (bei voller Batterie: 12,6 V) unter 11,6 V abge-

PRAXISTIPP – Belastungsprüfung der Batterie

Im Zusammenhang mit der Säuredichteprüfung gibt eine Belastungsprüfung Aufschluss über den Zustand der Batterie. Erforderlich ist dazu ein Batterieprüfgerät. Wird ein Gerät (Tester) wie z. B. VAS 5097 oder 5097 A verwendet, muss die Batterie nicht ausgebaut und auch nicht abgeklemmt werden. Dann Zündung ausschalten und die Zangen der Prüfleitungen an die Batteriepole anschließen. Am Gerät den zur Batteriekapazität passenden Belastungsstrom einstellen.

Batterie-kapazität	Kälteprüf-strom	Belastungs-strom	Mindest-spannung
36 Ah	175 A	100 A	10,4 V
40 - 49 Ah	220 A	200 A	9,2 V
50 - 60 Ah	265 - 280 A	200 A	9,4 V
61 - 80 Ah	300 - 380 A	300 A	9,0 V
81 - 110 Ah	380 - 500 A	300 A	9,5 V

Durch die starke Belastung der Batterie während dieser Prüfung (hoher Strom fließt) sinkt die Batteriespannung bei einwandfreier Batterie bis zur Mindestspannung. Ist die Batterie defekt oder nur schwach geladen, sinkt die Batteriespannung sehr schnell unter den Mindestwert. Nach dem Test steigt die Spannung nur langsam wieder an. Falls die Batterie nachgeladen werden muss, danach erneut Belastungsprüfung vornehmen. Wenn immer noch Nachladen nötig ist, muss die Fahrzeugbatterie ausgewechselt werden.

sunken, ihre Batteriesäure besteht fast nur noch aus Wasser, der Schwefelsäureanteil ist stark reduziert. Bei Tiefentladung sulfatieren Batterien, die gesamten Plattenoberflächen verhärten. Werden solche Batterien unmittelbar nach der Tiefentladung wieder geladen, bildet sich die Sulfatierung zurück. Werden sie nicht nachgeladen, verhärten die Platten weiter. Die Fähigkeit zur Ladungsaufnahme wird eingeschränkt, die Batterieleistung sinkt ab.

■ Schnellladen vermeiden, Batterien werden dadurch geschädigt. Gerät lädt zunächst schonend mit niedrigem Ladestrom. Zellverschlussstopfen jetzt nicht öffnen!

■ Ladedauer nach Angaben für das Ladegerät. Bei tiefentladenen Batterien beträgt die Ladezeit 24 Stunden. Nehmen Sie danach eine Belastungsprüfung vor (siehe dazu den Kasten »Praxistipp«).

Generator und Anlasser ausbauen

■ **Generator:** Masseleitung der Batterie bei ausgeschalteter Zündung abklemmen. Der Generator (Bilder 1 und 2) sitzt auf einem Halter am Motor. Er wird über seine Riemenscheibe (roter Pfeil Bild 2) per Keilrippenriemen vom Motor angetrieben. Laufrichtung des Keilrippenriemens markieren, er muss ausgebaut werden (Kapitel »Antrieb«).

■ Klemme 30/B+ abschrauben (1) und Steckverbindung (2) trennen (Bild 1). Schrauben (Pfeile in Bild 2) erst oben, dann unten herausdrehen.

■ Den Generator herausnehmen. Beim Einbau die Laufrichtung und das Laufbild des Keilrippenriemens beachten. Der Riemen muss korrekt auf den Scheiben liegen.

■ **Anlasser:** Zündung ausschalten, Batteriemasseleitung abklemmen, Luftfilter ausbauen. Gearbeitet wird zunächst am stehenden, dann am angehobenen Fahrzeug.

■ Masseleitung links am Anlasser abschrauben (23 Nm), Steckverbindung rechts trennen und B+Leitung knapp darunter ebenfalls abschrauben (16 Nm).

■ Befestigungsschraube oben fur Anlasser herausschrauben. Geräuschdämpfung ausbauen (Kapitel »Fahrzeugaufbau – Karosserie«).

■ Die Mutter unten am Anlasser herausschrauben und den Leitungshalter mit der Leitung seitlich ablegen.

■ Steckverbindung fur Rückfahrscheinwerfer trennen.

■ Befestigungsschraube unten herausschrauben und den Anlasser nach unten herausnehmen.

■ Einbau sinngemäß umgekehrt. Anlasser mit 80 Nm ans Getriebe, Leitungshalter mit 23 Nm an Anlasser schrauben.

1

Generator in Fahrtrichtung vorn: (1) Leitung B+, mit 15 Nm geschraubt, (2) Steckverbindung. Pfeil: Spannungsregler.

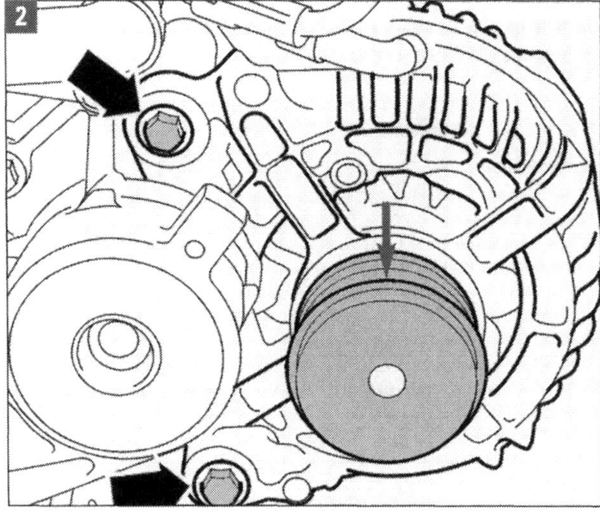

Generator hinten, Riemenscheibenseite: Schwarze Pfeile Schrauben (23 Nm), roter Pfeil Riemenscheibe.

Spannungsregler ausbauen, Kohlebürsten prüfen

■ Die Regler an der Generatorrückseite sind bei den im Octavia verwendeten Typen Bosch und Valeo unterschiedlich ausgeführt. Zum Ausbau den Generator ausbauen.

■ **Spannungsregler Bosch:** Befestigungsmuttern (Pfeile A) abschrauben und die Befestigungsschraube (Pfeil B) für die Schutzkappe herausdrehen (Bild 2). Schutzkappe abnehmen.

■ Befestigungsschrauben (Pfeile in Bild 3) des Spannungsreglers herausschrauben und den Regler abnehmen.

■ **Spannungsregler Valeo:** Schutzkappe auf der Rückseite des Generators abdrücken (Pfeile in Bild 4).

■ Schrauben (1) und Mutter (2; Bild 5) herausdrehen. Spannungsregler abnehmen.

■ **Prüfen des Spannungsreglers:** Bei etwaiger Fehlfunktion des Generators, bei Aussetzern usw. müssen die Schleifkohlen (Kohlebürsten) des Spannungsreglers überprüft werden. Sie dürfen eine minimale Länge nicht unterschreiten.

■ **Länge der Kohlebürsten:** Messen Sie die Schleifkohlen genau. Das Verschleißmaß »a« (Bild 1), also die minimale Länge, beträgt 5 mm. Bei neuen Spannungsreglern sind die Bürsten 12 mm lang. Die Abweichung zwischen beiden Kohlestäben darf nur +/-1 mm betragen.

■ Der Einbau erfolgt sinngemäß umgekehrt. Dabei muss darauf geachtet werden, dass die Kohlebürsten korrekt auf den Schleifbahnen zu liegen kommen.

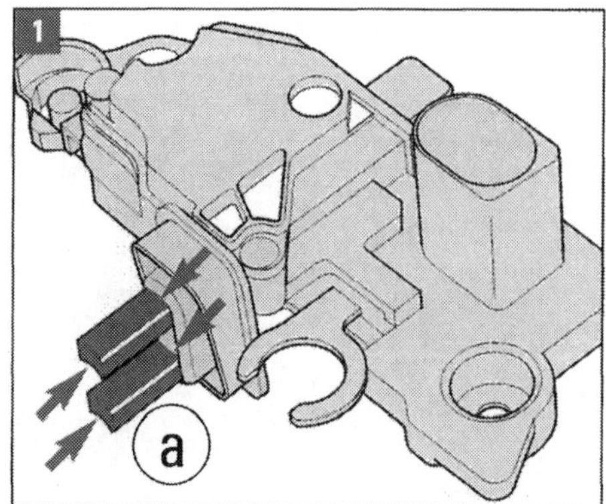

Kohlebürsten: Die Verschleißgrenze für die Schleifkohlen am Generator / Spannungsregler beträgt für beide Typen a = 5 mm.

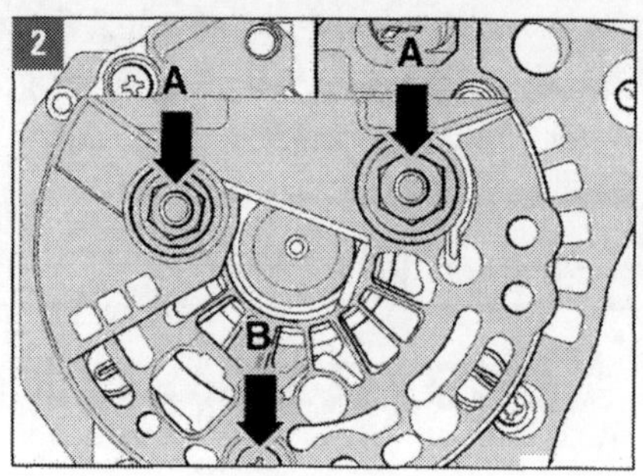

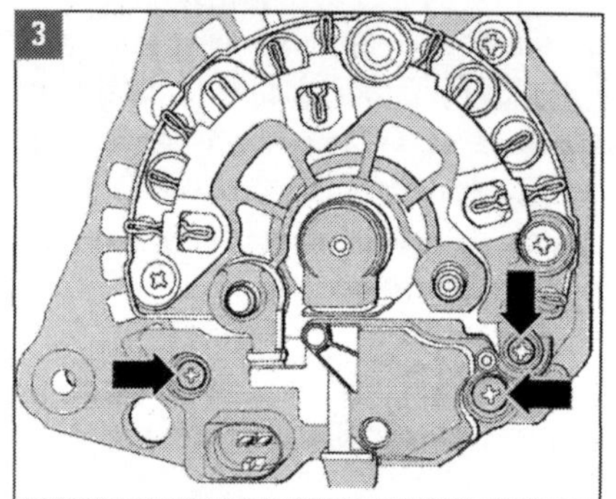

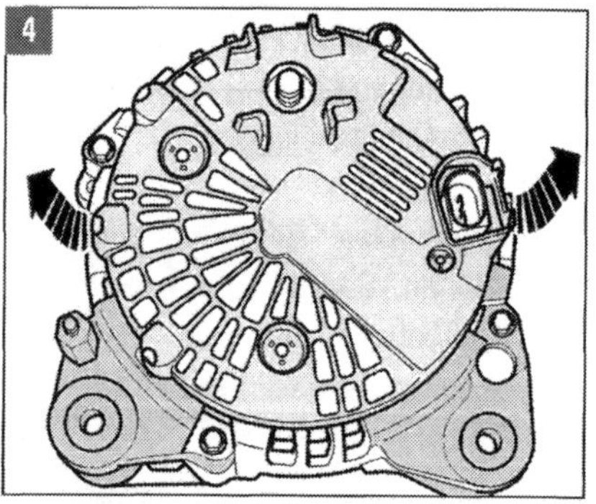

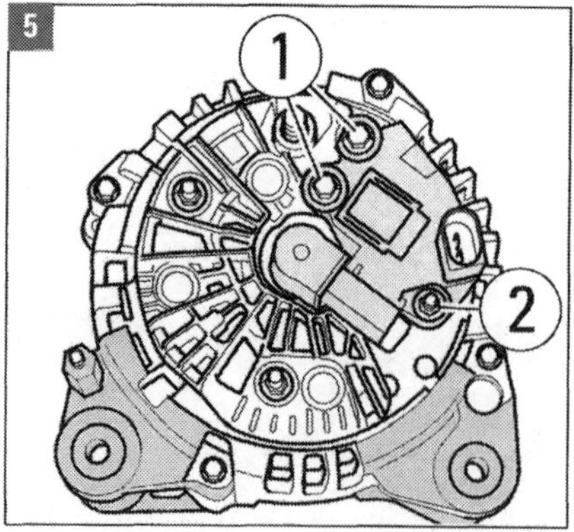

Spannungsregler: Bilder 2/3 Typ Bosch mit und ohne Abdeckung, Bilder 4/5 Typ Valeo mit und ohne Abdeckung.

Scheinwerfer ausbauen, Lampen wechseln

Um Lampen in den Hauptscheinwerfern zu wechseln, werden die Scheinwerfergehäuse ausgebaut. Wir können Ihnen nur empfehlen, an Scheinwerfern mit Halogenlampen (Aufbau: Bild 1) tätig zu werden. Xenon-Entladungslampen für das Abblendlicht arbeiten mit lebensgefährlicher Hochspannung. Wir raten davon ab, an diesen in Selbsthilfe zu werkeln.
Ansonsten werden die Scheinwerfergehäuse ebenso ausgebaut wie die mit Halogenlampen. Xenon-Scheinwerfer enthalten neben der Entladungslampe mit integrierter Hochspannungs-Zündeinheit das Steuergerät für Xenon-Entladungslampe und ein Hochspannungskabel. Die Gesamtausstattung von Fahrzeugen mit Xenon-Licht zeigen wir im Škoda-Schema (Bild 2).
Bei Auslandsreisen in Länder mit Linksverkehr müssen die beiden Scheinwerfer entsprechend eingerichtet werden. Das geschieht durch eine asymmetrische Einstellung der Scheinwerfer mit dem Ziel, den dortigen Gegenverkehr nicht zu blenden. Wir erläutern später das Vorgehen.

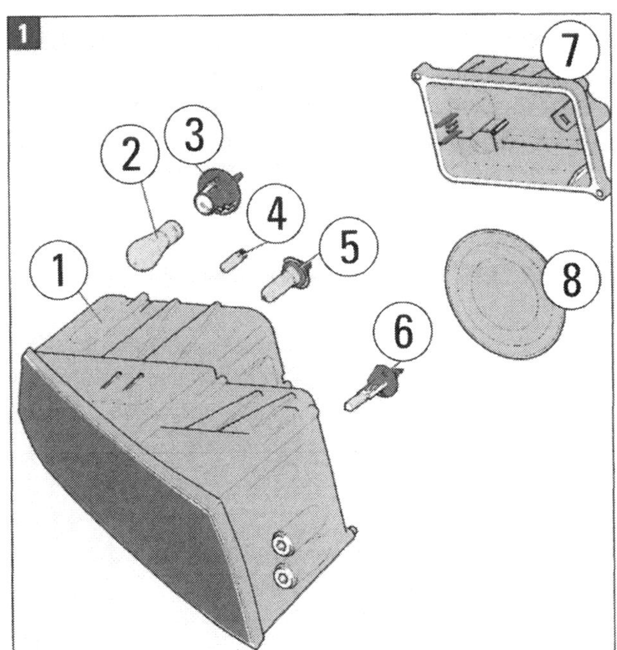

Hauptscheinwerfer: (1) Scheinwerfergehäuse, (2) Glühlampe und (3) Lampenfassung für Blinklicht, (4) Standlicht-Glühlampe, (5) Abblendlicht-Glühlampe, (6) Fernlicht-Glühlampe, (7) und (8) Abdeckungen.

■ **Gehäuse ausbauen:** Zündung und alle elektrischen Verbraucher ausschalten. Motorhaube öffnen und sichern.

■ Mutter (Pfeil a in Bild 3) ausbauen. Feststellhebel für Scheinwerfer in Richtung von Pfeil b herausziehen.

■ Steckverbindungen am Scheinwerfer trennen und Gehäuse vorsichtig nach vorn herausnehmen.

■ **Lampen wechseln:** Beachten: Beim Einbau einer Glühlampe den Glaskolben nicht berühren. Ihre Finger hinterlassen Fettspuren auf dem Glaskolben, die beim Einschalten der

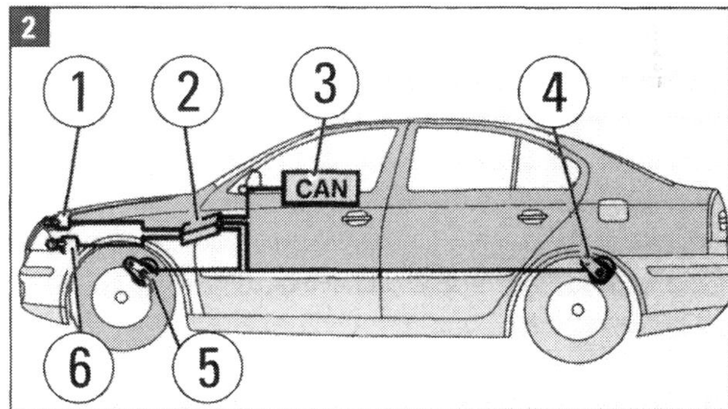

Xenon-Ausstattung: (1/6) Scheinwerfer mit Schrittmotor und Lampen-Zündung rechts/links, (2) Steuergerät für automatische Regelung, (3) Anschluss an CAN-Antrieb, (4/5) Neigungssensoren Hinterachse/Vorderachse. Der Schrittmotor stellt die Scheinwerfer nach Fahrzeugneigung ein.

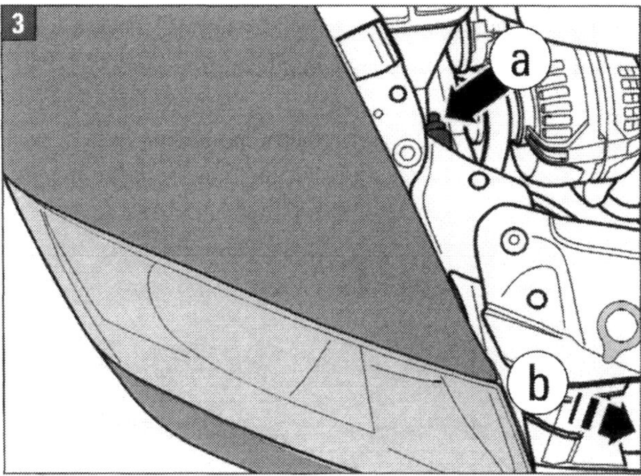

Scheinwerferausbau: Pfeil a: Mutter (1 Nm); Pfeil (b): Richtung zum Herausziehen des Feststellhebels.
Halogenglühlampen vom Typ H1 und H7 stehen unter Druck und können bei einem Lampenwechsel platzen!

Glühlampe verdampfen und den Glaskolben trüben. Ferner beachten: Halogenglühlampen vom Typ H1 und H7 stehen unter Druck und können bei einem Lampenwechsel platzen. Es wird daher empfohlen, beim Lampenwechsel Handschuhe und Schutzbrille zu tragen. So die verschiedenen Lampen gemäß Bild 1 nach Tabelle rechts wechseln:

– ***Abblendlicht:*** Federn an der Abdeckung (2, Bild 4) entriegeln und Abdeckung ausbauen. Eine einzelne und daneben eine doppelte Steckverbindung werden sichtbar. Von der doppelten die obere Steckverbindung trennen. Federdrahtbügel entriegeln und die Glühlampe aus dem Scheinwerfergehäuse herausnehmen. Neue Lampe einsetzen, mit Drahtbügel verriegeln, Stecker aufstecken.

– ***Standlicht:*** Federn an der Abdeckung (2) entriegeln und Abdeckung ausbauen. Glühlampe mit Fassung an diesem Anschlussstecker herausziehen. Lampe aus der Fassung entfernen. Neue Lampe einsetzen. Fassung mit Lampe in den Scheinwerfer bis zum Anschlag eindrücken.

– ***Blinklicht:*** Lampenfassung (1 in Bild 4) durch Drehen ausbauen. Pfeile »OPEN« und »Close« auf der Fassungsrückseite geben die jeweils zutreffende Drehrichtung an. Lampe wechseln, Fassung einbauen.

– ***Fernlicht:*** Abdeckung (3 in Bild 4) ausbauen. Steckverbindung trennen. Federdrahtbügel entriegeln und die Glühlampe herausnehmen.

Leuchten und Lampen im Octavia II

Leuchte	Lampe	Daten
Fernlicht	H1	12 V/55 W
Abblendlicht Halogen	H7	12 V/55 W
Abblendlicht Xenon	D1S	42 V/35 W
Standlicht	W5W	12 V/5 W
Nebelscheinwerfer	H8	12 V/35 W
Nebelscheinwerfer RS	H1	12 V/55 W
Rückfahrlicht	P21W	12 V/21 W
Schlusslicht	W3W	12 V/3 W
Nebelschlusslicht/	P21W	12 V/21 W
Schlusslicht (2-Faden-L.)		12 V/4 W
Bremslicht	H21W	12 V/21 W
Blinklicht vorn/hinten	H21W	12 V/21 W
Kennzeichenleuchte	Soffitte	12 V/5 W
Handschuhfachleuchte	Soffitte	12 V/5 W
Einstiegraumleuchte.	Soffitte	12 V/5 W
Innen-/Leseleuchten	Soffitten	12 V/10 W
	Soffitten	12 V/5 W

Hochgesetzte Bremsleuchten sind mit LED bestückt. Sie müssen bei LED-Ausfällen komplett ausgewechselt werden. Stellmotoren für Leuchtweitenregelung sind als Bestandteil der Scheinwerfer auch nicht einzeln ersetzbar.

■ **Gehäuse einbauen:** Erfolgt sinngemäß umgekehrt zum Ausbau. Scheinwerfer nach den Konturen der Karosserie ausrichten. Dabei müssen die Spaltmaße eingehalten werden (»Fahrzeugaufbau – Karosserie«). Stellelement zurückdrehen, Mutter mit 1 Nm festziehen (Bild 3). Scheinwerfer einstellen (siehe später).

■ **Nebelscheinwerfer ausbauen:** Zündung und alle elektrischen Verbraucher ausschalten. Abdeckung neben dem Nebelscheinwerfer ausbauen (»Fahrzeugaufbau – Karosserie«) und Schrauben (Pfeile in Bild 5) herausschrauben. Nebelscheinwerfer herausnehmen und Steckverbindung trennen.

Ausbau beim RS: Stoßfänger vorn ausbauen (»Fahrzeugaufbau – Karosserie«). Steckverbindung trennen. Zwei Schrauben oben und eine unten herausdrehen und Nebelscheinwerfer herausnehmen.

■ **Nebelscheinwerfer-Lampe wechseln:** Die Lampenfas-

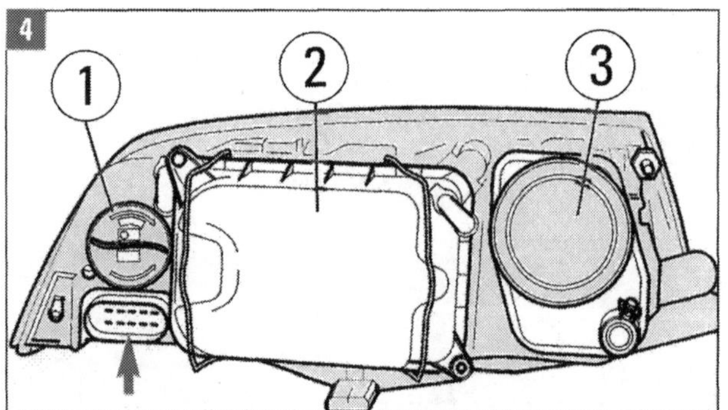

Scheinwerfer-Rückseite: (1) Fassung für Blinklichtlampe, (2) Abdeckung über Abblendlicht- und Standlichtlampen, (3) Abdeckung über Fernlichtlampe. Pfeil: Anschlusskontakt für die Steckverbindung.

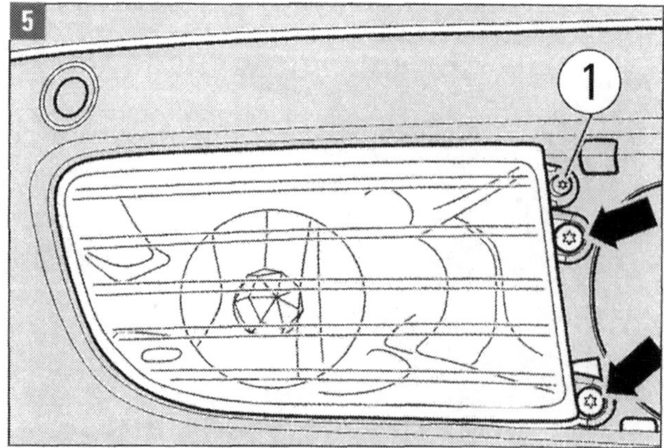

Nebelscheinwerfer: (1) Einstellschraube. Pfeile: Befestigungsschrauben. Beim RS andere Bauweise!

sung um 45° zur Gehäuseaußenkante (von den Anschraublaschen weg) drehen. Glühlampe (H8 – 12 V/35 W) herausnehmen, neue einsetzen, Fassung um 45° Richtung Anschraublaschen drehen.

Ausführung »RS«: Die Lampe am eingebauten Scheinwerfer wechseln. Dazu Zündung und alle elektrischen Verbraucher ausschalten, Radhausschale vorn ausbauen (»Fahrzeugaufbau – Karosserie«). Steckverbindung außen am Scheinwerfer trennen, Abdeckung durch Linksdrehung entriegeln und abkippen. Steckverbindung innen trennen und Federdrahtbügel entriegeln. Glühlampe (H1 – 12 V/55 W) ersetzen.

■ **Nebelscheinwerfer einbauen:** Alle Einbauvorgänge sinngemäß umgekehrt zum Ausbau vornehmen, auch hinsichtlich des Lampenwechsels am (eingebauten) RS-Nebelscheinwerfer.

■ **Scheinwerfer einstellen:** Nach Wiedereinbau eines ausgebauten Scheinwerfergehäuses (und des Nebelscheinwerfers in Normalausführung) müssen die Spaltmaße kontrolliert werden (Kapitel »Fahrzeugaufbau - Karosserie«). Dann muss der Scheinwerfer wieder exakt eingestellt werden (siehe nachfolgende Anleitung).

Scheinwerfer provisorisch einstellen

■ Die hier demonstrierte Methode ist eine provisorische, nicht für die Dauer bestimmte Einstellung. Präzise Einstellung ist Werkstattsache mit System VAS 5051 für die Grundeinstellung und Scheinwerfer-Einstellgerät.

■ **Prüfbedingungen herstellen:** Reifenfülldruck, Scheinwerferstreuscheiben (nicht beschädigt oder verschmutzt) sowie Reflektoren und Glühlampen müssen in Ordnung sein. Die Fahrzeugbelastung muss der Norm für Prüfungen entsprechen: Eine Person oder 75 kg auf dem Fahrersitz bei sonst unbelastetem Fahrzeug. Leergewicht: bedeutet dabei vollständig gefüllter Kraftstoffbehälter, mindestens aber 90%, plus Gewicht aller Ausrüstungsteile wie Reserverad, Werkzeug und Wagenheber.
Ist der Kraftstoffbehälter nicht mindestens zu 90% gefüllt (Anzeige!), ist die Belastung per mit Wasser gefüllten Plastikbehältern oder Kanistern richtig zu stellen.

■ Das vorgeschriebene Neigungsmaß der Lichtbündel beträgt 10 cm auf 10 m Entfernung (Projektionsabstand). Das Neigungsverhältnis in Prozent (bei 10 m / 10 cm ist es 1%) ist oben auf dem Scheinwerfergehäuse eingeprägt. Auf dieses Maß sind die Scheinwerfer einzustellen.

■ Fahrzeug gegenüber einer gleichmäßigen Wand (»Einstellwand«) auf ebener Fläche abstellen. Der Abstand zwischen Front und Wand muss exakt fünf Meter betragen. Fahrzeug vorn und hinten mehrmals kräftig durchdrücken, damit sich die Federn setzen.

■ Den Abstand zwischen Boden und Mittelpunkt der beiden Scheinwerfer messen. Das Maß an der Wand markieren und die Punkte durch eine Linie (S 1) verbinden (Bild 1).

■ Etwa 5 cm darunter eine parallele Linie E an der Wand anzeichnen. Das ist die Neigung des Abblendlichts auf fünf Meter Entfernung.

■ Durch das Heckfenster nach vorn peilen, von einem Helfer in Fahrzeugmitte senkrechte Linie M einzeichnen lassen.

■ Abstand zwischen Fahrzeugmitte und Mittelpunkt des Scheinwerfers (rechts und links) messen. Diese Werte sind auf die Hilfslinie S1 (rechts und links vom Schnittpunkt der Linien M und S1) zu übertragen und mit einem Einstellkreuz (S2) zu markieren. 5 cm unter diesen Kreuzen müssen die Abknickpunkte des Lichts auf der Einstelllinie E justiert werden.

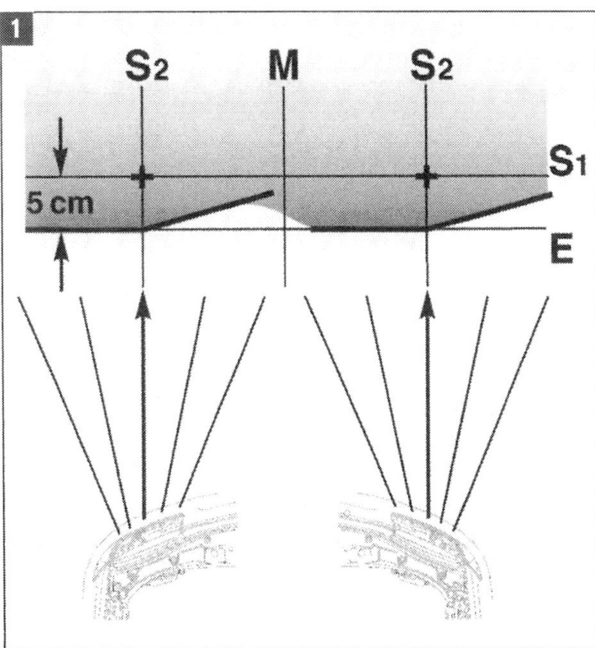

■ Die Einstellung des Hauptscheinwerfers erfolgt üblicherweise am Abblendlicht. Da Abblendlicht und Fernlicht beim Octavia getrennte Scheinwerfer mit eigenen Reflektoren darstellen, kann ein Nachregeln des Fernlichts erforderlich sein. **Abblendlicht:** Die Scheinwerfer an ihren jeweils zwei Einstellschrauben (1 und 2 in Bild 2) einpegeln. Die Einstellschrauben zur Höhen- und Seitenverstellung des Abblendlichts sind auch im Falle einer Ausstattung mit Gasentladungslampen (Xenon) zu finden, diese Scheinwerfer werden aber automatisch eingestellt. Die Rändelschrauben sind von außen vorn zugänglich.
Fernlicht: Die Scheinwerfer ebenfalls an ihren jeweils zwei Einstellschrauben (1 und 2 in Bild 3) nachregeln. Die Schrauben sind am eingebauten Scheinwerfergehäuse von hinten zugänglich, Bild 3 zeigt sie am ausgebauten Gehäuse.

■ Zündung und Abblendlicht einschalten. An den Höhenstellschrauben jeweils so lange drehen, bis die waagerechte Hell-Dunkel-Grenze des Lichtstrahls mit der Einstelllinie »E« übereinstimmt.

■ Zur Seiteneinstellung die Schraube in der Weise verdrehen, dass der Abknickpunkt im Lichtbild genau auf das Einstellkreuz (S 2) ausgerichtet ist. Dabei darf ein Streuanteil von 15 Prozent über der Linie liegen. Der helle Kern des Lichtbündels muss sich rechts von der Senkrechten befinden.

■ Nach vorschriftsmäßiger Einstellung des Abblendlichtes muss die Lichtbündelmitte des Fernlichtes auf dem Einstellkreuz liegen. Sonst etwas nachregeln.

■ **Nebelscheinwerfer** im Stoßfänger: Das Neigungsmaß dieser Scheinwerfer beträgt 20 cm. Abdeckung neben dem Nebelscheinwerfer ausbauen, damit die Schrauben seitlich zur Fahrzeugmitte zugänglich gemacht werden.

■ Zum Verstellen der Leuchtweite die Einstellschraube drehen (1 in Bild 5, Seite 164). Eine Seitenverstellung ist beim Nebelscheinwerfer nicht vorgesehen. Das Bild (5, Seite 164) zeigt den rechten Nebelscheinwerfer. Beim linken ist die Einstellschraube spiegelbildlich angeordnet.

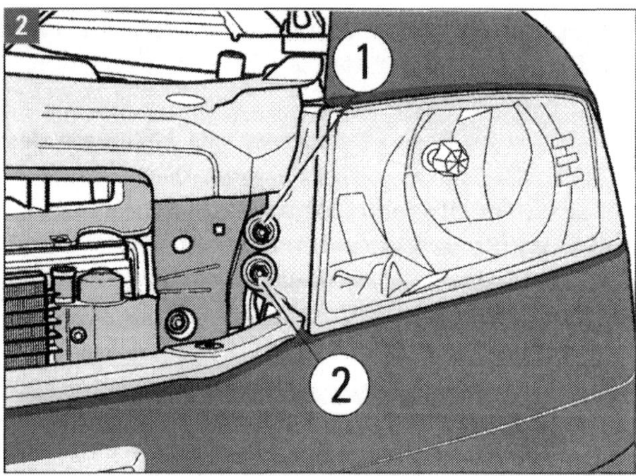

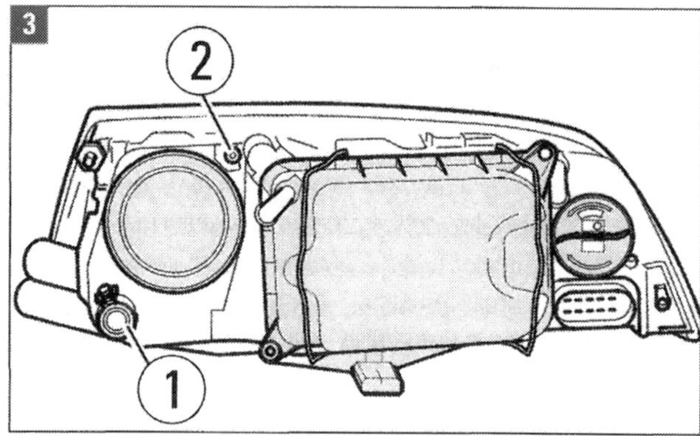

Einstellschrauben: (1) Höhenverstellung, (2) Seitenverstellung. Bild 2 = Abblendlicht, Bild 3 = Fernlicht.

Scheinwerfer für Linksverkehr ändern

■ Die Änderung der Hauptscheinwerfer zur Anpassung an Linksverkehr ist nicht für den Dauerbetrieb, sondern nur als eine kurzfristige »touristische Lösung« während des vorübergehenden Aufenthaltes im Ausland geeignet. Es sind immer beide Hauptscheinwerfer zu ändern.

■ Bei den Fahrzeugen mit Halogenscheinwerfern sind zwei Ausführungen zu berücksichtigen: Scheinwerfer mit Linse, bei denen die Innenblende umgeschaltet wird, und Scheinwerfer, die abgeklebt werden müssen.

■ Innenblende umschalten: Scheinwerfer wie zum Lampenwechsel ausbauen und Abdeckung über dem Abblendlicht (große rechteckige Abdeckung) abnehmen. Den kleinen Hebel am Scheinwerfer links mit einem Schraubendreher nach rechts, den Hebel für Scheinwerfer rechts mit Schraubendreher nach links umschalten.

■ Scheinwerfer abkleben: Scheinwerfer vor Aufbringen der dafür bestimmten selbstklebenden Folie von Schmutz befreien und entfetten (Spirituslösung). Beim Reinigen und Verkleben von Folien muss die Streuscheibe aus Sicherheitsgründen kalt sein. Schutzfolie auf der Rückseite der Abdeckfolie im mittleren Bereich entfernen. Die selbstklebende Folie auf die deutlich sichtbare Trennebene (Pfeile in Bild 1) am jeweiligen Scheinwerferglas anlegen und andrücken, im mittleren Bereich etwas

kräftiger. Den helleren Teil der Folie von der Streuscheibe abziehen. An der Scheibe verbleibt nur die Schutzfolie.

■ Nach dem Abziehen der Schutzfolie die Klebstoffreste mit Isopropylalkohol (Lappen damit tränken) entfernen. Keine aggressiven Lösungen verwenden, die die Polykarbonatstreuscheiben beschädigen könnten!

■ Bei Xenon-Licht: Vorgang ähnlich wie bei den Halogenscheinwerfern mit Blendenumschaltung. Scheinwerfer ausbauen, große rechteckige Abdeckung abnehmen, Hebel aus seiner Grundstellung (Hebel zeigt von der Zündeinheit der Entladungslampe weg) in Richtung Zündeinheit der Entladungslampe klappen und damit umschalten.

Heckleuchten: Lampenträger und Lampen ausbauen

■ **Lampenträger/Lampen Limousine**: Verkleidung von der Schlussleuchte im Kofferraum zur Seite klappen und Steckverbindung trennen.

■ Verriegelungsbügel nach oben drücken und Lampenträger herausnehmen. Zum Wechseln Glühlampen aus dem Lampenträger herausdrehen. Bestückung entsprechend Bild 3 und Tabelle Seite 164.

1 2

Heckleuchte: Limousine (Bild 1) und Combi (Bild 2) unterscheiden sich durch die Kante (Pfeile).

Aufbau der Heckleuchte Limousine: (1) Muttern (3 Nm), (2) Karosserie, (3) Zweifadenlampe Brems- und Schlusslicht (12 V, 21 W/4 W), (4) Lampe für Blinklicht (12 V, 21 W), (5) Lampenträger, (6) Heckleuchtengehäuse, (7) Zweifadenlampe für Nebelschlussleuchte und Schlusslicht (12 V, 21 W/4 W), (8) Lampe für Rückfahrlicht (12 V, 21 W), (9) Lampe für Schlusslicht (12V 3W).

■ **Heckleuchte Limousine:** Verkleidung vor der Schlussleuchte im Kofferraum zur Seite klappen und Steckverbindung trennen.

■ Die vier Befestigungsmuttern (3 Nm; zwei links und rechts oben, zwei unten; siehe Bild 3) abschrauben und Heckleuchte nach hinten herausnehmen.
Einbau von Leuchte und Träger in umgekehrter Reihenfolge.

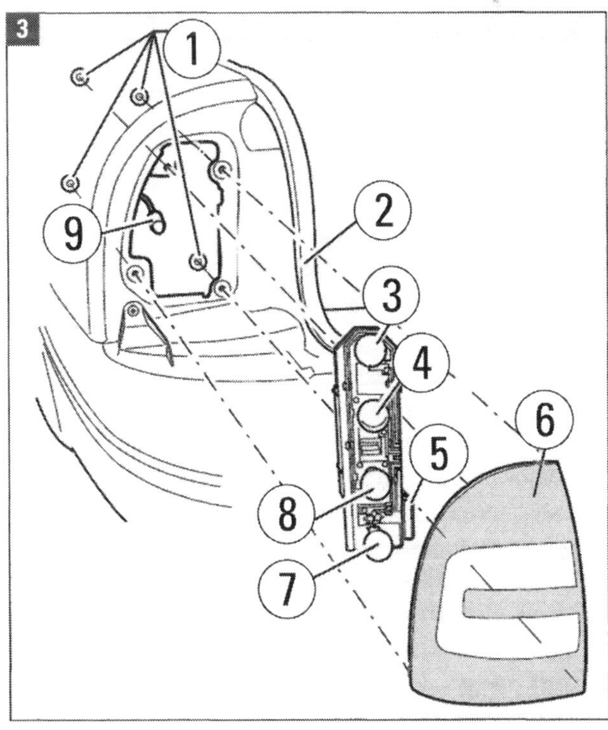

■ **Lampenträger/Lampen Combi:** Verkleidung von der Schlussleuchte im Kofferraum zur Seite klappen und Steckverbindung trennen.

■ Verriegelungsbügel nach oben drücken und Lampenträger herausnehmen. Zum Wechseln Glühlampen aus dem Lampenträger herausdrehen. Bestückung entsprechend Bild 4 und Tabelle Seite 164.

■ **Heckleuchte Combi:** Verkleidung vor der Schlussleuchte im Kofferraum zur Seite klappen und die Steckverbindung trennen.

■ Die vier Befestigungsmuttern (5; 3 Nm) abschrauben (zwei links und rechts oben, zwei unten; Bild 4) und Heckleuchte nach hinten herausnehmen.

■ Der **Einbau** erfolgt in umgekehrter Reihenfolge. Vor dem Anziehen der Befestigungsmuttern die Heckleuchte nach den Konturen der Karosserie ausrichten (gleichmäßige Spaltmaße einhalten).

■ **Kennzeichenleuchte:** Befestigungsschrauben (1 Nm) in der Lichtaustrittsscheibe herausdrehen und Leuchte entnehmen. Soffittenlampe (12 V, 5 W) aus der Fassung nehmen, wechseln. Der Einbau erfolgt in umgekehrter Reihenfolge.

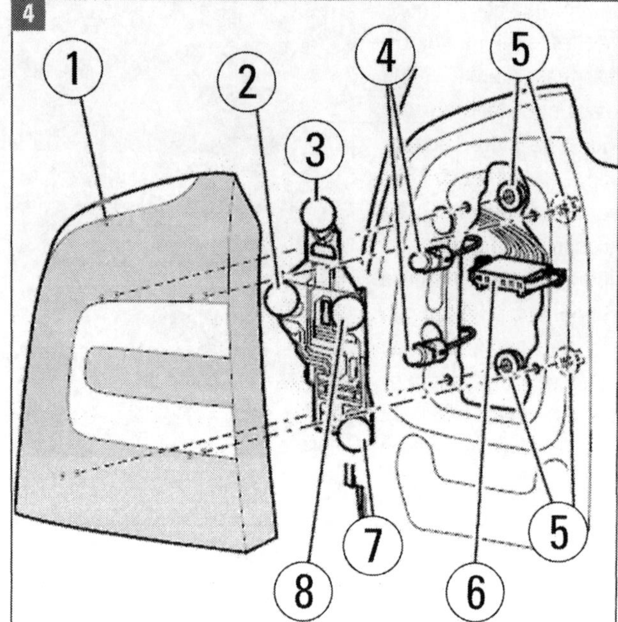

Aufbau der Heckleuchte Combi: (1) Leuchtengehäuse, (2) Lampe für Blinklicht (12 V, 21 W), (3) Lampe für Brems- und Schlusslicht (12 V, 21 W), (4) Glühlampe für Schlusslicht (12V, 3W), (5) Befestigungsmuttern 3 Nm, (6) Steckverbindung für Heckleuchte, (7) Glühlampe für Nebelschlussleuchte und Schlusslicht (12 V, 21 W), (8) Glühlampe für Rückfahrlicht (12 V, 21 W).

Scheibenwischer: Wasserbehälter, Düsen ausbauen

Steuergerät für Wischermotor und Scheibenwischermotor sind in Einheit eingebaut und können nicht separat gewechselt werden. Zum Ausbau der Wischerblätter (siehe Rubrik »Besser machen«) müssen die Scheibenwischerarme in die »Service-/Winterstellung« gebracht werden. Diese wird aktiviert, indem der Scheibenwischerhebel innerhalb von 10 Sekunden nach dem Ausschalten der Zündung in Stellung »Tippwischen« gestellt wird. Beachten Sie ferner:

● Ist während der Arbeiten der Wischermotor einzuschalten, so müssen die Motorraumklappe geschlossen und die Zündung eingeschaltet werden, da sonst die Spannungsversorgung des Wischermotors unterbrochen wird.

● Bei jedem 2. Ausschalten läuft der Wischermotor in die verlagerte Endstellung, damit sich die Wischerblätterlippe in die andere Richtung stellt. Der Motor läuft dabei nach unten und wieder ein kleines Stück nach oben. Diese verlagerte Endstellung kann nicht zum Ausgleich der Scheibenwischerkurbel benutzt werden.

● Es ist die Endstellung zu benutzen, bei der der Wischermotor direkt und ohne Überlauf die untere Endstellung einnimmt. Falls der Wischermotor in die verlagerte Endstellung läuft, muss nochmals das Wischen eingeschaltet werden.

● Die Funktion der verlagerten Endstellung ist erst nach 100 Wischgängen ab Codierung bzw. Einbau eines neuen Wischermotors aktiv. Ob diese Funktion bereits aktiviert ist, kann durch wiederholtes Ein- und Ausschalten des Wischermotors ermittelt werden.

■ **Waschwasserbehälter ausbauen:** Diese Arbeit ist anspruchsvoll und verlangt einiges Geschick. Zündung und alle elektrischen Verbraucher ausschalten. Stoßfänger vorn gemäß »Fahrzeugaufbau-Karosserie« ausbauen.

■ Stecker von den Waschwasserpumpen für Scheiben und für Scheinwerfer sowie vom Sensor für Waschwasserstand abziehen.

■ Zum Entriegeln Sicherungsklammer an den Schlauchanschlüssen mit schwarzer (Scheibenwascher vorn) und weißer (Scheibenwascher hinten) Kennzeichnung drehen und die Anschlüsse von der Waschwasserpumpe abziehen. Austretendes Waschwasser in einem Behälter auffangen.

■ Waschwasserschlauch für Scheinwerfer durch Drücken der Sicherungsklammer entriegeln und abziehen. Ggf. die Waschwasserpumpen aus dem Waschwasserbehälter nach oben hinausschieben.

■ Kabelstrang freilegen. Rohrleitung (4) für Aktivkohlebehälter vom Einfüllstutzen (1) des Waschwasserbehälters lösen (Bild 1). Schraube (8 Nm; 3 in Bild1) herausdrehen.

■ Die drei Schrauben und Muttern (8 Nm) unten am Behälter herausdrehen und den Waschwasserbehälter nach unten herausnehmen.

■ Der **Einbau** erfolgt in umgekehrter Reihenfolge. Dabei müssen die Schläuche mit Winkelstücken hörbar in die Anschlüsse an den Waschwasserpumpen einrasten.

■ **Waschdüsen vorn ausbauen:** Scheibenwischerarme (siehe Rubrik »Besser machen«) und Wasserkastenabdeckung (»Fahrzeugaufbau-Karosserie«; weißer Pfeil in Bild 2, Seite 173) ausbauen. Die Winkelstücke von unten vorsichtig von den Spritzdüsen abhebeln und Steckverbindungen (bei beheizbaren Düsen) abziehen.

■ Die Düsen (1) aus der Wasserkastenabdeckung (2 in Bild 3) ausclipsen. Die Spritzdüsen sind einstellbar. Durch Bewegen des Einstellers nach oben oder unten kann die Spritzrichtung verstellt werden.

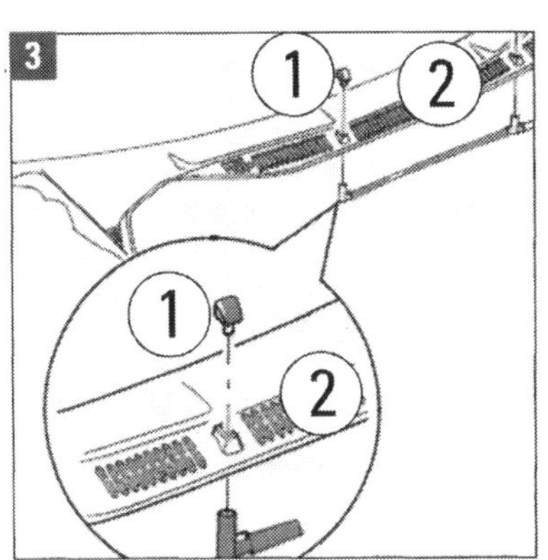

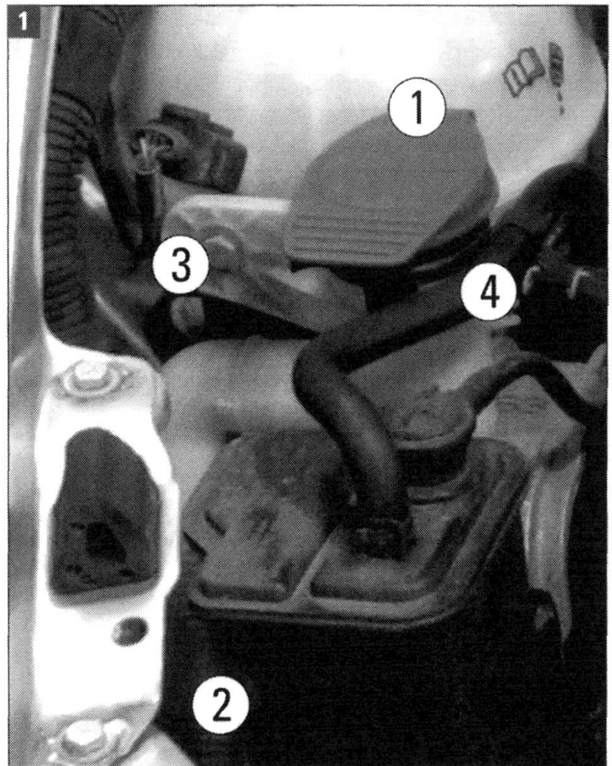

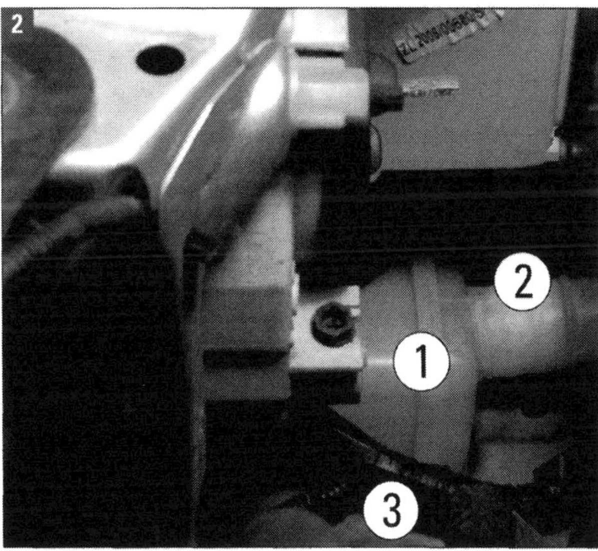

Waschwasserbehälter: Die Bilder 1 und 2 zeigen die vom Motorraum sichtbaren Teile der Scheibenwaschanlage. ***Bild 1:*** (1) Einfüllstutzen für Scheibenwaschwasser mit Verschlussdeckel, (2) Rohrleitung zum Wasserbehälter, (3) Befestigungsschraube, (4) Rohrleitung für Aktivkohlebehälter. ***Bild 2:*** (1) Waschwasserbehälter, (2) Rohrleitung vom Einfüllstutzen, (3) Sammelkanal für Waschwasserleitungen. Die in den Bildern nicht sichtbaren Komponenten liegen nach Ausbau des vorderen Stoßfängers frei.

■ **Waschdüse hinten ausbauen:** Wischer in Endstellung, Abdeckkappe (1) vom Heckwischer (2) abklappen (Bild 4). Spritzdüse (3) vorsichtig in Pfeilrichtung herausziehen.

■ Beim **Octavia Combi** befindet sich die Waschdüse in der Zusatzbremsleuchte. Diese wie beschrieben ausbauen und die Waschdüse herausnehmen.

■ Der **Einbau** erfolgt jeweils in umgekehrter Reihenfolge. Bei der Limousine Spritzdüse bis zum Anschlag in die Wischerachse einschieben, so dass die Waschdüsenöffnung parallel zum Wischerarm zeigt. Beim Combi Spritzdüse so einstellen, dass sie in die Mitte des Wischfeldes trifft.

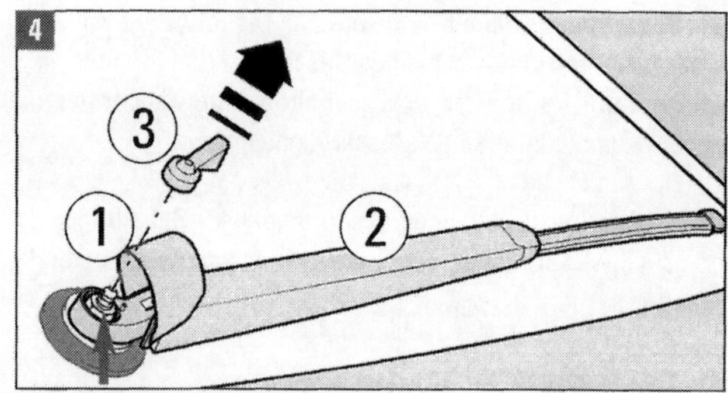

Heckscheibenwischer: (1) Abdeckkappe, (2) Wischerarm, (3) Waschdüse hinten.
Die Zeichnung zeigt die Situation bei der Limousine.

Scheibenwischer: Motoren ausbauen

■ **Ausbau Steuergerät/Wischermotor:** Zündung und alle elektrischen Verbraucher ausschalten. Wischerarme mit Wischer sowie die Wasserkastenabdeckung ausbauen. Den Stecker am Wischermotor abziehen und die beiden Schrauben ganz links sowie am Wischerarm in Höhe Fahrzeugmitte herausdrehen (8 Nm). Leitungsstrang seitlich ablegen und Wischermotor mit Gestänge herausnehmen.

■ Der **Einbau von Motor und Gestänge** erfolgt in umgekehrter Reihenfolge. Dabei muss der Absteckstift am Arm korrekt ins Gummilager in der Karosserie eingesteckt werden.

■ **Wischermotor vom Gestänge abbauen:** Mit Demontagewerkzeug für Türinnenverkleidung (2), einem Abdrückhebel, die Stange (1) vom Gelenkhalter (Pfeil) abhebeln (Bild 1).

■ Befestigungsmutter (1; 18 Nm) herausdrehen und Motorkurbel (2) von der Wischermotorwelle abziehen (Bild 2). Schrauben (Pfeile; 8 Nm) herausschrauben und Wischermotor mit Steuergerät aus dem Einbaurahmen herausnehmen.

■ **Einbau:** Wischermotor festschrauben. Kurbel an Welle einsetzen. Abstand vom Anschlag muss 3 ± 1 mm betragen. Mutter festziehen, Stange auf den Gelenkhalter aufdrücken.

■ **Aus- und Einbau des Heckscheibenwischers** sind bei Octavia und Combi ähnlich: Abdeckkappe hochklappen, Waschdüse vorsichtig herausziehen, Sechskantmutter (12 Nm; roter Pfeil in Bild 4, ganz oben auf der Seite) lösen, Wischerarm hochklappen und durch seitliche Bewegungen im Konus lösen. Die Mutter herausschrauben und Wischerarm

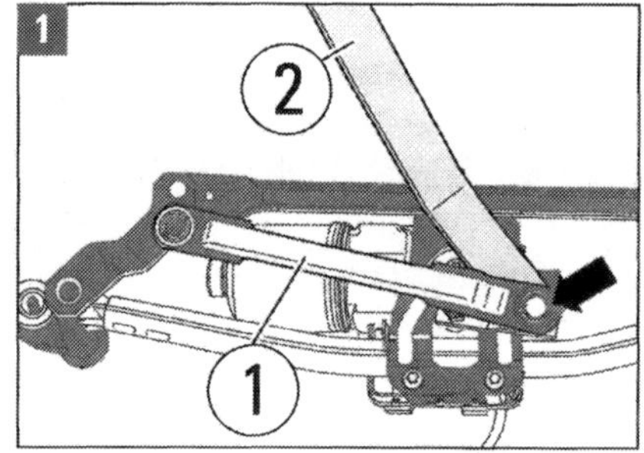

Motor mit Gestänge: (1) Stange, (2) Demontagewerkzeug. Pfeil: Gelenkhalter.

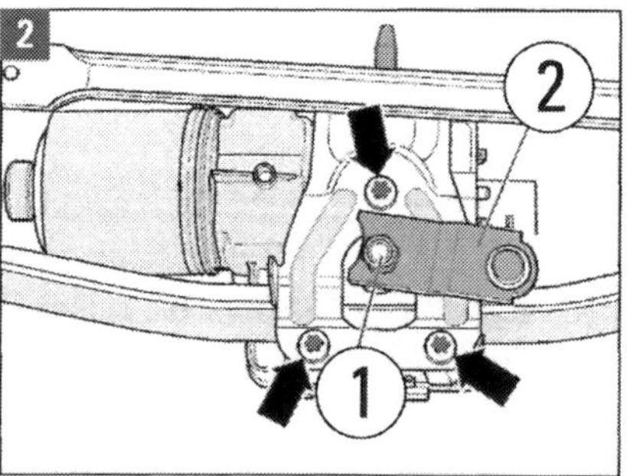

Rahmen: (1) Befestigungsmutter, (2) Motorkurbel. Pfeile: Befestigungsschrauben.

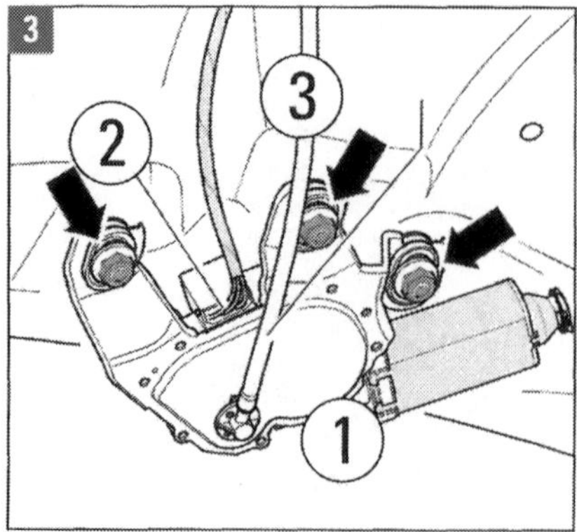

Heckwischer: (1) Wischermotor, (2) Steckverbindung, (3) Schlauch. Pfeile: Muttern.

abnehmen. Eingebaut wird der Arm in sinngemäß umgekehrter Weise.

■ **Heckwischermotor ausbauen:** Untere Verkleidung der Heckklappe (»Fahrzeugaufbau - Karosserie«) abbauen und Stecker (2) am Wischermotor (1) abziehen (Bild 3, Seite 170).

■ Schlauch (3) zur Waschdüse abziehen. Muttern (7 Nm) (Pfeile in Bild 3) herausdrehen und Wischermotor ausbauen. Der **Einbau** erfolgt in umgekehrter Reihenfolge.

Einbauorte der Relais- und Sicherungshalter

Drei für Reparatur- und Überprüfungsarbeiten relevante Einbauorte für wichtige Sicherungen, Relais und Kabelverbindungen sind:

● Die E-Box im Motorraum hinten links. In Ihr sind der Sicherungshalter B (Sicherungen SB) und der Entstörkondensator C24 untergebracht. Sie enthält u. a. die Sicherungen
–SB15 (Anlasser, 40 A),
–SB16 (Steuergerät Lenksäulenelektronik, 15 A),
–SB17 (Schalttafeleinsatz, 10 A),
–SB18 (Verstärker, 30 A),
–SB19 (Radio, 15 A und Radio-Navigationssystem, 15 A).
Unter der E-Box gibt es einen Zusatz-Relaishalter mit den beiden Relais
–R2/Steuergerät für Glühzeitautomatik und
–R5/Relais für Sekundärluftpumpe.

● Die A-Säulen Fahrerseite an der Schalttafel links und Beifahrerseite an der Schalttafel rechts mit Mehrfach-Kupplungsstationen.

● In der Schalttafel links (Fahrerseite) der Sicherungshalter C (Sicherungen SC).
Dieser Halter mit den meisten Sicherungen ist von besonderer Bedeutung. Hier werden Sie nachsehen müssen, wenn Verdacht auf durchgebrannte Sicherungen besteht.
Dieser Sicherungshalter (Bild 8 Seite 157) wird durch Abheben einer Abdeckung (Pfeil in Bild 1 auf dieser Seite) von der Stirnwand der Schalttafel zugänglich. Abheben am besten mit einem Kunststoff-Demontage Keil oder sehr vorsichtig mit einem kleinen Flachschraubendreher.
Die genaue Sicherungsbelegung in den Haltern ist von der Fahrzeugausstattung abhängig. Richten Sie sich nach dem Belegungsschema, das als Aufkleber oder lose bei den Sicherungshaltern zu finden ist. In diesen Listen sind die Sicherungen fortlaufend nach ihren Steckplätzen (Bild 2) nummeriert. Angegeben sind Stromstärke-Wert (in A) und abgesicherter Verbraucher.

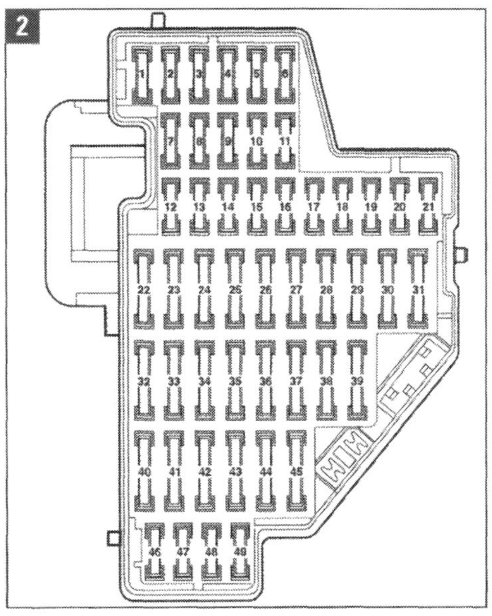

Innenleuchten ausbauen

Der Innenraum des Octavia ist mit recht vielen Leuchten in Türen, Ablagen, Konsolen, Kofferraum und Dachhimmel ausgestattet. Aus- und Einbau folgen immer dem gleichen Prinzip:

■ Mit kleinem Schlitzschraubendreher, Abdrückhebel oder Montagekeil die Streuglas-Abdeckungen oder die komplette Leuchte aus dem Einbauort heraushebeln, Steckverbindung trennen. Dann zugängliche Soffittenlampen 12V/5 W wechseln. Beim Einbau fest verrasten.

■ Ausnahme die **Lese-/Innenleuchte:** Streuglas vorsichtig nach unten abnehmen, die beiden Kreuzschlitzschrauben herausschrauben, Innenleuchte nach unten abziehen und Steckverbindungen trennen. Einbau umgekehrt.
Glühlampenwechsel: Streuglas abnehmen, sockellose Lampe 12 V, 5 W oder/und Soffittenlampe 12 V, 10 W entnehmen, wechseln.

Signalgeber prüfen

Mit Signaleinrichtungen, um andere Verkehrsteilnehmer zuverlässig über Fahrabsichten zu informieren, muss jedes Kraftfahrzeug ausgestattet sein. Diese müssen in jeder Situation sicher funktionieren. Die Warnblinkanlage z. B. muss auch bei ausgeschalteter Zündung arbeiten, weswegen der Schalter direkt von Batterieplus versorgt wird. Vorschrift ist, die Einrichtungen regelmäßig zu prüfen:

Warnblinkanlage: Drücken Sie bei ausgeschalteter Zündung auf den Druckschalter mit dem rot umrandeten Dreieck. Alle vier Blinklampen und die Kontrollleuchte im Druckschalter sollten im gleichen Rhythmus aufleuchten.

Richtungsblinker: Zündung einschalten, Blinkerhebel drücken. Beide Blinker auf der Fahrzeugseite und Blinkerkontrolle müssen im gleichen Rhythmus blinken.

Bremsleuchten: Fahrzeug mit dem Heck zu einer (Garagen-)Wand stellen, Bremspedal drücken. Die Wand muss dann rot aufleuchten. Besser: von einem Helfer Bescheid sagen lassen. Funktionieren beide Bremsleuchten nicht: Sicherung und Bremslichtschalter prüfen.

Lichthupe: Funktioniert die Lichthupe nicht, obwohl die Scheinwerfer bei eingeschalteter Beleuchtung brennen, zuerst prüfen, ob an den beiden roten Klemme-30-Kabeln zum Lenkstockschalter Spannung anliegt. Ist dies der Fall, dürfte der Lichtumschalter im Hebelschalter defekt sein.

Signalhorn: Betätigen Sie die Druckplatte auf dem Lenkrad. Die Hupe muss ertönen.

Steuergeräte: Bei Störungen und Fehleranzeigen ohne ersichtliche Ursache: Fehlerspeicher auslesen.

Signalhörner ausbauen

■ Blende am Stoßfänger vorn links oder rechts ausclipsen, es sind zwei Hörner verbaut (»Doppeltonhorn«). Nebelscheinwerfer ausbauen.

■ Befestigungsschraube (20 Nm) abschrauben und Signalhorn mit Halter nach vorn herausnehmen. Elektrische Steckverbindung trennen.
Auch der Halter des Horns lässt sich abschrauben (15 Nm). Einbau umgekehrt.

Zusatzbremsleuchte

■ Verkleidung der Heckklappe ausbauen (»Fahrzeugaufbau - Karosserie«). Die beiden Schrauben (2 Nm) links und rechts an der Leuchte herausdrehen.

■ Die beiden Sicherungslaschen auf Höhe der Schraubenbohrungen entriegeln. Die Steckverbindung links an der Leuchte trennen, Zusatzbremsleuchte herausnehmen.

■ Beim Octavia **Combi** sind an der Zusatzleuchte drei Muttern (2 Nm) herauszudrehen. Dann die (nur eine) Sicherungslasche entriegeln und Zusatzbremsleuchte etwas herausziehen. Den Stecker und den Schlauch zur Waschdüse abziehen.

■ Die Zusatzbremsleuchte enthält keine Glühlampe, sondern sie ist mit LED ausgestattet. Der Wechsel einzelner Leuchtdioden ist nicht möglich. Im Reparaturfall muss die Bremsleuchte komplett ersetzt werden.

■ Der **Einbau** erfolgt sinngemäß umgekehrt.

Spezialwerkzeug in Selbsthilfe

Der Wischerblattwechsel mag noch in Eigenarbeit funktionieren: Wischer in Servicestellung, Wischerarm von der Frontscheibe abheben und Halteklammer (roter Pfeil Bild 1) drücken. Dann lässt sich das Wischerblatt vom Wischerarm abziehen (Richtung weißer Pfeil). Einbau: einschieben, einrasten.

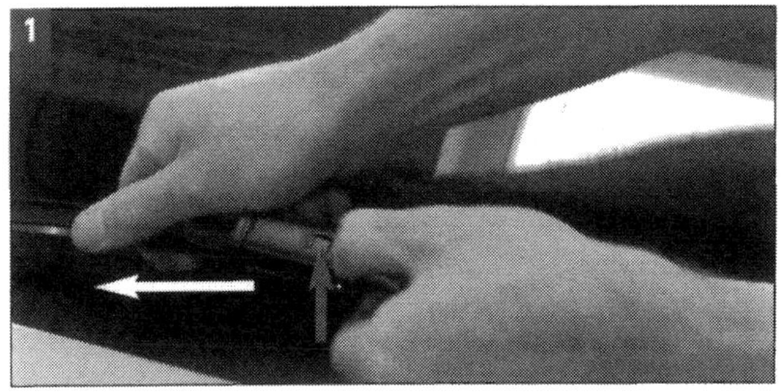

Schwierig wird es, wenn Sie den ganzen Wischerarm wegen eines besseren Modells wechseln möchten oder müssen. Für diese sensible Arbeit gibt es einen ganzen VW-Werkzeugsatz im Koffer (T10369), der natürlich auch für den Octavia passt. Aber wer hat den schon? Muss der Arm ab, den Wischer in die Servicestellung fahren und mit einem Schraubendreher die Abdeckkappen von den Muttern an den Wischerachsen (rote Pfeile Bild 2) hebeln. Mutter etwas lösen, und nun müsste der Abzieher T10369/1 angesetzt werden. Zangen und Ähnliches würden nur Schaden anrichten.

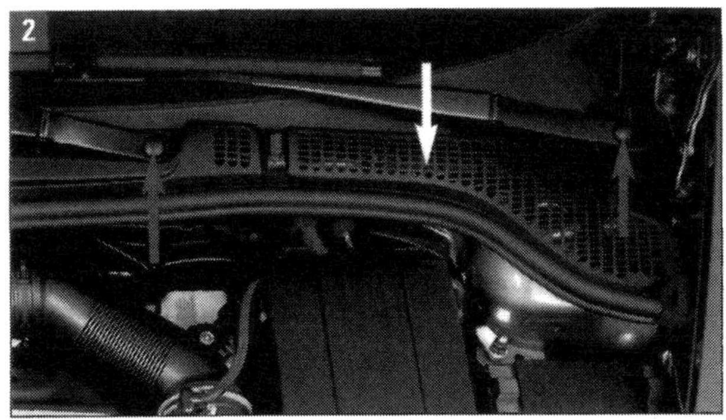

Nehmen Sie einen handelsüblichen Abzieher, polstern Sie den Wischerarm mit einem 10 cm langen Rundstück aus dickem Schaumkunststoff zur Rohrisolierung. Setzen Sie den Abzieher an, lassen die Klauen fest ins Plastikmaterial greifen, aber nicht durchdrücken, und drehen an der Druckstückschraube. Sicher gleitet der Arm von der Achse.

Quetschverbindungen beherrschen

Bei Ergänzungen und zusätzlichen Einbauten der Elektrik sind Arbeiten am Leitungsnetz nicht zu vermeiden. Schon Leuchten oder Lautsprecher fordern unerschrockenes Verlegen und Verbinden von Leitungen. Das wird nur mit Quetschverbindungen empfohlen. Gelötet soll nichts mehr werden.
Nötige Werkzeuge sind die Crimpzange (Bild 1) zum Zusammenquetschen der Leitungen mit einem Quetschverbinder und das Heißluftgebläse mit »Schrumpfaufsatz« (Bild 2) zum Schrumpfen der Quetschverbinder, damit keinerlei Feuchtigkeit eindringen kann. Verbinder von der Mitte nach außen in Längsrichtung erhitzen, bis er vollständig abgedichtet ist und der Kleber an den Enden austritt. Wenn mehrere so verbundene Leitungen nebeneinander liegen: Die Quetschverbinder unbedingt versetzt anordnen (Bild 3)!

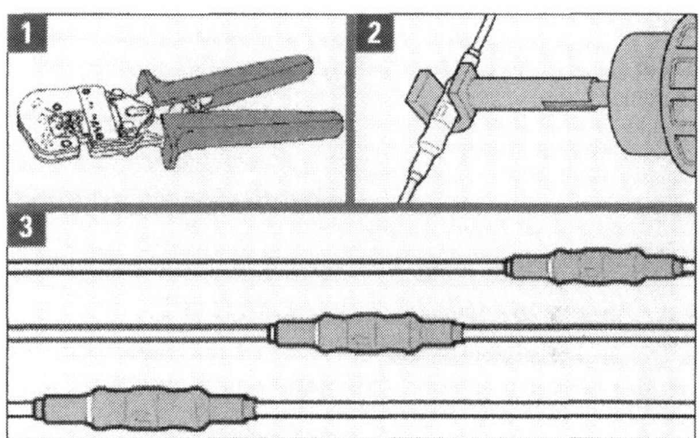

Spannungsregler genau prüfen

Ehe man ihn nur auf Verdacht abbaut und prüft, kann man noch auf Nummer sicher gehen und messen. Der Regler an der Lichtmaschine reguliert die Betriebsspannung je nach Temperatur von Batterie und Umgebung im Normalfall auf Werte zwischen 13,8 und 14,5 Volt im »14-Volt-Toleranzfeld«.
Wenn Sie ein Multimeter zwischen Plusklemme der Lichtmaschine (wie Batterieplus mit rotem Kabel) und Masse klemmen, den Generator per Motorkraft kurz warmlaufen lassen und ein paar Verbraucher einschalten (Standlicht, Radio, Gebläse), dann müsste die Regulierspannung im Toleranzfeld liegen. Ist sie höher, muss der Regler gleich ausgetauscht werden. Ist sie niedriger, dann hat das meist mit den Schleifkohlen zu tun. Überprüfen und reparieren oder austauschen.

Batterie und Lichtmaschine

Störung	Was kann das sein?	Was muss ich tun?
A Rote Ladekontrolle brennt nicht beim Einschalten der Zündung	**1** Batterie leer	Mit Starthilfekabel starten oder Wagen anschleppen
	2 Batteriekabel gebrochen. Kabelklemmen lose oder oxidert	Batteriekabel und -klemmen kontrollieren
	3 Kontrollleuchte defekt	ersetzen
	4 Kabelweg zwischen Zündschloss, Kontrollampe und Lichtmaschine unterbrochen	Stromweg mit Prüflampe kontrollieren
	5 Schleifkohlen abgenutzt	Regler tauschen
	6 Spannungsregler defekt	Regler austauschen
	7 Lichtmaschine schadhaft	Lichtmaschine überholen oder austauschen
	8 Feuchtigekit bildet einen isolierenden Schmierfilm zwischen den Schleifringen und Kohlen (z.B. nach Motorwäsche)	Lichtmaschine mit Druckluft ausblasen oder Schleifringe und Kohlen sauberreiben
B Ladekontrolle brennt oder glimmt bei laufendem Motor	**1** Keilrippenriemen lose bzw. ohne Spannung	Keilrippenriemenspannung kontrollieren
	2 Mangelnder Kontakt an Kabelanschlüssen der Lichtmaschine oder unterbrochene Kabel	Kabelanschlüsse und Kabel prüfen
C Batterieoberfläche feucht	**1** Zuviel destilliertes Wasser eingefüllt	Ausgasen lassen, keine Säure absaugen
	2 Batterieverschlüsse verstopft	Entlüftungslöcher säubern
	3 Spannungsregler defekt	austauschen
D Batterie gast stark	**1** Spannungsregler defekt	Regler austauschen

Anlasser

Störung	Was kann das sein?	Was muss ich tun?
A Beim Drehen des Zündschlüssels in Startstellung dreht der Anlasser zu lange oder gar nicht	**1** Kontrollampen brennen schwach oder verlöschen **1a** Batterie entladen **1b** Kabelanschlüsse lose oder oxidiert **1c** Batterie entladen	Mit Starthilfekabel starten, Auto anschieben/anschleppen, Kabel befestigen, Anschlüsse säubern, Anlasser überholen lassen oder austauschen
	2 Kontrollampen brennen hell, Klicken aus Richtung Anlasser immer noch nicht: **2a** Kohlenbürsten bzw. deren Anschlüsse im Anlasser gelöst **2b** Kontakte im Magnetschalter verschmort **2c** Anlasserwicklung schadhaft	Anlasser überholen lassen oder austauschen
B Der Anlasser dreht, aber der Motor dreht nicht	**1** Ritzel verschmutzt	Ritzel reinigen
	2 Einrückvorrichtung klemmt	Anlasser überholen lassen
	3 Verzahnung des Ritzels oder der Motorschwungscheibe beschädigt	Wagen bei eingelegtem Gang durch Helfer ein Stück vorschieben lassen. Erneut starten. Beschädigte Teile ersetzen
C Magnetschalter schaltet schnell ein und aus. Anlasser läuft nicht an	**1** Batterie stark entladen, beim Einschalten des Magnetschalters fällt die Spannung ab und er schaltet wieder aus	Batterie laden
	2 Einrückvorrichtung klemmt	Anlasser überholen lassen
	3 Verzahnung des Ritzels oder der Motorschwungscheibe beschädigt	Wagen bei eingelegtem Gang durch Helfer ein Stück vorschieben lassen – Zündung aus! Erneut starten. Beschädigte Teile ersetzen
D Anlasser läuft weiter, obwohl der Zündschlüssel losgelassen wurde	**1** Magnetschalter hängt oder schaltet nicht ab	Zündung sofort abschalten, notfalls Batterie abklemmen. Magnetschalter reparieren oder Anlasser austauschen
	2 Zünd-/Anlassschalter defekt	Schalter ersetzen
E Ritzel spurt nach Anspringen des Motors nicht aus	**1** Rückstellfeder des Einrückhebels lahm oder gebrochen	Motor abstellen, Anlasser austauschen

STÖRUNGSBEISTAND

Hupe

Störung	Was kann das sein?	Was muss ich tun?
A Hupe tönt nicht	**1** Sicherung defekt	Ersetzen
	2 Kabel vom Lenkrad zur Hupe unterbrochen	Kabelverlauf kontrollieren, Steckkontakte der Hupe blankkratzen
	3 Hupe defekt	Prüfen, ggf. ersetzen
	4 Relais defekt	Prüfen, ggf. ersetzen
B Hupe tönt dauernd	**1** Hupenkontakt vom Lenkrad defekt. Kabel vom Hupenkontakt zur Hupe hat Dauerstrom	Schwarz/gelbes Kabel von der Hupe abziehen. Hupt es nicht mehr, Hupenkontakt bzw. Kabel reparieren lassen
	2 Hupe hat inneren Masseanschluss	Hupe ersetzen. Unterwegs Kabel von der Hupe abziehen

STÖRUNGSBEISTAND

Bremslicht

Störung	Was kann das sein?	Was muss ich tun?
A Eine Bremsleuchte brennt nicht	**1** Glühlampe durchgebrannt	Austauschen
	2 Masseverbindung unterbrochen. Brennen alle übrigen Lampen in derselben Heckleuchte?	Kabel kontrollieren
	3 Unterbrechung in der Zuleitung	Kabel kontrollieren
B Beide bzw. alle drei Bremslichter brennen nicht	**1** Sicherung defekt	Ersetzen
	2 Bremslichtschalter defekt	Überprüfen, ggf. ersetzen
	3 siehe A1 und A3	
C Bremslicht brennt dauernd	**1** Kabel zum Bremslichtschalter haben direkten Kontakt	Kabel kontrollieren

Warnblink- und Blinkanlage

Störung	Was kann das sein?	Was muss ich tun?
A Kontrollampe für Richtungsblinker leuchtet in ganz kurzen Intervallen auf. Normaler Blinkrhythmus beim Warnblinken	**1** Eine Glühlampe defekt oder ohne Kontakt	Auswechseln
B Blinkleuchten und Kontrolleuchte brennen bei Richtungs- und Warnblinken dauernd oder gar nicht	**1** Blinkrelais defekt	Auswechseln
C Richtungsblinken funktioniert, aber kein Warnblinken	**1** Sicherung defekt	Auswechseln
	2 Kabel vom Steckkontakt am Warnblinkschalter zur Sicherung bzw. Blinkerrelais unterbrochen	Durchgang kontrollieren, ggf. erneuern
	3 Warnblinkschalter defekt	Auswechseln
D Warnblinken funktioniert, aber kein Richtungsblinken	**1** Kabel zwischen Blinkerschalter und Blinkerrelais unterbrochen	Durchgang kontrollieren, ggf. erneuern.
	2 Blinkerschalter defekt	Auswechseln (lassen)
	3 Sicherung defekt	Ersetzen
E Kein Richtungs- und kein Warnblinken	**1** Sicherung defekt	Auswechseln
	2 Warnblinkschalter defekt	Auswechseln

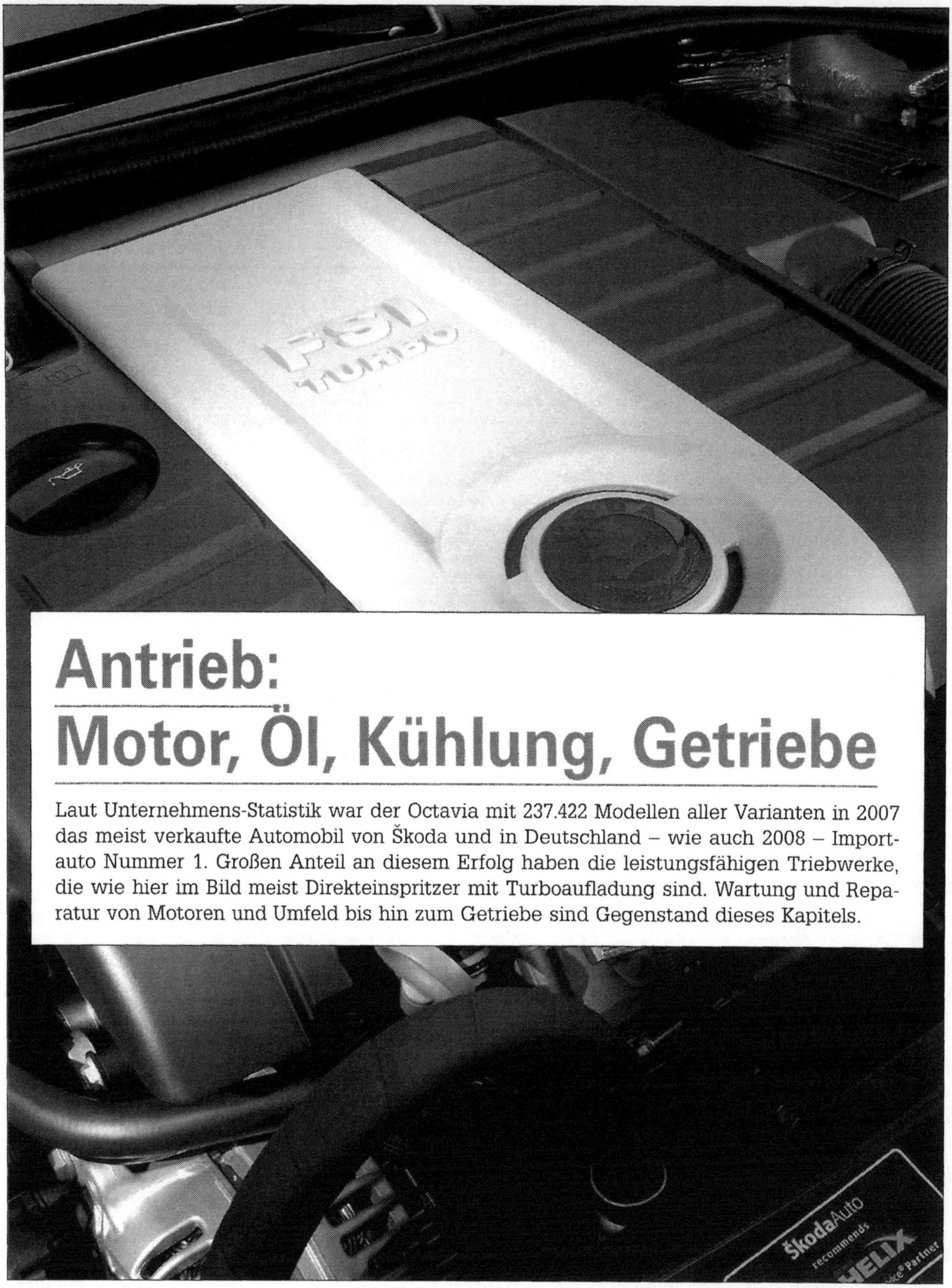

Antrieb:
Motor, Öl, Kühlung, Getriebe

Laut Unternehmens-Statistik war der Octavia mit 237.422 Modellen aller Varianten in 2007 das meist verkaufte Automobil von Škoda und in Deutschland – wie auch 2008 – Importauto Nummer 1. Großen Anteil an diesem Erfolg haben die leistungsfähigen Triebwerke, die wie hier im Bild meist Direkteinspritzer mit Turboaufladung sind. Wartung und Reparatur von Motoren und Umfeld bis hin zum Getriebe sind Gegenstand dieses Kapitels.

Die Motoren des Octavia II

Erfolg mit Direkteinspritzern

Limousine und etwas später auch Combi der Octavia II-Reihe gingen 2004 mit starken, überzeugend modernen Motoren an den Start. Nach Überarbeitung und Ergänzung im Laufe der Modellperiode decken sie inzwischen die Spanne von 59 (anfangs noch 55) bis 147 kW (80 bis 200 PS) ab. Fast alle Aggregate sind Direkteinspritzer. Die Ottomotoren nutzen dazu die überlegene FSI-Technologie. Bei ruhigem Lauf und souveräner Kraftentfaltung verbrauchen Benziner wie Diesel heute erheblich weniger Treibstoff als ihre Vorgängermodelle.

Effektive FSI-Technologie

Das FSI-Verfahren bringt gegenüber anderen Methoden ein beachtliches Technologieplus. Der Kraftstoff wird dabei mit Druck bis 100 bar direkt in die Brennräume injiziert. Das Ver-

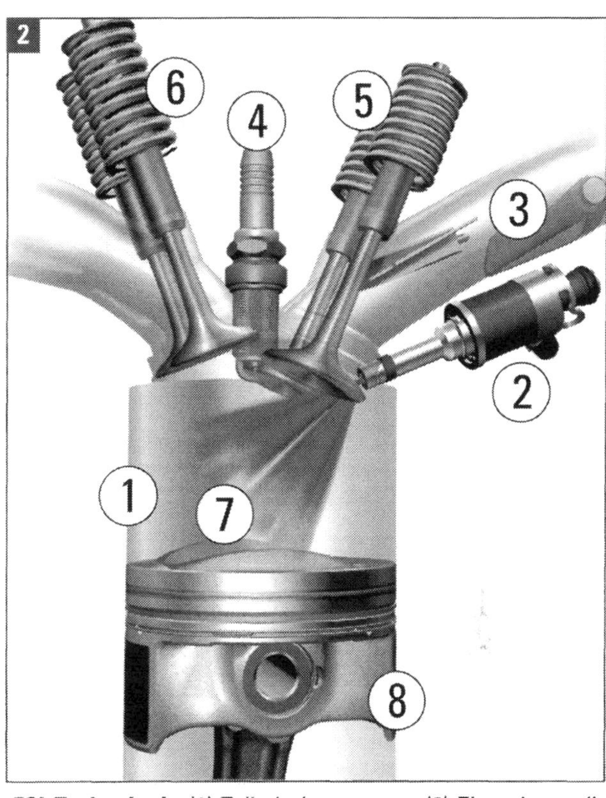

FSI-Technologie: (1) Zylinderbrennraum, (2) Einspritzventil, (3) Frischluft, (4) Zündkerze, (5) Einlassventile, (6) Auslassventile, (7) in zwei Phasen (Saughub/Kompressionshub) eingespritzter Kraftstoff, (8) Kolben mit Pleuel.

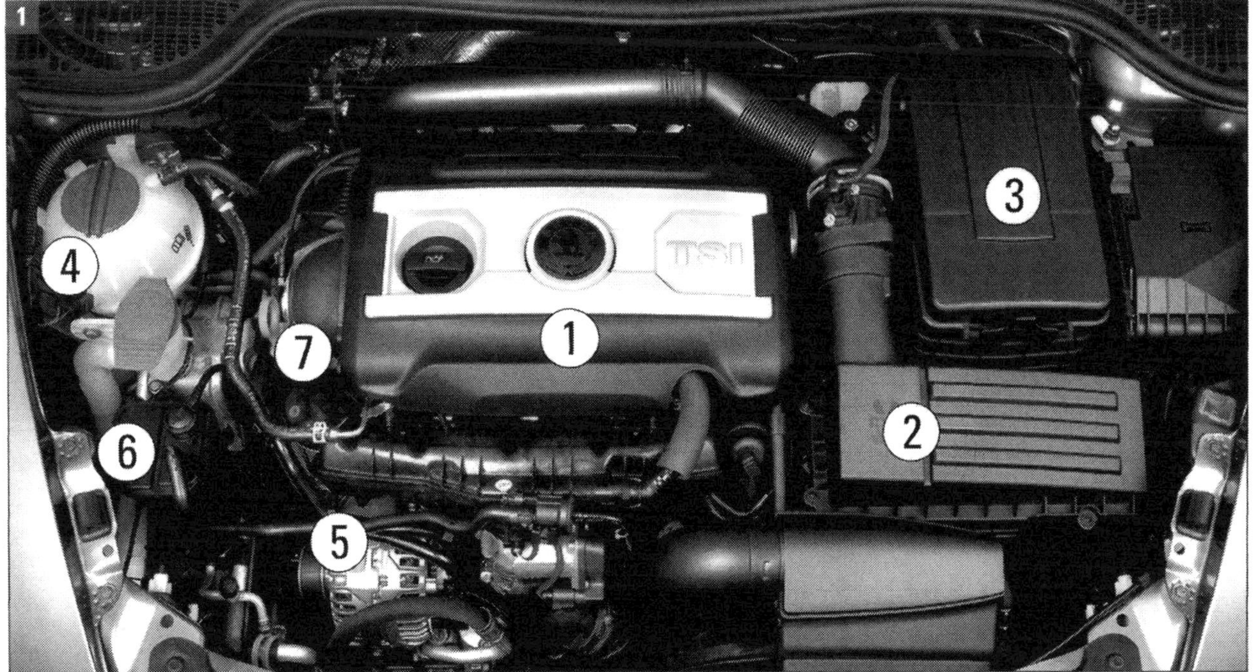

1.8 TSI-Motorraum: (1) Motorabdeckung, (2) Ansaugluftführung mit Luftfilter, (3) Batterie und E-Box, (4) Kühlmittelausgleichsbehälter, (5) Keilrippenriementrieb mit Generator, (6) Aktivkohlefilter, (7) Turbolader.

dampfen des Kraftstoffs entzieht den Brennräumen Wärme. Hohe Verdichtungsverhältnisse von 11,5:1 oder gar 12:1 werden möglich, was zu effizienter Verbrennung beiträgt.
FSI-Motoren erzielen mehr Leistung und Dynamik bei sparsamem Kraftstoffeinsatz als konventionelle Aggregate mit Saugrohreinspritzung. Diese Art der im VW-Konzern zur Reife für Großserien-Pkw entwickelten Benzindirekteinspritzung hatte ihr überlegenes Potenzial erstmals im Juni 2001 im Sportprototypen Audi R8 beim Gesamtsieg in Le Mans bewiesen. Ihre Leistung wird in den T(F)SI-Varianten durch Turbolader und Ladeluftkühlung noch weiter beträchtlich gesteigert (Bild 4).

Start mit sieben Motoren

An den Start ging der Octavia II im Frühjahr 2004 mit vier Benzin- und drei Dieselmotoren:

- 1.4 MPI / 55 kW (75 PS) Motor BCA
- 1.6 MPI / 75 kW (102 PS) Motor BGU
- 1.6 FSI / 85 kW (115 PS) Motor BLF
- 2.0 FSI /110 kW (150 PS) Motor BLY/BLR/BLX
- 1.9 TDI / 77 kW (105 PS) Motor BJB/BKC
- 2.0 TDI /100 kW (136 PS) Motor AZV
- 2.0 TDI /103 kW (140 PS) Motor BKD

Von diesen Bauformen ist nur noch der 1.6 FSI (BLF) aktuell. Der 1.4 MPI wurde im Jahr 2006 durch den leistungsstärkeren BUD (59 kW/80 PS) abgelöst. Schon 2005 hatte es drei Erneuerungen gegeben, 2007 kam der 1.8 TSI neu dazu. Die TDI-Motoren von 2004 werden immer noch produziert, ergänzt 2005 und 2006 durch Versionen mit Dieselpartikelfilter (DPF).

Kräftig genug: Die Basismodelle

Ausreichende Kraft und hohe Wirtschaftlichkeit kennzeichnen bereits den kleinsten Basismotor des Octavia (Bild 3). Der Aluminium-Reihenvierzylinder mobilisiert aus 1,4 Litern Hubraum 59 kW (80 PS) bei 5.000 Umdrehungen pro Minute. Sein maximales Drehmoment von 132 Nm erreicht er bei 3.800 Umdrehungen. Im kombinierten Messzyklus verbraucht er nur 7,0 l Eurosuper auf 100 Kilometer. Der Motor bringt den Octavia in 14,2 Sekunden von 0 auf 100 km/h. Die Höchstgeschwindigkeit beträgt 173 km/h.

Dank variablem Ansaugrohr beeindruckt der 1.6 MPI / 75 kW (102 PS) durch besonders hohe Elastizität. Er verfügt über eine selektive Klopfkontrolle. Seine Maximalleistung von 75 kW (102 PS) erreicht das Aggregat bei 5.600 min^{-1}, sein maximales Drehmoment (148 Nm) bei 3.800 min^{-1}. Der Motor beschleunigt den Octavia in 12,3 Sekunden von 0 auf 100 km/h und kann ihn auf eine Höchstgeschwindigkeit von 190 km/h bringen. Der Verbrauch: 7,4 Liter Eurosuper/100 km.

1,6-Liter-FSI mit 85 kW (115 PS)

Hervorragende Dynamik und geringer Verbrauch – das sind die Stärken des 1,6-Liter-Benzinmotors mit modernster Direkteinspritzung (FSI). Sein maximales Drehmoment: 155 Nm bei 4.000 min^{-1}. Die Leistung von 85 kW (115 PS) steht bei 6.000 min^{-1} zur Verfügung. Mit diesem Motor beschleunigt der Octavia in 11,2 Sekunden von 0 auf 100 km/h und ist 198 km/h schnell. Trotzdem verbraucht er nicht mehr als 6,6 Liter SuperPlus auf 100 km.

Für hohe Ansprüche: Der 2.0 FSI

Der 2-Liter-FSI wurde vor allem für anspruchsvolle Kunden entwickelt. Er bietet neben einer hervorragenden Dynamik eine hohe Laufkultur und besticht durch sein Drehmoment (200 Nm bei 3500 min^{-1}). Bei einer Höchstgeschwindig-

WISSENSWERTES

Das Viertaktprinzip

Bei den Viertaktmotoren umfasst ein Arbeitszyklus des Kolbens im Zylinder vier Takte. Der Raum, den die Kolben bei ihrer Bewegung innerhalb der Zylinder durchmessen, ist der Hubraum. Wenn der Kolben darin seinen höchsten Punkt erreicht hat, bleibt der Brennraum, in dem sich das Kraftstoff-Luft-Gemisch befindet. Hubraum und Brennraum bilden zusammen den Zylinderraum.
Das Verhältnis des Zylinderraums zum Brennraum gibt an, auf den wievielten Teil des Zylinderraums das Kraftstoff-Luft-Gemisch verdichtet wird. Bei den Octavia-Benzinern beträgt die Verdichtung 9,6:1, 10,5:1, 11,5:1 und 12:1, bei den Dieseln 18,5:1 und 19:1.

Die vier Takte sind:

- ***Einspritzen:*** Der Kolben gleitet zum Unteren Totpunkt UT. Die Einlassventile öffnen, das Einspritzventil arbeitet, Kraftstoff und Luft strömen in den Zylinder.
- ***Verdichten:*** Der Kolben bewegt sich vom UT zum Oberen Totpunkt OT. Die Einlassventile schließen. Der Kolben verdichtet das eingeströmte Gemisch.
- ***Verbrennen:*** Kurz vor dem OT springt der Zündfunke über (»Zünd-OT«). Das Gemisch verbrennt und drückt den Kolben zum UT. Sein Pleuel dreht die Kurbelwelle.
- ***Ausstoßen:*** Der Kolben geht wieder nach oben. Die Auslassventile öffnen, die verbrannten Gase werden ins Auspuffsystem (und bei den TFSI in den Turbolader) geschoben.

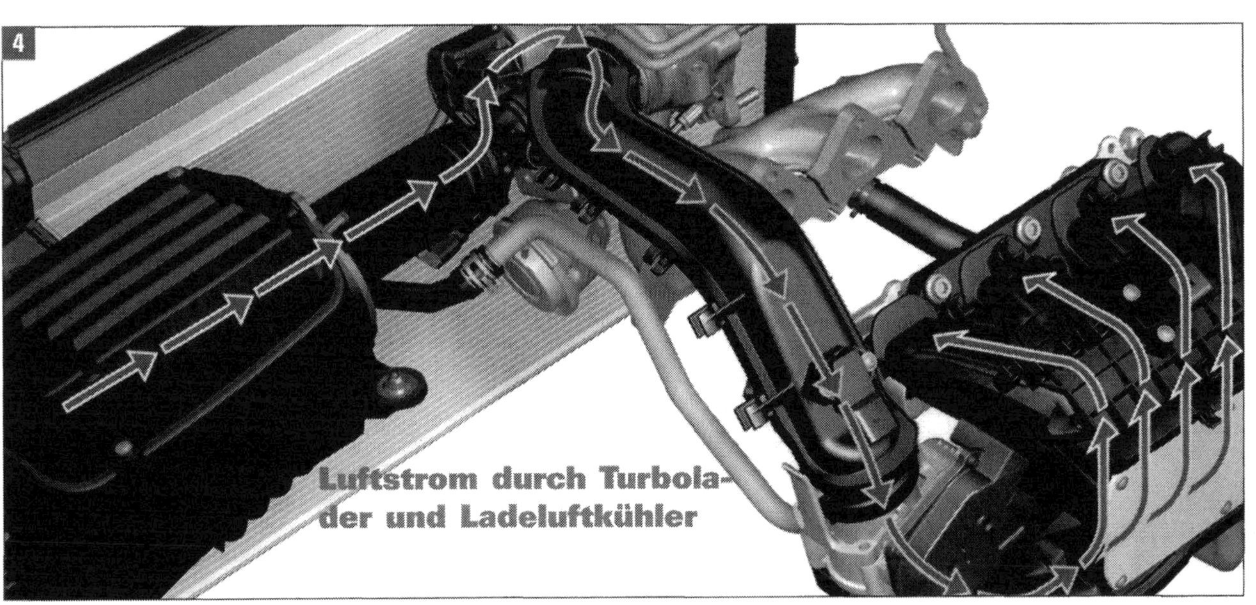

Luftstrom durch Turbolader und Ladeluftkühler

keit von 210 km/h beträgt der Durchschnittsverbrauch nur 8,3 l/100 km. Diese Motorisierung steht aktuell in Verbindung mit dem Automatikgetriebe (Sechsstufen Tiptronic) für die Limousine und den Combi zur Verfügung. Mit dem Sechsgang-Schaltgetriebe ist der 110 kW-FSI für den Octavia Combi 4x4 bestellbar.

Beeindruckend ab 2007: 1.8 TSI

Wichtigste Neuerung im Motorenprogramm des Octavia II war im Sommer 2007 der 1,8 Liter Benziner mit 118 kW (160 PS), der ebenfalls mit Turboaufladung und direkter Treibstoffeinspritzung arbeitet. Dieses Triebwerk ersetzt seit Juni (»06.07«) vielfach den 2.0 FSI/110 kW in der EU4-Variante mit manuellem Getriebe und Frontantrieb.
Der Vierzylinder liefert ein Drehmomentmaximum von 250 Nm über das beeindruckend breite Drehzahlband von 1500 bis 4200 Umdrehungen pro Minute. Dies garantiert sowohl der Limousine als auch dem Combi ein überragendes Beschleunigungsvermögen aus nahezu jedem Drehzahlbereich heraus bei gleichzeitig höchster Kraftstoffökonomie. Der durchzugsstarke Turbomotor begnügt sich mit lediglich 7,4 Litern Treibstoff je 100 Kilometer.

Ventilsteuerung mit Kette

Den auf hohem Niveau flachen Verlauf der Drehmomentkurve ermöglicht eine Nockenwellenverstellung auf der Einlassseite. Nockenwellen und die für Laufruhe sorgenden Ausgleichswellen im Motorblock werden von einer langlebigen und wartungsfreien Kette angetrieben. Das Vierzylinder-Aggregat wiegt dennoch lediglich 146 Kilogramm. Vier Ventile je Brennraum sorgen in Verbindung mit dem Turbolader und der Ladeluftkühlung für eine äußerst kraftvolle Beatmung (Bild 4).
Der neue Turbomotor 1,8 TSI/118 kW wird mit einem manuellen Sechsganggetriebe ausgestattet. Neueste Modellversionen kombinieren ihn auch mit Automatikgetriebe und Allradantrieb.

Top-Benziner ab 2005: 2.0 TFSI

Im Octavia RS wird schon seit Oktober 2005 der 2,0-Liter TFSI eingebaut, ein Spitzenmotor mit erstaunlichen Qualitäten. Seine Höchstleistung in der Octavia-Version beträgt 147 kW (200 PS) bei einem maximalen Drehmoment von 280 Nm im weiten Drehzahlbereich 1800 bis 5000 Umdrehungen pro Minute. Das Triebwerk lässt den Combi 238 und die Limousine 240

5 Der 1,6 Liter FSI / 85 kW

km/h erreichen und beschleunigt die Fahrzeuge in 7,5 bzw. 7,3 Sekunden auf 100 km/h.
Die Erfolgsgeschichte des 2.0 TFSI begann im Sommer 2004 mit einem ganz anderen Fahrzeug im großen VW-Verbund: dem Audi A3 Sportback. Das Triebwerk wurde bis Frühjahr 2008 weltweit schon über eine Million Mal verkauft. Es ist im Frühjahr 2008 zum vierten Mal in Folge von einer Jury anerkannter Motorjournalisten aus 32 Ländern in der Kategorie 1,8 bis 2,0 Liter zum Motor des Jahres gekürt worden. Die Jury urteilte, dass er »die Messlatte für Effizienz und Leistung in seiner Kategorie« und ein »großartiges Beispiel« für ein hochflexibles Antriebsaggregat ist.

ABC der Motorbauteile

WISSENSWERTES

- Keilrippenriemen: Treibt per Motor Nebenaggregate wie Generator, Kühlmittelpumpe und den Kältemittelverdichter der Klimaanlage.
- Kolben: Bewegen sich in den Zylindern, nehmen den Verbrennungsdruck auf und geben ihn über die Pleuel an die Kurbelwelle weiter. Bestehen aus Kolbenboden, Ringzone mit Kolbenringen und Bolzenaugen für die Kolbenbolzen. Die Verdichtungsringe (oben) verhindern Gasentweichen aus dem Verbrennungsraum. Der Ölabstreifring (unten) führt Schmieröl vom Zylinder in die Ölwanne zurück.
- Kurbelwelle: Wandelt das Auf und Ab der Kolben in eine Drehbewegung um. Ihre Teile sind Wellenzapfen (für Lagerung im Kurbelgehäuse) und Kurbelzapfen. Kurbelwangen verbinden Wellen- und Kurbelzapfen.
- Motorblock: Hier sind die beweglichen Teile gelagert, auch Aggregate wie Generator und Anlasser.
- Nockenwelle: Öffnet und schließt die Ventile. Jedes Ventil wird über Rollenschlepphebel von einem Nocken betätigt. Die Nockenwelle wird von der Kurbelwelle angetrieben.
- Pleuel: Verbinden Kolben und Kurbelwelle. Kopf umschließt den Kolbenbolzen. Ferner Schaft und Fuß. Pleuellagerdeckel umschließen den Kurbelzapfen.
- Turbolader: Baugruppe zur Aufladung, d. h. zur besseren Versorgung des Zylinders mit Frischluft für die Verbrennung. Steigert die Motorleistung.
- Ventile: Die Einlassventile lassen Frischgas in den Zylinder, die Auslassventile Abgase in den Auspuff.
- Zylinder: Bilden mit dem Zylinderkopf den Verbrennungsraum (Hubraum). Glatt ausgeschliffen (gehont) und auf Kolbendurchmesser abgestimmt.
- Zylinderkopf: Schließt den Zylinderraum nach oben ab. Enthält Ansaug- und Abgaskanäle, Wasserkanäle, Ventilsitze, Lager und Führungen für Ventilsteuerung, Einspritzventile und Zündkerzengewinde. Zylinderkopfdichtung hält Luft und Kühlwasser fern.

Sparsame Kraftpakete: Die TDI

Die drei Dieselmotoren für die Octavia II-Generation sind durchweg bewährte Direkteinspritzer vom TDI-Typ. Zwei Motoren stehen im Škoda Programm für den »Normalfall« zur Wahl: 1,9 TDI 77 kW (105 PS) (Bild 6) und 2,0 TDI/103 kW (140 PS). Sie arbeiten für die Einspritzung nach dem Pumpe-Düse-System. Diese seit langem bewährte Technik gewährleistet Sprintstärke, Durchzugskraft und Sparsamkeit, die Laufruhe allerdings lässt im Vergleich zu Common-Rail-Dieseln etwas zu wünschen übrig. Die 2.0 TDI-Triebwerke sind ab Werk mit einem wartungsfreien Dieselpartikelfilter ausgerüstet. Auf Wunsch kann der Selbstzündermotor 1.9 TDI ebenfalls mit diesem Partikelfilter bestellt werden.
Der seit 2006 im Octavia RS verbaute 2,0-Liter-Diesel mit 125 kW Leistung (Bild 7) deutet die Richtung an, die Škoda vermutlich in Zukunft auch mit den anderen Dieseln einschlagen wird: Ab 2009 Common Rail statt Pumpe-Düse. Er beschleunigt den Combi in 8,6 und die Limousine in 8,5 Sekunden von 0 auf 100 km/h und lässt eine Spitzengeschwindigkeit von 224 bzw. 225 km/h erreichen. Aber auch der TDI PD tritt mit sei-

6 Der 1,9 Liter TDI / 77 kW

nem Drehmoment von maximal 350 Nm schon bei 1800 Umdrehungen pro Minute kraftvoll an. Dabei verlangt diese Kraftentfaltung lediglich 5,9 Liter Dieselkraftstoff im Mix Innenstadt/Landstraße.
Der 170 PS-Motor ist serienmäßig mit einem wartungsfreien Dieselpartikelfilter sowie einem Oxidationskatalysator ausgerüstet und unterschreitet die Grenzwerte der EU-4-Abgasnorm deutlich. Ein manuelles Sechsganggetriebe überträgt die Kraft auf die Vorderräder.

Alle Motoren erfüllen EU-4

Alles in allem stehen nun also für den Škoda Octavia im strengen Sinne fünf, im weiteren Sinne sechs oder sieben Benzin- und drei Dieselmotoren zur Wahl. Wegen der laufenden Überarbeitung und Erneuerung der Motorenpalette und der Fortentwicklung von Motorvarianten unter anderen Motorkennbuchstaben ist diese Zahl nur mit Vorsicht anzugeben. Wir präsentieren in den Listen unserer »Technischen Daten« (Seiten 214 bis 221) sechs Benziner und die drei Diesel. Auf jeden Fall deckt die Hubraum- und Leistungsspanne dieser Triebwerke, wir sagten es eingangs schon, eine breite Palette von Käuferbedürfnissen und -wünschen ab.
Die Motoren des Octavia sind vorn quer eingebaut. Mit Ausnahme der Allradfahrzeuge »4x4« haben alle Modelle Vorderradantrieb. Alle Benzinmotoren erfüllen die strengen gesetzlichen Abgas-Anforderungen nach EU 4-Norm. Sie verfügen über einen oder zwei Drei-Wege-Katalysatoren mit Lambdasonden. Der 2.0 FSI wird sogar mit drei Katalysatoren (Hauptkat und zwei Vorkats) ausgerüstet, ergänzt durch drei Diagnostik- und zwei Steuerungs-Lambdasonden.

Flexible Wartungsintervalle

Ein besonderer Vorteil der modernen Triebwerke im Škoda Octavia besteht in den flexiblen Wartungsintervallen (WIV), die von der jeweiligen Beanspruchung des Fahrzeugs abhängen. Unter günstigen Betriebsbedingungen kann der Ölwechsel-Abstand 30.000 km oder maximal zwei Jahre betragen.
Alle Motorisierungen werden serienmäßig mit 5- oder 6-Gang-Handschaltgetriebe kombiniert. Für Motoren ab 75 kW Leistung ist auf Wunsch eine 6-Gang-Automatik verfügbar. Sie besteht aus einem klassisch konzipierten Automatikgetriebe mit hydro-dynamischem Drehmomentwandler. Die Kraftübertragung auf die Vorderräder kann aber auch durch ein automatisches Sechsgang-Doppelkupplungsgetriebe erfolgen.

Die Motorsteuerungen

Für die elektronische Steuerung der Octavia-Motoren wird Technik von Bosch, Siemens und Magneti Marelli eingesetzt. Nach Ausstattung mit Bosch ME 7.5.10 werden die 1.4 MPI seit 2006 mit Magneti Marelli 4HV kombiniert. Alle FSI- und FSI-Turbo-Motoren werden von Bosch Motronic MED 9.5.10 gesteuert. Ausnahme ist der Motor BWA (2.0 TFSI, 147 kW), der mit dem Steuergerät MED 9.1 arbeitet.
Auch die Dieselmotoren werden in erster Linie mit der bewährten Bosch-Dieseleinspritz-Steue-

7
Der 2,0 Liter TDI / 125 kW

Das Schmiersystem

Alle Stellen im Motor, an denen Metalle aufeinander gleiten, müssen ständig mit Öl versorgt werden: Kolben, Zylinderlaufbahnen, die Lager von Kurbelwelle und Nockenwelle. Kein Triebwerk Ihres Octavia hält mehr als einige Minuten ohne passende Schmierung durch. Ein Teil des Schmieröls wird vom Kreislauf abgezweigt und zur Kühlung u. a. des Kolbens direkt in dessen Inneres gespritzt.

Der Ölkreislauf

Im Motorblock strömt das Öl durch ein System von Leitungen und feinen Bohrungen an die richtige Adresse. Dieses System bildet von der Ölwanne unten am Motor über die verschiedenen Stationen bis in die Wanne zurück einen Kreislauf mit der Ölpumpe im Zentrum.
Die Pumpe holt über die Saugleitung das Motoröl aus der Wanne. Zuvor muss die Flüssigkeit den im Hauptstrom sitzenden Ölfilter passieren (Bild 1). Dort werden Verunreinigungen wie Ruß, Metallabrieb und Staub herausgefiltert. Vom Filter aus gelangt das Motoröl über Bohrungen im Zylinderblock zu den Schmierstellen der Kurbelwelle und zu den Pleueln. Von den Gleitlagern der Kurbelwelle wird das Öl in den Zylinderkopf, zu den Nockenwellenlagern und an andere sensible Stellen gedrückt. Rücklaufkanäle leiten es wieder in die Ölwanne.

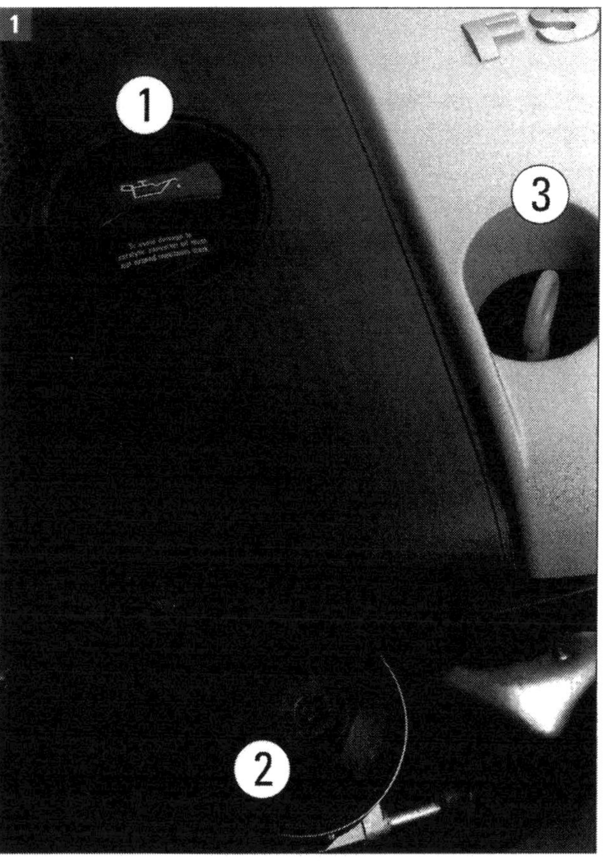

Anfang des Kreislaufs: (1) Öleinfüllöffnung, (2) Ölfilter, (3) Messstab für den Motoröl-Füllstand.

Der Ölfilter

Bauform und Art der Montage des Ölfilters unterscheiden sich je nach Motortyp. Für Sie wichtig ist, dass der Filter seine Aufgabe nur so lange verrichtet, bis er vom Schmutz zugesetzt ist. Deshalb sollte der Filtereinsatz bei jedem Ölwechsel ausgetauscht werden.
Wenn er nicht rechtzeitig gewechselt wurde, tritt ein Überdruckventil in Aktion. Es öffnet, und das Motoröl umgeht den Filter. Damit ist zwar die Ölversorgung sichergestellt, doch ungefiltertes Motoröl bewirkt einen höheren Verschleiß an den Lagerstellen, was dem Motor natürlich nicht besonders gut bekommt.
Durch die Mittelachse der Filterpatrone gelangt das gereinigte Öl direkt in den Hauptölkanal. Dort sitzt der Öldruckschalter, der über die Kontrollleuchte im Schalttafeleinsatz und einen Warnton zu niedrigen Öldruck signalisiert.

Der Öldruck

Damit die Schmierung bei jeder Belastung des Motors sicher gestellt ist, muss der Öldruck stimmen. Bei zu kaltem und sehr zähflüssigem Öl kann ein zu hoher Druck entstehen. Dann öffnet ein Überdruckventil eine Umgehungsleitung (Bypass) und leitet das Öl direkt auf die Saugseite der Ölpumpe zurück. Der Ölkreislauf bleibt in diesem Fall erhalten.
Problematisch ist der erwähnte zu niedrige Öldruck. Er kommt zum Beispiel vor, wenn Sie Ihren Wagen bei zu geringem Ölstand mit

hohem Tempo durch eine Kurve fahren. Die Ölpumpe saugt dann Luft statt Öl aus der Wanne. Der Öldruck fällt abrupt ab, was zu schweren Lagerschäden führen kann. Wenn nach schnellen Autobahn- oder Passfahrten die Öldrucklampe im Leerlauf flackert, ist das ein Zeichen, dass der Druck durch zu heißes (dünnflüssiges) Öl unter Normalwert gesunken ist.
Wenn die Kontrollleuchte beim Gasgeben wieder verlischt, ist alles in Ordnung, vorausgesetzt der Geber in der Ölwanne signalisiert nicht übers Display zu geringen Ölstand. Ist das der Fall und warnt auch noch zusätzlich ein akustisches Signal, dann ist der Ölstand so niedrig, dass Motorschaden droht. Halten Sie sofort an und stellen Sie den Motor ab!
Füllen Sie Öl auf und prüfen Sie, ob die Warnsignale damit ausgeschaltet sind. Gibt es sie weiterhin: Wagen in die nächste Werkstatt schleppen und Ursache feststellen lassen. So riskieren Sie nicht, dass der Motor eventuell schweren Schaden nimmt.

Das Motoröl

Öl vermindert Reibung und Verschleiß und dichtet die engen Räume zwischen Kolben, Kolbenringen und Zylinderwand so fein ab, dass der hohe Druck bei der Verbrennung fast ohne Verluste auf die Kurbelwelle übertragen wird. Öl kühlt auch den Motor, zum Beispiel die Kolben in den Zylindern und die Lager von Kurbelwelle und Nockenwelle. Außerdem schützt es vor Rost, bindet Schmutzpartikel und einen Teil der Verbrennungsrückstände.
Wichtige Kenngröße für Motoröl ist seine Viskosität. Sie ist das Maß für die Fließfähigkeit. Im Winter muss ein Motoröl so dünnflüssig sein, dass es nach dem Kaltstart sofort alle Schmierstellen versorgt. Im Sommer ist dickflüssiges Öl gefragt, das auch bei hohen Temperaturen den Schmierfilm nicht abreißen lässt.
Die meisten Motoröle sind »Mehrbereichsöle«. Sie bestehen aus Mineralöl und bis zu 20 Prozent Additiven (»VI-Verbesserer«). Diese Zusätze bewirken, dass sich das Öl den Temperaturen im Motor anpasst. Sie schützen ferner das Öl vor Oxidation und verhindern das Aufschäumen bei hohen Drehzahlen.
Die Additive verschleißen aber bei hohen Temperaturen und verlieren ihre Wirkung. Wasser, Kraftstoff und Verbrennungsrückstände setzen der Lebensdauer des Motoröls ebenfalls Grenzen. Rechtzeitiger Ölwechsel ist daher kein Luxus, sondern eine reine Notwendigkeit.

WISSENSWERTES

Normen für Motoröl

- SAE-Klasse: Einstufung durch die Society of Automotive Engineers. Bezeichnet die Klasse der Viskosität, zum Beispiel SAE 15 W-40. Je kleiner die erste Zahl, umso dünner und bei Kälte besser fließend ist das Öl (W = Winter). Ein Öl mit 0 W schmiert noch bei minus 30 Grad, bei 5 W ist es gut bis minus 25, bei 15 W bis minus 15 Grad. Je höher die zweite Zahl, umso besser widersteht das Öl hohen Temperaturen. Škoda empfiehlt Öl nach SAE 5W30.
- ACEA-Norm: Von der Association des Constructeurs Européen d'Automobiles im Jahre 1996 eingeführte europäische Ölnorm. Löste die CCMC-Norm ab (siehe unten). Nach ACEA gibt es für Benziner die Gruppen A1 (Sprit sparendes Öl), A2 (gering belastetes Öl), A3 (Hochleistungs-Öl). Für Diesel gilt eine Einteilung von B1 bis B4.
- API- und CCMC-Norm: Normen des American Petroleum Institute und des Comittée des Constructeurs d'Automobiles du Marché Commun. Diese Spezifikationen bestehen aus den Buchstaben S bzw. G (Benziner) und C bzw. PD (Diesel) sowie einem weiteren Buchstaben bzw. einer Zahl für die Qualität des Öls (je höher, desto besser).

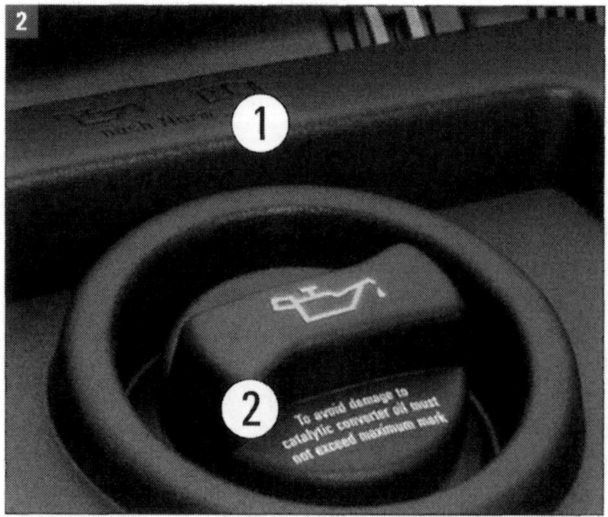

Warnhinweise: (1) richtiges Öl entsprechend Betriebsanleitung verwenden und (2) niemals zu viel einfüllen.

Das Kühlsystem

Das Kühlsystem sorgt für die richtige Betriebstemperatur des Motors. Es besteht aus Kühler, Temperaturregler (Thermostat), Wasserleitungen und einem Netz kleiner Kanäle in Motorblock und Zylinder. In ihnen zirkuliert die in den Ausgleichsbehälter eingefüllte Kühlflüssigkeit (Bild 1). Dieser Wassermantel führt die Verbrennungswärme über die Schläuche des Kühlsystems an den Kühler ab.

Der Kurzschlusskreislauf

Nach dem Kaltstart zirkuliert das Kühlmittel im kleinen Kühlkreislauf, der sich auf Motor und Heizung beschränkt. In diesem Kurzschlusskreislauf hält der Thermostat den Durchfluss zum Kühler geschlossen. Das Kühlmittel gelangt auf direktem Weg zurück in den Motor. So erhitzt sich die Kühlflüssigkeit schneller und der Motor wird schneller warm. Der Kühler tritt erst in Aktion, wenn die Kühlflüssigkeit eine bestimmte Temperatur erreicht hat. Wenn dann der Thermostat öffnet, wird kaltes Wasser aus dem Kühler mit bereits erwärmtem Wasser aus dem kleinen Kühlkreislauf vorgemischt.

Kühlung bei Betriebstemperatur

Solange die Wassertemperatur steigt, öffnet der mit Anschlussstutzen in den Zylinderblock geschraubte Thermostat den Kaltwasserzufluss aus dem Kühler immer weiter und schließt den Kurzschlusskreislauf. Bei Betriebstemperatur zirkuliert die Kühlflüssigkeit vom unteren Kühlwasserschlauch zur Wasserpumpe (Kühlmittelpumpe), die sie in Motorblock und Zylinderkopf drückt. Der größte Teil der Flüssigkeit läuft über den geöffneten Thermostat zum Kühler, der Rest zum Wärmetauscher der Heizung.
Das im Kühler unten abfließende kalte Wasser zieht heißes Kühlmittel oben in den Kühler nach. Dort wird es durch die Kühlerlamellen abgekühlt. Sinkt während der Fahrt die Wassertemperatur unter die vorgeschriebene Betriebstemperatur, sperrt der Thermostat den Kühlerdurchfluss erneut, bis sich das Kühlmittel wieder genügend erwärmt hat.

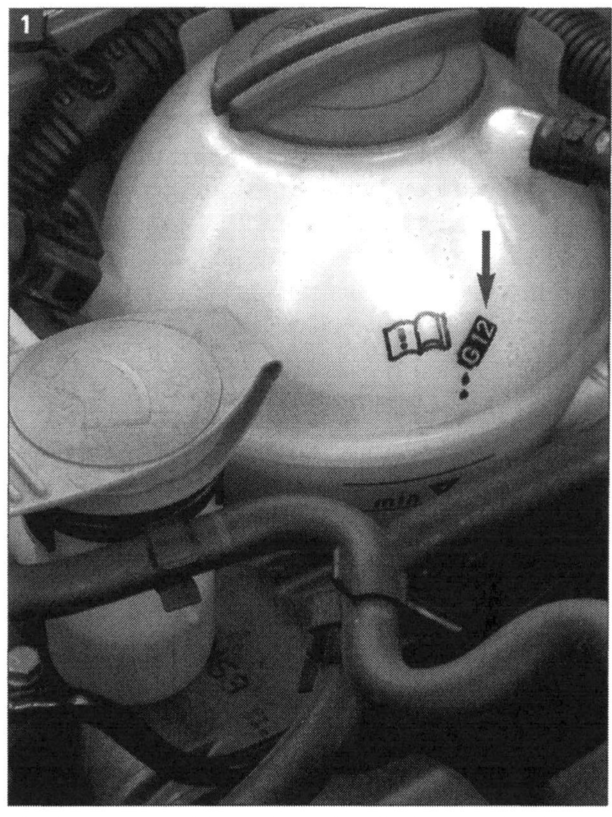

Kühlmittelausgleichsbehälter: Der Behälter rechts hinten im Octavia-Motorraum. Der Aufdruck »G 12« (Pfeil) verweist auf die Norm für den Kühlmittelzusatz.

Das Kühlsystem steht unter einem Überdruck von etwa 1,2 bis 1,5 bar bei Betriebstemperatur. Dadurch und durch den Einsatz von Kühlmittelzusätzen erhöht sich der Siedepunkt der Kühlflüssigkeit von 100 °C auf rund 135 °C. Die höhere Temperatur ermöglicht einen wirtschaftlicheren, Kraftstoff sparenden Motorbetrieb.

Überdruck und Kühlerventilator

Wenn bei einem heißen Motor der Kühlmittel-Druck 1,5 bar übersteigt, tritt das Überdruckventil am Ausgleichsbehälter in Aktion. Es öffnet und lässt zum Druckausgleich etwas Wasserdampf entweichen.
Trotzdem kann es zum Beispiel bei Fahrten in der Stadt vorkommen, dass das Kühlmittel im System überhitzt wird. Dann muss der Kühler-

ventilator den Kühler zusätzlich kühlen. Bei einer Kühlmitteltemperatur von 92 bis 97°C wird die erste Stufe (halbe Drehzahl) geschaltet. Steigt die Kühlmitteltemperatur auf 99 bis 105 °C, schaltet der Thermoschalter in der zweiten Stufe auf volle Drehzahl. Durch diesen gesteuerten Einsatz des Lüfters und die thermostatische Regelung des Kühlmittelstroms werden die Betriebstemperatur schneller erreicht und der Kraftstoffverbrauch reduziert.

Das Kühlmittel

Kühlflüssigkeit besteht aus Wasser und Kühlmittelzusatz. Bei dem Kühlmittelzusatz von Škoda handelt es sich um das Kühlerfrost- und Korrosionsschutzmittel G 12 (Plus) mit lila Färbung. Es soll stets nur G 12 lila nachgefüllt werden. Der Zusatz ist aber mit den älteren Mitteln G 11 und G 12 (rot) mischbar.
G 12 ist als Lebensdauerfüllung geeignet und schützt optimal vor Frost, Korrosionsschäden, Kalkansatz und Überhitzung. Das Mittel sorgt für bessere Wärmeableitung. Deshalb soll das Kühlsystem unbedingt ganzjährig mit dem Mittel befüllt sein, mindestens 40% gemischt mit 60% Wasser.
Der Zusatzanteil am Gemisch von mindestens 40% sichert Frostschutz bis -25 °C. Bis zu dieser Temperatur muss der Frostschutz gewährleistet sein, in arktischen Klimagebieten sogar bis -35°C. Der Zusatzmittelanteil sollte andererseits 60% nicht übersteigen, was Frostschutz bis -40 °C sichert. Bei höherem Anteil verringert sich der Frostschutz wieder, und die Kühlwirkung wird verschlechtert. Daher sollte immer einmal das Mischungsverhältnis mit einem handelsüblichen Prüfgerät kontrolliert werden (Bild 2). Der Kühlmittelzusatz verliert seine Wirksamkeit nach etwa vier Jahren und sollte dann erneuert werden. Die Autohersteller schreiben einen turnusmäßigen Wechsel nicht vor, aber Auffüllen von Zusatz nach Ablassen einer Differenzmenge kann nötig werden.
Bei warmem Motor steht das Kühlsystem unter Druck. Beim Öffnen des Ausgleichsbehälters kann dann heißer Dampf entweichen. Darum den Verschlussdeckel mit einem Lappen abdecken und vorsichtig öffnen.

WISSENSWERTES: Teile der Motorkühlung

Ausgleichsbehälter: Lässt bei zu hohem Druck durch ein Überdruckventil im Deckel Wasserdampf entweichen. Der Behälter (beim A4 links hinten im Motorraum) hat an der Außenseite eine Anzeige des Kühlmittelstandes (MIN-MAX-Markierung).

Kühler: Am Schlossträger der Karosserie montiert. Zwischen Kunststoff-Wasserkästen links und rechts befinden sich dünnwandige Röhrchen, die durch ein Gerüst von Lamellen miteinander verbunden sind. Die vom Luftstrom bestrichene Fläche ist dadurch viele Quadratmeter groß.

Kühlerventilator: Lüfter und kleinerer Zusatzlüfter direkt am Kühler. Verhindern Kühlmittel-Überhitzen.

Thermostat: Hält die Wassertemperatur konstant. Der Regler öffnet bei etwa 87 °C und lässt das Wasser zum Kühler oder zurück in den Motor strömen. Bei 102 °C endet der Öffnungshub von ca. 8 mm. Thermostaten werden mit Elektronik komplettiert.

Rohre und Schläuche: Verbinden die einzelnen Komponenten zum System.

Wasserpumpe: Sorgt für den Kreislauf des Kühlmittels. Je nach Motorversion von Kette oder Keilrippenriemen angetrieben.

Frostschutz überprüfen: Mit einem kleinen Gerät aus dem Zubehörhandel lässt sich die Messung leicht vornehmen.

Das Motormanagement

Kraftstoffzufuhr und -dosierung, Herstellung des optimalen Kraftstoff-Luftgemischs, Zündung und Abgaskontrolle werden von der komplexen Motorsteuerung bewerkstelligt. Das rechnergestützte, lernfähige Motormanagement ist mit Kennfeldern vorprogrammiert. Es regelt die Gemischaufbereitung, die Kraftstoffeinspritzung und den Zündzeitpunkt. Gesteuert werden ferner

- die Leerlaufdrehzahl,
- die Funktion der Lambda-Sonden und die Abgasnachbehandlung,
- das Kraftstoffrückhaltesystem,
- das »Klopfen« bei der Verbrennung,
- die Funktion des Turboladers,
- die Nockenwellenverstellung und die Saugrohrumschaltung.

Verbrauch und Abgaswerte

Die Bordcomputer erfassen den Ist-Zustand im Motorbetrieb, bestimmen den Soll-Zustand, steuern zur Einflussnahme Aktoren an, registrieren Fehlfunktionen im Speicher und kontrollieren mit diesen Daten sich und die Abläufe über Diagnosefunktionen.
Nur mit diesem komplexen System des elektronischen Motormanagements lassen sich der vergleichsweise niedrige Kraftstoffverbrauch und die Einhaltung der strengen Abgasgrenzwerte EU 4 der modernen Octavia-Motoren optimal realisieren. Die Motorsteuerung ist für das neuzeitliche Kraftfahrzeug unerlässlich.

Bild 1 Motorsteuergerät: Motronic-Steuergerät von Bosch für Ottomotoren. Rückseitige Anschlüsse für kleinen (roter Pfeil) und großen (weißer Pfeil) Stecker.
Bild 2 Diagnoseanschluss: Über dem Bremspedal befindet sich der Steckkontakt für das Werkstattsystem.

Das Motorsteuergerät

Das Steuergerät (Bild 1) aus Funktions- und Überwachungsrechner sitzt, gegen äußere Einflüsse metallgekapselt, im Wasserkasten. Das mit konstanter Spannung versorgte Gerät enthält vor Kurzschlüssen und Überlastung geschützte Endstufen, die genügend Leistung für die Stellglieder liefern.

Die Diagnosefunktion erkennt mögliche Fehler und schaltet bei Bedarf den fehlerhaften Ausgang ab. Im RAM wird der Fehlereintrag gespeichert. Die Fehler sind als Zahlencodes in Listen erfasst, die in den Fachwerkstätten abgearbeitet werden. Der Eintrag kann in der Werkstatt mit Auslesesystemen abgerufen werden. Škoda-Werkstätten verwenden das Fahrzeugdiagnose-, Mess- und Informationssystem VAS 5051/5052. Im Fahrzeug gibt es dafür den Diagnose-Anschluss links unten in der Schalttafel Fahrerseite (Bild 2). Die verschiedenen Modelle im Octavia eingesetzter Motorsteuergeräte haben wir schon im Zusammenhang mit den Motoren genannt.

Steuerung beim FSI-Motor

Direkteinspritz-Ottomotoren im Octavia arbeiten, wie wir ebenfalls bereits darstellten, nach dem FSI-Prinzip. FSI steht für »Fuel Stratified Injection«, zu deutsch »geschichtete Benzindirekteinspritzung«. Der Kraftstoff wird über ein Common-Rail-System den Zylindern zugeführt und mit einem Druck über 100 bar (Hochdrukkpumpe = mechanische Einkolbenpumpe) direkt in die Brennräume eingespritzt. Ein Ventil steuert die Kraftstoff-Fördermenge. Für das Motorsteuergerät ist die störungsfreie Funktion nach dem FSI-Prinzip eine besonders anspruchsvolle Aufgabe.
Zur hohen Verbrauchseinsparung trägt die Schichtladung im niedrigen und mittleren Drehzahlbereich bei. Während die Benzinmotoren üblicherweise im Homogenbetrieb arbeiten, wird bei den FSI-Triebwerken die zündfähige Gemischwolke um die Zündkerze konzentriert, an den Rändern des Brennraums befindet sich reine Luft.

Dazu wird dem Lufteinlasskanal ein Tumble-System (2 in Bild 3) mit zwei getrennten Ansaugkanälen pro Zylinder vorgeschaltet. Im Schichtlademodus wird die untere Kanalhälfte geschlossen. Bei sehr hohen Lasten und während der Reinigung des NOx-Speicherkat arbeitet der FSI-Motor jedoch ähnlich wie ein konventionelles Triebwerk. Das Tumblesystem ermöglicht also, dass ein Motor verbrauchsgünstig im Schichtlademodus und alternativ im leistungsorientierten Volllastbereich gefahren werden kann.
Allerdings können im Schichtladebetrieb die Stickoxid-(NOx-)Anteile im Abgas nicht durch einen Dreiwegekatalysator abgebaut werden. Der bereits erwähnte zusätzliche NOx-Speicherkatalysator behandelt deshalb das Abgas nach und lagert die Stickoxide als Nitrate an seiner Oberfläche an.

Sensoren liefern die Daten

Für alle Betriebszustände des Motors und die Beschaffenheit der angesaugten Außenluft müssen Informationen erfasst werden. Auf deren Grundlage gibt die Motor-Steuerungstechnik ihre »Befehle« für die Details der Motorfunktion und auch für die Arbeit der automatischen Getriebe. Im Folgenden die wichtigsten Parameter, die mit entsprechenden Sensoren erfasst und zu Gebersignalen gewandelt werden.

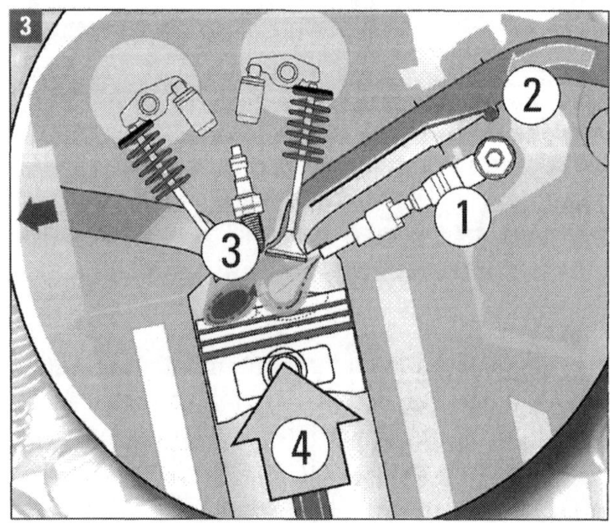

Schichtladebetrieb beim FSI-Motor: (1) Einspritzventil (Injektor) und (2) Tumbleklappe sorgen für feinstzerstäubte Gemischwolke an der (3) Zündkerze, (4) Kolbenbewegung.

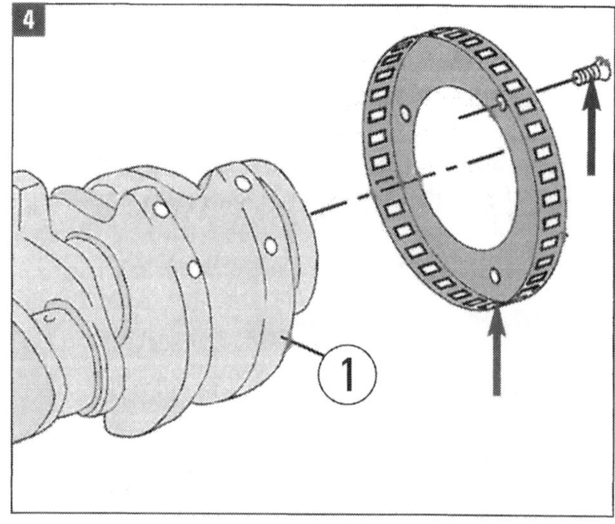

Drehzahlgeber: (1) Kurbelwellen-Endstück. Rot: Geberrad, blau: eine von 3 Schrauben. Die Lücken am Geberrad bewirken Stromimpulse im Drehzahlgeber am Zylinderkopf.

Luftbeschaffenheit

Luftmassenmesser, Geber für Ansauglufttemperatur, Geber für Saugrohrdruck und für Saugrohrtemperatur, Höhenmesser direkt im Motorsteuergerät und ein Ladedrucksensor bestimmen präzise die Dichte der Umgebungsluft, den Saugrohr-Absolutdruck und den Druck der Ladeluft für den Turbolader. Dies sind zusammen mit Motor- und Ansauglufttemperatur wichtige Informationen für den optimalen Motorbetrieb. Von der Luftdichte hängt der Anteil der für die Verbrennung entscheidenden Sauerstoffteilchen ab. Die Luftfüllung ist ein Berechnungsfaktor für Einspritzmenge und Motor-Drehmoment.

Motordrehzahl

Der Drehzahlgeber sitzt direkt an der Kurbelwelle (Bild 4) und informiert über Motordrehzahl, Stellung der Kurbelwelle und Stellung des Kolbens jedes einzelnen Zylinders. In ihm wird durch Änderung eines Magnetfeldes abhängig von der Motordrehung eine Spannung erzeugt.

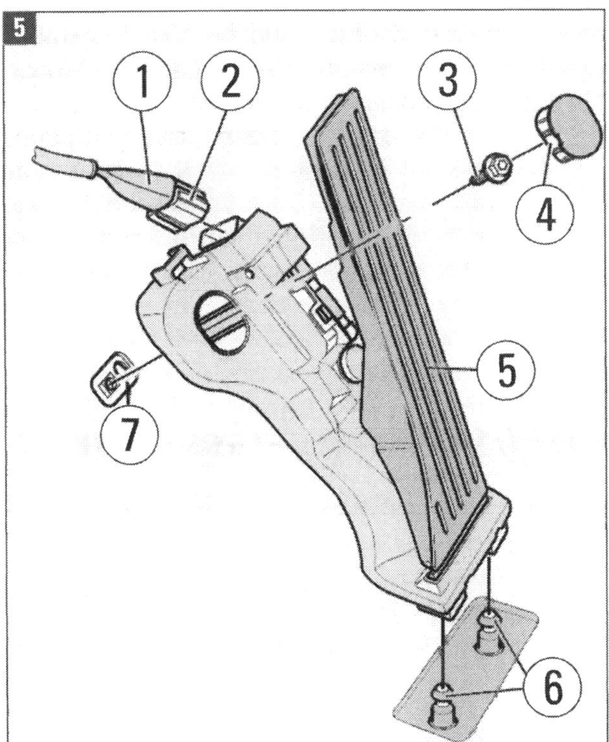

E-Gas-Pedal: (1) Tülle, (2) Stecker, (3) Schraube, (4) Kappe, (5) Gaspedalmodul mit zwei Gebern, (6) Befestigungsbolzen, (7) Bohrung im Boden für Zentrierstift am Modul.

Die Anzahl der Impulse pro Zeiteinheit ist dann das präzise Maß für die Drehzahl.

Nockenwellenstellung

Der Nockenwellenpositionssensor, ein »Hallgeber«, gibt die Stellung der Nockenwelle an, wodurch der Zünd-OT des ersten Zylinders erkannt wird. Motordrehzahl und Nockenwellenstellung sind wichtige Signale für Einspritz- und Zündzeitpunkte, für sequenzielle Einspritzung und Klopfregelung jedes Zylinders.

E-Gas und Drosselklappe

Direkten Einfluss auf Geber hat der Fahrer mit dem Gaspedal. Das elektronische Gaspedal (E-Gas) wie im Octavia (Bild 5) löst die einstige mechanische Verbindung zwischen Pedal und Drosselklappe durch Seilzug ab. Zwei Geber für Gaspedalstellung erfassen als gemeinsames Modul den »Fahrerwunsch« als eine Haupteingangsgröße für das Motorsteuergerät.
Nach dieser Information stellt ein Motor an der Drosselklappe deren Öffnungswinkel ein. Die elektronische Steuerung passt die Drosselklappenstellung an den jeweiligen Betriebszustand an. Beim Beschleunigen kann die Klappe schon ganz geöffnet sein, obgleich das Gaspedal erst halb durchgetreten ist. So werden Drosselverluste vermieden. Das E-Gas greift auch in die Antriebsschlupfregelung ASR und in das ESP ein: Falls der Fahrer zu viel Gas gibt, kann das Steuergerät so weit drosseln, bis kein Rad mehr durchdreht.

Gemischzustand und Abgas

Lambda-Sonden (Bild 6) vor und nach dem Katalysator messen anhand der Abgaszusammensetzung das Luft-Kraftstoff-Verhältnis des Frischgemisches. Werte über 1 bedeuten mage-

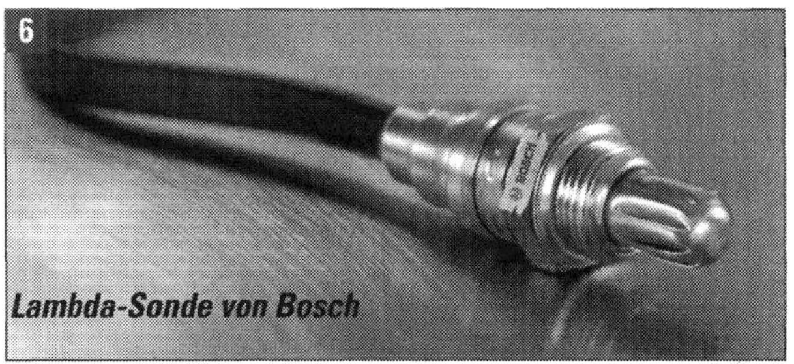

Lambda-Sonde von Bosch

Kraftstoff, Einspritzung, Zündung

Zukunft: Bosch erprobt eine Motorsteuerung »Flex-Fuel«, durch die sich Fahrzeuge mit Benzin oder Alkohol oder mit beliebigen Mischungen betreiben lassen. Vorläufig muss man jedoch an der Zapfsäule noch selbst gut aufpassen.

Für die leistungsstärkeren 2,0-Liter-Ottomotoren des Octavia ist laut Hersteller Superbenzin mit 98 ROZ (»Research Oktan Zahl«) verlangt mit dem Hinweis, bei Super bleifrei 95 ROZ müsse mit Leistungsminderung gerechnet werden. Die anderen Triebwerke begnügen sich mit Super bleifrei 95 ROZ. Auf jeden Fall muss das Bernzin der DIN EN 228 entsprechen.

Für die TDI-Motoren muss Diesel mit einer Cetanzahl (Maß für die Zündwilligkeit des Kraftstoffs) von mindestens CZ49 nach DIN EN 590 getankt werden. Sie müssen sich danach richten, was die konkrete Vorschrift für Ihr Fahrzeug ist (Aufkleber in der Tankklappe), vor allem, wenn Sie Biodiesel (RME.Kraftstoff, DIN EN 14 214) oder Mischkraftstoff aus Normal- und Biodiesel verwenden. Denn Biokraftstoff und Mischkraftstoffe (SMN 5 oder SMN 30) dürfen nur für die von Škoda eigens dafür ausgewiesenen Fahrzeuge genutzt werden.

Wichtig für das gesamte System sind Sauberkeit des Kraftstoffs sowie die Ent- und Belüftung des Kraftstoffbehälters. Gegen Fremdstoffe gibt es den Kraftstofffilter, der am Unterboden vor dem Tank (Benziner) oder im Motorraum rechts (Diesel) in der Kraftstoff-Vorlaufleitung sitzt. Die Tankent- und -belüftung wird von speziellen Ventilen und bei den Benzinern zusätzlich von der Aktivkohlebehälter-Anlage (Motorraum rechts) gewährleistet.

Bei niedrigen Temperaturen nimmt die Fließfähigkeit von Dieselkraftstoff ab, so dass Paraffinausscheidungen den Kraftstofffilter zusetzen und den Motorbetrieb empfindlich stören können. In Deutschland gibt es aus diesen Gründen während der kalten Jahreszeit generell kältebeständigen Winterdiesel. So genannte Fließverbesserer oder Benzin dürfen nicht zugesetzt werden.

Die Kraftstoffversorgung der TDI-Motoren ist mit einer Filter-Vorwärmanlage ausgerüstet, durch die mit Winterdiesel bis zu einer Außentemperatur von ca. -24°C betriebssicher gefahren

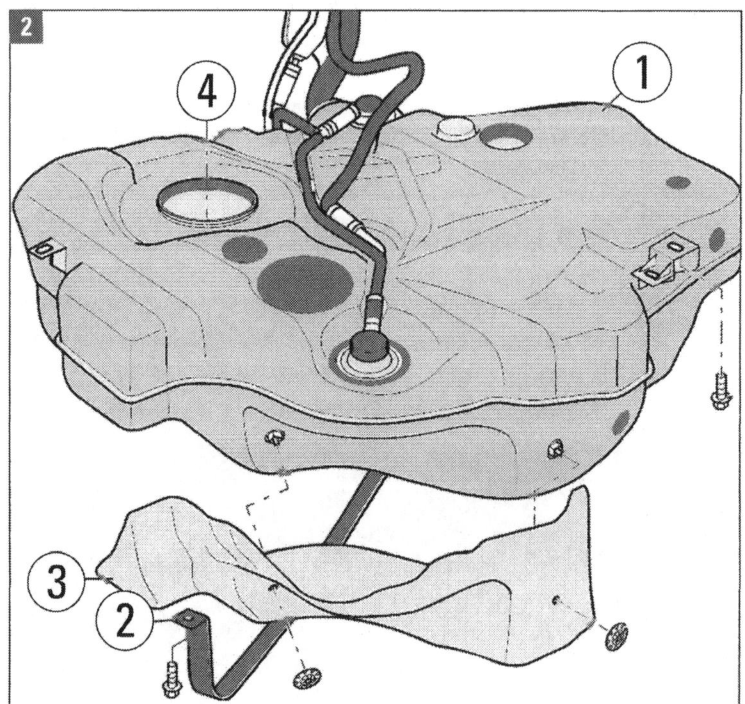

Octavia-Tank: (1) Kraftstoffbehälter, (2) Spannband, (3) Wärmeschutzblech, (4) Öffnung für die Kraftstoffpumpe (Diesel) oder die Kraftstofffördereinheit (Ottomotoren).

werden kann. Sollte der Kraftstoff bei noch niedrigeren Temperaturen so dickflüssig geworden sein, dass der Motor nicht mehr anspringt, muss das Fahrzeug einige Zeit in einem geheizten Raum (Garage, Werkstatt) untergestellt werden.
Bei schlechter Qualität des Dieselkraftstoffs ist es erforderlich, den Kraftstofffilter öfter als im Serviceplan angegeben zu entwässern. Wir gehen darauf später nochmals ein.

Die Einspritzanlage

Aus dem Tank wird der Kraftstoff von einer elektrischen Pumpe (Kraftstoffpumpe, Kraftstoffördereinheit) ins Einspritzsystem befördert. Dort macht ihn eine Hochdruckpumpe »reif« für die Einspritzventile. Das integrierte System zur Steuerung der Einzelzylinder-Einspritzung und der Zündanlage heißt fachsprachlich »Motronik mit sequenzieller Einspritzung«. Jeder Zylinder hat sein Einspritzventil, das Kraftstoff in den Brennraum spritzt.
Die Bezeichnungen der Einspritzsysteme wurden bereits im Zusammenhang mit dem Motorsteuergerät genannt: Motronic (Ottomotoren) oder EDC (Dieselmotoren) von Bosch, Simos von Siemens, Magneti Marelli. Die Anlagen sind unterschiedlich für verschiedene Motorentypen, ihre Funktionsweise ist prinzipiell immer gleich. Abweichend sind Konstruktion im Detail, Parameter und die Einbauorte.
Wie schon beschrieben, arbeiten die Benzin-Directeinspritzer nach dem FSI-Prinzip. Dabei wird der Kraftstoff von den Einspritzventilen direkt in die Brennräume eingebracht. Diese modifizierten Magnetventile (Bild 3), sind fest in den Zylinderkopf gepresst, werden mit einem Montagedorn eingebaut und von einem Stützring gehalten. Zur Prüfung der Einspritzventile sind Spezialwerkzeuge wie Messglas, Digitalpotenziometer, Multimeter und Diodenprüflampe erforderlich.

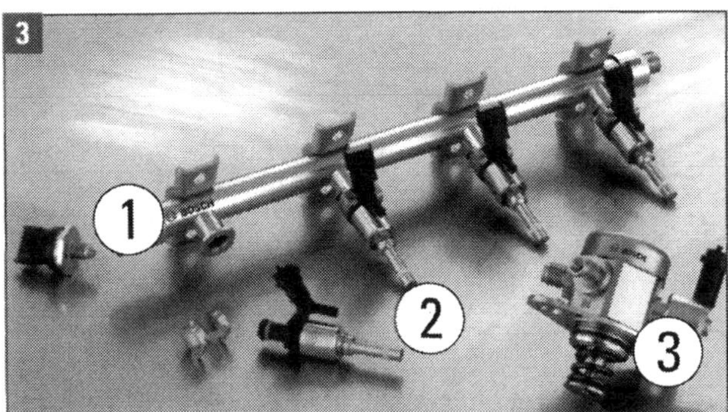

Benzineinspritzung: (1) Common Rail, (2) Einspritzventile, (3) Kraftstoff-Hochdruckpumpe.

Das Pumpe-Düse-Prinzip

Die TDI-Diesel sind durchweg Direkteinspritzmotoren. Bei ihnen wird der Kraftstoff direkt in den Brennraum eingespritzt, und zwar in die Brennmulde im Kolben (Bild 4). Auf der Basis der Hochdruck-Einspritzpumpe von Bosch und der Pumpe-Düse-Technologie hatte Volkswagen seit Anfang der 90er Jahre das Direkteinspritzverfahren bei Turbodieseln mit Abgasrückführung beispielhaft vorangetrieben. 1991 gab es den ersten Vierzylinder-TDI: Das seit 1982 übliche Kürzel TD für Turbodiesel wurde durch ein »I« für Injection-Direct (Direkteinspritzung) ergänzt.
Im Pumpe-Düse-TDI wird der Kraftstoff von der Pumpe im Tank über Filter und Rückschlagventil zu einer mechanischen Kraftstoffpumpe mit Druckregelventil gepumpt. Diese Sperrflügelpumpe fördert bei niedrigen Drehzahlen Kraftstoff. Sie ist direkt hinter der Vakuumpumpe seitlich am Zylinderkopf angeflanscht. Beide Pumpen werden gemeinsam von der Nockenwelle angetrieben (Tandempumpe).
Der Kraftstoff gelangt vom Verteilerrohr der Vorlaufbohrung im Zylinderkopf gleichmäßig und mit

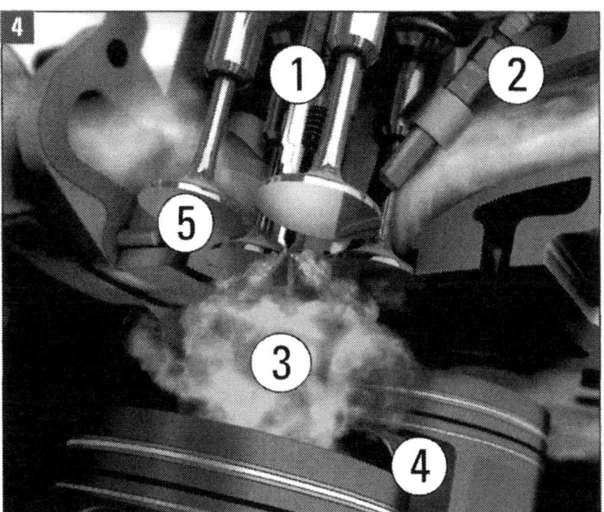

Dieseleinspritzung: (1) Einspritzdüse, (2) Glühkerze, (3) gezündete Kraftstoffwolke, (4) bewegter Kolben, (5) Ventil(e).

überall gleicher Temperatur zu den Pumpe-Düse-Einheiten (PDE). Alle Pumpe-Düsen werden, vom Motor-Steuergerät über Magnetventile geregelt, mit der gleichen Menge versorgt. Dadurch wird ein runder Motorlauf erreicht, und durch die genau dosierte Kraftstoffmenge in jedem Betriebszustand ergibt sich ein geringer Verbrauch bei sehr guten Fahrleistungen.
In den PDE (Bild 5) sind Einspritzpumpe, Steuermagnetventil und Einspritzdüse integriert. Auf jedem Zylinder sitzt eine PDE (Bild 6). Der Einspritzvorgang lässt sich mit PDE präzise steuern, eine Voreinspritzung wird realisierbar. Die PDE kann Einspritzdrücke bis maximal 2.050 bar erzeugen. Bei diesem hohen Druck wird der Kraftstoff sehr fein zerstäubt, wodurch die Verbrennung noch effizienter erfolgen kann.

Zündanlage der Ottomotoren

Beim Benzinmotor wird das Kraftstoff-Luft-Gemisch in den Brennräumen der Zylinder mit einem Zündfunken entflammt (Bild 7). Damit wird die Verbrennung eingeleitet. Der elektrische Funken ist eine kurzzeitige Lichtbogenentladung zwischen den Elektroden der Zündkerze. Zur Zündanlage der 1.4 MPI- und der FSI-Motoren gehören neben den Zündkerzen die Zündspulen mit Leistungsendstufen und einige Sensoren (Klopfsensoren, Geber für Motordrehzahl, Hallgeber). Die Geber können an Steckverbindungen getrennt und zu Funktionsprüfungen entnommen werden. Die 1.6 MPI-Motoren haben nicht die Zündspulen auf jeder Kerze, sondern einen für alle vier Zündkerzen gemeinsamen Zündtrafo mit Zündleitungen zu den Kerzen. Spulen wie Trafo erzeugen die Hochspannung für den Zündfunken.

Vorglühanlage der Dieselmotoren

Bei den Dieseleinspritzmotoren wird reine Luft in die Zylinder gesaugt und dort hoch verdichtet. Dadurch erwärmt sie sich weit über die Zündtemperatur des Dieselkraftstoffs hinaus auf 600 bis 900 °C. Steht der Kolben kurz vor dem Oberen Totpunkt, wird Kraftstoff in den Zylinder eingespritzt. Diesel zündet von selbst, Zündkerzen sind nicht erforderlich.
Bei kaltem Motor wird nach Einschalten der Zündung »vorgeglüht« (Kontrollleuchte!). Im Brennraum jedes Zylinders steckt eine Glühkerze (2 in Bild 4). Die Vorglühdauer wird abhängig von der Umgebungstempe-

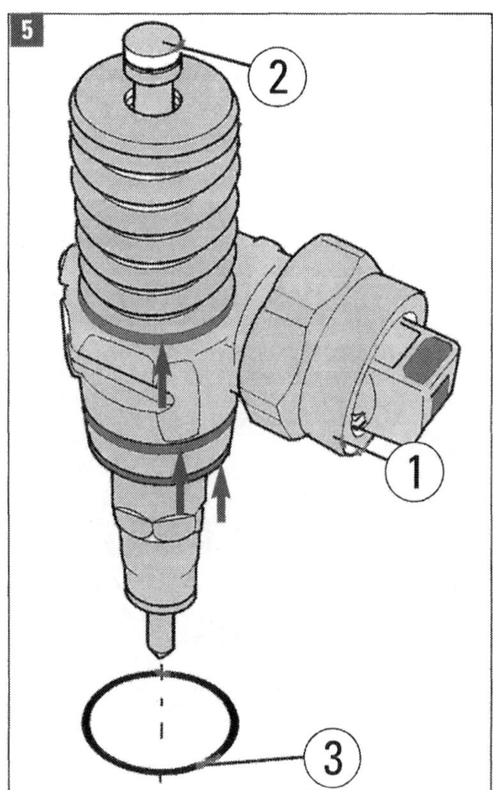

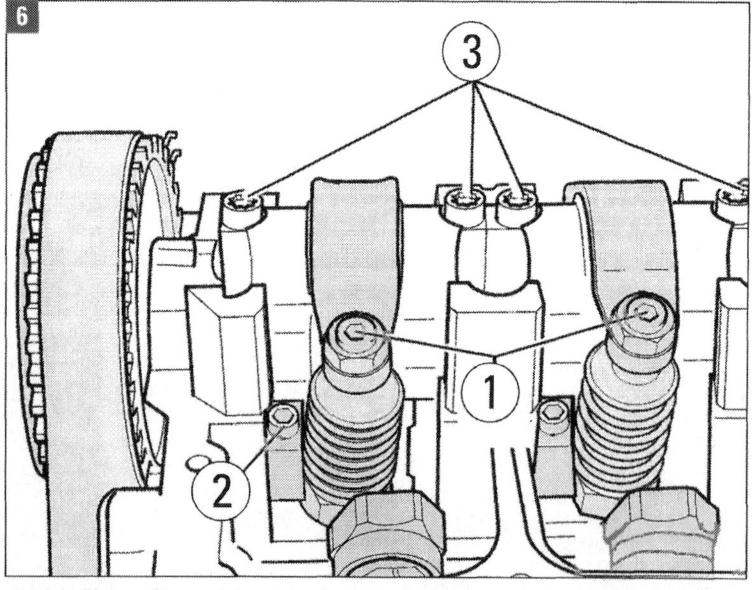

Bild 5 Pumpe-Düse-Einheit: (1) PDE, (2) Kugelbolzen, (3) einer der drei Rundschnur-Dichtringe (Pfeile).
Bild 6 Pumpe-Düsen im Zylinderkopf: (1) Einstellschrauben für die Höhe der Kugelbolzen, (2) Spannbolzen mit Schraube zur Befestigung der PD im Zylinderkopf, (3) Befestigungsschrauben für die Schwinghebelachse, die über den Zahnriemen von der Kurbelwelle angetrieben wird.

ratur geregelt. Schnellstart-Glühanlagen verkürzen den Zeitbedarf für das Starten fast auf das Niveau eines Benziners. Nach Motorstart wird nachgeglüht: Geräusche werden vermindert, die Leerlaufqualität verbessert, Kohlenwasserstoff-Emissionen reduziert.

Richtiger Zündzeitpunkt

Das Gemisch kann seine optimale Wirkung nur entwickeln, wenn es exakt zum richtigen Zeitpunkt gezündet wird. Eine sicher arbeitende Zündung ist die Voraussetzung für den einwandfreien Betrieb des Katalysators. Kommt es zu Zündaussetzern, kann der Katalysator wegen Überhitzung bei der Nachverbrennung geschädigt oder gar ganz zerstört werden.
Von der Gemischentflammung bis zur vollständigen Verbrennung vergehen zwei Millisekunden. Bei gleicher Gemischzusammensetzung bleibt diese Zeit konstant. Der Zündfunke muss so frühzeitig überspringen, dass der Verbrennungsdruck in jedem Betriebszustand des Motors optimal ist.
Für den genauen Zündzeitpunkt ist das Motorsteuergerät zuständig. Sein Prozessor ist mit den Zündzeitpunkten für die verschiedenen Lastzustände des Motors programmiert. Die besten Werte stellen sich ein, wenn das Kraftstoff-Luft-Gemisch im Moment der höchsten Verdichtung gezündet wird, beim Viertaktmotor also dann, wenn der Kolben von der Aufwärtsbewegung (Kompressionshub) in die Abwärtsbewegung (Arbeitstakt) übergehen will.

Zündung und Verbrennung

Allerdings liegt der Zündzeitpunkt nicht exakt auf diesem oberen Totpunkt (OT). Denn die Kraftstoffteilchen brauchen rund eine dreitausendstel Sekunde, bis sie sich entzünden. Der Startschuss für den Funken erfolgt deshalb noch während der Aufwärtsbewegung des Kolbens (Frühzündung). Der Verbrennungsdruck dagegen setzt ein, wenn der Kolben den OT gerade überschritten hat. Da das Kraftstoff-Luft-Gemisch stets die gleiche Zeit zum Entflammen benötigt, wird es mit steigender Motordrehzahl früher gezündet.
Damit eine Zündkerze exakt arbeitet, muss sie nach dem Motorstart schnell ihre Selbstreinigungstemperatur von etwa 400 °C erreichen. Sonst setzen sich Verbrennungsrückstände am Isolatorfuß fest. Bei Volllast darf die Temperatur etwa 800 °C nicht überschreiten.

Die Zündkerzen

Der so genannte Wärmewert entscheidet, ob Zündkerze und Triebwerk zueinander passen. Verwenden Sie eine Zündkerze mit zu hohem Wärmewert, kann sich der Isolatorfuß stark erhitzen. Das hätte unkontrollierte Glühzündun-

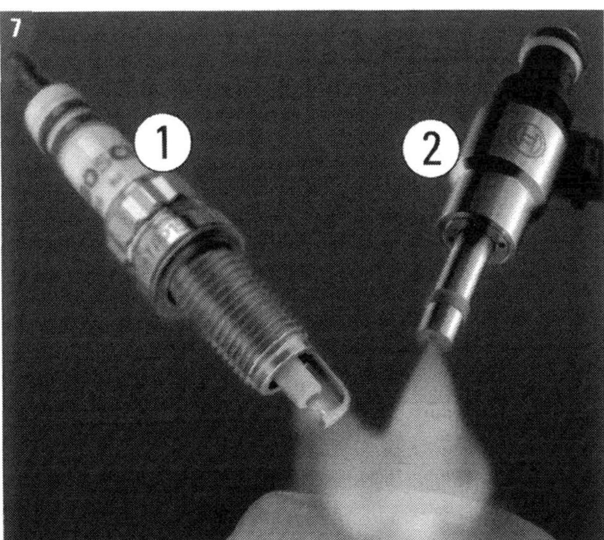

Zündung des Gemischs: (1) Zündkerze, (2) Benzin-Einspritzventil mit Steckanschluss.

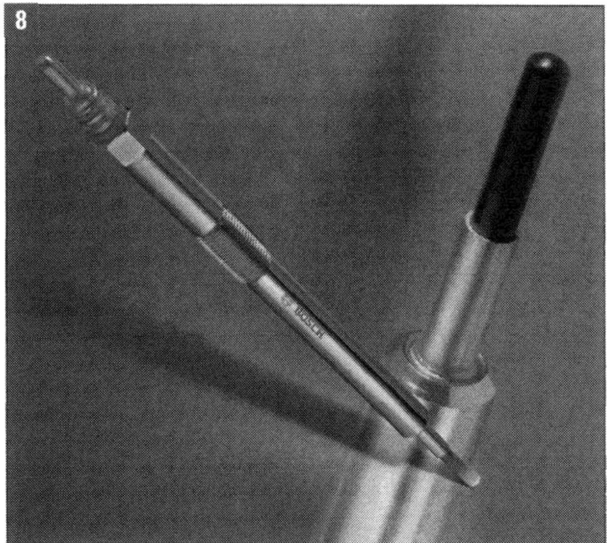

Für die Vorglühanlage: Moderne Keramik-Glühkerze vom Typ »Duraspeed« von Bosch mit sehr kurzer Aufheizzeit.

gen zur Folge, die den Motor sogar zerstören können. Bei zu niedrigem Wärmewert erreicht die Kerze nicht die Temperatur zur Selbstreinigung, der Isolatorfuß verschmutzt. Der richtige Zündkerzen-Wärmewert wird vom Automobilhersteller festgelegt.

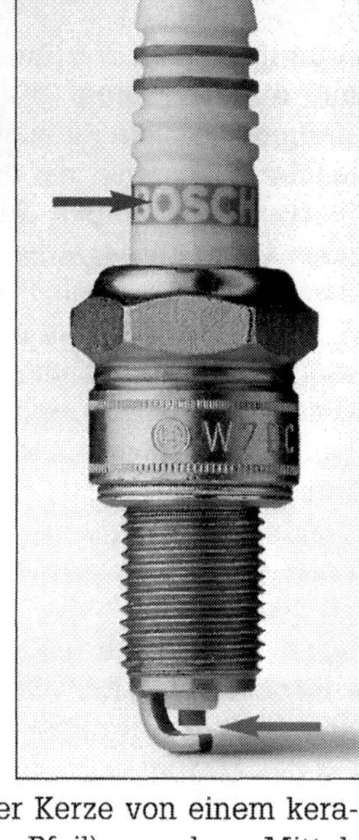
9

Wenn die Kerze (Bild 9) das Kraftstoff-Luft-Gemisch entflammt, entstehen Temperaturen von rund 2.500 Grad und Drücke bis 60 bar. Damit der Funke trotzdem zuverlässig zwischen den Elektroden (roter Pfeil) überspringt, ist der Anschlussbolzen der Kerze von einem keramischen Isolator (blauer Pfeil) umgeben. Mittelelektrode und Anschlussbolzen stecken in einer elektrisch leitenden Glasschmelze.

Zündkerzen müssen einen bestimmten Abstand zwischen den Elektroden aufweisen. Er beträgt bei den Octavia-Kerzen 0,8 bis 1,35 mm (siehe Tabelle). Haben die verwendeten Kerzen nicht die geforderte Qualität, kann sich dieser Abstand mit zunehmender Laufzeit der Zündkerzen verändern. Wird er zu groß, kann es zu Zündaussetzern kommen.

Das Zündsystem arbeitet im Prinzip verschleiß- und wartungsfrei, nur die Zündkerzen verschleißen infolge ihrer hohen Beanspruchung und müssen regelmäßig erneuert werden, allerdings in den sehr großen Intervallen von 90.000 km oder 6 Jahren. In der unten stehenden Tabelle geben wir an, zu welchem Motor welche Zündkerze von Škoda vorgeschrieben wird.

Die Zündspulen

Damit an der Zündkerze ein Funke überspringt, muss an den Zündkerzenelektroden eine Hochspannung anliegen. Sie beträgt bis zu 30.000 Volt. Auf diesen Wert wird die Bordspannung von 12 Volt durch die induktive Zündanlage mit dem Kernstück Zündspule transformiert.

Die Zündspannung muss an jeder einzelnen Zündkerze anliegen. Das geschieht bei den Motoren des Octavia über die schon erwähnten Zündspulen mit Leistungsendstufe oder den Trafo mit Zündverteiler.

Die Primärwicklung von Spule oder Trafo erhält über die Klemmen 15 und 1 Batteriestrom, der ein Magnetfeld aufbaut. Auf »Befehl« des Steuergeräts bricht dieses Magnetfeld schlagartig zusammen und erzeugt eine Spannung bis zu 400 Volt, die in der Sekundärwicklung einen Hochspannungs-Stromstoß induziert, der sich in der Funkenstrecke der Zündkerze entlädt.

Motorisierung	Zündkerzen Hersteller	Teile-Nr.	Elektrodenabstand
1,4 l/55 kW	NGK BKUR 6ET-10	101 000 033 AA	1+0,1 mm
1,4 l/59 kW	Bosch F7HER02	101 905 601 F	1+0,1 mm
1,6 l/75 kW	NGK BKUR 6ET-10	101 000 033 AA	1±0,1 mm
1,6 l/85 kW	Bosch FGR 6HQE0	101 000 068 AA	1,35±0,05 mm
2,0 l/110 kW ohne BLY, BVZ	NGK PZFR5N-11TG	101 905 620	1,1-0,1 mm
2,0 l/110 kW nur BLY, BVZ	Bosch F7DER	101 905 610 A	0,9-0,1 mm
1,8 l/118 kW	Bosch F6KPP332S	101 905 631 B	0,8-0,1 mm
2,0 l/147 kW	Bosch F6KPP332S	101 905 631 B	0,8-0,1 mm

Elektrodenabstand = Abstand zwischen Masseelektroden und Kerzenstein.

Das Abgassystem

Die Abgas- oder Auspuffanlage Ihres Octavia muss Verbrennungsabgase ableiten und soll Schadstoffe möglichst gering halten. Außerdem reduziert sie die Geräusche, die bei der Verbrennung entstehen, auf ein Minimum. Sie bewirkt einen spürbar reduzierten Schadstoffausstoß, der den Anforderungen der EU 4-Norm voll entspricht.

Aber schon die Motortechnologie mit den Turboladern für mehr Ansaugluft und die optimierten Einspritzmengen des Kraftstoffs führen zu mehr Luftüberschuss bei der Verbrennung, wodurch weniger Abgas-Schadstoffe erzeugt, die Geräusche reduziert sowie Leistungsausbeute und Wirkungsgrad erhöht werden.

Aufbau der Auspuffanlage

Der Aufbau hängt von der Motorisierung ab, er ist einzügig und hat meist ein Doppelendrohr (Bilder 1 und 2). Die Anlage besteht aus:

- Abgasvorrohr mit Katalysator (Benziner) oder Partikelfilter (Diesel),
- Mittelteil der Abgasanlage mit Rohren und Vor- (oder Mittel-)Schalldämpfer,
- hinterer Teil der Abgasanlage mit Rohren und Nachschalldämpfer. Die Katalysatoren der Benzinmotoren haben
- Lambda-Sonden vor und nach dem Kat, die Dieselpartikelfilter haben
- Temperaturgeber vor und nach dem Filter.

Die Teile der Abgasanlage sind miteinander verschraubt oder mit Klemmschellen (Doppelschellen, Klemmhülsen) verbunden und lassen sich einzeln auswechseln. So können vorderes Abgasrohr oder Vorschalldämpfer und Mittelschalldämpfer sowie Mittelschalldämpfer und Nachschalldämpfer mit Doppelschellen verbunden sein, deren Einbauort (Markierung auf dem Abgasrohr) und Einbaulage (Richtung der Verschraubung) eingehalten werden müssen.

In der Erstausstattung sind Vor- und Nachschalldämpfer mit einem durchgehenden Abgasrohr verbunden. Bei Reparatur können die Schalldämpfer aber einzeln ersetzt werden. Dazu muss man das Verbindungsrohr an der markierten Trennstelle teilen und mit dem neuen Rohr wieder verbinden. Diesen Arbeitsablauf und das nachfolgende spannungsfreie Einrichten der Abgasanlage demonstrieren wir später.

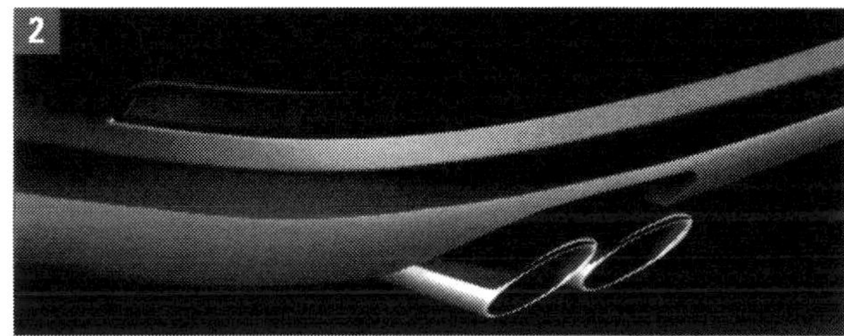

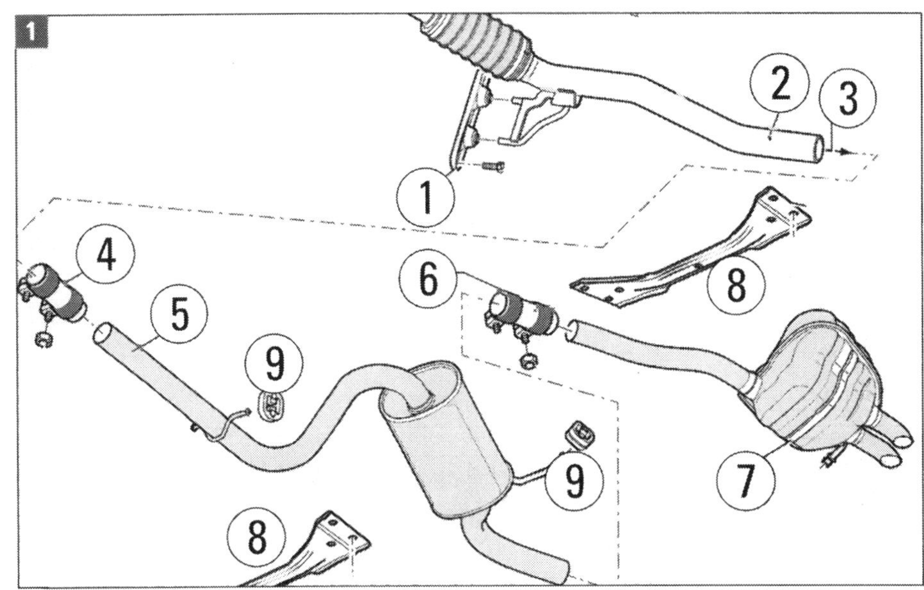

Abgasanlage (Ausschnitt): (1) Halteschlaufe für Abgasrohr vorn (TDI mit Dieselpartikelfilter, Benziner mit Kat), (2) Markierung für Doppelschelle, (3) zum Mittelteil der Abgasanlage, (4) Doppelschelle, (5) Mittelteil der Abgasanlage mit Vorschalldämpfer, (6) Doppelschelle, (7) hinterer Teil der Abgasanlage mit Nachschalldämpfer, (8) Tunnelbrücken vorn und hinten, (9) Halteschlaufen.

Die Kraftübertragung

Vom Motor zu den Rädern: Schalthebel für den Gangwechsel mit dem Direktschaltgetriebe DSG.

Die vom Motor produzierte Leistung gelangt zu den Rädern über ein System der Kraftübertragung aus Kupplung, Getriebe und Achsantrieb. Diese drei Akteure sind durch Gelenke, Wellen und Zahnräder miteinander verbunden.

Kupplung

Der Kraftfluss vom Motor zum Achsantrieb muss nach Wunsch hergestellt und unterbrochen werden können. Das übernimmt bei Fahrzeugen mit Schaltgetriebe die Kupplung. Sie ermöglicht ruckfreies Anfahren, indem sie die unterschiedlichen Drehzahlen von Kurbelwelle und Antriebswelle des Getriebes ausgleicht. Octavia mit Schaltgetriebe haben eine hydraulisch betätigte Einscheiben-Trockenkupplung mit asbestfreien Belägen und Zweimassen-Schwungrad (Bild 1). Fahrzeuge mit Automatik-Getriebe arbeiten mit hydraulisch betätigten Lamellenkupplungen.

Getriebe und Achsantrieb

Damit Ihr Auto immer die gewünschte Zugkraft entwickelt, ist das Getriebe nötig. Beim Anfahren wird an den Antriebsrädern ein großes Drehmoment gebraucht. Dazu übersetzt der erste Gang die Motordrehzahl für die Räder ins Langsamere. Bei der Autobahnfahrt im fünften oder sechsten Gang verhält es sich genau umgekehrt, eine Übersetzung ins Schnellere wird wirksam.

Die ersten drei Gänge übersetzen ins Langsamere, der vierte bzw. fünfte Gang (direkter Gang) überträgt die Motordrehzahl etwa im Verhältnis 1:1. Im fünften bzw. sechsten Gang ist die Drehzahl der Abtriebswelle größer als die Motordrehzahl. Damit rückwärts gefahren werden kann, sitzt auf jeder Antriebswelle ein Zahnrad, das den Drehsinn der Antriebsräder umkehrt. Die genauen Übersetzungsverhältnisse für jedes Getriebe finden Sie im Kapitel »Technische Daten«, in der Liste Seite 219, unten.

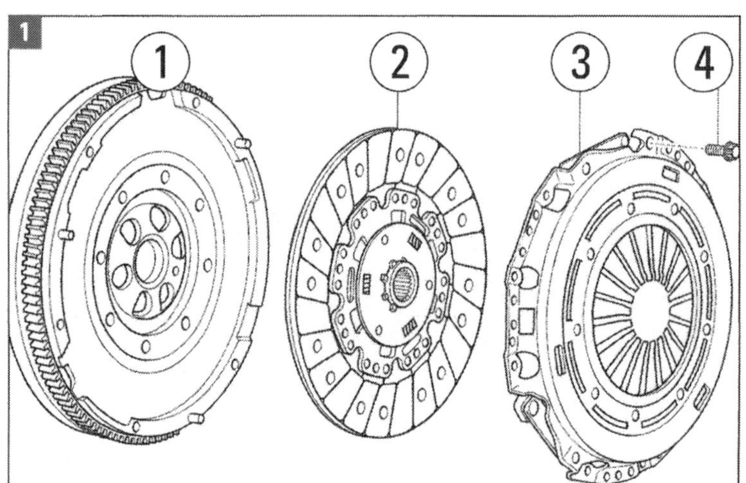

Kupplung Fabrikat Sachs:
(1) Schwungrad,
(2) Kupplungsscheibe,
(3) Druckplatte mit (4) Schrauben 20 Nm.

Im Getriebe- und Kupplungsgehäuse sitzt auf zwei Kegelrollenlagern das Ausgleichsgetriebe. Mit dessen Gehäuse ist das Zahnrad für den Achsantrieb fest vernietet und mit dem Zahnrad der Abtriebswelle gepaart. Der Achsantrieb muss die vom Getriebe kommenden Drehzahlen ins Langsamere übersetzen, das Drehmoment vergrößern und gleichmäßig an die Antriebsräder übertragen. Seine wesentliche Baugruppe ist das Ausgleichsgetriebe.

Schalthebel

Oben am Schalthebel (Bild 2) für die Gänge ist der Schaltknopf mit einer Manschette per Klemmschelle befestigt. Knopf und Manschette sind nicht voneinander zu trennen und müssen immer gemeinsam ersetzt werden.
Schaltstange und Schubstange übertragen die Bewegung des Schalthebels über Seilzüge auf Getriebeschalthebel und Umlenkhebel am Getriebe. Die am Schalthebel eingeleitete Wählbewegung (rechts-links) wird über den Wählhebel auf das Gestänge in eine Vor-und-zurück-Bewegung übertragen. Diese schließlich wird von der äußeren Mechanik in eine Auf-und-ab-Bewegung der Schaltwelle umgesetzt.

Kraftübertragung beim Octavia

Je nach Motorisierung und Kundenentscheidung ist der Octavia mit einem von vier Handschaltgetrieben, mit automatischem Getriebe 09G oder dem automatischen DSG-Getriebe 02E ausgestattet.

- Die Automatik 09G hat einen Drehmomentwandler mit Überbrückungskupplung und 6 hydraulisch angesteuerte Vorwärtsgänge. Diese werden bei geschlossener Überbrückungskupplung durch Umgehen des Wandlerschlupfes zu mechanisch angetriebenen Gängen.

Die Überbrückungskupplung wird last- und geschwindigkeitsabhängig sehr schwingungsarm geschlossen und treibt ohne Wandlerschlupf alle Vorwärtsgänge mechanisch an. Bei Steigungs- oder Gefällstrecken werden die Schaltungen in Abhängigkeit von Gaspedalstellung und Fahrgeschwindigkeit durch zusätzliche Schaltkennfelder automatisch ausgewählt. Das Schaltkennfeld für extreme Bergauffahrt ist der Motorleistung, das Schaltkennfeld für extreme Bergabfahrt ist der Bremswirkung des Motors angepasst. Der Fahrer kann zwischen vollautomatischem Betrieb mit »D« für wirtschaftliches und »S« für sportliches Schalten sowie manuellem Betrieb (Tiptronic) wechseln.

- Das DSG-02E, ein innovatives automatisches 6-Gang-Direktschaltgetriebe mit Doppelkupplung, kombiniert den hohen Wirkungsgrad des klassischen Schaltgetriebes mit dem Komfort der Automatik. Die extrem schnellen Schaltvorgänge erfolgen sanft und ohne Unterbrechung der Zugkraft. Der Schaltbefehl kommt automatisch oder manuell mit »Tiptronic«.

Den Schaltkomfort des Doppelkupplungsgetriebes stellen die elektronisch-hydraulische Steuerung »Mechatronik«, zwei Nasskupplungen sowie jeweils zwei Antriebs- und Abtriebswellen sicher. Dieser Verbund ermöglicht es, dass die nächste Fahrstufe in permanenter »Lauerstellung« darauf wartet, aktiviert zu werden. Während die eine Kupplung für die ungeraden Schaltstufen und den Rückwärtsgang zuständig ist, übernimmt die andere die geraden Gänge. Bei eingelegtem dritten Gang z. B. wählt die elektronische Steuerung auf Basis von Geschwindigkeit, Drehzahl und anderen Parametern den nächsten Gang vor (in diesem Fall den zweiten oder vierten), bringt die entsprechende Zahnradpaarung in Position, wartet anschließend den Schaltbefehl ab und schaltet dann den Gang „scharf".

- Die beiden 5-Gang-Schaltgetriebe 04A (für die 1.9 TDI/77 kW) und 0AF (für die 1.4 und 1.6 Benziner mit 55 bis 85 kW) sind für die schwächeren Motorisierungen ausgelegt.
- Die beiden 6-Gang-Schaltgetriebe sind konstruktiv den stärkeren Motoren angepasst: Das Getriebe 02Q wird mit den 2.0 TDI (100, 103, 125 kW) kombiniert und ist auch für die 4x4-Allradfahrzeuge bestimmt. Das Getriebe 02S wird mit den 1.8 TSI, den 2.0 FSI und den 2.0 TFSI (118, 110, 147 kW) verbaut.

Arbeiten an Kupplung und Getriebe

Auf Arbeiten an der Kupplung, auf die Getriebe-Kennbuchstaben, auf Details der Schaltge-

Ölstand prüfen, Öl / Filter wechseln, Öldruck prüfen

■ **Ölstand prüfen:** Die 4-Zylinder-Motoren des Octavia II haben auf jeden Fall bis ins Modelljahr 2008 hinein durchgängig den bekannten Ölmessstab mit orange gefärbtem Griffring (Bild 1). Schraubbare Verschlussstopfen auf dem Rohr für Ölmessstab sind noch, wenn auch nahe, Zukunft..

■ Gehen Sie nach Betriebsanleitung vor. Laut Faustregel sollte nach jedem zweiten Tanken der Ölstand kontrolliert werden. Bei einem neuen Octavia ist das kaum erforderlich. Aber regelmäßig kontrollieren sollte man schon. Prüfen Sie nach dem bekannten Verfahren: Stab herausziehen, an sauberem Tuch abwischen, wieder ins Rohr einführen, erneut herausziehen, messen (Bild 2). Je nach Motor gibt es verschiedene Stäbe (Bild 3).

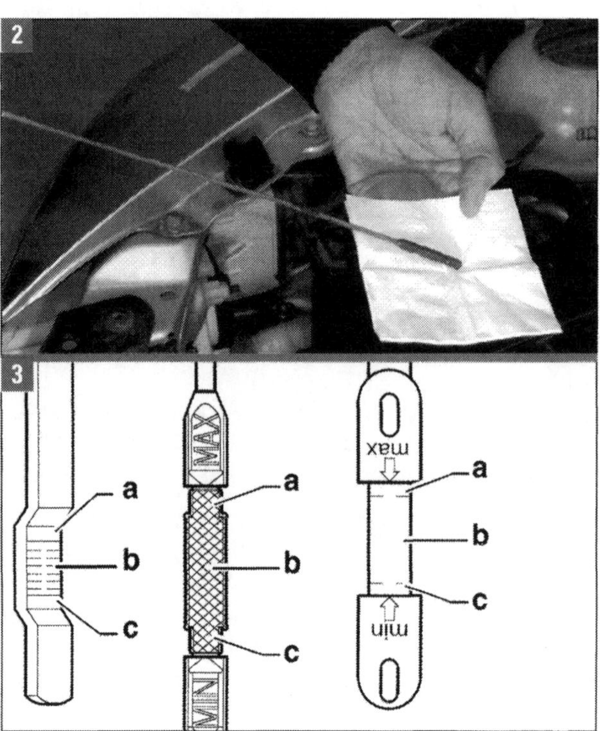

■ Für das Ablesen gilt: Bei Stand
- im Bereich »a« darf nicht nachgefüllt werden,
- im Bereich »b« darf nachgefüllt werden,
- im Bereich »c« muss nachgefüllt werden.

■ Falls nachgefüllt werden muss: Mit kleinem Trichter in die Öleinfüllöffnung. Nur Motoröl nach Norm 504 00 / 507 00 verwenden (SAW 5W30; z. B. VAPSOIL 507 00). Skoda empfiehlt »Helix« von Shell (Bilder 4und 5).

■ **Öl und Filter wechseln:** Die Octavia-Motoren gestatten Intervalle von zwei Jahren oder 30.000 Fahrtkilometern, falls die Anzeige nicht früheren Service verlangt. Bei ausschließlichen Stadtfahrten macht früherer Wechsel in jedem Falle Sinn. Im Winterhalbjahr können schon diese sechs Monate (7.000 bis 10.000 km) ausreichend sein. Ölwechsel in eigener Regie darf nicht dazu veranlassen, billiges Motoröl zu verwenden. Das ist für die hochentwickelten und anspruchsvollen Motoren nicht zu empfehlen.

■ **Ölwechsel:** Das Altöl wird mit einem Auffang- und Öleinfüllgerät (evtl. V.A.G 1782; Bedienungsanleitung beachten!) abgesaugt (Öleinfülldeckel öffnen) oder abgelassen (Geräuschdämpfung ausbauen und Ölablassschraube herausdrehen). Altöl nach Vorschrift entsorgen! Entsprechende Menge Öl laut folgender Tabelle der genannten Spezifikation (nach Norm) einfüllen. Neue Ablassschraube mit Dichtring eindrehen und mit 30 Nm festziehen.

Motor	Ölfüllmenge mit Ölfilterwechsel
1,4 l/55, 59 kW MPI	3,2 Liter
1,6 l/75 kW MPI	4,5 Liter
1,9 l/77 kW TDI	4,3 Liter
1,6 l/85 kW FSI	3,2 Liter
2,0 l/100 kW TDI	3,8 Liter
2,0 l/103 kW TDI-DPF	4,3 Liter
2,0 l/125 kW TDI-DPF	4,3 Liter
2,0 l/110 kW FSI	4,6 Liter
1,8 l/118 kW TSI	4,5 Liter
2,0 l/147 kW TFSI	4,7 Liter

■ Das angegebene Qualitäts-Mehrbereichsöl ist ein Ganzjahresöl. Öleinfüllöffnung wieder schließen. Motor anlassen und auf Undichtigkeiten prüfen. Motorölstand erneut prüfen und ggf. Öl nachfüllen. Nach erneutem Nachfüllen mindestens 3 Minuten warten und dann Ölstand abschließend prüfen. Geräuschdämpfung einbauen.

■ **Ölfilter wechseln:** Die Ölfilter (Bild 6, Pfeil, beim FSI) haben je nach Motor verschiedene Einbauorte und Bauformen. Bei den Benzinern gibt es Fahrzeuge mit Austauschölfiltereinsatz:, für deren Wechsel ein Adapter für Ölablauf (T40057) erforderlich ist. Ansonsten der für alle Filter übliche Ölfilterschlüssel (Hazet 3417) oder ein Schlüssel SW36 bzw. bei einigen TDI Schlüssel SW32.

■ Bei **Austauschfiltereinsatz:** Gummitopf (Bild 7, Pfeil) aus dem Ölfiltergehäuse herausschrauben, den Adapter, einen Schraubstutzen mit Schlauch, in das Ölfiltergehäuse einschrauben und den Schlauch in die Öl-Auffangwanne halten. Beim Einschrauben des Adapters wird das Ventil im Ölfiltergehäuse geöffnet, beim Herausschrauben wird es wieder automatisch geschlossen.

■ Motoröl auslaufen lassen (Entsorgungsvorschriften beachten!) und Adapter herausschrauben. Ölfiltergehäuse mit Ölfilterschlüssel oder 36er Schlüssel herausschrauben. Ölfiltereinsatz und Dichtring ersetzen (siehe Dieselfahrzeuge). Dichtring vor dem Einbau leicht mit sauberem Motoröl benetzen. Ölfiltergehäuse mit 25 Nm festziehen. Gummitopf von Hand in das Ölfiltergehäuse einschrauben.

6

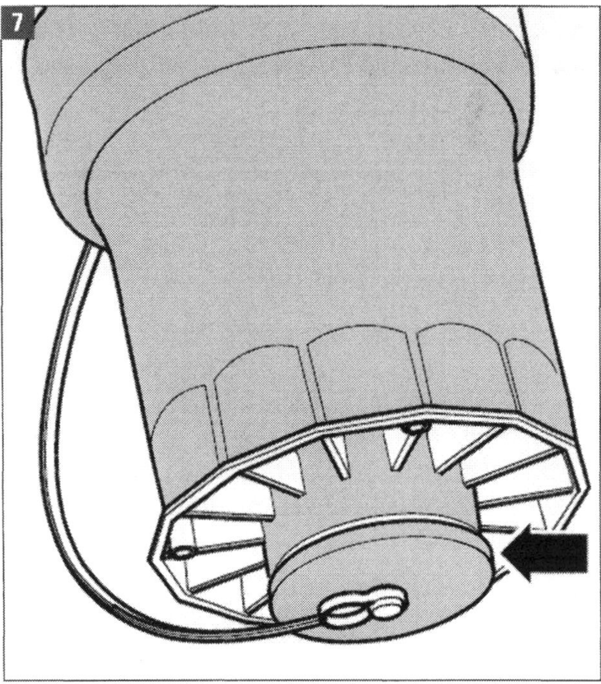

7

■ Bei **Austauschölfilter:** Gemäß Filterposition (in einigen Fällen muss die Motorabdeckung ausgebaut werden) Ölfilter lösen und ausbauen. Dichtfläche am Motor reinigen. Gummidichtung leicht einölen.

Neues Filter eindrehen und von Hand anziehen. Nach Öleinfüllung Dichtheit bei betriebswarmem Motor prüfen.

■ Bei Fahrzeugen mit **Dieselmotor:** Mit Ölfilterschlüssel (Hazet 3417) oder Schlüssel SW 36 oder SW 32 den Verschlussdeckel (1, Bild 8a/b) lösen.

■ O-Ring (2, Bild 8a) bzw. beide O-Ringe (2, Bild 8b) sowie Ölfiltereinsatz (3) ersetzen. Dichtring(e) vor dem Einbau leicht mit sauberem Motoröl benetzen. Bei Entsorgung des alten Einsatzes die Vorschriften beachten! Verschlussdeckel mit 25 Nm anziehen.

■ **Öldruck prüfen:** Stecker (Pfeil in Bild 9) vom Öldruckschalter im Ölfilterhalter oder im Motorblock in Ölfilternähe (1) abziehen. Den Schalter ausschrauben und in ein Öldruckprüfgerät (z. B. V.A.G 1342) schrauben. Prüfgerät anstelle Öldruckschalter einschrauben. Braune Leitung des Prüfgerätes an Masse (Minus) legen. Diodenprüflampe an Batterie-Plus und an Öldruckschalter anschließen. Wenn die Leuchtdiode jetzt aufleuchtet, muss der Öldruckschalter ersetzt werden. Wenn die Leuchtdiode nicht aufleuchtet:

■ Motor anlassen. Im Leerlauf sollte der Öldruck mindestens 0,8 bar betragen. Drehzahl langsam erhöhen. Bei Öldruck von 0,3 ... 0,7 bar (0,55 ... 0,85 bar beim TDI) muss die Leuchtdiode aufleuchten, andernfalls muss Öldruckschalter ersetzt werden.

■ Drehzahl weiter erhöhen. Bei 2000 1/min und 80 °C Öltemperatur soll der Öl-Überdruck mindestens 2 bar betragen. Wenn er bei den TDI-Motoren diesen Sollwert nicht erreicht, ist die Ölpumpe defekt und muss ausgewechselt werden.

■ Bei höherer Drehzahl darf der Öl-Überdruck 7 bar nicht überschreiten. wird der Sollwert beim TDI überschritten, ist das Überdruckventil defekt. Dann Ölfilterhalter austauschen!

■ Ansonsten bei Nichterreichen oder Überschreiten der Sollwerte den Öldruckschalter auswechseln und die Prüfung wiederholen.

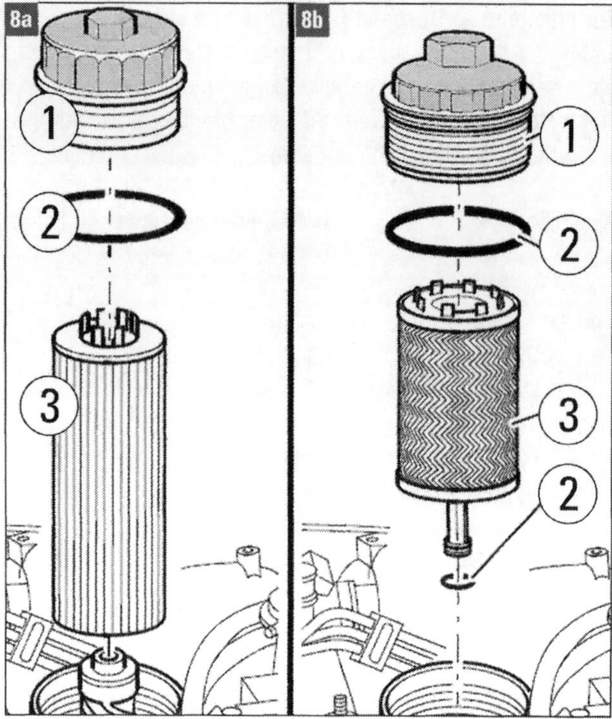

TDI-Ölfilter: (1) Verschluss, (2) O-Ring, (3) Ölfiltereinsatz.

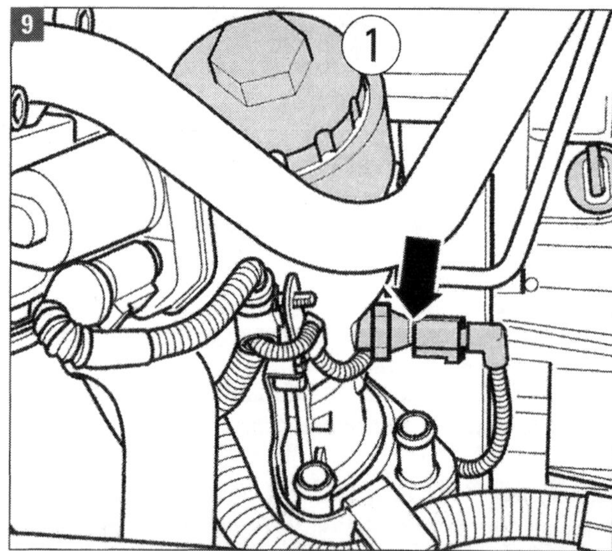

Öldruckschalter bei den TDI: (1) Ölfilter. Pfeil: Steckverbindung am Öldruckschalter.

Motor: Abdeckung oben ausbauen, Sichtprüfung

Um am Motor und in seiner Umgebung zu arbeiten und auch um eine Sichtprüfung vorzunehmen, ist stets der Abbau der Motorabdeckungen (oben) und der Geräuschdämpfung (unten) nötig. Den Ausbau unten haben wir im Kapitel »Fahrzeugaufbau« beschrieben (heben oder aufbocken, abschrauben). Wir beschreiben hier den Aus- und Einbau oben, der je nach Motor unterschiedlich erfolgt.

■ **1.4 MPI** (Motoren BCA und BUD): Diese Motoren werden übrigens als einzige der Octavia-Palette zusammen mit dem Getriebe nach oben ausgebaut, alle anderen Motoren nach unten. Zum Ausbau der Abdeckung den Schlauch rechts abziehen, Abdeckung leicht nach hinten schieben und zusammen mit dem Luftfilter nach oben abnehmen (Bild 1). Bei mehreren Motortypen ist das Luftfiltergehäuse in die obere Motorabdeckung integriert.

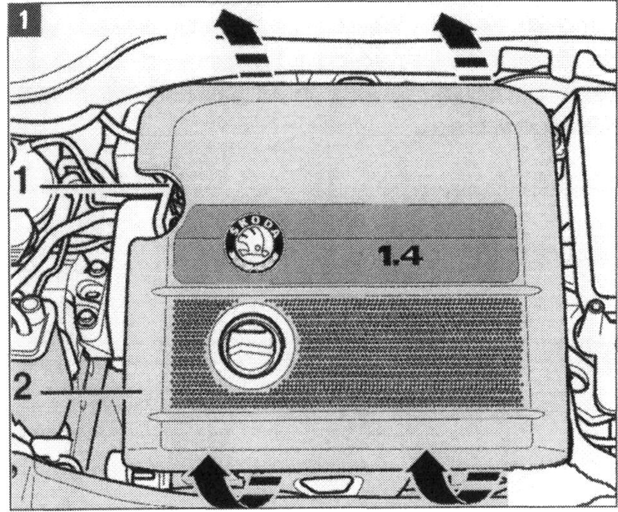

■ **1.6 MPI** (Motoren BGU, BSE und BSF): Abdeckung an beiden Seiten greifen, kurz anrucken und nach oben abnehmen.

■ **1.6 FSI** (Motoren BLF): Motorabdeckung mit integriertem Luftfilter. Luftansaugschlauch von der Luftführung oben und seitlich abclipsen. Stecker vom Ansauglufttemperaturgeber abziehen. Unterdruckleitung abziehen, Ölmessstab (1) herausziehen. Motorabdeckung an den mit Pfeilen gekennzeichneten Stellen abziehen (Bild 2).

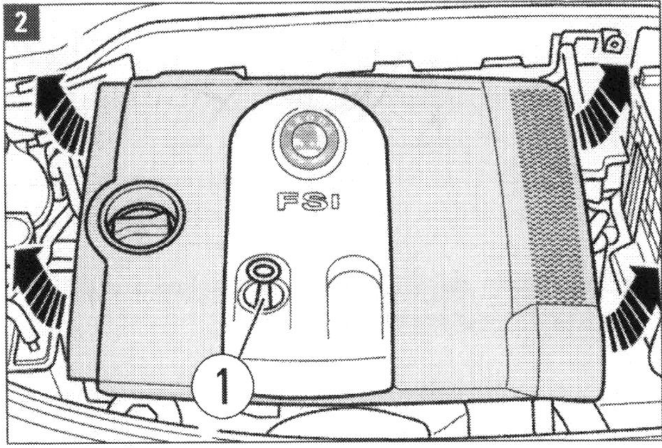

■ **2.0 FSI** (Motoren BLR, BLX, BLY, BVX, BVY, BVZ, BWA): Abdeckung an den Seiten nach oben abziehen (Bild 3).

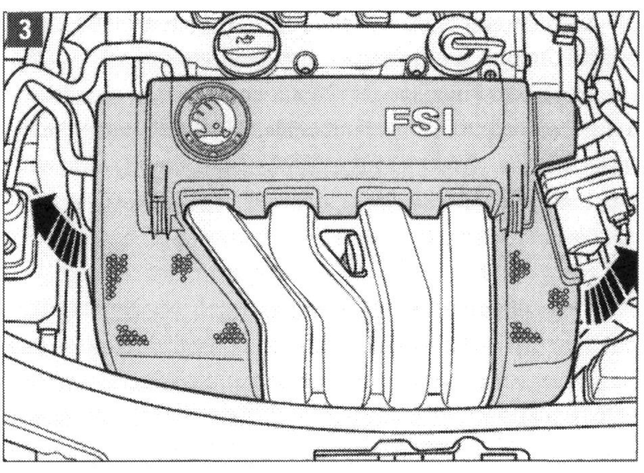

■ **1.9 TDI/2.0 TDI** (BJB, BKC, BXE, BLS/BKD, AZV, BMM): Ölmessstab aus der Führung ziehen, Abdeckung an beiden Seiten anheben, nach vorn abziehen (Pfeile in Bild 4).

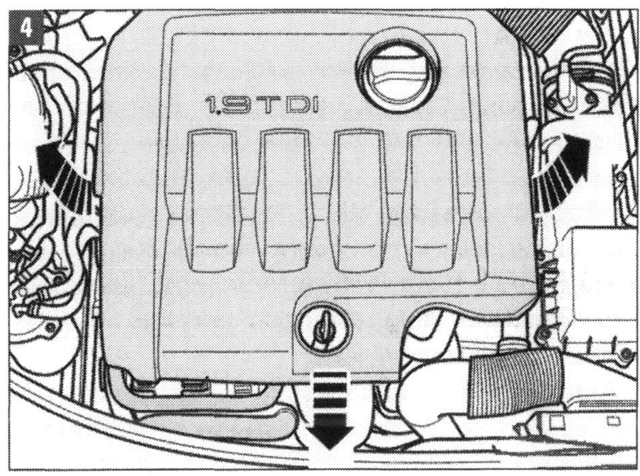

■ **2.0 TDI** (BMN): Ölmessstab (1) abziehen, äußere (2) und innere (3) Abdeckung gleichmäßig nach oben abziehen.

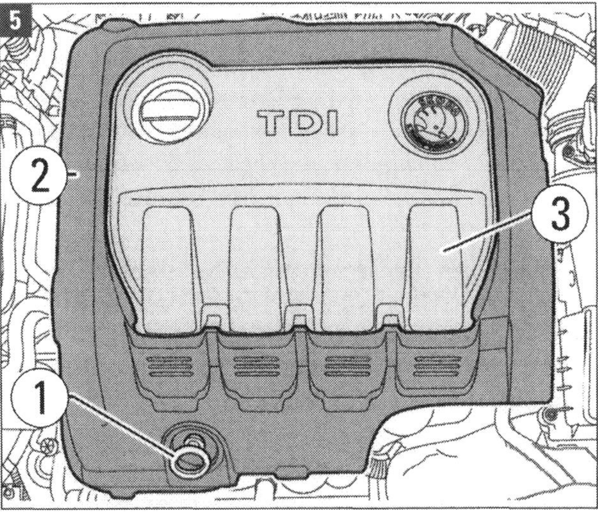

■ Beim **Einbau** nicht mit der Faust oder einem Werkzeug auf die Abdeckung schlagen, um Beschädigungen zu vermeiden. Abdeckung auf dem Motor positionieren (den Öleinfüllstutzen beachten!) und mit beiden Händen in die Gummitüllen drücken. Beim 1.6 FSI darauf achten, dass die Gummilager im Luftfilter eingeclipst sind. Ggf. den Ölmessstab wieder bis zum Anschlag in das Führungsrohr einschieben.

■ **Sichtprüfung Motor/Motorraum:** Nach Ausbau der Abdeckung oben Motor und Umgebung auf Undichtigkeiten und Beschädigungen prüfen. Die Leitungen, Schläuche und Anschlüsse von Kraftstoffanlage, Kühl- und Heizsystem sowie Bremsanlage sorgfältig untersuchen. Schläuche auch leicht biegen oder kneten. Achten Sie auf alle Undichtigkeiten, auf Scheuerstellen, Porosität und Brüchigkeit.

■ Fahrzeug anheben (am besten Hebebühne), Geräuschdämmung abbauen und den Motorraum von unten nach den gleichen Gesichtspunkten untersuchen. Das Getriebe in die Kontrolle einbeziehen!

■ Diese Sichtprüfung ist sehr wichtig, sie ist auch die erste Handlung, wenn der Wagen in die Werkstatt gebracht wurde. Nehmen Sie alle entdeckten Schäden ernst, sie müssen unbedingt beseitig werden. Wenn das erforderlich wird: Werkstatt aufsuchen.

Luftfiltereinsatz ersetzen

Ein verschmutzter Filtereinsatz im Luftfilter des Kraftstoffaufbereitungssystems lässt nicht mehr genügend Ansaugluft in den Motor gelangen. Das Gemisch wird fetter, die Leistung sinkt und der Kraftstoffverbrauch steigt. Wenn Partikel aus stark verschmutzten Filtern den Luftmassenmesser am Ansaugschlauch (TFSI, TDI) verunreinigen, kann das den Messwert verfälschen und ebenfalls die Motorleistung beeinträchtigen.
Filterelement daher mindestens einmal im Jahr reinigen, nach zwei Jahren wechseln. Filtereinsätze kauft man bei Vertragshändler und Zubehörhandel nach Spezifikation auf dem Gehäuse.

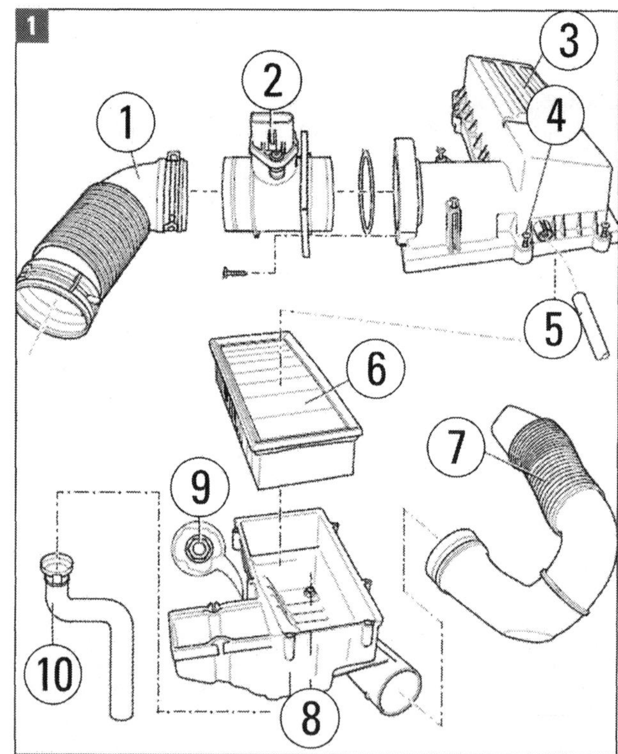

Der TDI-Luftfilter: (1) Saugschlauch, (2) Luftmassenmesser, (3) Luftfilteroberteil, (4) Schraube 8 Nm, (5) Entlüftungsschlauch, (6) Luftfiltereinsatz, (7) Luftführung, (8) Luftfilterunterteil mit Stutzen für Entwässerungsrohr, (9) Schraube 10 Nm, (10) Entwässerungsrohr.

■ **Filterausbau:** Das große Kunststoffgehäuse des Luftfilters (3 und 8 in Bild 1, Pfeil in Bild 2) befindet sich bei TDI, TSI und TFSI direkt links neben dem Motor. Bei den MPI- und FSI-Motoren ist der Luftfilter mit seinem Gehäuse in die obere Motorabdeckung integriert.

■ Der Luftmassenmesser sitzt bei den Turbomotoren direkt am Schlauchstutzen des Filtergehäuses. Bevor der Schlauch abgezogen wird, muss die elektrische Steckverbindung vom Luftmassenmesser abgezogen werden.

■ Bei den Turbomotoren alle Befestigungsschrauben (4) von oben herausdrehen. Bei den Vierzylindern sind das normalerweise fünf Stück. Filtergehäuse-Oberteil anheben und nach oben herausnehmen. Der alte Filtereinsatz lässt sich jetzt direkt herausnehmen. Die anderen Gehäuseformen (imtegriert in Motorabdeckungen) lassen sich auf vergleichbare Weise öffnen.

■ Den Einsatz herausnehmen. Gehäuseunterteil und zugängliche Luftführungswege (bei TFSI Und TDI: Wasserablauf im Gehäuseunterteil, Reinluftseite des Luftführungsschlauchs, Luftführung Schlossträger/Filtergehäuse) gründlich reinigen, den Wasserablauf mit Druckluft ausblasen.

■ Neuen Filtereinsatz einsetzen. Gehäuseoberteil aufsetzen und anschrauben. Schlauch aufstecken und mit Schlauchschellen sichern. Bei den Motoren mit Turbolader den Stecker des Luftmassenmessers einrasten.

Motorsteuergerät ausbauen

■ **Ausbau:** Nicht nur für Reparatur oder Austausch des Motorsteuergerätes, sondern auch wegen anderer Arbeiten, bei denen die Anschlussstecker vom Steuergerät abgezogen werden sollen, muss das Gerät stets ausgebaut werden.

■ Durch das Abziehen der Anschlussstecker vom Motorsteuergerät werden die Lernwerte gelöscht, der Inhalt des Fehlerspeichers bleibt jedoch erhalten. Wird das Motorsteuergerät ersetzt, muss vor dem Anpassen die Drosselklappensteuereinheit gereinigt werden.

■ Benötigt wird eine elektrische Karosseriesäge (wie z. B. V.A.G 1523). Zündung ausschalten. Wasserkastenabdeckung und Zwischenwand für Wasserkasten ausbauen (»Fahrzeugaufbau - Karosserie«).

■ Scheibenwischanlage (»Fahrzeugelektrik«) ausbauen.

■ Fahrzeuge mit Schutzabdeckung: Mit Karosseriesäge einen Schlitz für Schlitzschraubendreher in die Köpfe der Abreißschrauben einsägen. Mit der Karosseriesäge muss zwei Mal gesägt werden, damit der Schlitz breit genug ist, um die Schrauben mit einem geeigneten Schraubendreher herausdrehen zu können. Die Abreißschrauben sind mit Sicherungsmittel eingesetzt.

■ Schrauben herausschrauben. Sicherungslasche der Schutzabdeckung mit Schlitzschraubendreher anheben und seitlich aus dem Halter für Motorsteuergerät schieben.

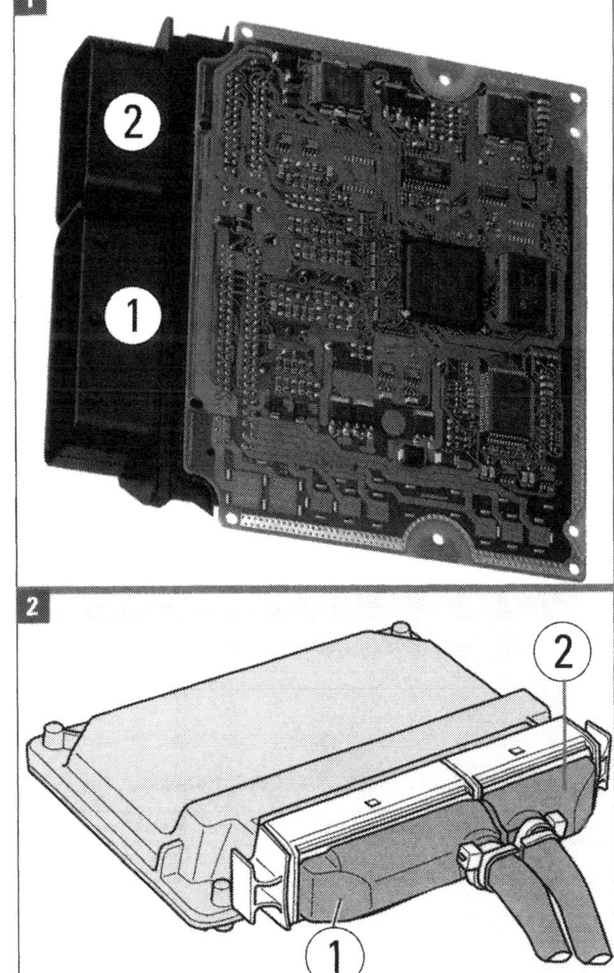

Motorsteuergerät: (1) großer, (2) kleiner Steckverbinder.

■ Für alle Fahrzeuge: Halteblech entriegeln und Motorsteuergerät mit Anschlusssteckern nach rechts (wenn man arbeitend gegen Fahrtrichtung vor dem Fahrzeug steht) hinausschieben. Anschlussstecker am Motorsteuergerät entriegeln und abziehen.

■ **Einbau:** Bei Fahrzeugen mit Schutzabdeckung sind vor Einbau des Motorsteuergerätes die Metallspäne aus dem Wasserkasten abzusaugen.

■ Die beiden Anschlussstecker anschließen und verriegeln. Motorsteuergerät in den Halter hineinschieben und mit Halteblech verriegeln.

■ Nach dem **Einbau eines neuen Steuergerätes** das Gerät in der »Geführten Fehlersuche« im Diagnosefeld »Motorsteuergerät ersetzen« aktivieren (Fahrzeugdiagnose-, Mess- und Informationssystem VAS 5051).

■ Nach dem **Einbau des ursprünglichen Motorsteuergerätes** Fehlerspeicher abfragen und vorhandene Fehler löschen.

■ Für **Fahrzeuge mit Schutzabdeckung:** Schutzabdeckung mit neuen Abreißschrauben befestigen. Die Abdeckung vor dem Festziehen so ausrichten, dass sie mit umliegenden Bauteilen nicht in Berührung kommt.

■ Für **alle Fahrzeuge:** Scheibenwischanlage und Zwi-

Zündspulen, Zündkerzen und Glühkerzen ausbauen

Spezielle Werkzeuge:
– Abzieher für Stabzündspulen (Škoda: T40039, Bild 4 und T10094A, 1/Bild 5; Montagehaken T10118, 2/Bild 5
– Zündkerzenschlüssel (Škoda: 3122 B)

■ **1.8 TSI, 2.0 TFSI:** Motorabdeckung ausbauen, die beiden Schrauben an der Steckerleiste rechts von den Zündspulen lösen.

■ Mit dem Abzieher (T40039, Bild 4) alle Zündspulen ca. 30 mm aus dem Kerzenschacht ziehen. Abzieher an der ersten Rille von oben ansetzen (Pfeil in Bild 4).

■ Elektrische Steckverbindungen entriegeln. Alle gleichzeitig von den Zündspulen abziehen. Zündkerzen mit dem Kerzenschlüssel aus dem jeweiligen Schacht herausschrauben.

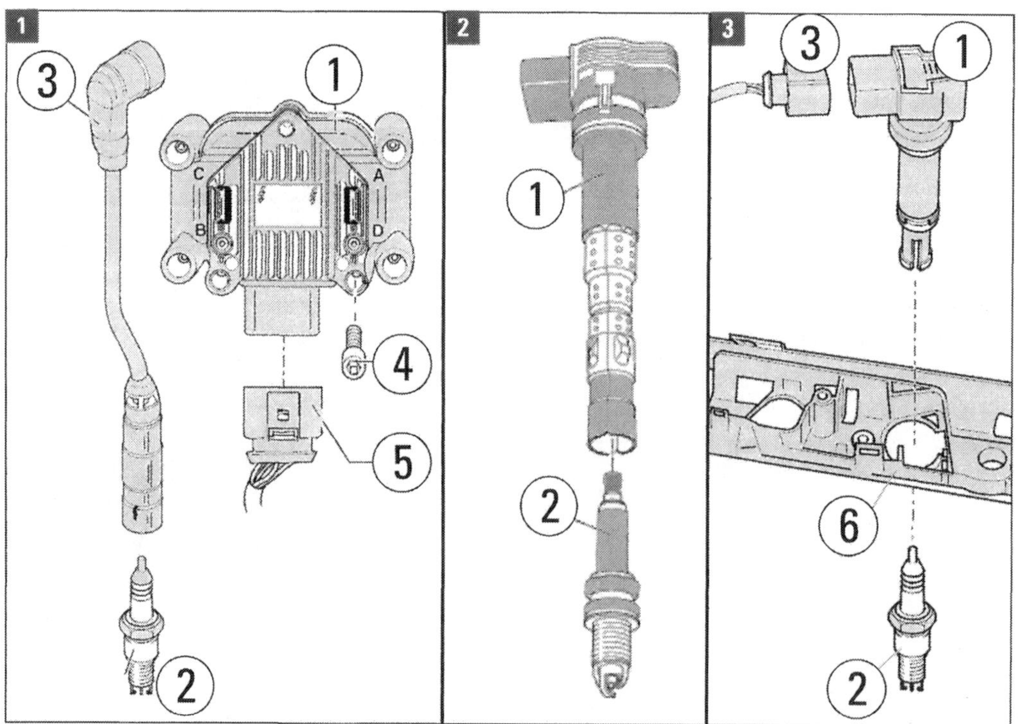

Bild 1: Zündtrafo der 1.6 MPI-Motoren.
Bild 2: Zündspule der TSI- und TFSI-Motoren.
Bild 3: Zündspule der 1.4 MPI- und der FSI-Motoren.

Die Ziffern bedeuten:
(1) Trafo/Zündspule,
(2) Zündkerze,
(3) Zündleitung oder Anschlussstecker,
(4) Schraube,
(5) Anschlussstecker,
(6) Leitungsführung.

■ **1.4 MPI, 1.6 FSI:** Abzieher (T10094A) in Pfeilrichtung auf die Zündspule setzen und Zündspule etwas aus dem Zylinderkopf herausziehen. Montagewerkzeug (T10118) ansetzen, vorsichtig die Steckerverriegelung lösen und den Stecker abziehen (Bild 5).

■ Zündspule mit Leistungsendstufe vollständig aus dem Zylinderkopf herausziehen.

■ **Ottomotoren Zündkerzen wechseln:** Neue Zündkerzen eindrehen, Intervall alle 60.000 km bzw. 4 Jahre (außer 2,0 TFSI/147 kW = alle 90.000 km bzw. 6 Jahre) und mit Kerzenschlüssel mit 30 Nm in den Zylinderkopf schrauben.

■ **TFSI:** Alle Zündspulen in Kerzenschächte stecken. Zündspulen zu den Steckern ausrichten und alle Stecker gleichzeitig auf die Zündspulen aufstecken. Zündspulen gleichmäßig mit der Hand auf die Zündkerzen drücken. Kein Schlagwerkzeug benutzen!

■ **MPI, FSI:** Abzieher auf die Zündspule setzen und Zündspule mit Leistungsendstufe in den Zündspulenschacht einsetzen. Stecker auf die Zündspule schieben, bis er hörbar einrastet. Zündspule mit dem Abzieher auf die Zündkerze im Zylinderkopf drücken.

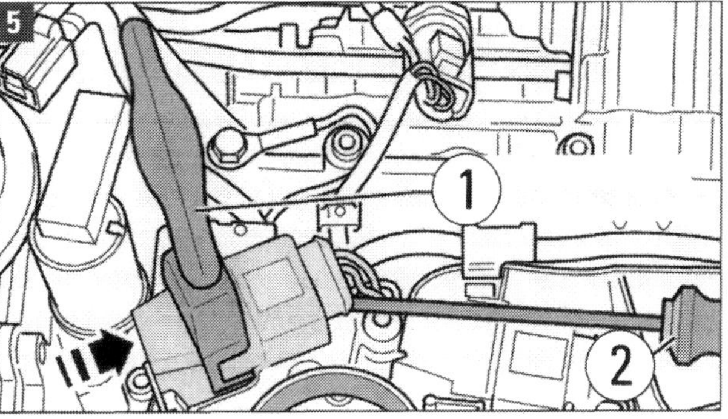

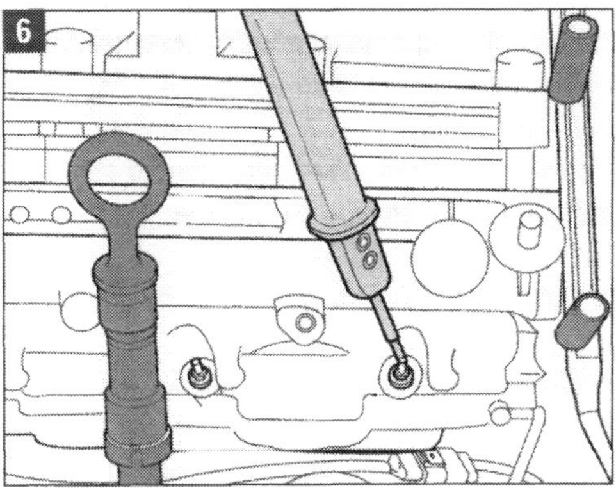

■ **TDI-Metallglühkerzen aus-/einbauen:** Zündung ausschalten, Stecker von den Glühkerzen abziehen, Kerzen mit Steckeinsatz (z. B. 3122 B) ausbauen. Einbau in umgekehrter Reihenfolge, Metallglühkerzen mit 15 Nm festziehen.

■ **Glühkerzen prüfen:** Stecker abziehen, Spannungsprüfer mit Hilfsklemme an Batterie-Plus (+) anschließen und Prüfspitze auf jede Glühkerze legen (Bild 6). Wenn Leuchtdiode leuchtet, ist die Glühkerze i. O. Sonst Glühkerze ersetzen.

Kühlsystem: Kühlmittel ablassen, Dichtheit prüfen

Über die Füllstandskontrolle des Kühlmittelausgleichsbehälters, die Kühlmittelzusammensetzung und den Frostschutz haben wir ausführlich auf den Seiten 47/48 sowie 187/188 informiert. Wir gehen im Folgenden nur noch kurz auf das für manchen Fall nötige Ablassen des Kühlmittels ein:

■ **Kühlmittel ablassen:** Verschlussdeckel des Kühlmittelausgleichsbehälters öffnen. Vorsicht: Es könnte Dampf entweichen! Vorsichtig Druck ablassen, dann ganz öffnen. Geräuschdämpfung vorn wie beschrieben ausbauen. Geeignete flache Auffangwanne unter Kühler und Motorbereich stellen. Verschlussschraube unten am Kühler öffnen und das Kühlmittel abfließen lassen. Es kann dazu auch der Kühlmittelschlauch abgezogen werden.

■ **Kühlsystem auf Dichtheit prüfen:** Dichtheit aller Wasserschläuche an Kühler, Motor und Heizanlage prüfen. Schläuche kneten, harte und rissige Teile austauschen! Schlauchenden müssen satt auf den Stutzen sitzen, Schlauchschellen (Federband) müssen fest und unverschiebbar anliegen.

■ **Kühlmittelregler prüfen:** Der aus der Wasserpumpe ausgebaute Thermostat wird im Wasserbad erwärmt. Er muss von ca. 87 °C bis ca. 102 °C öffnen. Der Öffnungshub muss mindestens 8 mm betragen. (Ausbau: »Besser machen«)

Keilrippenriemen prüfen, aus- und einbauen

■ **Prüfen:** Fahrzeug anheben und gemäß Kapitel »Fahrzeugaufbau - Karosserie« die Geräuschdämpfung rechts ausbauen. In manchen Fällen gibt es eine Abdeckkappe für die Schraube (Pfeil in Bild 1) der Keilrippenriemenscheibe: ausbauen, damit ein Schlüssel an der Schraube angesetzt werden kann.

■ Den Motor am Schwingungsdämpfer/Riemenscheibe (2) mit dem Steckschlüssel durchdrehen und den Keilrippenriemen (1) von unten prüfen auf:
- Unterbaurisse (Anrisse, Kern- und Querschnittbrüche)
- Lagentrennung (Deckschicht und Zugstränge)
- Ausbruch am Unterbau, Ausfransen der Zugstränge
- Flankenverschleiß (Materialabtrag, Ausfransungen, Flankenverhärtung, Oberflächenrisse)
- Öl- und Fettspuren sowie richtige Spannung

■ Riemenspannung und die Funktion des Spannelements prüfen Sie durch kräftigen Daumendruck. Der Riemen darf nicht lose durchhängen, sondern darf erst bei Druck nachgeben, wobei die Spannrolle ausschwenken muss.

■ Werden Mängel festgestellt, muss der Keilrippenriemen unbedingt ersetzt werden. Dadurch können Ausfälle bzw. Funktionsstörungen vermieden werden. Bei Schäden und Fehlfunktion den Riemen und ggf. die Spannrolle auswechseln. Bei Ausbau des Riemens die Laufrichtung kennzeichnen (Kreide, Filzstift)!

■ **Riemen ausbauen:** Ringschlüssel an der Spannrolle ansetzen, drehen, Riemen entlasten (7, Bild 1). Bei Motoren mit Spannvorrichtung (Bilder 3 und 4) den Schlüssel am unteren Ende ansetzen und im Uhrzeigersinn drehen; damit den Riemen entlasten. Spannvorrichtung mit einem starken Dorn (Fachwerkstatt: Absteckwerkzeug T40098) arretieren. Wird oben in die Öffnung am Spannelement eingeführt. Riemen abnehmen.

■ Zum **Einbau** den Riemen entsprechend Verlauf (meist wie in Bild 1; abweichende Führungen siehe Bilder 3 und 4) auflegen. Generator und Klimakompressor müssen fest montiert sein (falls ein Ausbau erfolgte). Spannvorrichtung kurz im Uhrzeigersinn drehen und Absteckwerkzeug herausziehen. Spannrolle entlasten und Riemenlage prüfen.

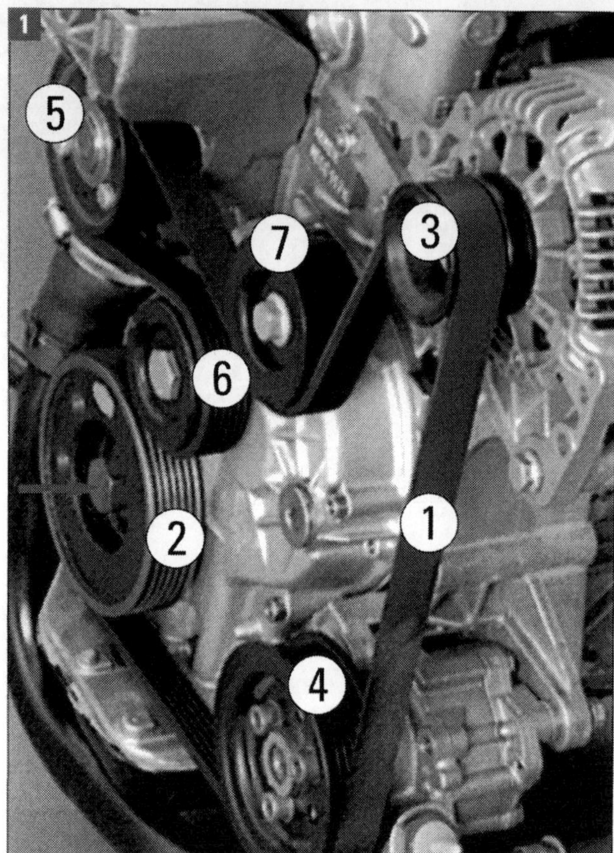

Typische Riemenführung: (1) Keilrippenriemen, (2) Riemenscheibe Kurbelwelle (Schwingungsdämpfer), (3) Scheibe Generator, (4) Scheibe Klimakompressor, (5) Scheibe Kühlmittelpumpe, (6) Umlenkrolle, (7) Spannrolle.
Pfeil: Hier den Steckschlüssel ansetzen.

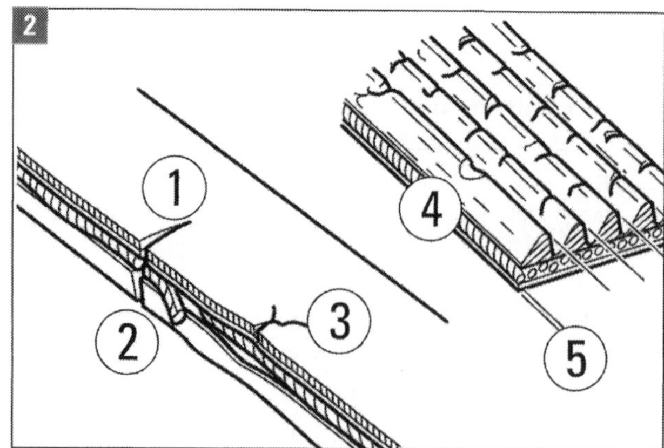

Schwere Schäden: (1) Querschnittbruch, (2) Unterbauausbrüche, (3) Anriss, (4) Flankenverschleiß, (5) Ausfransung.

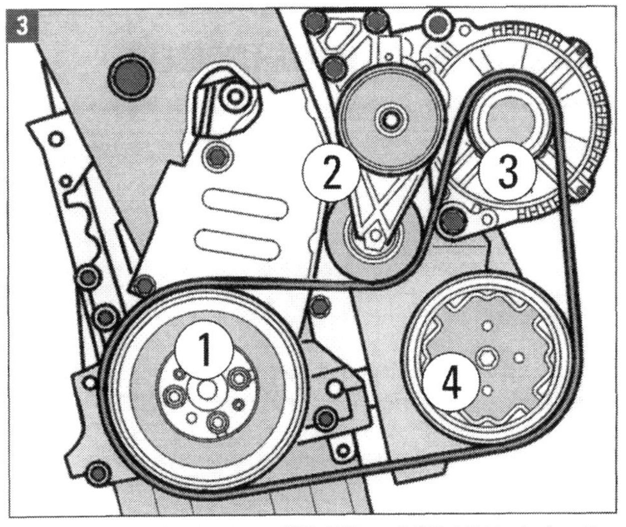

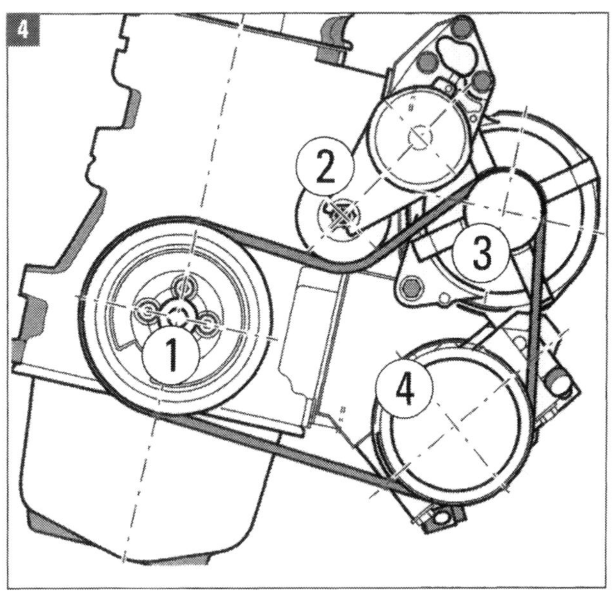

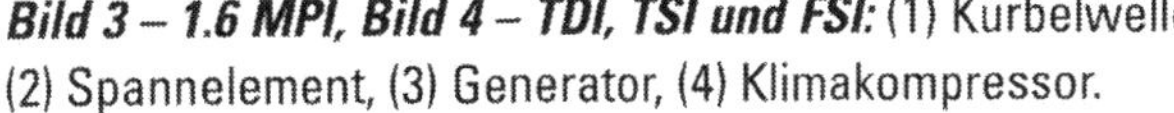

Bild 3 – 1.6 MPI, Bild 4 – TDI, TSI und FSI: (1) Kurbelwelle, (2) Spannelement, (3) Generator, (4) Klimakompressor.

Getriebenummern für Zuordnung finden

Ebenso wie die Motoren, sind auch die Getriebe mit Buchstaben-Zahlen-Kombinationen eindeutig identifizierbar. Das ist wichtig, wenn es um Reparaturen am Getriebe geht, um präzise die richtigen Ersatzteile nach elektronischem Teilekatalog zu bestimmen. Im Beispiel »automatisches 6-Gang-Getriebe DSG - 02E« (Bild 1) sind die Kennbuchstaben oben am Getriebe, in der Nähe des Ölkühlers (1 in Bild 1) eingeprägt. Beispiel:

(1) = HLH 130804 14 06-32 0011

- HLH = Getriebebuchstabe
- 13.08.04 = Produktionsdatum 13. August 2004
- 14 = Werkschlüssel
- 06:32 = Uhrzeit
- 0011 = laufende Nummer

Die Kennbuchstaben des Getriebes sind zwar in den Fahrzeugdatenträgern aufgeführt. Sollten diese aber nicht vorhanden sein oder es wurde ein anderes Getriebe als vorgesehen eingebaut: Um das vorhandene zweifelsfrei zu identifizieren, liest man die Kennbuchstaben am besten direkt vom Getriebe ab. Häufig sind zusätzlich Kennbuchstaben oben auf dem Getriebe in der Nähe des Wählhebelseilzuges (1, Bild 2) angebracht (Pfeile).

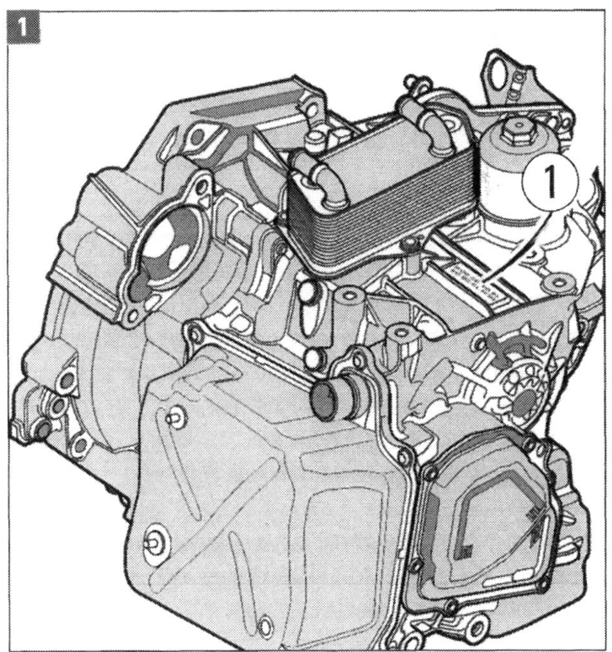

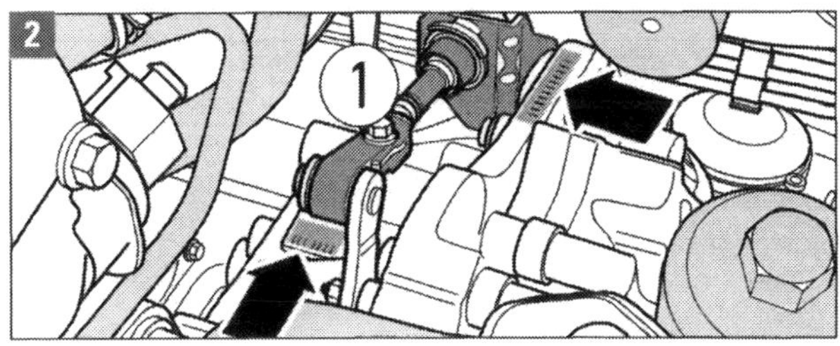

Abgasrohr trennen, Abgasanlage einrichten

■ **Mittel- und Nachschalldämpfer trennen:** Zum einzelnen Ersetzen von Mittel- oder Nachschalldämpfer ist am Verbindungsrohr die mit Eindrückungen markierte Trennstelle (Bild 1) vorgesehen.

■ Abgasrohr (Mittelschalldämpfer) an der Trennstelle (mittlerer Pfeil in Bild 1; am Rohr eine Vertiefung) rechtwinklig mit Karosseriesäge oder Kettenrohrabschneider (Katalog-Werkzeug VAS 6254) trennen, neues Teil ansetzen. Klemmhülsen (Doppelschelle, 1 in Bild 1) mittig zum Trennschnitt positionieren (zwischen den beiden äußeren Markierungen; Pfeile).

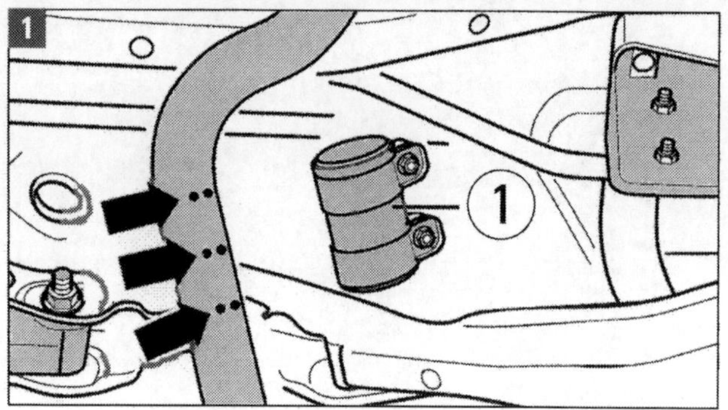

■ Im Beispiel wird die »Klemmhülse vorn« (Bild 2) eingebaut, bei Verbindung von Vor- (Mittel-) und Nachschalldämpfer spricht man von der »Klemmhülse hinten«. Die Verschraubung der Hülsen zeigt nach rechts, die Schraubenenden dürfen nicht über die Hülsenunterkante hinausragen (Bild 3). Vor dem Anziehen der Klemmhülse muss die Abgasanlage spannungsfrei eingerichtet werden.

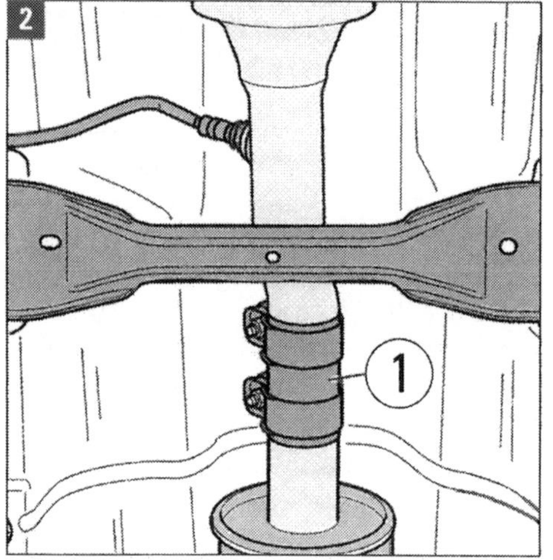

■ **Abgasanlage spannungsfrei einrichten:** Die Abgasanlage muss kalt sein. Verschraubungen der Klemmhülsen lösen.

■ Nachschalldämpfer (bei Fahrzeugen mit Frontantrieb) so weit nach vorn schieben, bis das Maß »a« = 9 ... 11 mm zwischen Aufhängung/Karosserie und Aufhängung/Mittelschalldämpfer erreicht ist (Bild 4). Bei Fahrzeugen mit Allradantrieb den Nachschalldämpfer so weit nach vorn schieben, bis das Maß »a« = 7 ... 9 mm zwischen Aufhängung/Karosserie und Aufhängung/Nachschalldämpfer erreicht ist (Bild 5).

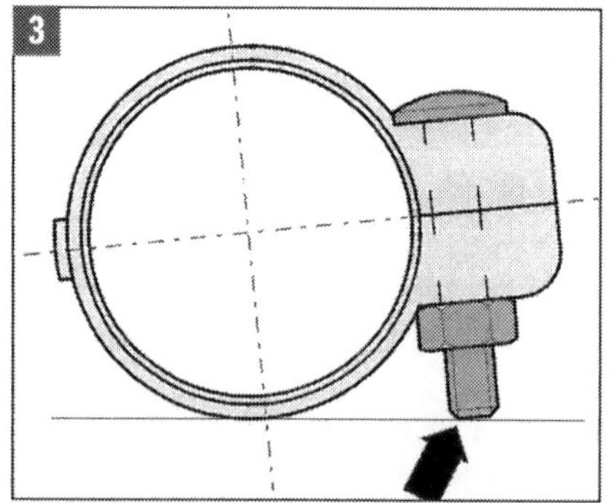

■ Klemmhülse wie gezeigt so festziehen, dass Schraubenenden nicht über die Unterkante der Klemmhülse ragen und dass die Verschraubung nach rechts zeigt.

■ Die Klemmhülse 5 mm vor die Markierung am Abgasrohr vorn schieben und Verschraubungen der Klemmhülse gleichmäßig mit 25 Nm anziehen.

■ Nachschalldämpfer so ausrichten, dass zwischen Stoßfängerausschnitt und Endrohren ein gleichmäßiger Abstand entsteht. Dazu ggf. Aufhängung am Nachschalldämpfer lösen.

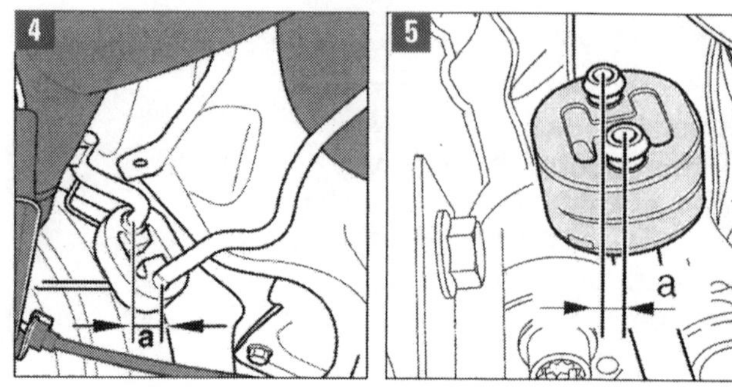

Automatisches Licht prüfen

Falls Sie einen Octavia mit dieser komfortablen Funktion haben, sollten Sie hin und wieder eine Prüfung vornehmen. Diese muss bei Tageslicht erfolgen. Stellen Sie den Drehgriff des Lichtschalters in die Position »automatisches Licht«.

Bei Tagesfahrlicht dürfen die Scheinwerfer nicht aufleuchten. Decken Sie den Sensor für Regen- und Lichterkennung im Fuß des Innenspiegels von außen mit der Hand oder einem geeigneten Gegenstand ab. Die Scheinwerfer müssen aufleuchten, wobei die Tageslichtstärke reduziert ist. Wenn Sie den Sensor im Spiegelfuß wieder aufdecken, müssen die Scheinwerfer erlöschen.

Thermostat prüfen

Der kennfeldgesteuerte Thermostat des 2.0 FSI sollte bei Verdacht auf Fehlfunktion sofort geprüft werden: ausbauen, im kalten Zustand kontrollieren, ob der große Ventilteller (Pfeil) mit gesamtem Umfang gegen den Anschlussflansch abdichtet.

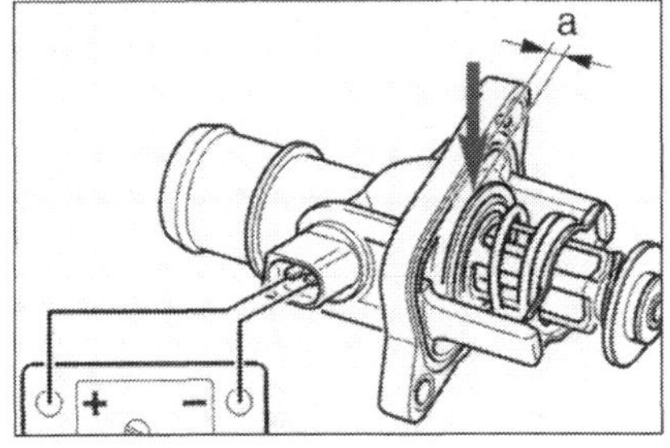

Wenn nicht: Thermostat ersetzen.
Wenn ja: Kontakte am Thermostat mit der Batterie verbinden. Thermostat vorsichtig (Zange!) senkrecht bis zum Flansch in Topf mit kochendem Kühlmittel (50:50) stellen.
Die Widerstandsheizung erwärmt zusätzlich das Wachs im Thermostat. Nach 10 Minuten muss der Mindesthub »a« von 8 mm erreicht sein. Dann die Spannungsversorgung zur Batterie trennen. Diese-Prüfung nicht an der Luft vornehmen, weil eine Schädigung des Dehnstoffelementes möglich ist! Wird der Mindesthub nicht erreicht, muss der Thermostat ersetzt werden.

Keramik-Glühstiftkerzen

Wenn in Ihrem TDI Keramik-Glühkerzen verbaut sind, liegt der Einbau von Kerzen wie »Duraspeed« von Bosch mit sehr kurzer Aufheizzeit nahe. Sie sind inzwischen auch für das Servicegeschäft mit Dieselstartsystemen verfügbar. Nur Keramik gegen Keramik tauschen: Die Software des Motorsteuergeräts ist der Glühkerzenart angepasst. Ein Austausch von Keramikglühkerzen gegen Metallglühkerzen oder umgekehrt ist nicht zulässig.
Aber Achtung: Keramikglühkerzen sind sehr empfindlich und verlangen beim Aus- und Einbau äußerst sorgfältige Behandlung. Transport und Lagerung am besten in Folien mit Luftpolster. Erst unmittelbar vor Einbau aus der Verpackung nehmen. Wenn Keramikglühkerzen herunterfallen, sogar von geringer Höhe wie vielleicht 2 cm, dürfen sie nicht mehr verwendet werden, auch wenn keine äußeren Beschädigungen zu erkennen sind. Es besteht die Gefahr von Haarrissen.

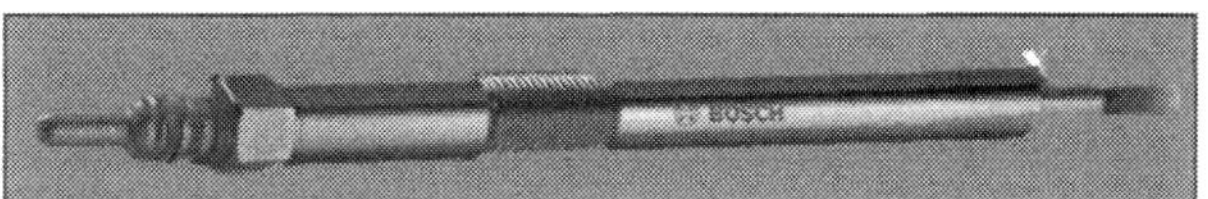

Aus- und Einbau grundsätzlich mit Steckeinsatz und Drehmomentschlüssel. Unter Beachtung des höchstzulässigen Lösemoments von 20 Nm vorsichtig lösen! Geht nichts bei max. 20 Nm: Handelsübliches Mittel zum Lösen von Schraubverbindungen verwenden.
Nutzen Sie folgenden Kniff: Ca. 250 mm langen Schlauch auf die gelöste Glühkerze aufsetzen und diese vorsichtig herausschrauben, nicht verkanten. Ausgeschraubte Kerze mit dem Schlauch hochziehen, so dass keine Berührung erfolgt. Beschädigung oder Abbruch des Zapfens könnten schwere Motorschäden zur Folge haben.
Zum Einbau müssen die Gewinde von Zylinderkopf und Glühkerzen sauber und trocken sein. Keramikglühkerzen in die Bohrungen einschrauben und erst leicht von Hand, dann mit Drehmomentschlüssel (max. 12 Nm) anziehen. Vor Motorstart Kerze möglichst per Eigendiagnose prüfen.

Motor

Störung	Was kann das sein?	Was muss ich tun?
A Motor startet nicht, Anlasser dreht nicht	**1** Die Wegfahrsperre bzw. die Anlasssicherung	Zu- und wieder aufschließen, Bremse getreten halten und Schalthebel auf Stellung N
	2 Batterie leer	Wenn die Scheinwerfer bei eingeschalteter Zündung nur schwach leuchten: Alle Verbraucher abschalten, Starthilfekabel benutzen und dann mindestens 20 Kilometer fahren
B Der Anlasser dreht, aber der Motor springt nicht an	**1** Die häufigsten Ursachen sind: Kein Sprit und/oder kein Zündfunke. Das kann leider an sehr vielen Bauteilen liegen	Zuerst prüfen ob noch Sprit und auch die richtige Sorte (Benzin oder Diesel) im Tank ist. Dann die Verkabelung im Motorraum auf Beschädigungen prüfen (Marderbiss?) Vorsicht! Zündung dabei unbedingt ausschalten!
C Motor läuft nach dem Start unrund	**1** Fehler in der Kraftstoffversorgung und/oder Zündanlage, Nebenluft durch undichte Schläuche	Zunächst eine Sichtkontrolle des Motorraums bei ausgeschalteter Zündung durchführen. Beschädigte Leitungen mit Isolierband notdürftig flicken. Mit einem Diagnosegerät den Fehlerspeicher auslesen lassen.
	2 Diesel: Falschbetankung oder defekte Glühkerzen	Vorsicht: Bei Falschbetankung nicht mehr weiterfahren, sonst kann die Hochdruckpumpe kollabieren
D Motor qualmt und stinkt aus dem Auspuff	**1** Turbolader (blauer Rauch) oder Zylinderkopfdichtung (weißer Rauch) defekt	Ist der Turbolader defekt besteht akute Gefahr: Bruchstücke wandern durch den Motor. Nicht mehr starten! Bei einer kaputten Kopfdichtung fehlt Wasser im Ausgleichsbehälter, auf jeden Fall auffüllen
E Motor zieht nicht mehr richtig	**1** Der Hauptverdächtige ist auch hier der Turbolader, besonders wenn der Motor im Leerlauf oder bei wenig Gas noch gut läuft	Beobachten Sie die Ladedruckanzeige und achten Sie auf ungewöhnliche Geräusche beim Beschleunigen. Eventuell entweicht Ladedruck. Ein blockierter Lader macht dagegen gar keine Geräusche mehr
	2 Luftmassenmesser defekt	Fehlerspeicher auslesen, ggf. ersetzen
F Hoher Verbrauch	**1** Wahrscheinlich ist der Luftfilter stark verschmutzt	Luftfilter austauschen, die Anleitung dazu finden Sie in diesem Kapitel
G Motor wird zu langsam warm	**1** Thermostat hängt	Sie können zunächst weiter fahren, der Thermostat sollte jedoch so bald wie möglich getauscht werden

Getriebe / Kraftübertragung

Störung	Was kann das sein?	Was muss ich tun?
A Kratzen beim Gangwechsel	**1** Kupplung trennt nicht richtig	Schadensursache feststellen und beheben. Wenn Sie diesen Fehler ignorieren, ruinieren Sie sonst sehr schnell das Getriebe.
	2 Synchronring verschlissen	Wenn das Kratzen nur in einem Gang auftritt, kann der entsprechende Synchronring ersetzt und das Getriebe gerettet werden. Bis dahin: langsam schalten!
B Rupfen, Ruckeln und Springen	**1** Die Kupplung ist verschlissen oder verölt	Die Kupplung ist ein Verschleißteil, das bei hohen Laufleistungen irgendwann abgenutzt ist. Tritt an Motor oder Getriebe Öl aus, rutscht die Kupplung. In beiden Fällen hilft nur der Ausbau des Getriebes
	2 Motorlager defekt	Kontrollieren Sie den Zustand der Lager und vermeiden sie bis zur Reparatur starke Lastwechsel und allzu rasantes Anfahren.
C Schläge, ungewöhnliche Geräusche oder Vibrationen	**1** Motorlager ausgeschlagen	Beobachten Sie von außen, wie stark der Motor beim Anfahren kippt. Bei verschlissenen Lagern kann das dazu führen, dass Teile irgendwo anschlagen
	2 Antriebswellen defekt	Fahren Sie enge Kurven (auch rückwärts) und versuchen, Sie den Schaden an den Wellen zu lokalisieren Äußere und Innere Gelenke können einzeln ausgetauscht werden.)
	3 Synchronringe oder Getriebelager im Getriebe verschlissen	Auch die Synchronringe unterliegen einem gewissen Verschleiß. Wenn es in mehreren Gängen kratzt ist ein Austauschgetriebe fällig, mahlende Getriebelager lassen sich einzeln ersetzen.
	4 Zu wenig Öl im Getriebe	Ölstand prüfen und nötigenfalls ergänzen
D Es lässt sich kein Gang mehr einlegen	**1** Seilzüge ausgehängt	Untersuchen Sie die Anschlüsse und Führungen der Schaltseilzüge. Manchmal lässt sich so ein Zug auch an Ort und Stelle wieder einhängen.

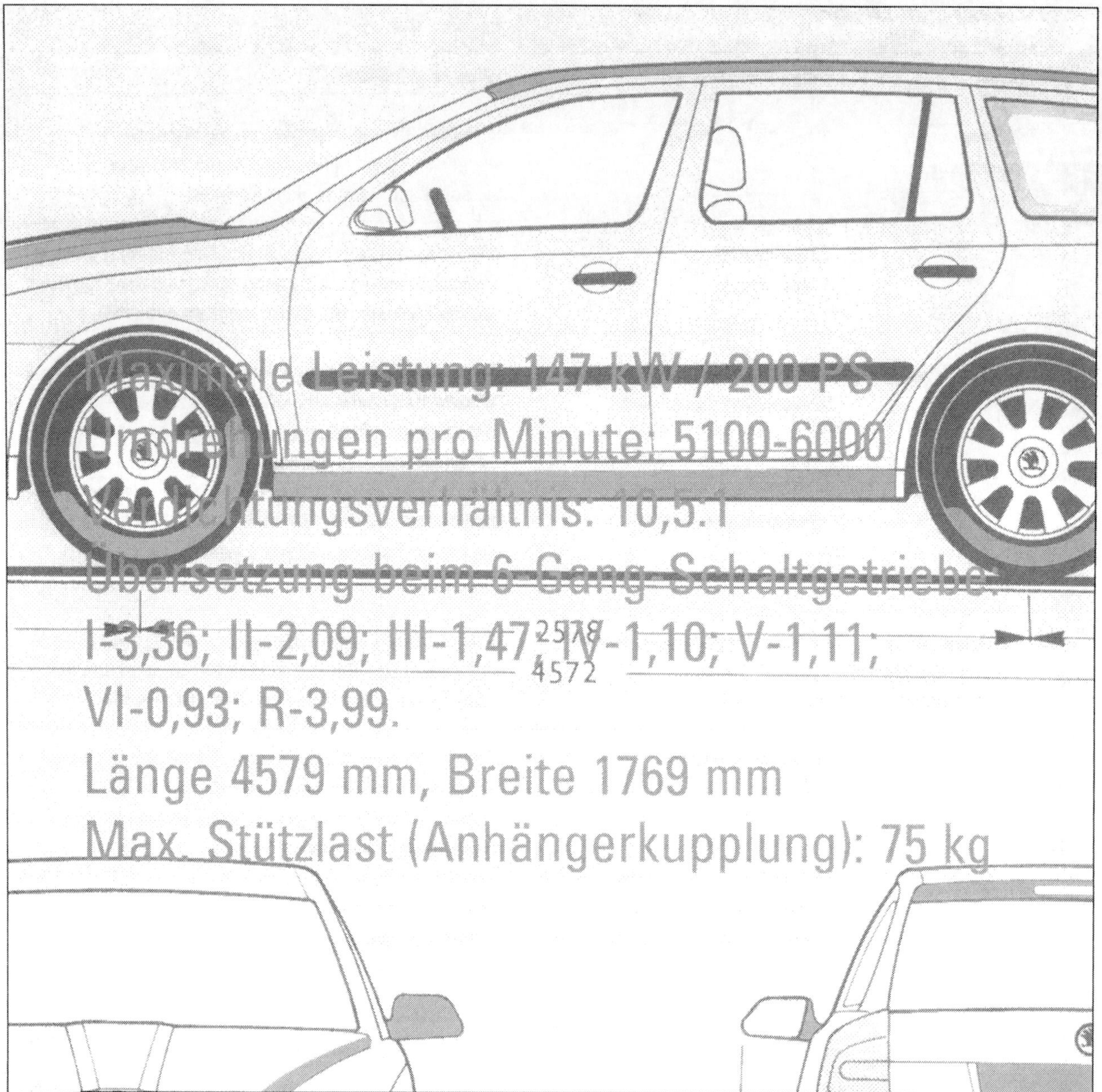

Maximale Leistung: 147 kW / 200 PS
Umdrehungen pro Minute: 5100-6000
Verdichtungsverhältnis: 10,5:1
Übersetzung beim 6-Gang-Schaltgetriebe:
I-3,36; II-2,09; III-1,47; IV-1,10; V-1,11;
VI-0,93; R-3,99.
Länge 4579 mm, Breite 1769 mm
Max. Stützlast (Anhängerkupplung): 75 kg

Technische Daten

Immer wieder stellen sich im Laufe des Fahrzeugbetriebs Fragen, die sich im Prinzip aus den Fahrzeugpapieren und der Betriebsanleitung beantworten lassen. Einen schnelleren Überblick über Daten wie Normverbrauch, Rad- und Reifengrößen, Verschleißgrenzen von Bremsscheiben oder maximale Anhängerlast für Ihren Octavia II bietet Ihnen unsere Zusammenstellung. Hier finden Sie auch die Leistungsdiagramme der einzelnen Motoren.

Die Vielfalt im Detail

Wie die Kapitel »Das Modell« und »Motor und Getriebe« zeigten, verfügt der Škoda Octavia der zweiten Generation über eine beträchtliche Zahl an Motorisierungen, Getriebe- und Ausstattungsvarianten. Mit ihnen sind vielfältige Kombinationsmöglichkeiten gegeben. Das Repertoire umfasst 10 Motoren (Benziner und Diesel), in mehr als 20 Bauformen, 5- und 6-Gang Schalt- sowie ein 6-Gang Automatik- und ein 6-Gang-Doppelkupplungsgetriebe (DSG), Vorder- und Allradantrieb (4x4), 5-türige Karosserien in zwei Grund- (Limousine, Combi) und zwei weiteren Varianten (RS, Scout).

Darüber hinaus werden vier Ausstattungslinien angeboten: Classic, Ambiente, Elegance und L&K (Laurin & Klement). Hinzu kommen Sonder- und Aktionsmodelle mit spezifischen Extra-Varianten für den hiesigen und den internationalen Markt.

Die Auflistung aller Modelle und deren Ausstattungsumfänge würde den Rahmen dieses Werks sprengen, zählte man zudem noch sämtliche möglichen Farbkombinationen hinsichtlich Lackierung und Innenausstattungen auf. Einige Dutzend unterschiedliche Gestaltungsmöglichkeiten kommen da problemlos zustande. Diese Vielfalt ist das zweifellos positive Ergebnis der Plattform-Strategie des Volkswagenkonzerns, zu dem Škoda-Auto ja gehört.

Diese Vielfalt im Detail berücksichtigen wir nicht, da dies dem Sinn und Zweck einer Übersichtstabelle nicht gerecht würde. Alle Motorisierungen mit den relevanten Daten bis hin zu den Angaben über die CO_2-Emissionen haben wir allerdings aufgeführt. Unsere Werte entsprechen den Werksangaben von Škoda-Auto. Gravierende Abweichungen von diesen Messdaten, beispielsweise bei den Verbrauchsangaben oder den Beschleunigungswerten, haben wir in der einschlägigen Motorpresse nicht gefunden.

Zu erwähnen bleiben noch als zusätzliche Angaben zum Volumen des Kraftstoffbehälters die Reservemengen. Sie betragen beim 55-Liter-Tank 9 und beim 60-Liter-Tank 8 Liter. Die Bremsflüssigkeit (Bremsen plus Kupplungshydraulik plus Behälter = 1 Liter) entspricht der Norm FMVSS 571.116 DOT 4. Das Synthetiköl für die Schaltgetriebe muss der Norm G 50- (5-Gang und Achsantrieb hinten) bzw. G 51- (6-Gang) SAE75W90 genügen. Die Haldex-Kupplung ist mit Hochleistungsöl G 052 175 A1 befüllt. Das ATF für die Automatikgetriebe folgt der Norm N 052 162, das entspricht der VW-Konzernnorm G 052 162.

Kofferraumvolumen: Die Angaben in Liter gehören für so manchen Autofahrer zu den wichtigsten Daten.

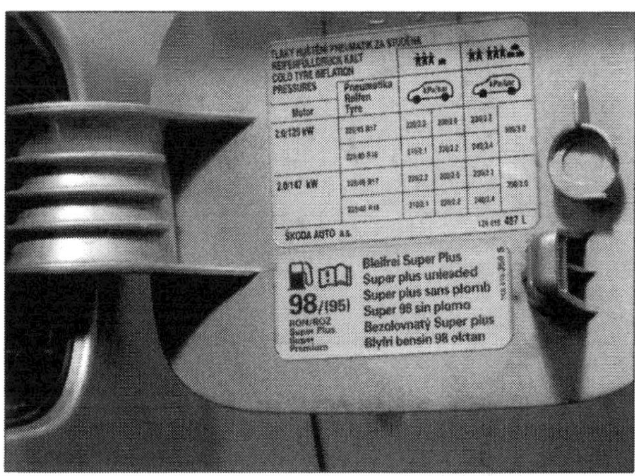

Tankklappen-Text: Die Angaben zum nötigen Reifenfülldruck bei unterschiedlicher Beladung und natürlich zur verlangten Kraftstoffqualität sind hier stets nachlesbar.

Motorraum: Die zahlreichen betriebsbestimmenden Parameter haben wir in unseren Listen erfasst.

Benzinmotoren

Modell	1,4 MPI	1,6 MPI	1,6 FSI	1,8 TSI	2,0 FSI
Kennbuchstaben	BCA / BUD	BGU / BSE / BSF	BLF	BZB	BLR / BLX / BLY BLR / BLX / BLY
Bauzeit	ab 05.04 ab 06.06	02.04 - 05.05 ab 06.05 ab 06.05	ab 05.04	ab 06.07	11.04 - 10.05 ab 11.05
Entspricht Abgasnorm	EU 4	EU 4 (EU 2)	EU 4	EU 4	EU 4
Zylinder / Ventile	4 /	4 /	4 /	4 /	4 /
Hubraum in cm³	1390	1595	1598	1798	1984
Bohrung in mm	76,5	81,0	76,5	82,5	82,5
Hub in mm	75,6	77,4	86,9	84,2	92.8
Verdichtung	10,5:1	10,5:1	12,0:1	9,6:1	10,5:1
Höchstleistung in kW/PS	55, 59 / 75, 80	75 / 102	85 / 116	118 / 160	110 / 150
bei Umdrehungen/min	5000	5600	6000	5000-6200	5800
max. Drehmoment in Nm	132	148	155	250	200
bei Umdrehungen/min	3800	3800	4000	1500-4200	3500
Höchstgeschwindigkeit					
in km/h; Limousine:	173	190	198	223	210
in km/h: Combi:	172	188	198	223	210
Beschleunigung (s)					
0-100 km/h:	Lim 14,2 / Com 14,3	Lim 12,3 / Com 12,4	Lim 11,2 / Com 11,4	Lim 8,1 / Com 8,1	Lim 10,1 / Com 10,1
Verbrauch					
- innerstädtisch:	9,6	10,0	8,7	10,1	11,8
- außerstädtisch:	5,6	5,8	5,4	5,9	6,3
- kombiniert:	7,0	7,4	6,6	7,4	8,3
Emissionen CO_2 in g/km:	167	176	158	176	198
Zündung:	kontaktlos, von Steuereinheit geregelt (StR).				
Schmierung:	Druckumlaufschmierung mit Hauptstromfilter.				
Kraftstoff:	Benzin bleifrei, min. ROZ 95. Bei ROZ 91 Leistungsabfall.	Benzin bleifrei, min. ROZ 95. Bei ROZ 91 Leistungsabfall.	Benzin bleifrei, min. ROZ 98. Bei ROZ 95 Leistungsabfall.	Benzin bleifrei, min. ROZ 95. Bei ROZ 91 Leistungsabfall.	Benzin bleifrei, min. ROZ 98. Bei ROZ 95 Leistungsabfall.
Motorart:	Reihen-Ottomotor, flüssigkeitsgekühlt. 2 x OHC. Vorn quer eingebaut.	Reihen-Ottomotor, flüssigkeitsgekühlt. OHC. Vorn quer eingebaut.	Reihen-Ottomotor, flüssigkeitsgekühlt. Direkteinspritzung. 2 x OHC. Vorn quer eingebaut.	Reihen-Ottomotor, Turbolader, flüssigkeitsgekühlt. Direkteinspritzung. 2 x OHC. Vorn quer eingebaut.	Reihen-Ottomotor, flüssigkeitsgekühlt. Direkteinspritzung. 2 x OHC. Vorn quer eingebaut.
Klopfregelung:	ja	ja	1 Sensor	1 Sensor	2 Sensoren
Eigendiagnose:	ja	ja	ja	ja	ja
Lambda-Regelung:	2 Sonden	2 Sonden	2 Sonden	1 Sonde	5, 4 und 2 Sonden
Katalysator:	3-Wege-Kat	3-Wege-Kat	3-Wege-Kat	3-Wege-Kat	3-Wege-Kat
Abgasrückführung:	BCA ja, BUD nein	BGU ja, sonst nein	ja	nein	ja; BLY/BVZ nein
Aufladung:	nein	nein	nein	ja	nein

Noch Benziner: TFSI / Dieselmotoren

Modell	2,0 TFSI	1,9 TDI PD	2,0 TDI PD	2,0 TDI PD DPF
Kennbuchstaben	BZC	BJB / BKC / BXE / BLS	BKD / AZV / BMM	BMN
Bauzeit	ab 06.07	ab 02.04 08.04 - 03.06 ab 03.06 / ab 05.06	ab 05.04 ab 10.04 ab 12.05	ab 07.06
entspricht Abgasnorm	EU 4	EU 4	EU 4	EU 4
Zylinder / Ventile	4 /	4 / 4	4 / 4	4 / 4
Hubraum in cm³	1984	1896	1968	1968
Bohrung in mm	82,5	79,5	81,0	81,0
Hub in mm	92,8	95,5	95,5	95,5
Verdichtung	10,5:1	18,5:1	18,5:1	18,5:1
Höchstleistung in kW/PS	147 / 200	77	103	125
bei Umdrehungen/min	5100-600	4000	4000	4200
max. Drehmoment in Nm	280	250	320	350
bei Umdrehungen/min	1800-5000	1900	1750-2500	1800
Höchstgeschwindigkeit				
in km/h; Limousine:	240	192	208	225
in km/h: Combi:	238	191	207	224
Beschleunigung in s				
0-100 km/h:	Lim 7,3 / Com 7,5	Lim 11,8 / Com 11,9	Lim 9,6 / Com 9,7	Lim 8,5 / Com 8,6
Verbrauch in Liter/100 km				
- innerstädtisch:	10,9	6,5; mit DPF 6,6	7,0; mit DPF 7,2	7,9
- außerstädtisch:	6,2	4,4; mit DPF 4,6	4,7; mit DPF 4,8	4,8
- kombiniert:	7,9	5,1; mit DPF 5,2	5,5; mit DPF 5,7	5,9
Emissionen CO_2 in g/km:	188	135; mit DPF 137	145; mit DPF 150	156
Zündung:	kontaktlos, StR.	Selbstzünder; Zündfolge: 1-3-4-2		
Schmierung:	Druckumlaufschmierung mit Hauptstromfilter.			
Kraftstoff:	Benzin bleifrei, min. ROZ 98. Bei ROZ 95 Leistungsabfall.	Diesel mit einer Cetanzahl von mindestens CZ 49	Diesel mit einer Cetanzahl von mindestens CZ 49	Diesel mit einer Cetanzahl von mindestens CZ 49
Motorart:	Reihen-Ottomotor, Turbolader, flüssigkeitsgekühlt. Direkteinspritzung. 2 x OHC. Vorn quer eingebaut.	Reihen-Turbodieselmotor, vorn quer., flüssigkeitsgekühlt. Hochdruck-Direkteinspritzung. Abgasturbolader mit variabler Ladergeometrie. 1,9-TDI mit OHC; 2,0-TDI mit 2 x OHC (bei Ausführung mit Dieselpartikelfilter nur OHC). Motor BMN (mit Dieselpartikelfilter DPF) hat 2 x OHC.		
Klopfregelung:	2 Sensoren	---	---	---
Eigendiagnose:	ja	ja	ja	ja
Lambda-Regelung:	4 Sonden	---	---	---
Katalysator:	3-Wege-Kat	ja	ja	ja
Abgasrückführung:	ja	ja, mit Kühlung	ja, mit Kühlung	ja, mit Kühlung
Aufladung:	ja	mit Ladeluftkühler	mit Ladeluftkühler	mit Ladeluftkühler

Gemischaufbereitung

Benziner MPI / TSI: Indirekte elektronische Einzeleinspritzung, kombiniert mit Zündanlage, Klopf-Regelung, Luftmassenmessung und sequenzieller Einspritzung. Steuergeräte: Motronic ME von Bosch und Simos von Siemens.

Benziner FSI / TFSI: Direkte elektronische Einzeleinspritzung, kombiniert mit Zündanlage, Klopf-Regelung, Luftmassenmessung und sequenzieller Einspritzung. Steuergeräte: Motronic MED von Bosch.

Diesel TDI: Direkte elektronische Hochdruck-Einzeleinspritzung, Abgasturbolader mit variabler Turbinengeometrie, Ladeluftkühlung. Pumpe-Düse-System. Motor BMN: piezoelektrische PD.

Bremsanlage

Art der Bremsen: Hydraulik-Zweikreisbremssystem, diagonal mit dem Bremskraftverstärker mit Dual-Rate-System verbunden. Scheibenbremsen vorn innenbelüftet, Einkolben-Schwimmbremssattel. Hinten ebenfalls Scheibenbremsen.

Hauptbremszyl. Durchm.: Bei allen Modellen (außer Motoren BWA/BMN) 22,2 mm. Bei BWA und BMN 23,8 mm.

Bremskraftverst. Durchm.: Bei allen Linkslenkerfahrzeugen 10 Zoll. Rechtslenker 7 und 8 Zoll.

Bremsentypen vorn/hinten: Vorn FS-III und FN 3, hinten CI 38 und CII 41

Zuordnung zum Aggregat: Motoren BCA, BVD, BGU mit allen Antrieben und Getrieben: FS-III und CI 38 oder CII 41.
Motoren BSE, BSF und BLF mit allen Antrieben und Getrieben: FS-III und Cii 41.
BLR, BLY, BVZ und BVY generell, BLX und BVX mit Allradantrieb: FN 3 und CII 41.
BKC, BXE und BLS mit Allradantrieb oder DSG: FN3 und CII 41.
AZV (auch mit DSG), BKD und BMM (auch mit DSG) und BNN: FN 3 und CII 41
BJB, BKC, BXE und BLS mit Frontantrieb und Schaltgetriebe: FS-III und CI 38 oder CII 41.

Bremssattel v, Kolbendurchm.: FS-III und FN 3: 54 mm.

Bremsscheibe v, Durchm. : FN 3 (außer BWA/BMN): 288 mm; FN 3 bei Motoren BWA/BMN: 312 mm; FS-III: 280 mm.

Bremsscheibe v, Dicke: FN 3: 25,0 mm; FS-III: 22,0 mm.

- Mindestdicke: FN 3: 22,0 mm; FS-III: 19,0 mm.

Bremsbelagdicke ohne Stützplatte: FN 3 und FS-III: 14,0 mm.

Mindestdicke ohne Backe: FN 3 und FS-III: 2,0 mm.

Bremssattel h, Kolbendurchm.: CII 41: 41,0 mm; CI 38: 38,0 mm.

Bremsscheibe h, Durchm. : CII 41 (ohne BWA/BMN): 260 mm; CII 41 bei Motoren BWA/BMN: 312 mm; CI 38: 255 mm.

Bremsscheibe h, Dicke: CII 41: 12,0 mm; CI 38: 10,0 mm.

- Mindestdicke: CII 41: 10,0 mm; CI 38: 8,0 mm.

Bremsbelagdicke ohne Stützplatte: CII 41 und CI 38: 11,0 mm.

Mindestdicke ohne Backe: CII 41 und CI 38: 2,0 mm.

Wirkung der Handbremse: Die mechanische Feststellbremse (Seilzugbremse) wirkt auf die Hinterräder.

Bremsflüssigkeit: N 052 766 gemäß US-Norm FMVSS 571.116 DOT4. TL 766. Wechsel: alle zwei Jahre.

Fahrwerk

Allgemein: Elektronisches Antiblockiersystem (ABS) mit Antriebsschlupfregelung (ASR) und elektron. Differenzialsperre (EDS). Weitgehend auch elektron. Stabilisierungsprogramm (ESP).

Vorderachse: Einzelradaufhängung; McPherson-Federbeine, Dreiecksquerlenker, Torsionsstabilisator.

Hinterachse: Mehrlenkerachse mit einem Längslenker, drei Querlenkern und Torsionsstabilisator.

Federung: Schraubenfeder mit Teleskopstoßdämpfern, hinten Gasdruckstoßdämpfer.

Lenkung: Direkte Zahnstangenlenkung, elektromechanische Servolenkung. 375 mm Lenkraddurchm.

Spurweite (mm): vorn 1539, hinten 1528; RS: vorn 1526, hinten 1514; Allrad 4x4: vorn 1533, hinten 1522.

Radstand (mm): Alle Modelle (außer RS-Versionen) 2578. RS: 2577.

Wendekreis (m): Bei allen Modellen 10,2.

Räder / Reifen: 6,0 J x 15" / 195/65 R 15. Allrad 4x4: 6,0 J x 15" / 205/60 R 15. RS: 7,0 J x 17" / 225/45 R 17.

Kraftübertragung

Antrieb: Frontantrieb oder (Ausführungen 4x4 oder Scout) permanenter Allradantrieb mit elektronisch geregelter Drehmomentverteilung mit Mehrlamellen-Haldex-Viscokupplung.

Kupplung: Hydraulische Einscheibentrockenkupplung mit Tellerfeder und asbestfreiem Belag. Bei Automatikgetriebe hydraulische Kupplung. Bei DSG zwei elektrohydraulische Koaxial-Trockenlamellenkupplungen.

Getriebe: Voll synchronisiertes 5-Gang- oder 6-Gang-Schaltgetriebe; 6-Gang-Automatikgetriebe mit Tiptronic-Funktion; DSG 6-Gang-Automatikgetriebe mit Tiptronic-Funktion.

Maße, Gewichte, Lasten; Tankinhalt; Getriebeübersetzungen (Auswahl)

Außenmaße

Länge (mm): Limousine/Combi: 4572. Limousine RS: 4578; Combi RS 4579.

Breite (mm): Alle Versionen 1769.

Höhe (bei Leergewicht): Combi 1468; Combi RS 1451, Combi 4x4: 1463. Limousine 1462, Limousine RS 1447.

Bodenfreiheit (leer): RS-Versionen 128; 4x4-Versionen 138; Normalausführungen 140.

Innenmaße

Ellenbogenbreite vorn: 1415 mm.

Ellenbogenbreite hinten: 1423 mm.

Komfortmaß vorn: maximal 1164 mm, minimal 922 mm.

Komfortmaß hinten: maximal 883 mm, minimal 627 mm.

Kopfraum vorn: 981 mm.

Kopfraum hinten: Limousine 966 mm, Combi 984 mm.

Gepäckraumvolumen: Limousine 560 Liter, Combi 580 Liter.

- Rücksitze umgeklappt: Limousine 1350 - 1420 Liter, Combi 1620 Liter.

Gewichte (kg)

Leergewicht Basisversion: **Combi:** 1,4 MPI 1245; 1,6 MPI 1270-1305; 1,6 FSI 1280-1315; 2,0 FSI 1310-1335; 1,8 TSI 1325; 1,9 TDI 1325-1365; 2,0 TDI 1350-1385. **Combi RS:** 2,0 TFSI 1415; 2,0 TDI/125 kW 1445. **Limousine:** 1,4 MPI 1230; 1,6 MPI 1255-1290; 1,6 FSI 1265-1300; 2,0 FSI 1310-1335; 1,8 TSI 1325; 1,9 TDI 1310-1350; 2,0 TDI 1335-1370. **Limousine RS:** 2,0 TFSI 1400; 2,0 TDI/125 kW 1430. **4x4 Combi:** 2,0 FSI 1430; 1,9 TDI 1460; 2,0 TDI 1470. **4x4 Octavia Scout:** 2,0 FSI 1490; 2,0 TDI 1530.

Effektive Zuladung (Basis): Alle Versionen (außer RS) 660. RS-Modelle: 540.

Zulässiges Gesamtgewicht: Alle Versionen Leergewicht plus effektive Zuladung.

Maximale Dachlast: Alle Versionen 75.

Maximale Anhängelast

- ungebremst: 1,4- und 1,6-Modelle 600; alle anderen Modelle durchweg 650.

- gebremst 12%: 1,4-Modelle 900; 1,6-Modelle 1200; 2,0 FSI/1,8 TSI 1300; 1,9/2,0 TDI und RS 1400. 4x4-Modelle und Scout: 2,0 FSI 1500; 1,9/2,0 TDI 1600.

- gebremst 8%: 1,4-Modelle 1100; 1,6-Modelle 1400; 2,0 FSI/1,8 TSI 1500; 1,9/2,0 TDI und RS 1600. 4x4-Modelle und Scout: 2,0 FSI 1600; 1,9/2,0 TDI 1700.

Anhängerkupplung: Die maximale Stützlast beträgt bei allen Modellen 75 kg.

Weitere Daten

Tankinhalt: Alle Versionen (außer 4x4) 55 Liter; 4x4-Modelle und Scout 60 Liter.

Karosserietyp: Alle Modelle Fünfsitzer; fünftürig inkl. Heckklappe.

Luftwiderstandsbeiwert c_w: Alle Modelle (außer RS und 4x4) 0,30; RS 0,31; 4x4 Combi 0,32; 4x4 Octavia Scout 0,34.

5-Gang-Schaltgetriebe: Übersetzung: I-3,78; II-2,06; III-1,35; IV-0,97; V-0,74; R-3,60. Achsübersetzung: 3,389.

6-Gang-Schaltgetriebe: Übersetzung: I-3,78; II-2,27; III-1,52; IV-1,19; V-0,97; VI-0,82; R-3,60. Achsübersetzung: 3,647.

6-Gang-Automatikgetriebe: Übersetzung: I-4,15; II-2,37; III-1,56; IV-1,16; V-0,86; VI-0,69; R-3,39. Achsübersetzung: 4,10.

DSG 6-Gang-Automatikgetr. Übersetzung: I-3,46; II-2,05; III-1,30; IV-0,90; V-0,91; VI-0,76; R-3,99. Achsübersetzung: 1,313.

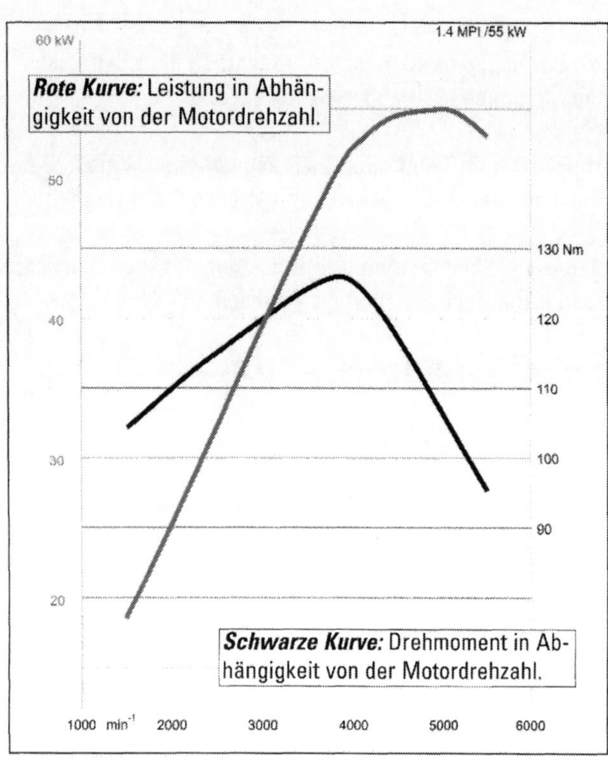

Leistungsdiagramm 1,4 MPI: Motoren BCA mit 55kW/75 PS Höchstleistung. Sie kommen nur sehr selten vor.

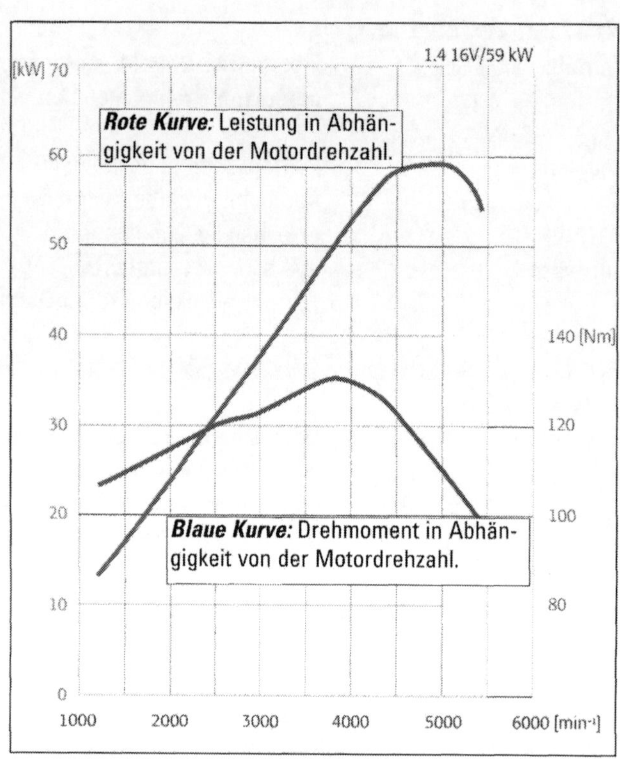

Leistungsdiagramm 1,4 MPI: Motoren (BCA) und BUD mit 59 kW/80 PS Höchstleistung.

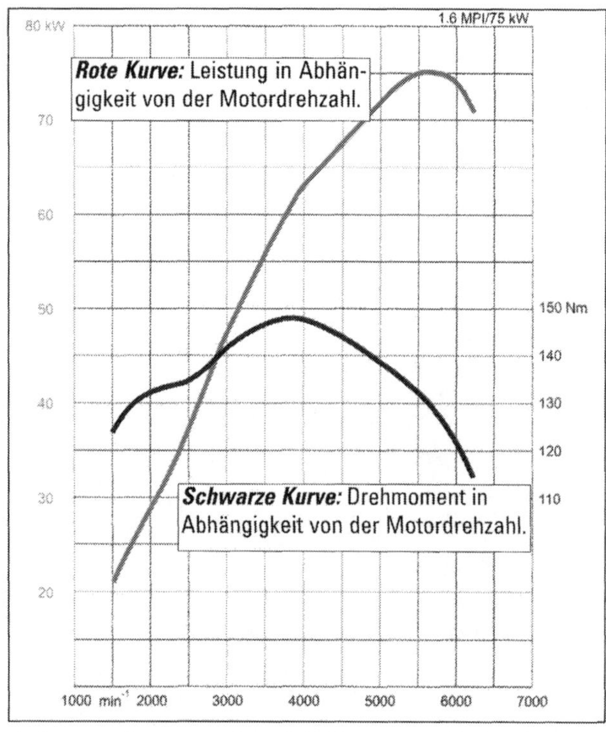

Leistungsdiagramm 1,6 MPI: Motoren BGU, BSE und BSF mit 75 kW/102 PS Höchstleistung.

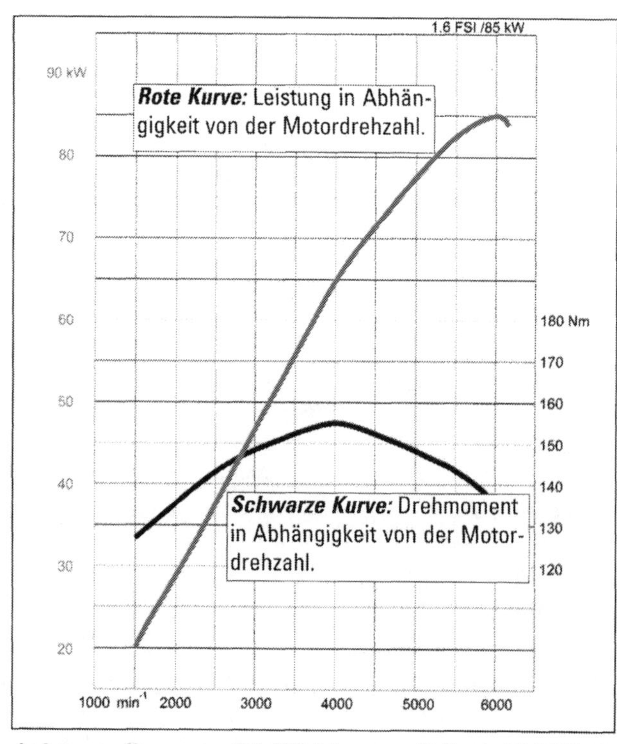

Leistungsdiagramm 1,6 FSI: Motoren BLF mit 85 kW/115 PS Höchstleistung.

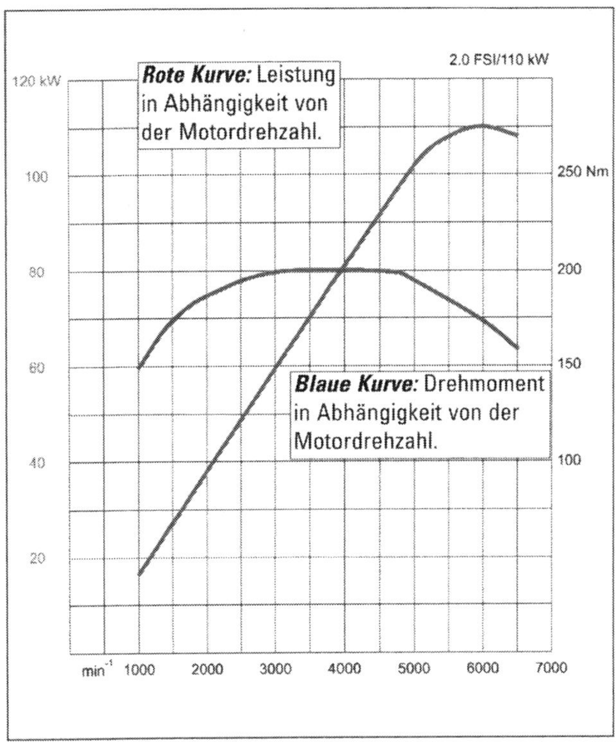

Leistungsdiagramm 2,0 FSI: Motoren BLR, BLX, BLY, BVX, BVY und BVZ mit 110 kW/150 PS Höchstleistung.

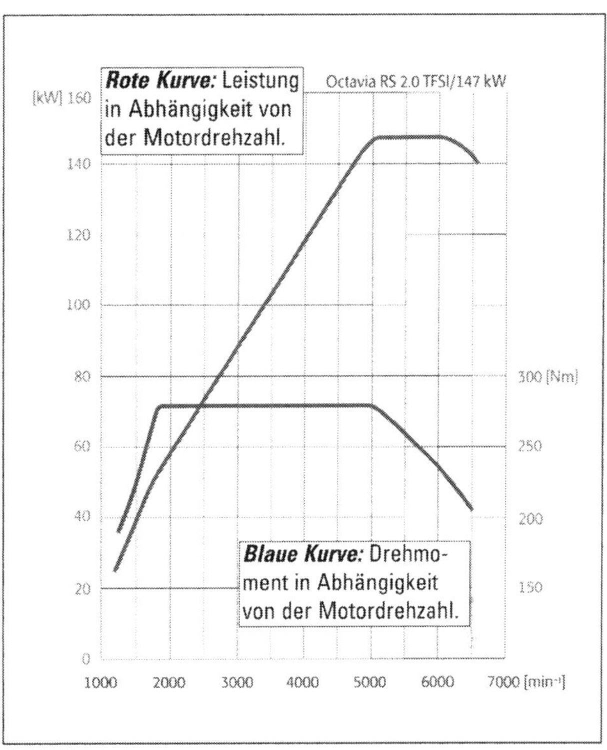

Leistungsdiagramm 2,0 TFSI: Motoren mit 147 kW/200 PS Höchstleistung.

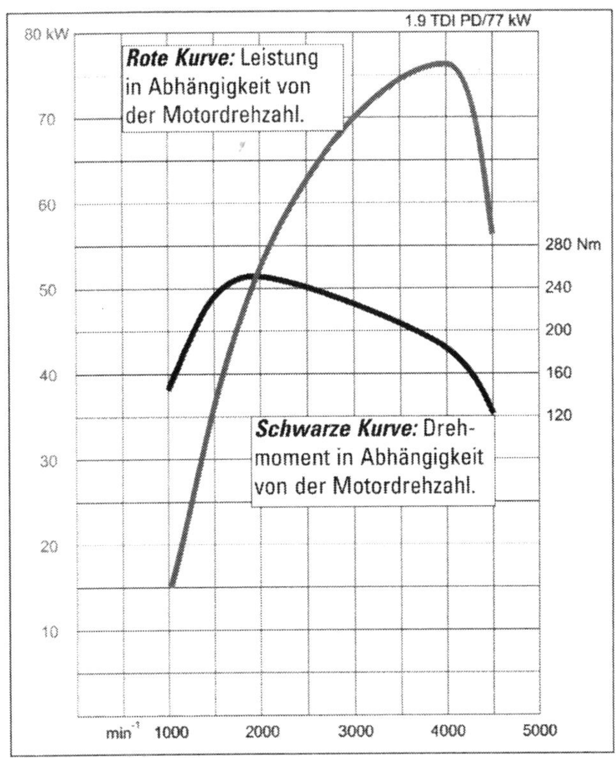

Leistungsdiagramm 1,9 TDI: Motoren BJB, BKC, BXE und BLS mit 77 kW/105 PS Höchstleistung.

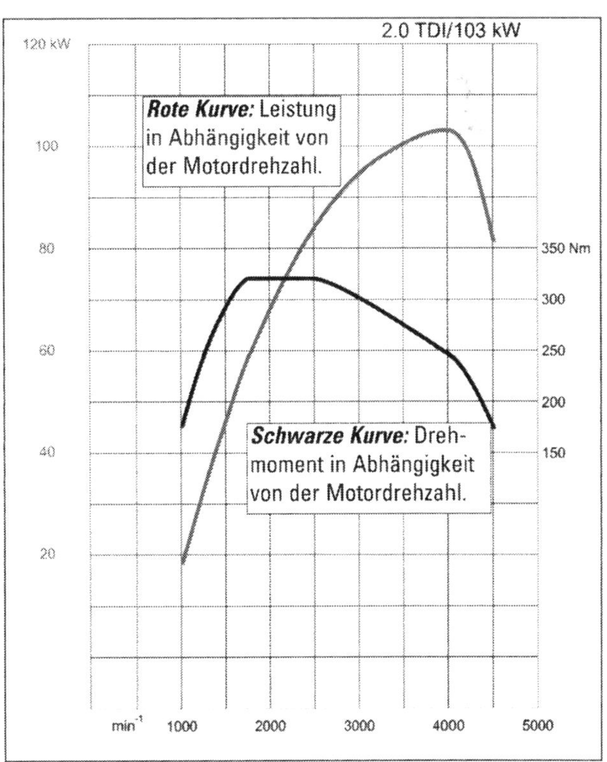

Leistungsdiagramm 2,0 TDI: Motoren BKD, AZV und BMM mit 103 kW/140 PS Höchstleistung.

Wartungsplan

Ein gerade gekaufter Octavia hat den »Übergabeservice« hinter sich und dürfte zunächst keine größeren Wartungsarbeiten erfordern. Vom festen Sitz der Batteriekabel über sämtliche Flüssigkeitsstände oder auch die Vollständigkeit der Bordliteratur bis hin zur Zeituhr wurde alles geprüft und richtig gestellt.

Im späteren Fahrbetrieb werden dann in bestimmten Intervallen Ölwechsel und Inspektion fällig. Wie inzwischen allgemein üblich, unterscheidet Škoda nach

- Ölwechsel-Service in festen Intervallen und
- Ölwechsel-Service mit variablen Intervallen.

Wenn Wartung oder Ölwechsel erforderlich sind, erscheint eine entsprechende Anzeige auf dem Display. Das geschieht eine Minute lang nach Einschalten der Zündung und nach dem Anlassen des Motors.

Nach dem Service muss die Intervallanzeige zurückgesetzt werden. Das ist nur in der Werkstatt möglich, weil das Diagnose- und Informationssystem VAS 5051 oder 5052 benötigt wird: Gerät am Diagnosesteckplatz unterm Lenkrad anschließen, die »Geführten Funktionen« einschalten, auf »Servicearbeiten« stellen und dem Programm folgen.

Feste Service-Intervalle

Feste Intervalle bedeuten Ölwechsel nach maximaler Laufleistung von 15.000 km oder maximalem Zeitintervall von 12 Monaten. Bei erschwerten Betriebsbedingungen wie überwiegenden Kurzstreckenfahrten oder staubigen Straßenverhältnissen soll der Ölwechsel öfter vorgenommen werden. Gleiches gilt für die Dieselfahrzeuge bei Betrieb in Ländern mit höherem Schwefelgehalt im Kraftstoff. Dort soll der Ölwechsel alle 7.500 km erfolgen.

Variable Service-Intervalle

Für dazu geeignete Motorisierungen bietet Škoda schon seit Modellstart den Service nach variablen, von Einsatzbedingungen und Fahrweise wesentlich mitbestimmten Ölwechsel-Service an. Dafür sind die Intervalle als »ca. 15.000 km« oder 12 Monate definiert, das bedeutet, die Intervalle können auch länger sein, was dann angezeigt wird. Seit 2008 gilt für viele Fälle auch der »LongLife-Service«. Durch schonende Fahrweise und günstige Einsatzbedingungen ist dabei die Intervalldauer auf das Doppelte der festen Intervalle vergrößert werden, also auf maximal 30.000 km oder 24 Monate (Inspektion sogar 36 Monate). Bei extremer Fahrweise und beanspruchenden Einsatzbedingungen kann die Wartung allerdings auch nach 15.000 km oder 12 Monaten fällig werden. Dazu erfolgen dann entsprechende Signale durch die Intervall-Anzeige der Instrumententafel.

Der Motoröl-Standard nach VW-Spezifikationen hat sich in den letzten Jahren auch bei Škoda mehrfach verändert. Die Fahrzeuge werden immer entsprechend dem neueren Standard ausgeliefert. Jüngste Öl-Orientierung ist die VW-Norm 507 00. Wenn frühere, nicht diesem Standard entsprechende Öle verwendet werden (VW 500 00, 501 01 oder 502 00), gilt für das Fahrzeug der Service nach festen Intervallen. Was das konkrete Produkt angeht, orientiert Škoda auf dem Fahrzeugaufkleber und in den Service-Unterlagen auf Shell Helix-Öle (Bilder 1 und 2).

Eines für alle: Auch für Škoda wird als universelles und für die modernen Motoren bestens geeignetes Öl das nach VW-Norm 507 00 empfohlen. Für Dieselmotoren mit Partikelfilter ist dieses Öl ausdrücklich vorgeschrieben. Škoda orientiert auf Shells »Helix«, das dieser Norm entspricht.

Der Ölwechsel-Service

Zum Ölwechsel-Service gehören Ablassen oder Absaugen des Motoröls, wie wir es im Kapitel »Antrieb – Schmiersystem« beschrieben haben, Ersetzen des Ölfilters, das Auffüllen des neuen Öls und das Zurücksetzen der Service-Intervall-Anzeige. Guter Kundendienst umfasst dabei auch stets das Prüfen der Bremsbelagdicke der Scheibenbremsen.

Fehlerspeicher berücksichtigen

Wenn Sie die Wartungsarbeiten selbst erledigen, denken Sie bitte daran, in der Werkstatt die Abfrage des Fehlerspeichers der elektronischen Steuergeräte mit dem Werkstattsystem VAS 5051/5052 vornehmen zu lassen. Die Kontrolle der Fehlerspeicher ist sinnvoll, weil manche Defekte nicht unbedingt auffallen, da Notlaufprogramme den Betrieb auch bei Ausfall von Sensoren etc. garantieren. Dennoch muss die Reparatur erfolgen. Nach selbst erledigtem Ölwechsel muss die Service-Intervall-Anzeige zurückgesetzt werden. Richten Sie sich bei Wartungen und Kontrollen nach dem Plan, wie ihn Škoda vorgibt.

Kontrollen und Prüf-/Wechselintervalle

Ständige Kontrollen:

- Motorraum per Augenschein auf Beschädigungen und Undichtigkeiten prüfen
- Motorölstand prüfen und ggf. nachfüllen
- Kühlflüssigkeit prüfen und ggf. nachfüllen
- Scheibenwischer und Waschanlage prüfen, Scheibenwaschwasser auffüllen.
- Scheibenwisch- und Waschanlage auf Düseneinstellung, Scheibenwischerblätter auf Beschädigung prüfen
- Standlicht, Abblend- und Fernlicht prüfen, Rücklichter und Nebelschlussleuchten prüfen
- Bremsen und Stand der Bremsflüssigkeit prüfen
- Bremsleuchten, Blinker und Warnblinker sowie das Signalhorn (auch Lichthupe) prüfen
- Reifenfülldruck (auch Reserverad) prüfen, ggf. richtig stellen

Arbeiten alle 30.000 Kilometer oder einmal in 24 Monaten:

- Flüssigkeitsstand der Batterie prüfen, ggf. destilliertes Wasser auffüllen
- Sichtprüfung von Motor, Getriebe, Achsantrieb und Lenkung von unten vornehmen.
- Alle Gelenkschutzhüllen auf Beschädigung und Undichtigkeiten kontrollieren und im Zweifel nochmals in der Werkstatt prüfen lassen
- Motoröl wechseln, Ölfilter ersetzen
- Bremsflüssigkeit wechseln
- Dicke der Bremsbeläge prüfen
- Reifen (und, falls vorhanden, Reserverad): Zustand, Reifenlaufbild, Fülldruck und Profiltiefe prüfen. Wenn damit ausgestattet: Haltbarkeitsdatum des Reifenreparatur-Sets prüfen
- Teile der Abgasregulierung in der Werkstatt kontrollieren lassen, besonders, falls das Fahrzeug wegen bestimmter Umstände (Arbeiten nach Unfall) dem TÜV vorgeführt werden muss
- Staub- und Pollenfilter für Fahrgastraum ersetzen

Zusätzlich zu den genannten Arbeiten alle 60.000 Kilometer oder 48 Monate:

- Scheinwerfereinstellung sowie Innenraumbeleuchtung und Licht im Handschuhkasten prüfen
- Motorhaubenfanghaken schmieren
- Unterboden auf Beschädigungen und lose Befestigungsteile prüfen
- Gelenke an der Vorderachse: Dichtungsbälge, Spiel und Befestigung prüfen
- Bremsanlage auf Undichtigkeiten und Beschädigungen prüfen (Sichtprüfung)
- Frostschutz und Flüssigkeitsstand im Kühlsystem prüfen
- Flüssigkeitsstand der Hydraulik prüfen
- Wasserablauf im Wasserkasten prüfen

Folgende Intervalle beachten und unbedingt einhalten:

- Staub- und Pollenfilter alle 30.000 km oder 2 Jahre wechseln
- Bremsflüssigkeit in der Regel alle 2 Jahre wechseln
- ATF der 6-Gang-Automatik-Getriebe 09G alle 60.000 km oder 4 Jahre prüfen und ggf. nachfüllen
- Öl und Filter der DSG-Getriebe alle 60.000 km wechseln
- Öl der 4x4-Haldex-Kupplung alle 60.000 km wechseln
- Nach allen Wartungsarbeiten, auf jeden Fall alle 60.000 km oder 4 Jahre, Probefahrt zur Kontrolle durch Servicewerkstatt
- Abgasanlage auf Undichtigkeit, Beschädigungen und Befestigung alle 60.000 km oder 4 Jahre prüfen
- Zündkerzen alle 90.000 km oder 6 Jahre wechseln
- Luftfilter alle 90.000 km oder 6 Jahre (bei Dieselmotoren übrigens schon alle 60.000 km; Intervall 6 Jahre bleibt) wechseln
- Nockenwellen-Zahnriemen PD-Diesel alle 120.000 km (bis Modelljahr 2006) oder alle 150.000 km (ab 2007) wechseln
- Nockenwellen-Zahnriemen der Benzinmotoren ab 90.000 km und dann alle 30.000 km prüfen, alle 180.000 km ersetzen
- Diesel-Partikelfilter prüfen nach 150.000 km
- Zahnriemen-Spannrolle der PD-Diesel alle 240.000 km (bis Modelljahr 2006) oder alle 300.000 km (ab 2007) wechseln

Techniklexikon

Das folgende Stichwortverzeichnis soll keine Übersetzung vom »Fach-Chinesisch« ins Deutsche sein. Es soll Ihnen helfen, einige der häufig benutzten Ausdrücke zu verstehen, die Sie im Gespräch mit den Leuten in der Werkstatt, im privaten Kreis von »Experten« und auch in diesem Buch immer wieder hören oder lesen.

Abgasturbolader – von Abgasen angetriebenes Turbinenrad. Die Turbine nutzt die im Abgas enthaltene Energie und drückt zur Leistungssteigerung Frischluft und vorverdichtete Luft in die Zylinder.

ABS – Antiblockiersystem. Drehzahlsensoren an allen vier Rädern melden einem Steuergerät, wenn das jeweilige Rad kurz vor dem Blockieren ist. Der Bremsdruck am Rad wird abwechselnd verringert und erhöht und das Blockieren verhindert.

ACC – Adaptive Cruise Control (adaptive Geschwindigkeitsregelung); hält die gewünschte Fahrzeuggeschwindigkeit konstant.

Achsschenkel – Bauteil der Vorderradaufhängung, schwenkt beim Lenken um die Lenkdrehachse. Auf dem Achsschenkel ist das Vorderrad gelagert.

Achstrieb (Vorder, Hinterachstrieb) – Vorderachstrieb: Baugruppe, die ein Stirnradpaar und das Differenzial zum Antrieb der Gelenkwellen vom Getriebe aus enthält.
Bei Hinterradantrieb sind in einem eigenen Gehäuse ein Kegelradsatz (»Teller und Kegelrad«) und das Differenzial vereinigt.

Achswelle – Angetriebene Welle, starr oder mit Gelenken, an deren Nabe eines der Räder montiert ist.

Adaptives Kurvenlicht – Horizontal schwenkbare Scheinwerfer, die die Kurven optimal ausleuchten, sobald der Fahrer in sie einlenkt.
Sensoren erfassen den Lenkwinkel, die Gierrate (Drehgeschwindigkeit um die Hochachse) und die Fahrgeschwindigkeit.
Die Xenon-Scheinwerfer werden elektromechanisch so gesteuert, dass die Kurve ihrem Verlauf entsprechend besser ausgeleuchtet wird.

Airbag – Aufblasbares Luftkissen, das bei Frontalaufprall des Autos auf ein Hindernis die Insassen vor Verletzung schützt. Gewöhnlich in die Lenkradnabe und die Schalttafel (evtl. auch in die Sitzlehnen = Seiten-Airbags) eingebaut

Aktivkohlefilter (EVAP) – System zur Verminderung der Emission schädlicher Benzindämpfe aus dem Tank. Die Dämpfe werden in einem Filter aus Holzkohle gespeichert und später im Motor verbrannt.

Anlasser – Elektromotor, der zum Anlassen des Motors dient. Sein längs verschiebbares Ritzel wird zuerst in den großen Zahnkranz des Schwungrads eingespurt und dreht dann die Kurbelwelle.

Antriebsriemen – Normalerweise aus Gummigewebe gefertigter Riemen, der über mindestens zwei Riemenscheiben läuft und von der Kurbelwelle aus Nebenaggregate oder die Nockenwelle(n) antreibt (als Keilriemen, Flachriemen oder Zahnriemen).

Antriebsstrang – Oberbegriff für den gesamten Antrieb eines Fahrzeugs mit Motor, Kupplung, Getriebe, Kardanwelle (soweit vorhanden), Achstrieb/Differenzial und Antriebswellen.

Asphärischer Außenspiegel – Außenspiegel mit zweigeteilter, teilweise gebogener (konvexer) Spiegelfläche. Dadurch vergrößert sich die Sichtfläche des Rückspiegels.
Die korrekte Einstellung der Seitenspiegel auf die Sitzposition des Fahrers vermeidet beim asphärischen Außenspiegel den toten Winkel fast vollständig. Alle Modelle aus der Volkswagen-Pkw-Palette sind mit asphärischen Außenspiegeln auf der Fahrerseite ausgerüstet.

ASR – Antriebsschlupfregelung; verhindert Durchdrehen der Antriebsräder, hält den Wagen in den Spur.

ATF – Automatic Transmission Fluid (Getriebeöl für automatische Getriebe).

Aufbohren (Zylinder) – Verfahren zum Nacharbeiten der Zylinderbohrungen bei starkem Verschleiß. In die um ein geringes Maß vergrößerten Bohrungen werden entsprechend größere Kolben eingebaut. Nur nach langer Laufzeit erforderlich.

Ausdehnungsbehälter – Teil der modernen, unter Druck arbeitenden Kühlanlage. In diesen Behälter kann das infolge des Temperaturanstiegs sich ausdehnende Kühlmittel ausweichen.

Ausgleichsgetriebe – Siehe Differenzial.

Ausgleichscheibe – Stahlscheibe, zumeist in verschiedenen Dicken, zum Ausgleich des Axialspiels beweglicher Bauteile.

Ausgleichswelle – eine zur Kurbelwelle gegenläufig rotierende Welle für einen ruhigen Motorlauf.

Auspuffkrümmer – Sammelrohr, das die Abgase des Motors von jedem der Zylinder in die (gemeinsame) Abgasanlage leitet.

Ausrücklager (Kupplung) – Wälzlager, das axial gleitend auf einer Hülse vorn im Getriebegehäuse montiert ist, beim Auskuppeln vom KupplungsAusrückhebel gegen die rotierende Tellerfeder gedrückt oder gezogen wird und dabei die Kupplungsscheibe freigibt

Auswuchten (Räder) – Prüfen und Korrigieren eines Rades mit Reifen im Hinblick auf statische und dynamische »Unwucht«, d.h. auf Kräfte, die das Rad zu Flatter oder Zitterbewegungen veranlassen könnten.

Automatikgurt – Sicherheitsgurt, der den Fahrzeuginsassen bei normaler Fahrt Bewegungsfreiheit lässt, aber blockiert wird, wenn das Auto stark verzögert wird oder die angegurtete Person plötzliche Bewegungen macht.

AWD – All Wheel Drive (Allradantrieb).

Axialspiel – Bewegungsfreiheit eines Bauteils in Achsrichtung, z.B. die seitliche Bewegung eines Pleuels auf dem Lagerzapfen der Kurbelwelle.

Batterie – (Akkumulatorenbatterie) »Reservoir«, in dem elektrische Energie gespeichert wird. Sie liefert den Strom zum Anlassen des Motors und für die übrigen Verbraucher bei stehendem Motor. Sie wird bei laufendem Motor vom Generator aufgeladen.

Benzindirekteinspritzung – Bei der Benzindirekteinspritzung wird der Kraftstoff mit einem maximalen Druck von bis zu 150 bar direkt in den Brennraum eingespritzt. Eine besondere Brennraumgeometrie sorgt für eine optimale Verwirbelung des KraftstoffLuftGemischs.

Biodiesel – wird aus nachwachsenden Rohstoffen gewonnen. In Deutschland wird häufig Raps zur Gewinnung von Biodiesel genutzt. Daher haben sich auch die Bezeichnungen RME (RapsMethylEster) bzw. PME (PflanzenMethylEster) durchgesetzt. Aus ökologischer Sicht stellt Biodiesel eine sinnvolle Alternative zu herkömmlichem Dieselkraftstoff dar, da man sich in einem geschlossenen CO_2-Kreislauf bewegt. Das bedeutet, dass die Pflanze während ihres Wachstums soviel an CO_2 aufnimmt, wie nachher bei der Verbrennung wieder abgegeben wird.
Da sich Biodiesel jedoch in seiner Zusammensetzung von herkömmlichem Dieselkraftstoff unterscheidet, kann er nicht uneingeschränkt als direkter Ersatz für Diesel genommen werden. Größtes Problem ist derzeit, dass es keine einheitliche Norm für Qualität und Zusammensetzung von Biodiesel gibt. Der Marktanteil von Pflanzen-Methyl-Ester liegt zur Zeit unter einem Prozent. Selbst bei Ausschöpfung aller Anbaupotenziale könnte Pflanzen-Methyl-Ester nur ein Zehntel des Dieselkraftstoffbedarfs decken.

Bi-Xenon – XenonScheinwerfer für Abblend und Fernlicht (siehe Xenonlicht).

Blattfeder – Lange, schmale, gekrümmte Feder, zumeist als Paket aus mehreren Blättern zusammengesetzt. Heute nur noch bei Lkws, schweren Geländewagen und alten Autos mit hinterer Starrachse zu finden.

Bord-Diagnosesystem – Elektronische Überwachungsanlage für das Motor-Managementsystem. Sie lässt über den Fehlercode Fehlfunktionen erkennbar werden, die sich negativ auf Abgasemissionen, Leistung und Verbrauch auswirken können.

Boxermotor – Motorbauform, bei welcher die Zylinder einander gegenüberliegen; im allgemeinen sind gleich viele Zylinder auf jeder Seite der Kurbelwelle.

Bremsankerplatte – Stahlblechplatte, am Radträger (zumeist nur noch der Hinterräder) befestigt. Daran sind die Bremsbacken der Trommelbremse montiert.

Bremsbacken – Gekrümmtes Bauteil in der Trommelbremse, mit Bremsbelägen bewehrt. Die Backen werden beim Bremsen von innen gegen die Bremstrommel gedrückt.

Bremsbelag – Trommelbremse: auf die Bremsbacken aufgebrachter Reibbelag aus hitzebeständigem Werkstoff; Scheibenbremse: Mit aufvulkanisiertem Reibbelag versehene Metallplatte. Die Bremsbeläge werden von den Hydraulikkolben von beiden Seiten her beim Bremsen an die Bremsscheibe angedrückt.

Bremse entlüften – Entfernen unerwünschter Luft aus einer geschlossenen hydraulischen Bremsanlage.

Bremsflüssigkeit – Spezielles, hitzebeständiges Hydrauliköl für Bremsanlage (ggf. auch für Kupplungsbetätigung).

Bremsscheibe – Mit dem Rad umlaufende, häufig hohl gegossene (»belüftete« Bremsscheibe) Metallscheibe. Beim Betätigen der Bremse werden von beiden Seiten her die Bremsbeläge an die Scheibe angedrückt und verzögern dadurch Scheibe und Rad.

Bremsservo (VakuumBremsverstärker) – Gerät, das die am Pedal aufgebrachte Kraft zum Betätigen des Hauptbremszylinders erhöht. Der Unterdruck, mit dem das Gerät arbeitet, kommt beim Benzinmotor vom Saugrohr, beim Dieselmotor von einer zusätzlichen Pumpe.

Bremstrommel – Mit dem Rad umlaufendes, schüsselförmiges Bauteil der Trommelbremse. Beim Betätigen der Bremse werden von innen her die beiden Bremsbacken an die Trommel angedrückt und verzögern dadurch Trommel und Rad.

Bremszange, -sattel – Bauteil, das am Radträger montiert ist und sattelförmig die Bremsscheibe übergreift. Enthält die Hydraulikkolben und Bremsbeläge.

Brennraum – Raum über dem Kolben, in dem dieser das Gemisch verdichtet, und in dem im Augenblick der Zündung die Verbrennung stattfindet. Der Brennraum kann auch zum Teil in den Kolbenboden eingelassen sein.

CAN – Control Area Network (KontrollNetzwerk); verknüpft elektronische Funktionen.

Carbon – Kohlenstoff; belastungsstarker und extrem leichter Werkstoff für Karosserieteile und Bremse von Supersportwagen und für die Formel 1.

Chip-Tuning – Leistungssteigerung durch Austausch eines elektronischen Speicherbausteins.

Choke (Vergaser) – Manuell oder automatisch betätigtes Klappenventil, das beim Kaltstart durch Drosselung der Luftzufuhr zum Motor das Gasgemisch anreichert.

CNG – Compressed Natural Gas (komprimiertes Naturgas); Erdgas für speziell ausgerüstete Personenwagen und Transporter.

CO-Gehalt –Anteil von Kohlenmonoxid im Abgas

Common Rail – (gemeinsame Schiene) Diesel-Direkteinspritzer, bei dem alle Zylinder über eine gemeinsame, unter Druck stehender Verteilerleitung mit Kraftstoff versorgt werden.

Comprex-Lader – Druckwellenlader, Mischung aus Turbolader und Kompressor. Wird von der Kurbelwelle über einen Zahnriemen angetrieben.

Crossover - Kreuzung verschiedener Fahrzeug-Gattungen zu neuem Typ.

CVT-Automatik – (Continuously Variable Transmission) Automatische, stufenlose Kraftübertragung mit je einer zweigeteilten, kegeligen Scheibe auf An und Abtriebswelle. Durch axiales Verschieben der Scheiben wird der wirksame Radius eines auf ihnen laufenden Keilriemens oder einer Lamellenkette stufenlos verändert - damit auch die jeweilige Übersetzung.

DB - Dezibel – Einheit für Lautstärke.

DBC – dynamische Bremskontrolle (siehe BAS).

Diagnosesystem – Siehe BordDiagnosesystem.

DiagnoseWarnleuchte – Warnleuchte an der Schalttafel. Zeigt an, dass eine Fehlfunktion vorliegt und als solche im Steuergerät gespeichert wurde.

Dichtung – Verformbares Material, das zwischen zwei Oberflächen eingefügt wird, um gas bzw. flüssigkeitsdichte Verbindungen zu schaffen.

Dieselmotor – Der »Selbstzünder« (Gegensatz: »Ottomotor« = Fremdzünder) arbeitet mit der durch Verdichtung reiner Luft im Zylinder entstehenden Temperatur, die ausreicht, um den zerstäubten Dieselkraftstoff zu entzünden. Hierfür ist freilich eine weit höhere Verdichtung erforderlich als beim Ottomotor.

Differenzial/Ausgleichgetriebe – Zumeist als Kegelrädertrieb ausgeführt, treibt es die beiden Räder einer Achse gemeinsam in gleicher Drehrichtung, erlaubt ihnen aber, sich bei Kurvenfahrt unterschiedlich schnell zu drehen.

Differenzialsperre – schafft starren Durchtrieb zwischen Rädern einer Achse oder beider Achsen für eine bessere Traktion des Fahrzeugs.

Direkteinspritzung – Spezielle Bauart von Motoren, bei denen der Kraftstoff durch Düsen unmittelbar in die Brennräume eingespritzt wird.

DOHC – (Double Overhead Camshaft) Bezeichnung für einen Motor mit zwei obenliegenden Nockenwellen, von denen eine die Ein und eine die Auslassventile betätigt. Dies erlaubt optimale Anordnung der Ventile in Bezug auf Leistung und Emissionen (strömungsgünstigere Kanalführung im Kopf).

DOT-Nummer – auf die Reifenflanke geprägt, verrät den Produktionszeitraum des Pneus.

Drehkolbenmotor – Siehe Wankelmotor.

Drehmoment – Die an einem Hebelarm wirkende Kraft, früher in mkp (MeterKilopond), heute in Nm (Newtonmeter) ausgedrückt (1 mkp = 9,81 Nm).

Drehmomentschlüssel – Werkzeug zum Anziehen von Schrauben und Muttern mit einem vorgegebenen Drehmoment.

Drehmomentwandler/»Wandler« – Eine Abart der Flüssigkeitskupplung, eingebaut anstelle einer mechanischen Kupplung zwischen Motor und Automatikgetriebe. Kann das Motordrehmoment nach Bedarf verändern.

Drehstabfederung/Torsionsfederung – Eine in manchen Automodellen angewandte Art der Federung, die auf der Verdrehung eines geraden Stabes (Drehstab) um seine eigene Achse beruht.

Drive-by-wire – (Fahren per Draht). Befehle des Fahrers werden nicht mechanisch übermittelt, sondern elektronisch.

Drosselklappe – Vom Gaspedal betätigte Ventilklappe vor dem Saugrohr, die mehr oder weniger Luft zu den Einlaßventilen strömen läßt.

Drosselklappenschalter – Bauteil des MotorManagementsystems, das dem Steuergerät die jeweilige Stellung der Drosselklappe signalisiert.

Druckfester Verschluss (Kühler) – Schraubkappe auf dem Ausdehnungsgefäß. Wirkt als Sicherheitsventil bei Über und Unterdruck im Kühlsystem, um dieses vor Beschädigungen zu schützen.

Dynamische Kopfstützen – auch aktive Kopfstützen, sollen vor allem bei Auffahrunfall vor Verletzungen der Halswirbelsäule (Schleudertrauma) schützen.

Dynamisches Energiemanagement – sorgt in Abhängigkeit von Batterieladezustand und Temperatur selbstständig dafür, dass stets genügend Energie für einen Motorstart zur Verfügung steht. Dies gilt auch dann, wenn das Fahrzeug einmal für einen längeren Zeitraum abgestellt ist.
Moderne Fahrzeuge entnehmen ihren Batterien selbst im Ruhezustand Energie: Verkehrsfunkspeicher, aber auch Diebstahlwarnanlage oder der Empfänger für die Funkfernbedienung verbrauchen konstant ein geringes Quantum Strom. Wenn ein kritischer Ladezustand der Batterie droht, reduziert das Energiemanagement im Ruhezustand den Verbrauch durch stufenweises Abschalten der Verbraucher. Während der Fahrt kontrolliert das dynamische Energiemanagement laufend die Batteriespannung und die Ladeaktivität. Bei Bedarf erhöht das System die Leerlaufdrehzahl geringfügig, um die Leistung des Ladegenerators zu erhöhen. In extremen Fällen werden kurzzeitig besonders verbrauchsintensive Komponenten wie etwa die Sitz oder Heckscheibenheizung deaktiviert. Der Komfort leidet darunter nicht. Im Fahrbetrieb erfolgt dieser Stopp so, dass der Fahrer ihn nicht bemerkt.

DynAPS – dynamisches Autopilot-System. Dabei berücksichtigt das Navigationssystem Staumeldungen bei der Routenberechnung.

EBD – Electronic Brake Distribution, sorgt für eine elektronische Bremskraftverteilung.

EBV – elektronische Bremskraftverteilung.

ECE – Economic Comission for Europe (Wirtschaftskommission für Europa), befasst sich mit der Harmonisierung von Vorschriften rund ums Auto.

EDS – elektronische Differentialsperre.

E-Gas – »E« steht für elektronisch. Das Gaspedal wirkt bei Fahrzeugen mit EGas wie ein Sensor. Dieser erkennt anhand der Pedalstellung unmittelbar den Leistungswunsch des Fahrers. Auf Basis dieses Ausgangssignals regelt die Motorelektronik Drosselklappe, Ladedruck und Zündung. Dieses elektronische System löst die bisherige Übertragungstechnik per Seilzug ab und bringt wesentliche Vorteile: EGas erleichtert die elektronische Motorsteuerung, reagiert schneller und ist eine technische Voraussetzung für das elektronische Stabilisierungsprogramm (ESP).

EGR – Exhaust Gas Recirculation. Verfahren zur Abgasentgiftung: Ein Teil der Abgase wird der Ansaugluft wieder zugeführt, um unverbrannte Kraftstoffanteile weiter zu verbrennen.

Einscheiben-Sicherheitsglas – Scheibe aus thermisch behandeltem Glas in nur einer Schicht. Wenn die Scheibe zerspringt, zerfällt sie in viele kleine Teile mit stumpfen Kanten. Zerspringt sie beim Auftreffen eines Körpers nicht, wird der Durchblick sehr stark behindert.

Einspritzdüse – Gerät, das den Kraftstoff direkt oder indirekt in den Brennraum eines Otto oder Dieselmotors einspritzt.

Einspritzpumpe (Diesel) – Gerät, das beim Dieselmotor für die Zumessung der Kraftstoffmenge und die Einspritzung unter hohem Druck zum genau festgelegten Zeitpunkt sorgt.

Einspritzzeitpunkt (Diesel) – Die kurz vor dem Erreichen des oberen Totpunkts (OT) liegende Stellung des Kolbens, in welcher der Kraftstoff eingespritzt wird.

Einzelradfederung – Federungssystem, bei welchem jedes Rad ohne gegenseitige Wirkung auf die übrigen Räder des Wagens Auf und Abbewegungen ausführt.

Elektrode – An der Zündkerze springt zwischen diesen Metallteilen der Zündfunke über; zwischen Verteilerfinger und Verteilerkappe sorgen Elektroden für die Übertragung des hochgespannten Stroms an die einzelnen Kerzen.

Elektrodenabstand (Kerze) – Einstellbare Distanz zwischen Plus und Masse-Elektrode der Zündkerze.

Elektrolyt – In der Batterie die Strom leitende Flüssigkeit aus Schwefelsäure und destilliertem Wasser.

Elektronische Einspritzung – Kraftstoffeinspritzung mit elektronischer Steuerung.

Elektronische Zündung – Zündanlage, die von einer Elektronik gesteuert wird, welche die Funktion des Verteilers und der Unterbrecherkontakte übernimmt.

Elektronisches Steuergerät – Elektronische Zentraleinheit, die Signale von diversen Sensoren empfängt, verarbeitet und entsprechende Befehle an Zünd, Einspritz und andere Systeme erteilt.

Emissionen/Abgasemissionen – Vom Auspuff und verschiedenen anderen Teilen des Autos (Tank, Kurbelgehäuse) in die Atmosphäre abgegebene Substanzen, die gasförmig oder als Partikel auftreten.

Emissionskontrolle – Oberbegriff für diverse Systeme zur Verminderung schädlicher Emissionen.

Endanschlag – Dämpfendes Gummiteil, das beim Durchfedern auf schlechter Fahrbahn das Anschlagen der Radaufhängung an die Karosserie verhindert.

Entkohlen – Entfernen von Verbrennungsrückständen in den Brennräumen, den Kanälen und auf den Kolbenböden bei einer Motorüberholung.

Entlüftung – Öffnung oder Ventil, aus dem Luft oder Gase aus einem Gehäuse (z.B. Kurbelgehäuse) austreten bzw. in ein System eintreten können.

Entlüftungsnippel – Hohlschraube, durch welche nach dem Lösen zur Entlüftung eines geschlossenen Systems (Bremse, Kupplungsbetätigung) Luft und Flüssigkeit austreten können.

Entstörgerät – Gerät zur Beseitigung oder Unterdrückung elektrischer Störeinflüsse von Zündung oder anderen Bauteilen der Elektrik.

ESP – elektronisches StabilitätsProgramm; hält durch das Bremsen einzelner Räder die Spur.

Euro-NCAP – New Car Assessment Programme = Programm zur Bewertung der passiven Sicherheit von Kfz. Gilt heute als einer der wichtigsten Maßstäbe für die passive Fahrzeugsicherheit. Es stellt beim Offsetcrash noch härtere Anforderungen als das seit Oktober 1998 geltende EU-Gesetz. Die Aufprallgeschwindigkeit wurde von 56 km/h (Gesetz) auf 64 km/h (Euro NCAP) erhöht, was einer um über 30% höheren Aufprallenergie entspricht. Organisiert wird das Euro-NCAP unter anderem von der englischen und der schwedischen Verkehrsbehörde, vom internationalen Automobilverband FIA, vom ADAC sowie von anderen europäischen Automobilclubs.

Fading (Bremse) – Vorübergehendes Nachlassen der Bremsenfunktion infolge Überhitzung des Reibmaterials (vor allem bei Trommelbremsen).

Federbein – Siehe McPherson.

Federung – Oberbegriff für die Bauteile eines Fahrzeugs, die der Isolierung der Karosserie von den Rädern dienen und dafür sorgen, dass alle vier Räder ständigen Fahrbahnkontakt halten.

Fehlercode – Elektronischer Code, den das Steuergerät eines Diagnosesystems beim Auftreten eines Funktionsfehlers speichert. Der verschlüsselte Code enthält Einzelheiten zur Fehlerquelle und veranlasst, dass eine Warnlampe am Schaltbrett aufleuchtet..

Fehlercode-Transmitter – Elektronisches Bauteil, das den verschlüsselten Code für die Werkstatt lesbar macht.

Festsattelbremse – Fest am Radträger montierter Bremssattel der Scheibenbremse. Der Festsattel besitzt (im Gegensatz zum Schwimmsattel) mindestens zwei einander gegenüberliegende Hydraulikkolben.

Fettes Gemisch – Ausdruck für ein Kraftstoff-Luft-Gemisch mit einem höheren als dem optimalen Kraftstoffanteil.

Fliehkraftregler (Zündung) – Vorrichtung im Zündverteiler, die auf der Fliehkraft von kleinen Gewichten beruht und entsprechend der Motordrehzahl laufend automatisch den Zündzeitpunkt verstellt.

Fluid – Häufig benutzter Ausdruck für Flüssigkeit, Kühlmittel, Bremsöl usw.

Flüssiggas – (LPG = Liquefied Petroleum Gas) Gemisch von aus Rohöl gewonnenen Brenngasen (Butan, Propan...), das in manchen Fällen statt anderer Kraftstoffe für entsprechend eingerichtete Ottomotoren eingesetzt wird.

Frostschutz – flüssiger Kühlwasser-Zusatz, um das Einfrieren der Motorkühlung im Winter zu unterbinden und vor Korrosion zu schützen.

Fühlerlehre – Einfaches Messgerät zum genauen Messen einer Spaltbreite (z.B. den Elektrodenabstand einer Zündkerze); besteht aus einem Satz verschieden dicker Stahlblech-»Fühler«.

Gasgemisch – Mischung aus bestimmten Gewichtsanteilen an Luft und Kraftstoff zur Verbrennung im Ottomotor. Das optimale Verhältnis für eine vollständige Verbrennung beträgt 14,7:1.

Gelenkwelle/Antriebswelle – Welle zum Antrieb eines (Vorder oder Hinter)Rads vom Differenzial aus. Gelenkwellen an derselben Achse können gleich oder auch verschieden lang sein und ein oder zwei Gelenke besitzen.

Generator (Wechselstromgenerator) – Stromerzeuger, vom Motor über Riemen getrieben. Er liefert bei laufendem Motor den Strom für die elektrische Anlage des Wagens und zum Aufladen der Batterie.

Getriebe/Schaltgetriebe – Aus Wellen und veränderlichen Zahnradübersetzungen aufgebautes Aggregat, angeordnet zwischen Kupplung und Achstrieb. Mit Hilfe der im Getriebe wählbaren Übersetzungen kann der Motor trotz veränderlicher Fahrgeschwindigkeiten in seinem günstigsten Arbeitsbereich gehalten werden.

Getriebeeingangswelle – Von der Kupplung (oder dem Drehmomentwandler) ins Getriebe (oder in die Automatik) führende Welle.

Gleichlaufgelenk – Variante des Kardangelenks für Gelenkwellen (Antriebswellen) frontangetriebener Wagen. Dieses Gelenk ermöglicht eine gleichförmige, ruckfreie Kraftübertragung trotz der Überlagerung von Federungs- und Lenkbewegungen.

Gleitlager – Metallische oder sonstige verschleißarme Oberfläche an einem Bauteil, gegen die sich ein anderes Bauteil frei bewegen (normal: rotieren) kann und die Reibung und Verschleiß mindert. Gleitlager werden gewöhnlich geschmiert.

Gleitmittel gegen Fressen – Schmiermittel, das besonders temperatur und druckbeanspruchte Bauteile am »Fressen« (Festgehen bei Trockenlauf) hindert.

Glühkerze – Elektrisches Heizgerät, das in die Brennräume der (zumeist aller) Zylinder eines Dieselmotors hineinragt, um ihn beim Kaltstart vorzuwärmen und damit die Rauchentwicklung unmittelbar nach dem Anspringen zu verringern.

GPS – Global Positioning System. Satellitensystem zur Positionsbestimmung, wird von Navigationssystemen benutzt.

Gürtel-/Radialreifen – Reifen, bei dem die Kordfäden in der Karkasse (Grundstruktur des Reifens) im rechten Winkel zur Reifenflanke verlaufen.

Gurtstraffer – zieht bei einem Aufprallunfall den Gurt fest an den Körper.

Handling – Häufig benutzter Ausdruck für das Fahrverhalten eines Autos, schließt Kurvenverhalten, Geradeauslauf und gefühlsmäßige »Handhabung« ein.

Hauptzylinder (Geberzylinder) – Hydraulikzylinder mit Kolben, gefüllt mit Hydraulikfluid. Das Brems- oder Kupplungspedal wirkt direkt (oder über ein Bremsservo) auf den Kolben und gibt die eingeleitete Kraft über das Fluid an die Nehmerzylinder weiter.

Head-up-Display – Überkopf-Anzeige, spiegelt Armaturanzeigen in die Windschutzscheibe.

Heizungs-Wärmetauscher – Kleiner »Kühler«, der in den Kühlkreislauf des Motors eingefügt und für die Bereitstellung von Warmluft für die Wagenheizung zuständig ist. Die durch die Rippen strömende Kaltluft erwärmt sich am heißen Kühlwasser des Motors, das durch den Wärmetauscher fließt.

Hilfsrahmen – Kleiner Rahmen aus Stahlprofilen, der unter der Karosserie montiert ist und Radaufhängungen und/oder Antriebsaggregate aufnimmt.

Hochspannungskreis (Zündanlage) – Stromkreis mit hoher Voltzahl für die Erzeugung des Funkens an der Zündkerze.

Hub/Kolbenhub – Weg, den der Kolben eines Verbrennungsmotors im Zylinder vom oberen zum unteren Totpunkt zurücklegt.

Hubraum, -volumen – Gesamtes Volumen aller Zylinder eines Motors, gerechnet zwischen dem unteren und oberen Totpunkt der Kolben.

Hybridantrieb – Kombination von zwei verschiedenen Abtriebsquellen.

Hydraktives Fahrwerk – Hydropneumatik (siehe unten) mit elektronischer Steuerung.

Hydraulik – Bezeichnung für ein mit Drucköl arbeitendes Übertragungssystem.

Hydraulikstößel – Ventilstößel, in dem das Ventilspiel bei allen Betriebszuständen durch Drucköl ausgeglichen wird. Dadurch entfällt die Ventilspiel-Einstellung.

Hydropneumatik – Eine mit Gas und Öl gefüllte Kugel übernimmt die Funktion herkömmlicher Dämpfer. Erstmals von Citroën in den 50er Jahren bei ID/DS eingesetzt.

Hydropneumatische Federung – Fahrzeugfederung, bei welcher eine Kombination aus Hydraulik und Luftfederung die Stelle der üblichen Stahlfedern (zuweilen auch der Stoßdämpfer) übernimmt.

IDE – Benzindirekteinspritzer der französischen Hersteller (siehe Direkteinspritzung).

Indirekte Einspritzung – Dieselmotoren-Bauart, bei der der Kraftstoff nicht unmittelbar in den Brennraum, sondern in eine benachbarte Wirbelkammer eingespritzt wird.

IPS – Intelligent Protection System (intelligentes Sicherheitssystem); Kombination aller passiven Sicherheitssysteme im Auto.

Isofix – System zur Befestigung von Kindersitzen

Kardangelenk – Flexible, das Drehmoment übertragende Verbindung zwischen zwei Wellen, die ein mehr oder weniger starkes Abknicken der Wellen zu einander erlaubt. Wird in Kardanwellen und manchen Gelenkwellen verwendet, ergibt jedoch keine gleichförmige, ruckfreie Drehbewegung.

Kardanwelle – Welle, die die Kraft vom Schalt-/Automatikgetriebe zur Hinterachse (Motor vorn und Hinterradantrieb) und ggf. vom Verteilergetriebe zur Vorderachse (bei Vierradantrieb) überträgt.

Katalysator – In die Abgasanlage eines Autos eingebautes Gerät, das die in die Atmosphäre austretenden Schadstoffe auf chemischem Wege reduziert, ohne sich selbst zu verändern.

Kerzen – Siehe Zündkerzen.

Keyless Go – Schlüssel oder Chipkarte, die Signale mit dem Auto tauschen. Berührt der Fahrer den Türgriff, öffnet sich der Wagen. Starten per Knopfdruck, Schlüssel oder Karte bleibt in der Tasche.

Kickdown (Automatik) – Vorrichtung, die bei vollem Durchtreten des Gaspedals einen kleineren Gang einschaltet und starkes Beschleunigen erlaubt.

Kipphebel – Übertragungsteil im Ventiltrieb, in der Mitte gelagert, setzt die Aufwärtsbewegung des Nockens (bzw. der Stoßstange) in eine Abwärtsbewegung des Ventils um.

Klimaanlage (AC) – Anlage zur Kühlung und Entfeuchtung der in den Fahrgastraum von außen einströmenden Luft. Dient dem Fahrkomfort und der Freihaltung der Scheiben von Beschlag.

Klingeln – Siehe Klopfen/Klingeln.

Klopfen/Klingeln – Metallisches Motorgeräusch, das oft bei zu frühem Zündzeitpunkt, zu niedriger Oktanzahl des Kraftstoffs oder starken Ablagerungen im Brennraum auftritt. Es rührt von Druckwellen her, die die Zylinderwände in Schwingungen versetzen.

Klopfsensor – Signalgeber, der beim ersten Auftreten von Klopfgeräuschen einen Befehl ans Steuergerät im Motor-Managementsystem erteilt.

Kolben – Zylindrisches Bauteil, das sich in einer Bohrung linear bewegt. Beim Motor verdichtet der Kolben ein Kraftstoff-Luft-Gemisch, überträgt lineare Kraft durch das Pleuel auf die rotierende Kurbelwelle und schiebt verbranntes Gas durch Auslassventile aus dem Zylinder.

Kolbenring – Federnder Feingussring, der in einer um den Kolben laufenden Nut liegt und sich im Betrieb derart an die Zylinderwand anschmiegt, dass der Kolben im Zylinder praktisch gasdicht ist.

Kompakt-Van – Großraumlimousine auf Basis der Kompaktklasse.

Kompressor – mechanischer Lader, bläst Luft in den Ansaugtrakt; wird vom Keilriemen angetrieben.

Kondensator – Zündanlage: Gerät zur Unterdrückung zu starker Funkenbildung an den Zündkontakten; Klimaanlage: Gerät zur Umwandlung des Kühlmittels vom gasförmigen in den flüssigen Zustand.

Kontakte – Siehe Zündkontakte.

Kontermutter/Gegenmutter – Schraubenmutter, mit der eine Einstellmutter oder ein anderes Gewindeteil gegen Lösen gesichert wird.

Kopfdichtung – Siehe Zylinderkopfdichtung.

Kraftstoff – Bezeichnung für die verschiedenen in Verbrennungsmotoren verwendeten Treibstoffe wie Benzin, Diesel, Flüssiggas usw.

Kraftstoff- (System-) Druckregler – Regler in der Einspritzanlage, der für konstanten Kraftstoffdruck an den Einspritzdüsen sorgt. Arbeitet gewöhnlich mit dem Saugrohr-Unterdruck.

Kraftstoffeinspritzung – siehe Einspritzung.

Kraftstofffilter – Auswechselbarer Filter, der Fremdkörper und Wasser aus dem Kraftstoff abscheidet.

Kraftstoffpumpe/Benzinpumpe – Pumpe, heute meist elektrisch angetrieben, fördert den Kraftstoff vom Tank zur Vergaser- oder Einspritzanlage.

Kraftübertragung – Allgemeine Bezeichnung für die Baugruppen des Antriebsstrangs (Getriebe, Achsantrieb, Wellen) mit Ausnahme des Motors.

Kugelgelenk – Wartungsfreies, in mehreren Ebenen bewegliches Übertragungsteil, vor allem in Radaufhängungen und Lenksystemen verwendet. Es besteht aus Kugel und Kugelpfanne sowie einer Gummiabdichtung, die kein Fett austreten lässt.

Kugellager – Reibungsarme Wellenlagerung, besteht aus zwei gehärteten Stahlringen und zwischen ihnen abwälzenden Kugeln (»Wälzkörper«).

Kühler – Bauteil des Kühlsystems, durch dessen feine Röhren oder Waben das heiße Kühlmittel fließt. Er ist vorn im Motorraum so angeordnet, daß er vom Fahrtwind durchströmt und dabei das Kühlmittel abgekühlt wird.

Kühlmittel – Mischung aus Wasser und Frostschutzmittel für die Motorkühlung.

Kühlmittel (Klimaanlage) – Flüssigkeit, die beim Betrieb der Klimaanlage wechselweise gasförmig und wieder verflüssigt wird.

Kühlmittelpumpe – Siehe »Wasserpumpe«.

Kühlmittelsensor – Sensor, der im Motor-Managementsystem Informationen über die momentane Temperatur des Kühlmittels an das Steuergerät gibt.

Kühlerventilator – Siehe Ventilator.

Kupplung – Auf Reibung beruhende Einrichtung zur Übertragung und zur weichen Einleitung (Einkuppeln) des Drehmoments vom Motor ins Getriebe, ohne dass hierzu eine der beiden Komponenten zum Stillstand kommen muss.

Kupplungs-Ausrückhebel – Überträgt die Pedalkraft auf das Kupplungs-Ausrücklager..

Kupplungsscheibe – Metallscheibe mit verzahnter Nabe, trägt auf beiden Seiten Reibbeläge; gewöhnlich abgefedert zur weichen Einleitung der Kräfte.

Kurbelgehäuse – Der unterhalb der Zylinder liegende Teil des Motorblocks, in welchem die Kurbelwelle gelagert ist.

Kurbelwelle – Welle mit außermittigen (exzentrischen) Kurbelzapfen, durch die die geradlinige Bewegung der Kolben über die Pleuel in Drehbewegung umgewandelt wird.

Kurbelwellensensor – Sensor, der im Motor-Managementsystem Informationen über die momentane Kurbelwellenstellung (und evtl. -drehzahl) an das Steuergerät gibt.

kW/PS – Siehe PS/kW.

Ladeluftkühler – kühlt die vom Turbolader komprimierte Luft.

Lader/Kompressor – Luftverdichter, der Frischluft unter Druck zu den Einlassventilen des Motors fördert, um einen höheren Zylinderfüllungsgrad und damit erhöhte Leistung zu erzielen. Laderantrieb erfolgt entweder mechanisch von der Kurbelwelle oder beim Abgasturbolader über den Abgasdruck und eine Turbine.

Lambda-Regelung (Geregelter Katalysator) – Geschlossener Regelkreis mit Lambda-Sonde und Katalysator zur optimalen Abgasentgiftung. Die von der Lambda-Sonde ans Steuergerät geleiteten Signale sorgen in der Einspritzanlage für eine genaue Kraftstoffzumessung, um die bestmögliche Funktion des Katalysators zu erzielen.

Lambdasonde – Bauteil in der Abgasleitung eines Ottomotors mit geschlossenem Regelkreis (Lambda-Regelung), das den Sauerstoffgehalt der Abgase überwacht. Von L. ans Steuergerät geleitete Signale sorgen in der Einspritzanlage für genaue Kraftstoffzumessung und bestmögliche Katalysator-Funktion.

Längslenker – Parallel zur Fahrtrichtung auf und ab schwenkender Tragarm, an dessen Ende das Rad montiert ist. Seine Schwenkachse liegt im rechten Winkel zur Fahrzeuglängsachse.

LCD-Display/Info Display – Der bedarfsorientierte Aufbau des Info Displays erlaubt sowohl das Reduzieren fester Anzeigen auf den gesetzlichen Minimalumfang als auch eine umfangreiche Informationsauswahl. Möglich wird diese Vielfalt durch die Koppelung von mechanischen Zeigern mit LCD-Displays. Ob Navigationshinweise oder Tempomat-Einstellungen - der Fahrer hat alles stets im Blick.
Über das Info Display kann er z.B. den Stufentempomat ab ca. 30 km/h aktivieren. Dieser kann bis zu sechs Wunschgeschwindigkeiten speichern und bei Bedarf aufrufen. Über die Navigationshinweise werden die Routenführung zu einem gewünschten Zielpunkt und aktuelle Staumeldungen angezeigt.
Weiterhin befinden sich insgesamt 14 Kontroll- und Warnleuchten im LCD-Display. Die Palette reicht von »Klassikern« wie »Bitte angurten« über Fahrassistenten wie die Dynamische Stabilitäts Control (DSC) bis hin zur Parkbremse mit Automatic-Hold-Funktion.

LED-Technologie – Die LED (Light Emitting Diode) ist ein Licht emittierender Halbleiter, der eine wesentlich längere Lebensdauer und einen geringeren Stromverbrauch als konventionelle Glühlampen aufweist.
Die Vorzüge der LED-Technologie liegen in ihrem niedrigeren Energieverbrauch, kürzeren Ansprechzeiten, geringerem Raumbedarf sowie einer höheren Lebensdauer (Fahrzeuglebensdauer).
Die hohe Betriebssicherheit und Lebensdauer von LEDs erhöhen die Sicherheit durch die verringerte Ausfallwahrscheinlichkeit von Rückleuchten und Bremslichtern.

Leerlaufdrehzahl – Drehzahl des Motors bei geschlossener Drosselklappe.

Leerweg/Spiel – Freie Beweglichkeit eines Bauteils (z.B. eines Pedals), ehe eine Wirkung oder Funktion einsetzt.

Lenkgetriebe – Siehe Zahnstangenlenkung.

Lenkung – Oberbegriff für die Bauteile der Lenkanlage. Das eigentliche Lenkgetriebe ist heute in der Regel eine Zahnstangenlenkung.

LHM-Fluid (Citroën) – Spezielle Hydraulikflüssigkeit auf Mineralölbasis für die Hydraulik speziell von Citroën-Modellen.

LongLife-Öl – Je nach Motor und Modellvariante sind Intervalle für Service oder Ölwechsel bis zu 30.000 Kilometern oder maximal zwei Jahren bei Benzinmotoren und bis zu 50.000 Kilometern oder maximal zwei Jahren bei bestimmten Dieselmotoren möglich.

Lufteinblasung – Maßnahme zur Schadstoffreduktion mit Katalysator. In den Auspuffkrümmer wird Frischluft eingeblasen, um die Abgastemperatur zu erhöhen. Dies hilft dem Kat, seine Betriebstemperatur rascher zu erreichen.

Luftfilter – Ein auswechselbarer Einsatz aus Papier oder Schaumstoff in einem Gehäuse. Hält Fremdkörper aus der zum Motor strömenden Luft zurück.

Luftmengenmesser – Messvorrichtung im Motor-Managementsystem, die die durchfließende Luftmenge zu den Zylindern misst und diese Information an das Steuergerät weitergibt.

Mageres Gemisch – Ausdruck für ein Kraftstoff-Luft-Gemisch mit geringerem als dem optimalen Kraftstoffanteil.

Massekabel – Flexibles Kabel, das den Minuspol der Batterie mit der Karosserie bzw. die Karosserie mit dem Motor/Getriebe-Aggregat verbindet. Die Metallteile dienen der elektrischen Anlage als Rückleitung.

McPherson-Federbein – Einzelradfederung. Kombinierte Einheit aus Schraubenfeder und Stoßdämpfer, bildet bei Einbau an der Vorderachse gleichzeitig die Lenkdrehachse der Vorderräder.

Mehrventiler – Motor mit mehr als zwei Ventilen pro Zylinder, nämlich zumeist vier (2 Einlass-, 2 Auslassventile), seltener drei (2 Einlass-, 1 Auslassventil).

Membrane – Scheibe aus flexiblem, luftundurchlässigem Werkstoff, z.B. im Bremsservo verwendet, wo die Membrane vom Unterdruck gesteuert wird.

Minivan – auf Kleinwagen basierender Van (siehe Van).

Motor-Managementsystem – Anlage in modernen Fahrzeugen, die mit Hilfe eines elektronischen Steuergeräts die Motorfunktionen (Zündung, Einspritzung, Abgasemission) regelt und überwacht.

Motornachlauf – Neigung eines Motors zum Weiterlaufen nach dem Ausschalten der Zündung. Zumeist verursacht durch zu geringe Oktanzahl des Benzins, zu frühe Zündeinstellung, starke Ablagerungen im Brennraum oder schlechte Wartung des Motors.

Motronik – Motorsteuerung von Bosch.

MP3 – Komprimierte digitale Audiodaten. Das MP3-Format ist ein weit verbreiteter Standard zur Komprimierung digitaler Audiodateien. Bei gleicher Klangqualität belegen MP3-Dateien in etwa nur ein Zehntel des Speicherplatzes einer Audio-CD. »MP3« steht für MPEG 1 Audio Layer 3. MPEG ist ein von der »Motion Picture Experts Group« entwickeltes Verfahren zur Komprimierung digitaler Video- und Audiodaten. Um MP3-Daten wiedergeben zu können, wird ein MP3-fähiges Wiedergabegerät benötigt.

MPV – Multi Purpose Vehicle (Mehrzweckfahrzeug) - andere Ausdruck für Van (siehe Van).

Multi-Point-Einspritzung – Einspritzanlage bei Ottomotoren mit je einer Einspritzdüse pro Zylinder.

Nachlauf – Winkel zwischen der Lenkdrehachse der Vorderräder und einer Senkrechten durch den Berührpunkt des Rades mit dem Boden.

Nachschleifen (Kurbelwelle) – Verfahren zum Nacharbeiten der Lagerzapfen der Kurbelwelle bei starkem Verschleiß. Die um ein geringes Maß verkleinerten Zapfen werden mit Lagerschalen mit entsprechend kleinerem Durchmesser montiert. Nur nach langer Laufzeit erforderlich.

Navigationssystem – elektronisches Gerät, das zur geographischen Positionsbestimmung dient und gegebenenfalls bei der Erreichung eines gewünschten Zieles behilflich ist.
Das System besteht aus den drei wesentlichen Elementen GPS-Antenne, Navigationsrechner und Display. Mit Hilfe der Antenne für das Global Positioning System (GPS) peilt das Navigationssystem Satelliten an, die sich in einer geostationären Umlaufbahn um die Erde befinden.
Diese Peilung ermöglicht es, den exakten Standort des Fahrzeuges auf der Erdoberfläche auf wenige Meter genau zu bestimmen..

NCAP – New Car Assessment Program (Neuwagen-Sicherheitsprogramm). Stellt die Crashtest-Definition für Europa dar.

NEFZ – Neuer europäischer Fahrzyklus; Messverfahren für Durchschnittsverbrauch und Abgas.

Nehmerzylinder (Radbremszylinder) – Hydraulikzylinder mit Kolben unmittelbar an der Radbremse, gefüllt mit Hydraulikfluid. Er erhält den hydraulischen Druck über Rohrleitungen vom Hauptbremszylinder. Seine Kolbenbewegung wirkt auf die Bremsbacken bzw. Bremsbeläge.

NOx (Stickoxide) – Einer der Schadstoffe in den Abgasen von Otto- und Dieselmotoren.

Nocken – Exzentrische Erhebungen an der Nockenwelle zur Betätigung der Ventile.

Nockenwelle – Umlaufende, von der Kurbelwelle angetriebene Welle mit Nocken. Sie betätigt die Ein- und Auslassventile über diverse Zwischenglieder

Nockenwellen-Antriebsriemen/Zahnriemen – Alternative zur Steuerkette. Verstärkter, verzahnter Flachriemen aus Gummi-Gewebe-Material, der über Riemenscheiben mit flachen Zähnen die Nockenwelle(n) von der Kurbelwelle aus antreibt.

Nockenwellensensor – Sensor, der im Motor-Managementsystem Informationen über die momentane Stellung der Nockenwelle(n) ans Steuergerät gibt.

Oberer Totpunkt (OT) —Höchste Position in der Kolbenbewegung. Im OT bleibt der Kolben für Sekundenbruchteile stehen, ehe er abwärts geht.

OHC – (Overhead Camshaft) Obenliegende Nockenwelle(n). Bezeichnet die Motorbauart, bei welcher die Nockenwelle(n) über den Zylindern im Kopf angeordnet ist/sind (angetrieben über Zahnriemen, Kette oder Zahnräder). Infolge der direkteren Betätigung der Ventile für Motoren höherer Leistung vorteilhaft.

OHV – (Overhead Valves) Stoßstangenmotor. Die Ventile sind im Zylinderkopf, werden jedoch von einer unten im Gehäuse liegenden Nockenwelle über Stoßstangen betätigt.

Oktanzahl – Vergleichszahl, die die Klopffestigkeit eines Otto-Kraftstoffs angibt (siehe Klopfen/Klingeln).

Ölfilter – Auswechselbares Filter, das Fremdkörper und Kondenswasser aus dem Motorenöl abscheidet.

Ölkühler – Kleiner Kühler, der mit Hilfe des Fahrtwinds hauptsächlich bei Diesel- und Hochleistungsmotoren das Motorenöl zusätzlich kühlen soll.

Ölpeilstab – Metall- oder Kunststoffstab mit mehreren Markierungen zum Prüfen des Ölstands.

Ölsumpf/Ölwanne – Auffangschale und Reservoir unter dem Kurbelgehäuse für das im Motor umlaufende Öl.

O-Ring – Gummi-Dichtring mit kreisrundem Querschnitt. Wird oft zur Abdichtung zylindrischer Flächen in eine Nut eingesetzt.

Oxidations-Katalysator – Die Abgase von Dieselmotoren können, da sie mit Luftüberschuss arbeiten, mit dem Dreiwege-Katalysator nicht nachbehandelt werden. Der Einsatz einer Lambdaregelung ist hier technisch ausgeschlossen. Es kommt zur Reduzierung von Kohlenwasserstoff (HC) und Kohlenmonoxid (CO) in Kohlendioxid (CO_2) der Oxidationskatalysator zur Anwendung. Er eignet sich jedoch nicht zum Abbau von Stickoxiden.

Pleuel – Bauteil im Motor, das den Kolben (auf- und abgehend) mit der Kurbelwelle (rotierend) verbindet.

Pleuellager – Unteres Gleitlager des Pleuels, das dessen Bewegung auf den zugehörigen Zapfen der Kurbelwelle überträgt.

PME/Pflanzen-Methyl-Ester – Pflanzen-Methyl-Ester, oder auch Biodiesel, wird aus nachwachsenden Rohstoffen (Pflanzen) gewonnen. In Deutschland wird häufig Raps zur Gewinnung von Biodiesel genutzt. Daher hat sich auch die Bezeichnungen Raps-Methyl-Ester (RME) durchgesetzt. Aus ökologischer Sicht stellt PME eine sinnvolle Alternative zu herkömmlichem Dieselkraftstoff dar, da man sich in einem geschlossenen CO_2-Kreislauf bewegt. Das bedeutet, dass die Pflanze während ihres Wachstums soviel an CO_2 aufnimmt, wie nachher bei der Verbrennung wieder abgegeben wird. Da sich Biodiesel jedoch in seiner Zusammensetzung von herkömmlichem Dieselkraftstoff unterscheidet, kann er nicht uneingeschränkt als direkter Ersatz für Diesel genommen werden. Größtes Problem ist derzeit, dass es keine einheitliche Norm für die Qualität und Zusammensetzung von Biodiesel gibt. Daher gibt es auch keine bedingungslose Freigabe für die Verwendung von Biodiesel in Volkswagen Fahrzeugen.

PS/kW (Leistung) – Ausdruck für die pro Zeiteinheit von einem Motor (Verbrennungs-, Elektromotor) aufgebrachte Arbeit. Die jahrzehntelang nur in PS (Pferdestärken) angegebene Leistung mißt man heute in kW (Kilowatt; 1 kW entspricht 1,36 PS).

Querstabilisator – Federstahl-Drehstab, an Vorderachse und/oder Hinterachse montiert, um die Neigung der Karosserie zum "Rollen" (Wankbewegungen um die Fahrzeug-Längsachse) zu reduzieren. Wird nicht in jedem Auto verwendet.

Radbremszylinder – Siehe »Nehmerzylinder«.

Rad(muttern)schlüssel – Werkzeug, mit dem die Radschrauben oder -muttern eines Autos gelöst oder festgezogen werden.

Radträger – Teil der Vorder- oder Hinterradaufhängung, in dem die Radlagerung und der feste Teil der Bremsanlage untergebracht sind.

RDS/Radio Data System – ist ein Service der Rundfunkanstalten. Neben dem hörbaren Sendeprogramm werden Zusatzinformationen in Form verschlüsselter Digitalsignale ausgesendet. Durch die Übermittlung des Sendernamens (Program Service) wird nicht die Sendefrequenz, sondern der Name des jeweiligen Senders im Radio angezeigt. Die Angabe von alternativen Frequenzen ermöglicht den Empfang der am jeweiligen Ort am besten zu empfangenden Frequenz des gehörten Programms.

Regensensor/Lichtsensor – Der Regensensor sorgt für mehr Fahrkomfort und -sicherheit. Mittels optischer Messung erkennt er automatisch die Regenstärke. Einmal eingeschaltet, aktiviert der Regensensor automatisch die Scheibenwischer und regelt selbsttätig die Wischfrequenz. Mit der integrierten Fahrtlichtautomatik wird das Fahren noch sicherer und praktischer. Über zwei Lichtsensoren in der Frontscheibe werden die Lichtverhältnisse, etwa Dämmerung, Dunkelheit oder Tunnelfahrten, erkannt und das Abblendlicht wird selbsttätig eingeschaltet.

Reihenmotor – Verbrennungsmotor, bei welchem alle Zylinder in einer Reihe angeordnet sind.

Ritzel – Bezeichnung für ein Zahnrad mit kleiner Zähnezahl, das in eines mit größerer Zähnezahl oder in eine Zahnstange eingreift.

Rußpartikelfilter – Mit dem Diesel-Partikelfilter werden Rußpartikel zu mehr als 95 Prozent aus dem Abgas entfernt. Der Grenzwert für die EU4-Norm wird dabei deutlich unterschritten.

Sattel – Siehe Bremssattel.

Saugrohr/Ansaugrohr – Bauteil des Motors, in dem je nach Art der Gemischaufbereitung entweder reine Luft oder Kraftstoff-Luft-Gemisch zu den Einlassventilen befördert wird.

Saugrohrdrucksensor – Gerät, das den Innendruck im Saugrohr eines Ottomotors misst und Signale an das Steuergerät im Motor-Management gibt.

Schaltsaugrohr – Längen-variabler Ansaugtrakt.

Scheibenwaschmittel – Wasser mit handelsüblichen Zusätzen (Frostschutz- und Reinigungsmittel) zum Befüllen der Scheibenwaschanlage.

Schräglenker – Auf und ab schwenkender Tragarm, an dessen Ende eines der Hinterräder montiert ist. Seine Schwenkachse liegt nicht im rechten Winkel zur Fahrzeuglängsachse.

Schrägverzahnte Räder – Zahnradpaar, dessen Verzahnung unter einem Winkel zur Radachse steht. Sorgt für besseren Zahneingriff und ruhigeren Lauf.

Schraubenfeder – Für Personenwagen-Federungen heute meistverwendete, gewindeförmige Stahlfeder.

Schwimmsattelbremse – Am Radträger seitlich verschiebbar montierter Bremssattel der Scheibenbremse. Besitzt (im Gegensatz zum Festsattel) nur auf einer Seite einen (oder mehrere) Hydraulikkolben.

Schwungrad – Schwere metallene Scheibe am Abtriebsende der Kurbelwelle. Soll die von den Kolbenkräften herrührende Ungleichförmigkeit teilweise ausgleichen.

Selbstbeteiligung – Der vom Versicherten selbst zu übernehmende Kostenanteil im Schadensfall.

Sequenzielles Manuelles Getriebe – Das SMG basiert auf dem bewährten Schaltgetriebe. Die Gangreihenfolge verläuft immer sequenziell (nacheinander) und nicht wie bei konventionellen Schaltungen durch die direkte Ganganwahl.

Service-Heft – Nachweis (wichtig beim Wiederverkauf), dass das Fahrzeug von Anbeginn und lückenlos in Fachwerkstätten gewartet wurde.

Servolenkung – System, das hydraulische Hilfskraft (Servokraft) zur Verfügung stellt, sobald der Fahrer am Lenkrad dreht.

Servo-Unterstützung – Anlage, die mit Hilfskräften (Hydraulik, Pneumatik) die vom Fahrer aufgewendete Kraft (am Lenkrad, am Pedal usw.) unterstützt.

Sicherungsblech – Blechscheibe mit einer oder mehreren Laschen, mit denen eine Mutter oder ein Schraubenkopf gegen Lösen gesichert wird.

Sidebag – Seitenairbag (in der Tür oder im Sitz untergebracht).

Single-Point-Einspritzung – Einspritzanlage mit nur einer Einspritzdüse für alle Zylinder.

SLS – Self Leveling Suspension (automatische Fahrwerk-Höhenverstellung).

SOHC – (Single Overhead Camshaft) Bezeichnung für einen Motor mit nur einer obenliegenden Nockenwelle, die Ein- und Auslassventile betätigt.

Spannungsregler – Elektrischer Regler, der die Spannung des Generators konstant hält.

Speedster – sportliches Cabrio mit extrem flacher Frontscheibe.

Sprengring – Ringförmigige Sicherung in einer Bohrung oder auf einer Welle, eingelassen in eine Innen- oder Außennut. Der Ring stoppt die ungewollte axiale Bewegung von Bauteilen.

Spurstange – Teil des Lenkgestänges, das die Lenkbewegungen vom Lenkgetriebe zum Vorderradträger überträgt.

SRS – Supplemental Restraint System (Rückhaltesystem); Abkürzung für das Airbag-System.

Starrachse – Aufhängung der Hinterräder an einem starren, sie verbindenden Achskörper. Federbewegung des einen Rades wirkt sich direkt auf das andere aus.

Starthilfekabel – Siehe Überbrückungskabel.

Steuerkette – Metallgliederkette, treibt über Kettenräder die Nockenwelle(n) von der Kurbelwelle aus an.

STC – Stability Traction Control (stabile Traktionskontrolle); anderer Ausdruck für ASR (siehe oben).

Stoß-/Schwingungsdämpfer – Bauteil der Radaufhängung, welches das Auf- und Abschwingen der Federung eines Wagens beim Überfahren schlechter Wegstrecken absorbiert.

Stößel – Siehe Ventilstößel, Tassenstößel.

Sturz, Radsturz – Der Winkel, unter dem sich die Räder von der Senkrechten nach außen neigen. Negativer Sturz bedeutet, dass die Räder nach innen gekippt sind.

SUV – (Sport Utility Vehicle) Sport-Nutzfahrzeug.

Synchronisierung – Vorrichtung im Schaltgetriebe. Sie gleicht zum Schalten eines Ganges die Drehzahlen der beiden in Eingriff zu bringenden Teile einander an, um geräuschloses Schalten zu ermöglichen.

Tagfahrlicht – 50 Prozent aller Unfälle an Kreuzungen tagsüber werden durch das nicht rechtzeitige Erkennen anderer Verkehrsteilnehmer verursacht. Als Abhilfe gilt unter Experten das Einschalten des Abblendlichtes am Tag oder der Einsatz von zusätzlichen Tagfahrlichtern.

Tassenstößel - Topfförmiges Zwischenglied, geführt in einer zylindrischen Bohrung, das zwischen den Ventilen des Motors und der (obenliegenden) Nockenwelle eingebaut ist (zuweilen mit einer spielausgleichenden Hydraulik versehen).

Telematik – Verbindung aus Telekommunikation, Informatik und Satelliten-Ortung zur Verkehrsleitung.

Thermostat – Temperaturabhängige Regelanlage im Kühlkreislauf, die das Erwärmen des Kühlmittels beschleunigt, indem sie ihm erst ab einer bestimmten Temperatur den Weg zum Kühler freigibt.

Tire Mobility Set – Reifenreparaturset, mit dem leichte Reifenleckagen behoben werden können. Das Set enthält Dichtmittel und einen Luftkompressor (12 Volt) zum Befüllen des Reifens.

Totpunktmarke/Einstellmarke – Kerben oder Markierungen an der vorderen Riemenscheibe der Kurbelwelle oder am Schwungrad und an den Antriebsteilen der Nockenwelle(n); sie dienen zum exakten Einstellen des Zünd- bzw. Einspritzzeitpunkts eines bestimmten Zylinders.

Transaxle – Kombination von Getriebe und Achstrieb in einem Gehäuse.

Turbolader/Abgasturbolader – Lader (s.d.), dessen Antrieb über den Druck der Abgase des Motors erfolgt, die auf eine Turbine wirken. Der Lader fördert zusätzliche Luft in die Zylinder und erreicht damit einen höheren Füllungsgrad und höhere Leistung.

Überbrückungs-/Starthilfekabel – Kabelsatz (1 rotes, 1 schwarzes) mit großem Querschnitt und kräftigen Klemmen (»Polzangen«) an den Enden. Bei leerer Batterie kann mit Hilfe der Kabel und einer vollen »Spenderbatterie« über den Anlasser der Motor gestartet werden.

Ungeregelter Katalysator – »Offenes« System, das die Schadstoffe im Abgas mit Hilfe eines von der Gemischbildung unabhängig arbeitenden (ungeregelten) Katalysators nur teilweise reduzieren kann.

Unterdruckpumpe – Dieselmotor: Für die Servobremse erforderlicher Unterdruck wird von einer vom Motor angetriebenen Pumpe geliefert (»Bremsservo«).

Unterer Totpunkt (UT) – Tiefste Position in der Kolbenbewegung. Im UT bleibt der Kolben für Sekundenbruchteile stehen, ehe er aufwärts geht.
Unverbleites Benzin (Bleifrei) - Benzin, das außer dem im Rohöl enthaltenen Bleianteil bei der Herstellung nicht zusätzlich verbleit wird. Keine Schädigung des Katalysators.

Van – Großraumlimousine.

Variomatic – einfaches CVT-Getriebe (siehe oben) von DAF, erstmals 1958 im DAF 33 eingesetzt.

VDC – (Vehicle Dynamics Control) Fahrzeugdynamische Kontrolle; Fahrdynamik-Regelung für allradgetriebene Autos.

Ventil – Allgemein eine Vorrichtung, die geöffnet und geschlossen werden kann, um den Durchfluss von Gasen oder Flüssigkeiten zu ermöglichen bzw. zu stoppen.

Ventilator – Heute meist elektrisch, früher vom Motor angetriebener, vorn im Motorraum hinter dem Kühler angeordneter Lüfter (Ventilatorflügel). Soll die Kühlung unterstützen.

Ventilatorriemen – Keilriemen, der bei mechanischem Antrieb des Ventilators von der Kurbelwelle aus verwendet wird.

Ventileinstellung – Siehe Ventilspiel.

Ventilspiel – Gesamter Leerweg zwischen dem Ende des Ventilschafts und dem Nocken der Nockenwelle. Das Spiel ist erforderlich, um das völlige Schließen des Ventils trotz Wärmedehnung der Bauteile zu gewährleisten. Es wird entweder an einer Stellschraube manuell eingestellt oder von einem Hydraulikstößel (s.d.) automatisch ausgeglichen.

Ventilsteuerung – Oberbegriff für die Bauteile, die das Öffnen und Schließen der Ein- und Auslasskanäle des Motors bewirken: Nockenwelle(n), Stößel, Stoßstangen, Kipphebel, Ventile usw.

Ventilstößel – Bauteil im Motor, das die Drehbewegung der Nockenwelle in die Auf- und Abbewegung der Ventile umwandelt. Siehe auch »Tassenstößel«.

Verbleites Benzin (Bleibenzin) - Benzin, das außer dem im Rohöl enthaltenen Bleianteil bei der Herstellung zusätzlich verbleit wird. Nicht für Katalysatorbetrieb geeignet, da Blei dem Kat schadet.

Verbundglas – Sicherheitsglas für Autoscheiben. Besteht aus zwei dünnen Schichten aus gehärtetem Glas mit einer dünnen Schicht aus Spezial-Kunststoff dazwischen. Bei einem Aufprall zerbröselt das Glas nicht, und die Sicht bleibt weitgehend erhalten.

Verdichtung (-sverhältnis) – Gibt an, auf welches Volumen die Zylinderfüllung zwischen unterem und oberem Totpunkt des Kolbens verdichtet wird (Volumen eines Zylinders plus Brennraumvolumen im Verhältnis zum Brennraumvolumen allein, z.B. 10:1).

Vergaser – Vorrichtung, mit der (bei älteren Autos) das Kraftstoff-Luft-Gemisch in dem zur Verbrennung nötigen Verhältnis gebildet wird. Heute meist durch ein Einspritzsystem ersetzt.

Verteilerfinger – Im Zündverteiler umlaufendes Teil, dessen Elektrode über weitere Elektroden in der Verteilerkappe den Zündstrom an die Kerzen befördert.

Verteilerkappe – Kunststoffkappe, die auf den Verteiler aufgesetzt wird und von welcher die Zündkabel (Hochspannungskabel) zu den Kerzen führen.

4 T 4 – Allradantrieb.

Viertaktmotor – Bezeichnet einen Otto- oder Dieselmotor, der nach dem Viertaktverfahren arbeitet, d.h. für jeden vollständigen Arbeitszyklus zwei Auf- und zwei Abwärtshübe des Kolbens benötigt

Vierventiler/16-Ventiler – Bezeichnung für einen Verbrennungsmotor mit zwei Einlass- und zwei Auslassventilen pro Zylinder. Der Ausdruck 16-Ventiler wird für den weit verbreiteten Vierzylindermotor mit je vier Ventilen pro Zylinder verwendet.

V-Motor – Motorbauweise, bei welcher die Zylinder in zwei Reihen angeordnet sind, die von vorn oder hinten gesehen ein »V« bilden. Zum Beispiel hat ein V8-Motor zwei Reihen zu vier Zylindern.

Vorderachseinstellung – Prüfung und Berichtigung

gemäß der werksseitig vorgeschriebenen Einstellung von Vorspur, Sturz und Nachlauf. Einstellbar sind an den meisten Autos nur die Vorspurwerte. Fehlerhafte Einstellung kann hohen Reifenverschleiß und schlechtes »Handling« zur Folge haben.

Vorkammer-Diesel (Wirbelkammer-Diesel) – traditioneller Dieselmotor. Der Kraftstoff wird vor der eigentlichen Verbrennung im Brennraum in einer Vor- oder Wirbelkammer gezündet.

Vorspur/Nachspur – Der Winkel oder der Betrag, um den die Stellung der Vorderräder bei Geradeausfahrt von einer Geraden parallel zur Fahrzeuglängsachse abweicht. Vorspur bedeutet, dass die Räder vorn leicht einwärts gerichtet sind.

VSA – (Vehicle Stability Assistent) Fahrzeug-Stabilitätshelfer; entspricht ESP (siehe ESP).

VTC – (Variable Timing Camshaft) Variable Nockensteuerung, steuert Öffnungszeiten der Einlassventile.

VTG – Variable Turbolader- (Turbinen-) Geometrie.

Wankel-/Drehkolben-/Kreiskolbenmotor – Verbrennungsmotor, der im wesentlichen nur rotierende Teile besitzt. Der Kolben (Rotor) ist etwa dreiecksförmig und rotiert in einem Gehäuse mit spezieller, langovaler Innenform (Epitrochoide). Nur wenige Automodelle sind mit einem solchen Motor ausgerüstet.

Wasserpumpe/Kühlmittelpumpe – Vom Motor angetriebene Flügelpumpe, die das Kühlmittel durch alle Teile des Kühlkreislaufs pumpt.

Wertminderung – Mit dem Altern eines Autos (gefahrene Kilometer, Unfallschäden usw.) verbundene Minderung des möglichen Wiederverkaufserlöses.

Windowbag – Airbag vor dem Seitenfenster.

Wirbelkammer (Diesel) – Hohlraum im Zylinderkopf von Dieselmotoren.
Bei Indirekteinspritzung wird Kraftstoff, statt direkt in den Brennraum, in die Wirbelkammer eingespritzt und dort mit der Luft »verwirbelt«.

Xenonlicht – Modernes Autolicht ohne Glühdraht. In der Glühlampe befindet sich unter anderem das Edelgas Xenon. Bringt mehr als die doppelte Lichtleistung gegenüber Halogenlicht.

Zahnriemen – Siehe Nockenwellen-Antriebsriemen.

Zahnstangenlenkung – Heute weit verbreitete Ausführung des Lenkgetriebes, bestehend aus einem Ritzel und einer Zahnstange, welche die Räder über Spurstangen einschlägt.

Zündanlage – Elektrisches System, das beim Ottomotor für das Zünden des Gasgemisches im Zylinder verantwortlich ist.

Zündfolge – Reihenfolge, in der die Zylinder eines Motors gezündet werden.

Zündkabel – Besonders stark isolierte Kabel für die Übertragung des hochgespannten Stroms vom Zündverteiler zu den Kerzen.

Zündkerze – Bauteil des Ottomotors. Die Kerze ragt mit zwei Elektroden in den Brennraum hinein, zwischen denen zum Zünden des Kraftstoff-Luft-Gemisches ein Funken erzeugt wird.

Zündkontakte – In der Zündanlage älterer Autos dient ein Kontaktpaar zum Unterbrechen des Niederspannungsstroms und erzeugt dadurch in der Zündspule eine Hochspannung, die an der Kerze Zündfunken überspringen lässt.

Zündspule – Elektrisches Bauteil, das beim Ottomotor die eingeleitete Batteriespannung in Hochspannung (12 Volt) für den Zündfunken umsetzt.

Zündverteiler – Bauteil der Zündanlage, zuständig für die Verteilung der Hochspannungsenergie an die einzelnen Zündkerzen des Motors.

Zündzeitpunkt – Die kurz vor dem Erreichen des oberen Totpunkts (OT) liegende Stellung des Kolbens, in welcher der Zündfunken überspringt.

Zylinder – Hohlraum, in welchem der Kolben eines Motors auf und ab geht. Die Zylinder können entweder direkt in den Motorblock gebohrt sein, oder es werden Laufbüchsen in den Block eingesetzt.

Zylinderblock/Motorblock – Haupt-Bauteil (Gussteil) eines Motors, der im oberen Teil zumeist die Zylinder und im unteren die Lagerung der Kurbelwelle (Kurbelgehäuse) umfasst.

Zylinderbohrung – Innendurchmesser eines Motorzylinders.

Zylinderkopf – Mit dem Block verschraubter Gussteil unmittelbar über dem Motorblock, in dem normalerweise die Brennräume und die Ein-/Auslasskanäle sowie der Ventiltrieb untergebracht sind.

Zylinderkopfdichtung/Kopfdichtung – Dichtung, die zwischen Zylinderblock und Zylinderkopf liegt und für Abdichtung unter hohem Arbeitsdruck sorgt.

Zylinder-Laufbüchsen – Metallhülsen, die in entsprechende Bohrungen im Zylinderblock eingeschoben werden und in denen die Kolben auf und ab gehen. Wenn verschlissen, können Laufbüchsen und Kolben miteinander ausgetauscht werden.

Škoda-Begriffe

Climatronic – Elektronisch geregelte Zweizonen-Klimaanlage des Octavia/Octavia Combi.

Combi – Die vielgelobte Kombi-Karosserieversion des Octavia ist inzwischen die mit großem Abstand am meisten verkaufte Modellvariante.

DSG – Speziell für die Turbo-Modelle eingesetztes Automatik-Getriebe. Dieses **D**oppelkupplungs-**S**chalt-**G**etriebe mit 7 Gängen kombiniert den überlegenen Komfort eines automatischen mit dem Wirkungsgrad eines von Hand geschalteten Getriebes.

Haldex-Kupplung – Allgemein gebräuchliche Bezeichnung für eine elektronisch gesteuerte Lamellenkupplung nach schwedischem Patent, die bei den Allrad-Modellen 4x4 von Škoda eingesetzt und zwischen vorderem und hinterem Achsgetriebe eingebaut wird. Sie ist direkt am Gehäuse des hinteren Achsgetriebes angeflanscht.

HHC – Berganfahrhilfe »Hill Hold Control«.

Jumbo Box – Großer Ablagebehälter zwischen den Vordersitzen.

Laurin & Klement – Höchste Ausstattungsstufe des Octavia. Škoda Auto hat diese Komfort-Modelle nach den Unternehmensgründern benannt, die ab 1895 in Mladá Boleslav zunächst Fahr-, kurz darauf auch Motorräder und 1905 schließlich Automobile herstellten.

Octavia – Diese Modellbaureihe wurde zum Symbol grundsätzlicher Erneuerung des gesamten Unternehmens und zum Grundstein für die Wiederherstellung von Akzeptanz und Image der Marke Škoda.

Reifendruck-Kontrollanzeige – Optionale Komfort-Komponente, erkennt den schnellen Druckverlust bei einer Reifenpanne und erfasst auch, an welchem Rad er auftritt.

RS – Was beim VW-Konzernbruder Golf der erfolgreiche GTI, ist bei den Škoda-Pkw der sportlich ausgelegte RS. Der neue Motor 2,0 TFSI verleiht dem Octavia RS eine außerordentliche Dynamik.

Scout – Besonders kräftig und dynamische Sonderausführung des Octavia mit dem 4x4-Allradantrieb. Mit 4.581 mm ist der Scout 9 mm länger als der Octavia Combi 4x4, außerdem ist er auch 15 mm breiter und 13 mm höher. Die Bodenfreiheit legt beim Scout um 17 mm zu. Die Off-Road-Tauglichkeit wird dadurch beträchtlich gesteigert,

TFSI – Benzin-Direkteinspritzung mit Turboaufladung. Als weltweit erster Hersteller hatte Audi solche Motoren in der Großserie angeboten. Der 2.0 TFSI startete im Sommer 2004 im Audi A3 Sportback. Der vierfache »International Engine of the Year«-Preisträger wird seit 2008 im neuen Octavia RS eingebaut.

Tour – Octavia II-Vorgänger von 2000/2001. Die auf der ersten Octavia-Generation von 1996 und 1998 (Combi) basierenden Modellversionen ergänzen die Palette mit zeitloser Eleganz bei hoher Verarbeitungsqualität.

Zeitfracht Medien GmbH
Ferdinand-Jühlke-Straße 7
99095 Erfurt, Deutschland
produktsicherheit@kolibri360.de

Druck:
CPI Druckdienstleistungen GmbH
im Auftrag der
Zeitfracht Medien GmbH
Ein Unternehmen der Zeitfracht - Gruppe
Ferdinand-Jühlke-Str. 7
99095 Erfurt